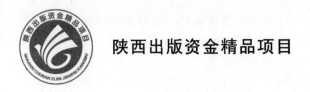
陕西出版资金精品项目

MINYONG GUDINGYI FEIJI KANGNIAOZHUANG SHEJI FENXI YANZHENG JISHU ZHINAN

民用固定翼飞机抗鸟撞设计、 分析验证技术指南

李玉龙　孙　秦　等编著

西北工业大学出版社

【内容简介】 本指南是关于民用固定翼飞机结构抗鸟撞设计、分析和试验验证的综合技术总结。全书分为 11 章,内容包括材料动力学性能、鸟撞结构动力学有限元建模技术和数值分析方法、结构鸟撞动响应分析方法、鸟撞地面模拟试验技术以及飞机典型结构的抗鸟撞设计和验证等。

本指南内容丰富,理论联系实际,非常适用于固定翼民用航空器、运输类飞机的典型结构抗鸟撞工程设计,可作为抗鸟撞结构详细工程设计、数值计算分析以及全尺寸结构试验等适航安全符合性验证性工作的技术指南与参考资料。

图书在版编目(CIP)数据

民用固定翼飞机抗鸟撞设计、分析验证技术指南/李玉龙等编著 . —西安:西北工业大学出版社,2016.12
ISBN 978 - 7 - 5612 - 5209 - 3

Ⅰ. ①民… Ⅱ. ①李… Ⅲ. ①民用飞机—鸟撞击—研究—指南 Ⅳ. ①V328.2 - 62

中国版本图书馆 CIP 数据核字(2017)第 007518 号

策划编辑:杨 军
责任编辑:卢颖慧

出版发行:西北工业大学出版社
通信地址:西安市友谊西路 127 号 邮编:710072
电 话:(029)88493844 88491757
网 址:www.nwpup.com
印 刷 者:兴平市博闻印务有限公司
开 本:787 mm×1 092 mm 1/16
印 张:21.125
字 数:515 千字
版 次:2016 年 12 月第 1 版 2016 年 12 月第 1 次印刷
定 价:98.00 元

《民用固定翼飞机抗鸟撞设计、分析验证技术指南》编委会

（按照姓氏笔画排列）

主　编：李玉龙

副主编：孙　秦

编　委：马玉娥　　王向盈　　邓　琼　　毋　玲　　冯霞宙

　　　　吕锦锋　　刘　军　　汤忠斌　　李　挺　　杨　杰

　　　　张生贵　　张积亭　　张博平　　郑锡涛　　赵美英

　　　　段世慧　　索　涛　　徐　绯　　郭伟国　　郭英男

　　　　黄超广　　彭　刚　　谭申刚　　薛　璞

前　　言

民用航空安全不仅关乎航空出行者的生命财产与安全，同时对航空技术的发展起到了积极的推动作用，在动力飞行及商用航空发展的近百年历史长河中，血的教训与成功经验交织在一起，并不断积累与完善，形成了世界级通用的民用航空安全适航法规。我国民用航空发展相对缓慢，尤其设计技术体系要求对于适航法规安全条例的理解与有效工作进一步加大技术探究与工程实践的步伐。本指南是在原国防科学技术工业委员会（现为工业和信息化部国防科技工业局）的关心与大力支持下，经过"十一五"的专项预研工作所形成的一部国内关于民用固定翼飞机结构抗鸟撞性能的综合技术总结。本指南针对民用航空固定翼飞机的易遭鸟撞典型部位及其典型结构构型与应用材料，从应用技术基础、工程设计分析方法、软件工具手段以及地面模拟试验技术诸方面，开展了适航安全的技术探讨与工程化应用技术总结工作；比较系统地归纳、整理了多种材料，典型吸能结构单元以及全尺寸舱段结构的吸能特性、变形行为和破坏特征、鸟撞结构动力学有限元数值分析建模与仿真技术、全尺寸前缘结构鸟撞试验设计与先进测量技术等，非常适用于固定翼民用航空器、运输类飞机的结构抗鸟撞工程设计技术应用，可作为抗鸟撞结构设计工作规划、详细工程设计、数值计算分析以及全尺寸结构试验等适航安全符合性、验证性工作的技术指南与参考资料。

本指南是"十一五"期间民用航空专项预研技术专题的主要成果之一。该专题由西北工业大学作为技术组长单位，负责人为李玉龙教授；参研单位有中航工业第一飞机设计研究院、飞机强度研究所、南昌洪都飞机工业制造公司鸟撞实验室；参研单位的技术负责人有谭申刚副总师、段世慧副总师、彭刚主任；主要参研人员有孙秦、薛璞、赵美英、郭伟国、邓琼、郑锡涛、马玉娥、张博平、郭英男、毋玲、刘军、汤忠斌、杨杰、黄超广、王向盈、张积亭、张生贵等。

本指南第一章和第二章由李玉龙、马玉娥编写，第三章由孙秦编写，第四章由郭伟国、邓琼、刘军编写，第五章由薛璞、赵美英、郑锡涛、张博平编写，第六章由张博平编写，第七章由薛璞编写，第八章由王向盈编写，第九章由毋玲编写，第十章由赵美英编写，第十一章由郭英男编写。全书由李玉龙教授主审、孙秦教授负责统稿，马玉娥教授负责编排。

在本指南编写过程中，曾参考部分国内外文献资料，在此一并表示感谢。

由于笔者水平有限，本指南中难免存在错误和不足，恳请读者批评指正。

编著者

2016 年 3 月

目　　录

I

第一章 绪 论

航空科学技术的发展始终伴随着"天敌"的安全威胁,即鸟撞。所谓鸟撞,指飞机在起飞爬升以及着陆进场过程中可能遭遇到的各类飞禽撞击,轻者飞机受损,重者机毁人亡。随着航空运输业的迅猛发展,以及人类对自然生态环境保护意识与行为的改善,这种安全威胁的概率呈现有增无减的趋势。鉴于这种天然的航空安全威胁,我国及世界航空大国均制定了相应的设计规范和适航标准,以提高机体结构在鸟体撞击条件下的生存特性。对于固定翼飞机,飞鸟撞击的部位大都集中于飞机头部、风挡玻璃、机尾翼前缘、发动机短舱唇口以及发动机叶片等结构部位。为此,设计规范和适航标准对这些结构部位的抗鸟撞安全特性给予了特定的设计、分析与试验验证技术规定。为全面深入解读适航标准在抗鸟撞结构设计规范方面的技术内涵,并将其规范条例转换成工程实用化技术且服务于具体工程设计实践,"十一五"工信部国防科工局设立了"民用固定翼飞机抗鸟撞设计、分析验证"民用专项科研技术项目。本指南全面总结了本专项课题"十一五"期间,针对民用固定翼飞机机头复合材料罩体、风挡玻璃、机翼缝翼前缘以及尾翼固定前缘等结构部位,所开展的鸟体撞击结构动力学数值分析基础技术、常用工程材料的冲击动力学特性、典型吸能结构单元构形与性能、典型结构部位鸟撞试验技术与分析以及抗鸟撞综合设计分析软件技术诸方面的详尽研究工作内容。本指南可作为我国研制新一代先进大型飞机在抗鸟撞结构设计分析及试验技术方面的综合性技术资料,也可作为其他类型的飞机结构抗鸟撞设计分析的参考。

1.1 鸟类对飞机结构撞击的威胁性教训与经验

为吸取鸟类对飞机结构撞击的威胁性教训,本节简单回顾世界各国飞机发生鸟撞的历史,总结鸟类撞击飞机的若干经验教训,同时给出预防和减少鸟撞损伤的专家性建议。

世界上首例飞机鸟撞事故发生在 1912 年,飞行员卡尔·罗杰斯驾驶一架单发螺旋桨飞机做飞行表演,在从北美洲飞往南美洲的途中,一加州鸥缠上操纵钢索,导致飞机坠海,驾驶员殉难。自 20 世纪 60 年代起,由于飞机动力由螺旋桨式发展过渡到喷气式,飞机飞行速度的加快,导致鸟撞事故成倍增长,多次发生灾难性事故。据记载,1960 年 10 日,英国的一架"彗星号"客机在美国波士顿起飞撞到了一群紫荆鸟,飞机坠毁,机上 72 人中有 62 人丧生;1962 年11 月 23 日,英国一架"子爵号"客机在 1 800 m 高空与重约 7 kg 的天鹅相撞,结果飞机坠毁,机上 17 人全部遇难。自此以后,欧美等世界各国就十分重视对鸟撞事故的统计与研究。德国汉沙航空公司记录的从 1973 到 1982 年发生的鸟撞事故达 3 288 次,平均每年 328 次,文献[2]还记录了从 1976 年到 1980 年间,欧洲三个国家(英,法,俄)遇到鸟撞的次数多达 7 808次,即这三个国家平均每年发生鸟撞的次数高达 1 561 次。

从统计数据中不难看出:①从 1990 至 2002 年 13 年间鸟撞事件的发生逐年增多,2002 年比 1990 年增大约 3.5 倍。②按月份统计,从 7 月至 10 月期间发生的撞击事件占总数的 40%

左右,说明夏秋季节鸟撞发生的概率较高。③白天发生鸟撞概率最高,约占 64%。④从飞机运动的情况看出:飞行运动中遇鸟撞击的次数最多,约占全部撞击发生事件的 38%,其次撞击率依次是起飞、滑跑和爬升运动。⑤就撞击高度而言,78% 的撞击事件发生在 1 000 ft (304.8 m,1 ft≈0.304 8m),在 1 000～10 000 ft 之间总计为 22% 左右。总的来说,3 000 ft (914.4 m)以上,撞击发生较少。⑥按受损的部件分析,受撞击最多的是雷达罩和风挡,其余依次是发动机、机翼/旋转翼、机身等部件,损伤最多的是发动机叶片等附件,其次为机翼/旋转翼等。⑦在 13 年间统计的已知 28 110 次撞击事件中,对飞行造成影响的达 14% 左右,导致停飞时间共 211 928 小时。⑧造成结构损伤小于 20%,其中造成重大损伤和毁机的比例约占 6%,13 年间造成的经济损失近 3 000 万美元。⑨就撞击的鸟类而言,以鸥类居多,其次依次是鸽子、鹰类(猛禽)和各种水鸟。

军机由于飞行速度更快,飞行空域更广,飞行动作更复杂,特别在低空作高速飞行时发生鸟撞事故的概率更大。文献[3]关于美国空军 1988—1997 年鸟撞和损伤的统计分析数据摘要中统计显示:军机每年受到鸟撞所造成的损伤耗费是相当大的。至于军机在不同的飞行阶段,各部件的撞击损伤情况,一天中不同时段的撞击情况,以及撞击的鸟种等与民用飞机的情况大同小异,不再详述,有兴趣的读者可参阅文献[3]。

我国的地域位置和生态环境与欧美等国家不尽相同,且航空运输发展相对缓慢,也是鸟类较少的国家,鸟类的撞击率低于世界平均水平。据有关部门统计,我国有 1 244 种鸟,对飞行构成威胁的鸟的数量有:各种鸥类和野鸭 200 万只左右,雁 20 万～30 万只,鹰 2 万～3 万只,鹭 10 万多只,鸽子近百万只。有记录的鸟体质量,小的不足百克,大的可达 7～8 kg。小鸟对飞机的撞击,一般不会危及飞行安全;大于 1.8 kg(4 lb,1 lb≈0.454 kg)的飞鸟与飞机相撞,可能造成飞机的重大损伤甚至灾难性恶果。小于 100 g 的小鸟和中等体重的鸟(110～680 g)占撞击事件的 89%,大鸟(大于 1.8 kg)的撞击占总数的 0.7% 左右。

据粗略统计,能造成飞机不同程度损伤的重 0.91 kg 以上的鸟有 184 种,占我国鸟类总数的 15% 左右;重 1.8 kg(4 lb)以上的鸟约有 88 种,约占鸟类总数的 7.5%。大部分鸟的飞行速度在 40 km/h 左右,天鹅、野鸭等飞行速度可高达 100 km/h,甚至更高。在我国绝大多数鸟类活动于 3 000 m 以下的空间,据统计,质量在 0.91 kg 以上,飞行高度在 800 m 以下的占鸟类总数的 65.4%[1]。

我国的鸟撞事件记录尚不完整,缺少每年撞击率和损伤的统计。最早发生的一起鸟撞事故是 1952 年,一架米格-15y 左机翼被乌鸦撞穿一个大洞;1968 年在河北廊坊机场,同一型号的米格飞机在 3 000 m 高度被鸟击穿前风挡;1975 年在四平机场,一架强 5 型飞机遭遇雁群的撞击,致使前风挡和左右机翼损伤。进入 20 世纪 90 年代后,军机发生鸟撞和坠毁事件增多。1991 年 10 月在海南东机场,一架歼 6 战机被大鸟击穿前风挡;1992 年 10 月在惠阳机场,一架歼 6 战机被鸟撞坠毁;1993 年 2 月,一架强 5 飞机与鸟相撞,机毁人亡;1994 年 4 月,一架歼 6 战机在商丘机场也发生鸟撞机毁人亡事故。据中国民航局安全监督部门 1990—1992 年 5 月的统计,两架 B737 飞机分别在武汉南湖机场等地被鸟撞伤,其中一架是由野鸡在机场横穿跑道被吸入发动机,打坏发动机叶片引起的;1995 年 2 月,重庆机场一架 B737 与鸟相撞导致发动机严重受损。2000 年以后,我国各大航空公司(如中国国际航空公司、东方航空公司、南方航空公司等)均有航空班机鸟撞事故发生。

飞机除了在航行中经常会遇到鸟的撞击以外,大部分鸟撞是发生在起飞(包括进场和滑行)阶段,即鸟撞大部分发生在机场及其附近区域。据我国资料粗略统计[1],两者总计约占66.7%,欧美有些国家甚至高达80%以上(如英国、荷兰、加拿大等),在这个活动范围的鸟飞行速度大部分在300 km/h以下。

为尽可能减少鸟撞飞机的事故,各国专家均强调指出:在新机场的选址、设计、施工及环境管理中都必须考虑防鸟撞问题;要加大机场生态环境整治力度,尽量减少机场对鸟类的吸引,用多种控制方法让鸟类远离机场。于是,专家们建议要对已经发生的鸟撞事故进行调查、统计和分析,有必要建立完善的鸟撞数据库和报告制度。

1.2　固定翼飞机结构抗鸟撞适航规定

适航标准是为保证实现民用航空器安全性所制定的最低技术标准,是必须严格执行的技术法规。近30年来,随着军、民用飞机鸟撞事故的增多,在各国的适航标准中都对飞机结构各部件的设计提出了抗鸟撞指标要求。飞机只有满足适航规定,才被认为适合航行,并批准放飞和运营。

为确保飞机鸟撞后的持续飞行和安全着陆,从20世纪70年代起世界各国就开始重视飞机抗鸟撞设计的选型、选材、分析以及试验等研究工作,并制定了相应的新机抗鸟撞设计标准。军机有美国的MIL-W-81752(As)、英国的ASTM F-330-79;民机有美国的FAR-25,英国的BCAR,欧洲的JAR-25及苏联的НИГС。20世纪80年代后我国主要参考FAR-25,结合国情先后制定了《CCAR-25AA-R3运输类飞机适航标准》,其中对飞机风挡、机翼、尾翼、发动机等规定了鸟撞设计标准,对鸟重及验证方法等也做了具体规定。其他还有对鸟撞要求和明确规定的一些专用技术文件,如《飞机风挡设计规范》《飞机坐舱盖设计》和《军用飞机强度和刚度规范及其载荷》(GJB—1985)等。

1.2.1　机翼结构抗鸟撞设计适航规定

我国CCAR-25AA-R3《运输类飞机适航标准》中,§25.571(e)条款关于损伤容限评定条文规定中指明[3]:在下列任一原因很可能造成结构损伤的情况下,飞机必须能够成功地完成该次飞行。其中第一条原因为"受到1.8 kg(4 lb)重的鸟的撞击,飞机与鸟沿着飞机飞行航迹的相对速度取海平面v_C或2 450 m(8 000 ft)时取$0.85v_C$,两者中损伤较严重者"。

机翼结构也应满足此项适航规定,即在受到1.8 kg(4 lb)的鸟撞击可能造成机翼结构损伤情况下,飞机必须能够成功地完成该次飞行。

1.2.2　尾翼结构抗鸟撞设计适航规定

我国CCAR-25AA-R3《运输类飞机适航标准》中§25.631[3]专门对尾翼结构的抗鸟撞结构设计做了明确规定,指明:"尾翼结构的设计必须保证飞机在3.6 kg(8 lb)的鸟相撞之后,仍能继续安全飞行和着陆。相撞时飞机的速度(沿飞机飞行航迹相对于鸟)等于按§25.335(a)选定的海平面速度v_C。通过采用静不定结构和把操纵系统元件置于受保护的部位,或采用保护装置(如隔板或吸能材料)来满足本条要求是可接受的。在用分析、试验或两者的结合来标明符合本条要求的情况下,使用结构设计类似的飞机资料是可以接受的。"

该条例中明确规定了分析和试验中鸟体的质量以及飞机飞行的速度,其适航要求的目的是受鸟撞后,尾翼结构的设计必须能满足继续安全飞行和着陆的要求。这可以理解为在用分析、试验或两者结合的方法来表明该条例要求的情况下,使用结构设计类似的飞机资料是可以接受的。

1.2.3　飞机风挡抗鸟撞设计适航规定

在 CCAR-25AA-R3 适航规定中,§25.775(e)给出了风挡和窗户抗鸟撞设计的目标和要求[3-4]。具体内容包括如下几项:

(1)内层玻璃必须用非碎性材料制成。

(2)位于正常执行职责的驾驶员正前方的风挡玻璃及其支撑结构,必须能经受住 1.8 kg(4lb)的飞鸟撞击而不被击穿。此时飞机的速度(沿飞机航迹相对于鸟)等于按§25.335(a)选定的海平面速度 v_C 值。这可以理解为在 1.8 kg(4 lb)的飞鸟撞击下,风挡玻璃产生龟裂或支撑结构发生变形是允许的。

(3)除非能用分析或试验表明发生风挡破碎临界情况的概率很小,否则飞机必须有措施将鸟撞引起的风挡玻璃飞散碎片伤害驾驶员的危险减至最小,必须表明驾驶舱内下列方位的每块玻璃都能满足上述要求:①位于飞机正面的玻璃;②与飞机纵轴成 15°或大于 15°方位的玻璃;③其某一部分的位置会导致碎片伤害驾驶员的玻璃。

符合适航条例的风挡设计必须通过设计分析、强度和刚度计算以及鸟撞试验证明风挡玻璃受到鸟撞时破碎是不可能的。因此,风挡的设计要考虑风挡材料的选择;在构形上要充分考虑鸟撞能量的吸收、扩散以及变形、破碎程度等因素,以确保飞机飞行和驾驶员的生命安全。

§25.775(e)条款还要求:风挡主承力层在鸟撞破损后仍能为驾驶员提供以观察目标的视界,如果丧失了其中任何一块玻璃的视界,余下的一块或几块玻璃可提供一个驾驶员在其驾驶位置上继续安全飞行和着陆。

在以上各飞机部件的适航规定中,都有"受鸟撞时飞机的速度(沿飞机航迹相对于鸟)等于按§25.335(a)选定的海平面 v_C 值"的要求。v_C 值是反映飞机飞行性能的重要参数,v_C 值的确定还需要考虑多种因素,最主要的是从强度方面考虑迎风面突风所造成意外速度的增加。适航规定中要求 v_C 的最小值要充分大于对应最大突风强度的设计速度 v_B,即 $v_C - v_B \geqslant$ 22.12 m/s(约为 43 节,1 节≈1.852 km/h)。v_C 的最大速度不必超过发动机最大连续功率平飞时的最大速度[4]。

对于雷达罩,无论美国的 FAR-25、欧洲的 JAR-25 还是我国的民用飞机适航标准 CCAR-25 中,至今尚未明确列入雷达罩的适航规定和设计要求条款。根据一些资料研究结果,认为"要求飞机的设计必须保证其在受到 1.8 kg 的飞鸟撞击下(飞机沿航线的相对速度为海平面的 v_C 或 8 000 ft 高空的 $0.85v_C$)能连续地安全飞行和着陆"仍然是适用的。

1.3　民用固定翼飞机结构抗鸟撞设计要求

前进中的飞机与飞鸟相撞在飞机机翼、尾翼、风挡/骨架等结构上可能产生危及飞行安全的损伤。飞机前进飞行的姿态包括滑行、起飞、低空飞行、巡航、下降、进场、着陆。机翼前缘是最可能受到鸟撞的部位,涉及固定前缘、襟/缝翼前缘及其内部防冰管结构、扭力管操作系统等;水平安定面和垂直安定面也常会受到鸟撞损伤;风挡/骨架、座舱盖、雷达罩等均是鸟撞的薄弱结构部位。

　　由鸟撞造成的机翼结构损伤可能模式是前缘缝翼蒙皮在撞击位置处大面积破坏、前缘缝翼外蒙皮击穿、前缘缝翼翼梁和隔板失效、前缘缝翼内的防冰管失效或击穿、固定前缘内扭力管操作系统受到损伤等。

　　由鸟撞造成翼面结构损伤的可能模式有蒙皮凹陷、蒙皮撕裂、连接破坏、蒙皮和大梁腹板击穿、复合材料分层/脱胶、骨架断裂、安定面破裂等。

　　由鸟撞造成的风挡/骨架等结构损伤可能模式是风挡玻璃和塑料零件破碎、结构元件破裂、舱内衬板撕掉、雷达罩穿透等。

　　为确保飞行安全,CCAR-25 中[3-4]对飞机结构的抗鸟撞设计要求包括了结构损伤和系统保护两种情况,具体做法上可参考下列准则:

　　(1)当机翼/尾翼前缘内装有液压、操纵系统的管路和设备,机翼前缘缝翼内装有防冰管路时,如飞鸟击穿前缘(或变形过大),有可能使操纵系统、液压系统、防冰管系统失效/失灵而导致飞行事故。对于这样的结构,其设计目标为:机翼前缘/前缘缝翼的设计应保证飞机以§25.335(a)选定的海平面巡航速度 v_c 或者 2 450 m(8 000 ft)0.85v_c 两者中的较严重者飞行时,机翼结构应能承受 1.8 kg(4 lb)飞鸟撞击,前缘/缝翼不被击穿(或变形过大);尾翼前缘的设计应保证飞机以§25.335(a)选定的海平面巡航速度 v_c 飞行时,尾翼结构应能经受 3.6 kg(8 lb)飞鸟的撞击,前缘和前梁不被击穿(或变形过大)。

　　(2)当机翼/尾翼前缘内不含液压、操纵系统管路和设备、机翼前缘缝翼内没有防冰管时,如被飞鸟撞击,前缘可能撞成凹陷,甚至出现穿孔,只要不击毁大梁、缘条,就不会影响飞行安全。所以对这样的结构,其设计目标为:机翼/尾翼前缘设计应保证飞机以§25.33(a)选定海平面巡航速度 v_c 飞行时,允许前缘甚至大梁腹板出现穿孔等损伤,但这样的损伤应不会导致飞行性能严重变坏和结构强度降低到不安全水平。

　　(3)根据 CCAR-25-R3 中§25.775(b)的规定:"位于正常执行职责的驾驶员正前方风挡玻璃及其支承结构必须经受 1.8 kg(4 lb)的飞鸟撞击而不被击穿,此时的飞机速度(沿飞机航迹相对于鸟)等于§25.335(a)选定的海平面 v_c 值。"

　　(4)风挡玻璃是一个结构件,它要承受座舱气密充压和气动力,还有一定的光学性能要求和破损安全要求。根据 CCAR-25AA-R3 的§25.775(c)的要求,风挡玻璃经受鸟撞后,不允许发生影响飞机飞行的结构损伤,也不允许发生可能伤害驾驶员或妨碍其执行正常任务的内部结构损伤,如鸟体残骸进入座舱、玻璃碎片的飞溅、结构元件的损伤等。

　　(5)据§25.775(e)的要求,风挡主承力层在鸟撞破损后仍能为驾驶员提供以观察目标的视界,如果丧失了其中任何一块玻璃的视界,余下的一块或几块玻璃可供一个驾驶员在其驾驶位置上继续安全飞行和着陆。

1.4　民用固定翼飞机结构抗鸟撞分析评估与试验验证技术要求

　　结构抗鸟撞设计的适航符合性可采用分析和试验的方法。为符合适航条款的要求,所需开展的分析工作包括飞机雷达罩,驾驶舱风挡、窗户及其相关结构,机翼缝翼前缘、襟翼及其滑轨,副翼及其连接结构,扰流片、翼尖小翼、翼身整流罩,发动机短舱唇口、外舱整流罩,垂直安定面、方向舵、水平安定面、升降舵等。其中，垂尾相关易撞结构部件需考核 3.6 kg(8 lb)飞鸟的撞击特性，其余结构部位仅考核 1.80 kg(4 lb)飞鸟的撞击特性。

对于分析工作，还应提供在飞机迎角和侧滑角最不利组合情况下，对所选撞击点危险程度的情况说明；同时在确定 v_C 后，还应考虑 1 g 飞行载荷(压力舱取得更大些)对结构的作用。所采用的分析工具必须经过试验验证的考核。

对上述分析工作的全部或部分要进行相应的鸟撞试验验证工作。

穿透速度是前进中的飞机机翼、尾翼等结构与飞鸟相撞，造成结构被击穿或部分尸骨及结构碎片进入机翼/尾翼前缘内部时，飞机所具有的最低速度。结构的穿透速度是衡量结构抗鸟撞能力的一个指标，是与飞鸟的质量、前缘蒙皮的厚度、入射角度和前缘弧度半径有关的量，可以通过工程计算或试验来确定。衡量机翼结构§25.571(e)的要求，实际上就是比较穿透速度与海平面巡航速度 v_C 或 2 450 m(8 000 ft)0.85v_C 两者中的较严重者的关系；衡量尾翼结构是否满足§25.631的要求，实际上就是比较其穿透速度与飞机海平面巡航速度 v_C 的关系。

1.4.1 抗鸟撞分析评估方法

一般说来，分析计算方法需要结构类似飞机的设计经验及鸟撞取证试验数据作基础，目前世界上各大飞机公司，如 Boeing，Airbus 公司，常采用能量比较法，同时也在积极发展有限元分析法。

1.4.1.1 能量比较法

能量比较法从能量观点研究鸟撞击瞬间的能量关系，如飞鸟的动能全部被结构吸收，则满足抗鸟撞要求的结构应为

$$\frac{1}{2}mv_P^2 > \frac{1}{2}mv_C^2, \quad 即 \quad v_P > v_C \tag{1.1}$$

式中，v_P 为结构的穿透速度；v_C 为飞机的巡航速度；m 为飞鸟的质量。

各飞机公司所用的 v_P 的计算公式形式基本相同，系数略有差别。这些公式是从大量前缘鸟撞试验结果中总结出来的经验公式，目前可查到类似的公式有 4 个：

$$v_P = 56.6\delta m^{-1/3}\cos^{-2/3}(\varphi)\exp(\frac{850}{r^2+30r+1\ 000}) \quad (\text{m/s}) \tag{1.2}$$

$$v_P = 98\delta m^{-1/3}\cos^{-2/3}(\varphi)\exp(\frac{1\ 234}{r^2+30r+1\ 000}) \quad (\text{km/h}) \tag{1.3}$$

$$v_P = 631\delta m^{-1/3}\cos^{-0.7}(\varphi)\exp(\frac{1.345}{\sqrt[5]{r}}+\frac{1}{r^3}) \quad (\text{m/s}) \tag{1.4}$$

$$v_P = 13.87\delta m^{-1/3}\cos^{-0.7}(\varphi)\exp(\frac{34.95}{\sqrt[5]{r}}+\frac{645}{r^3}) \quad (\text{km/h}) \tag{1.5}$$

式中，δ 为前缘蒙皮厚度；r 为前缘半径；φ 为入射角。

空客使用式(1.2)应用于 A320 垂尾前缘，B747 采用式(1.4)，两者相差约 7%，对于鸟撞穿透速度的工程计算来说能满足精度要求。式(1.5)的结果与(1.4)相近，并且更安全。

风挡/骨架、座舱盖、雷达罩等的穿透速度的工程经验公式目前还没有见到，但可以用有限元方法分析计算这些部件的穿透速度。

1.4.1.2 有限元分析法

由于鸟撞载荷受被撞结构的弹性影响很大，二者有较强的耦合关系。目前国际上可完成

鸟撞结构分析的较成熟的商业软件有 MSC. DYTRAN, LS. DYNA, ABAQUS, ANSYS, PAM-CRASH等。但需要指出的是,采用有限元分析法对结构进行鸟撞符合性说明时要有试验支持,并经适航当局认可。

通常采用显式非线性动力学有限元分析法进行鸟撞分析计算,见本书第三章相关内容。鸟的模型有 Lagrange 模型、Euler 模型、ALE 模型和 SPH 模型四种,研究证明高速(大于150m/s)撞击时使用 SPH 模型能够较好地反映试验结果。建立结构模型时不一定对全部或大部分结构进行,可选取撞击部位周围足够大范围内的相关联部件,并加上适当的边界条件,所选撞击结构范围越大,边界条件对分析结果的影响越小。除了设置鸟与撞击结构的主接触外,还要仔细设置结构部件之间的接触,特别注意像机翼/尾翼前缘蒙皮结构与其内部构件的接触关系,既不要有遗漏又不要有多余的接触设置以免降低分析效率。

雷达罩一般是用单层或多层夹芯的复合材料制成的结构,在数值模拟计算时,需要包括如下几种计算模型。

(1)泡沫芯材特性的确定;

(2)鸟体/空气材料特性的确定;

(3)主要支撑的刚性模型;

(4)后板的刚性模型。

1.4.2 试验验证技术要求

鸟撞结构的地面模拟试验通常采用空气炮方法。试验装置可按预定方向和速度发射鸟弹,撞击安装于试验夹具上的试验件的特定撞击点。

1.4.2.1 试验件及其安装

试验件及其支持结构应为符合图纸和专用技术条件的全尺寸生产件,试验件的安装应尽可能模拟结构的支持刚度、连接情况和在飞机上的相对应位置,对于前缘结构应带有一段相邻结构。试验件安装的紧固件应尽可能与真实结构相同。

1.4.2.2 试验件上撞击点位置

机翼前缘撞击点的位置选在前缘线上,还可增选上下两个位置(如机翼前缘带有缝翼时,上点选在前缘线与缝翼梁轴线的中点处,下点选在前缘线与上下蒙皮交线的中点处)。撞击点展向位置从下列各点中选择。

(1)相邻两前缘翼肋/隔板的中间点;

(2)两段前缘的对缝处;

(3)前缘蒙皮与翼肋连接处;

(4)滑轨与缝翼连接处;

(5)前缘上可能的刚度最小点。

尾翼前缘撞击点的位置选在翼型的前缘线上,展向位置从下列各点中选择:

(1)相邻两前缘翼肋的中间点;

(2)两段前缘的对缝处;

(3)前缘蒙皮与翼肋连接处;

(4)前缘上可能有的刚度最小点。

1.4.2.3 试验设备选择和测试精度

试验设备包括空气炮系统、试验靶台系统、环境控制系统、速度测量系统、弹着点位置测量系统、位移测量系统、撞击力测量系统、应力/应变测量系统、高速摄影系统,见本指南第六章。为确保鸟撞试验的可靠性和精度,速度测量系统最好配备两套。在鸟撞试验过程中,至少应有两路高速摄影,用于清晰记录鸟撞全过程,高速摄影机的拍摄速度应在 2 000 帧/秒以上,也可按下列公式确定:

$$F = 1\,000 + 16.393v \tag{1.6}$$

式中,F 为拍摄速度(帧/秒);v 为鸟撞速度(m/s)。

另外还要有照相用于记录鸟撞击前后的试验件状态。各测量系统的测试精度如下所示。

(1)质量测量设备精度为 1g;

(2)角度测量精度为 0.25°;

(3)温度测量系统精度为 ±3℃;

(4)速度测量系统精度为 ±1%;

(5)位移测量系统精度为 ±5%;

(6)撞击力、应力/应变测量系统精度为 ±10%。

1.4.2.4 鸟弹

鸟弹由鸟和包装物构成。按鸟弹的质量要求,选择鸡、鸭、鹅等家禽,在使用前 1 小时致昏或闷死,试验时鸟体内腔温度应达到 21±5.5℃。

包装物应柔软、有韧性,便于包装,对撞击物影响小。包装物用于防止撞击前鸟体变形或解体,可用尼龙、棉织物或聚乙烯制作。要保证包裹后的鸟弹硬度与实际鸟体相当。

尾翼结构鸟撞试验的鸟弹质量为 3.6 kg(8 lb),其他结构鸟撞试验的鸟弹质量为 1.8 kg(4 lb)。应严格控制鸟弹的质量,允许切割、修剪、增加鸟的翅膀和腿脚,允许注水或含水量 98% 的胶体物质,但增减时不得超过鸟体质量的 10%。包装材料的质量不超过鸟弹质量的 10%。

1.5 本指南的适用范畴及工作意义

为满足我国大型民用飞机结构抗鸟撞设计、分析与试验技术发展的紧迫需求,本指南主要总结了当前我国在民用固定翼飞机结构抗鸟撞设计、分析评估与验证技术方面所开展的研究工作及其技术成果。

本指南系统归纳整理了多种材料、典型吸能结构单元以及全尺寸舱段结构的吸能特性、变形行为和破坏特征,鸟撞结构动力学有限元数值分析建模与仿真技术,全尺寸前缘结构鸟撞试验设计与先进测量技术等,适用于民用飞机、运输类飞机等固定前缘结构的抗鸟撞工程设计技术范畴;可作为抗鸟撞结构设计工作规划、详细工程设计、数值计算分析以及全尺寸结构试验等相关工作的技术指南与参考资料。

本指南不适用于固定翼飞机的动力装置、直升机旋翼等的抗鸟撞设计分析与试验技术,但有一定的参考借鉴价值。

参 考 文 献

［1］　周加良.飞机鸟撞事故分析、预防及建议［J］.宁波大学学报,1994,7(1):16-23.

［2］　梁惠钧.民用飞机鸟撞的统计资料［J］.飞机工程,1993,(3):81-83.

［3］　中国民用航空局.CCAR-25AA-R3 运输类飞机适航标准［S］.北京:中国民航出版社,1985.

［4］　中国航空工业总公司.运输类飞机适航标准技术咨询手册［M］.北京:航空工业出版社,1995.

第二章 基本概念与定义

针对鸟撞飞机的运动学基本问题,本章介绍描述飞机运动姿态坐标系的定义,以及鸟类等飞禽的质量与速度分布特征、鸟撞击概率分布特性以及提高飞机鸟撞生存特性的工程措施等,作为后续各章节工程设计分析应用的基本概念。

2.1 飞机坐标系和姿态参数

飞机在空中飞行的运动姿态可用刚体运动学方法描述,即认为飞机各部件随飞机重心一起在空中平移和绕重心转动。重心在飞机的对称平面内,通过重心可构成一个直角轴系,称为飞机的机体坐标系,也叫机体坐标系,如图 2-1 所示。该坐标系的原点即位于飞机重心处,坐标轴 Ox,Oy 和 Oz 是按右手螺旋规则设定。Ox 轴称为飞机纵轴,位于飞机对称平面内,沿机身轴线朝机头方向为正;Oy 轴称为横轴,垂直于飞机对称平面内向右为正;而 Oz 轴也称为竖轴,垂直于 Oxy 坐标平面向下为正。

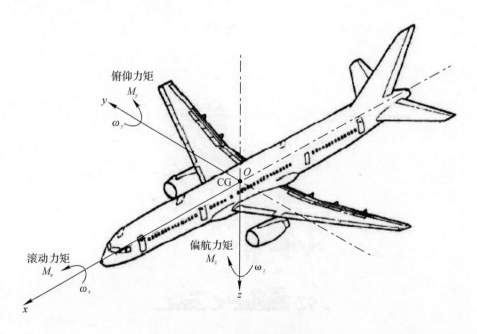

图 2-1　机体坐标轴系

利用机体坐标系,可以把飞机的运动可进行如下分解:

(1)沿 Ox 轴方向的移动;

(2)沿 Oy 轴方向的移动——侧滑;

(3)沿 Oz 轴方向的移动；

(4)绕 Ox 轴的转动——横滚；

(5)绕 Oy 轴的转动——俯仰；

(6)绕 Oz 轴的转动——偏航。

绕 Ox,Oy,Oz 轴转动的转动角速度分别用 $\omega_x,\omega_y,\omega_z$ 表示，其单位是弧度/秒（rad/s）。

与上述六个运动对应的是作用在飞机上的力和力矩分别为

(1)沿 Ox 轴方向的作用力——切向力；

(2)沿 Oy 轴方向的作用力——侧向力；

(3)沿 Oz 轴方向的作用力——法向力；

(5)绕 Ox 轴的转动力矩 M_x——滚转力矩；

(6)绕 Oy 轴的转动力矩 M_y——俯仰力矩；

(7)绕 Oz 轴的转动力矩 M_z——偏航力矩。

力的正、负号由坐标轴的方向决定，三个转动力矩的正、负号按右手定则规定。在图 2-1 上同时示出了这些正值的三个力矩。

飞机的运动和飞行姿态是由几个姿态参数——姿态角确定的。为了符号和概念的统一，本指南都按"航线飞行工程学"[1]的描述来定义。姿态参数或称姿态角的定义如下。

俯仰角 θ：飞机在空中飞行时，如果飞机的几何对称面 Oxz 与海平面（即地球表面）的铅垂面重合，飞机的纵轴 Ox 与水平面之间的夹角即为俯仰角 θ。Ox 轴指向水平面的上方时，θ 为正（见图 2-2(a)）。

倾斜角 φ：如果飞机的几何对称平面与海平面的垂直铅垂面不重合，几何对称平面和铅垂平面之间的夹角即为倾斜角 φ。飞行员通常将其称为坡度。规定右半机翼下沉时 φ 为正，反之为负（见图 2-2(b)）。

侧滑角 β：飞机作侧滑飞行时，空气经飞机侧前方吹来，飞机重心处的飞行速度 v（即相对气流）方向与飞机对称平面 Oxz 之间的夹角即为侧滑角 β。规定当空气速度的方向偏向右侧时，β 为正，称为正侧滑（见图 2-3）。

迎角 α：飞行速度 v 在飞机对称平面 Oxz 上的投影与 Ox 轴之间的夹角。规定当飞行速度 v 的投影指向 x 轴的下方时，α 为正，反之为负。迎角也可称为攻角（见图 2-4）。

轨迹角 γ：飞行速度 v 与海平面之间的夹角。当飞行速度 v 指向海平面（水平面）上方时，γ 为正，反之为负（见图 2-4）。

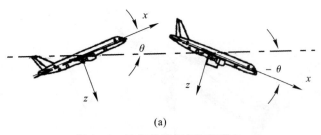

(a)

图 2-2　飞机的俯仰角和倾斜角

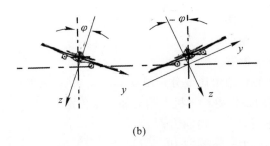

(b)

续图 2-2 飞机的俯仰角和倾斜角

图 2-3 飞机侧滑飞行的侧滑角 β

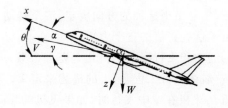

图 2-4 飞机的俯仰角、轨迹角及迎角

作用在飞机上的气动力和力矩取决于飞机重心相对于大气的速度 v。采用与飞机飞行速度有关的坐标系称为气流坐标系。图 2-5 给出了气流坐标系与机体坐标系的关系。气流坐标系 $Ox_a y_a z_a$ 的原点 O 也位于飞机重心处；Ox_a 轴（纵轴）沿着飞行速度 v 的方向；Oz_a 轴（竖轴）在飞机对称平面内与 Ox_a 轴垂直，并指向下方；Oy_a 轴（横轴）垂直于 $Ox_a z_a$ 平面，指向飞行员的右方。三个坐标轴也符合右手定则的规定。气流坐标系与机体坐标系之间的关系由迎角 α 和侧滑角 β 来确定（见图 2-5）。

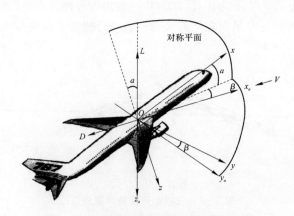

图 2-5 气流坐标系与机体坐标系的关系

2.2　鸟类质量分布与飞行高度的关系

鸟类质量分布和飞行高度的关系与其体形特征、生活方式、分布地域、迁徙习性和视力距离等有关。据生物学家统计,全世界现有鸟类共 8 700 余种,我国有 1 180 多种。绝大多数为栖树生活、少数栖地生活。我国的鸟类大多分布于西南、华南、中南、华东和华北地区。

鸟类种群繁多、生态多样。鸟类可分为三个总目:平胸总目、企鹅总目和突胸总目。现存绝大多数飞禽鸟类都属于突胸总目,分布遍及全球,总计约 35 个目,8 500 余种以上。我国突胸总目鸟类有 26 目 81 种。根据其生活方式及结构特征,大致可分为 6 个生态群:即游禽、涉禽、猛禽、攀禽、陆禽和鸣禽等。下面列出 6 个生态群的我国的一些鸟类。

游禽类:鸭、雁、潜鸟、鹈鹕、鸥等,(体形大小相差悬殊,大多有迁徙习性);

涉禽类:鹭、鹳、鹤、鸻等(鹭、鹳属大中型涉禽;鸻为中小型,种类繁多);

猛禽类:鹰、雕、鹫、鸳等(兀鹰、鹗、隼等都属于猛禽);

攀禽类:夜莺、鹦鹉、杜鹃、雨燕、啄木鸟等(雨燕和鹃形目类有迁徙习性);

陆禽类:金鸡、乌鸡、虹雉、长尾雉、孔雀等(我国是世界上盛产鸡类的国家);

鸣禽类:画眉、乌鸦、黄鹂、灰喜鹊、煤山雀等(体形不一,我国占世界鸟类 2/5)。

一般鸟类的飞行高度大多在 400 m 以下,飞得较高的鸳可达 3 000 m 左右,天鹅能飞越珠穆朗玛峰高达 9 000 m。

鸟类迁徙的飞行高度一般不超过 1 000 m。小型鸣禽的飞行高度一般不超过 300 m,大型鸟类有些可达 3 000~6 000 m。鸟类夜间迁徙的高度低于白天,候鸟迁徙的高度亦与大气有关,天晴比有云雾或强逆风的天气要飞得高些。

图 2-6 给出了各种鸟类不同的飞行或迁徙高度。根据资料[2]统计,我国鸟撞发生的高度最高为 3 100 m,最低是地面。鸟撞飞机的高度取决于鸟的飞行高度,发生在 300 m 高度以下的占总数的 62.6%,在 500 m 高度以下的占鸟撞总数 71.9%,在 1 000 m 以下的占总数的 85.5%。鹰、雁、乌鸦等与飞机的相撞高度一般在 1 000~3 100 m,野鸡及野鸭就比较低一些。表 2-1 给出与飞机相撞的鸟种的质量、飞行速度、飞行高度及相撞的百分比。

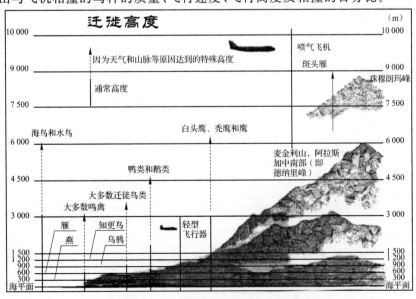

图 2-6　各种鸟类的飞行高度示意图

13

表 2-1　各类鸟种质量、飞行速度、飞行高度以及与飞机相撞的百分比[2]

鸟种	质量 kg	飞行速度 km·h⁻¹	飞行高度 m	撞机百分比 （%）
乌鸦	0.5～2.0	约 25	约 1 000	7.8
鹰	1.5～3.0	约 100	＞2 000	29.4
野鸭	1～1.5	约 110	1 000～2 000	7.8
雁	4～6	约 72	＜1 000	21.6
野鸡	1	约 20	＜300	3.9
鹭	1	50～60	1 000～2 000	1.8
麻雀	0.15	约 40	＜200	3.9
鸽	0.5	约 50	＜1 000	11.8
斑鸠	0.5	约 50	＜1 000	1.8
鸥等水鸟	1	约 70	＜1 000	1.8
土雀	0.1～0.2	约 45	＜300	7.8

2.3　飞机受鸟撞的速度及高度概率分布

由表 2-1 的数据,已经可知飞机受鸟撞的速度及高度分布的大致情况。图 2-7 和图 2-8 更直观地表示出飞行的速度和高度受鸟撞的概率分布。

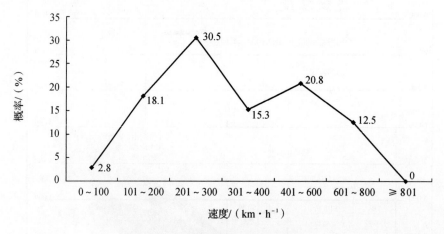

图 2-7　鸟撞按速度统计的百分比[2]

从表 2-1、图 2-7 和图 2-8 可见,我国发生的撞机事例中,鹰的撞击占首位,接近 30%,其次是雁和鸽子。特别值得指出的是,信鸽的撞机事件往往是群鸟撞击,群鸟撞机能使飞机在瞬间多次受损,造成重大恶性事故,其危害比单鸟撞击要大。据 2005 年 5 月 25 日《法制日报》报导一架国航的客机在重庆江北国际机场升空仅 4s,就遭遇一群信鸽斜飞过来,从侧翼猛烈地撞在飞机的起落架和左发动机上,给航空公司造成巨大损失。据报导,自重庆机场扩建后,半年之内遭遇鸽子撞机事件有据可查的就 3 次之多。因此,机场附近空域范围内,应预防飞鸟特别是信鸽的撞击,在机场的选址、设计、施工及环境管理和保护方面必须充分考虑和采取防鸟撞的问题。

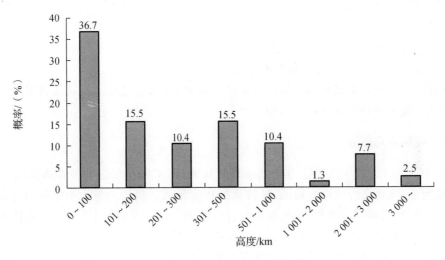

图 2 - 8　鸟撞按高度统计的百分比[2]

因为我国是东亚候鸟迁徙必经之地,据我国在 104 件鸟撞事件中,留鸟造成的撞击占2/3,迁徙候鸟占 1/3。

此外,由图 2 - 7 可知:我国的鸟撞事件有 61% 以上是发生在 300 km/h 以下的速度。这个速度正是飞机起、落速度范围。在国际上,也是在这一速度范围,发生的鸟撞事件最多,据悉英国占到 4/5 以上。图 2 - 9 给出了 AD - P003214 报告中 1983 年关于"鸟撞次数与高度的关系"[3]。

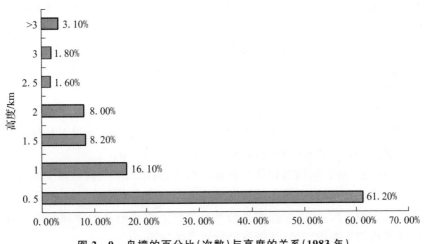

图 2 - 9　鸟撞的百分比(次数)与高度的关系(1983 年)

2.4 提高飞机鸟撞生存特性的措施

提高飞机结构鸟撞的生存特性,减少鸟撞的损害性,有必要从下列几个方面做好工作。

2.4.1 使设计结构部件经得起鸟撞

结构的鸟撞防护应贯穿于飞机设计的全过程,在总体设计阶段进行结构布置和系统设备安排时,对机翼/尾翼的易受鸟撞部位,不布置液压、操纵管路等。由于某些因素限制而不得不布置在前缘时,应在该处采用一些保护装置(隔板和吸能结构),当前缘部位遭受飞鸟撞击时,保护装置应能吸收鸟撞动能而使被保护对象安全。

在结构设计时,用静不定结构增加抗鸟撞的生命力,在可能遭受飞鸟撞击部位,按其内部是否装有操纵、液压管路等设计前缘结构。

2.4.2 机场避鸟措施

据统计 66% 左右的鸟撞事件发生在机场或机场附近,主要是在起飞和着陆阶段。因为在机场或机场附近,飞机飞行的高度较低,鸟密集的程度最大。机场一般远离市区且地域宽广,面积很大并具有好的视界。因此,邻机场经常存在农田、水源、食物加工厂、与环境卫生有关的污染以及垃圾倾倒等现象,这些往往为许多鸟种提供食物和水源。

(1)关于吃食。机场上大量的食物对鸟具有很大的吸引力。鲜嫩的青草、种子以及苜蓿等都是吸引鸟类的最好的食品。此外,鸟类吃昆虫和它们的幼虫以及大雨后爬浮在地面上的蚯蚓。机场上的小鸟和哺乳动物都是猛禽的捕食对象,这些食肉的鸟因为其体重、体形对飞机的危害最大,对机场上的一些设施和标杆、信号灯等也会造成很大的损害。

(2)关于水源。水源是吸引机场各种鸟的饮用、沐浴和嬉耍的因素。而机场上一些高低不平的地面、屋顶以及低洼地都会积水,这些都是吸引鸟的水源,而清除、排干这些水对机场人员来说是难以实现的。

(3)关于遮掩和避雨场所。鸟的第三种吸引力是机场及机场附近的自然植被,如灌木、篱笆、树木、长草以及密耕的树木等,都可能成为鸟窝。一些机场的建筑,如机库和楼房等也是鸟类的栖避之处。

到目前为止,还没有一种快速或简单的方法解决机场的鸟撞问题。也就是说,只要人类与鸟争夺空间,将终会存在碰撞的危险。为了减少机场的鸟撞危险,可加强机场管理,采取一些驱鸟技术手段,使鸟和一些小动物远离机场。

(4)关于环境的管理。在机场管理和防鸟撞方面,改善机场及机场附近的环境是很关键的。具体地说,就是减少机场附近可用的水和食物,从而减小机场对鸟以及猛禽的吸引力。环境管理还要求机场上的青草要及时锄割,高度不超过 $18\sim36$ cm。

(5)关于驱赶鸟的方法。采用诸如训练有素的猎鹰、放烟火以及使鸟难受的噪声使其远离机场。虽然这些方法是有效的,但是必须不断地变化以避免鸟久而久之产生适应性。对鸟最致命的方法是最后一种手段,但必须经常提高其有效性。主动的鸟的管理和驱赶方法可以降低机场附近伤害飞机的鸟类的繁殖,从而有助预防鸟的撞击。

(6)关于空勤人员的警觉性。空勤人员的警觉性是鸟管理和防鸟撞的一个组成部分。唯有空勤人员的警觉性才能使鸟管理计划成为一完整部分。1995年9月22日,美国一架经改装的B707预警机在阿拉斯加上空飞行时,遭遇近30只加拿大鹅的撞击(平均每只2.7 kg)。结果1♯发动机至少吸入一只天鹅,立即引起压气机不正常停车,招致严重的损伤;2♯发动机吸入3只天鹅并引起风扇的失效,导致灾难性的损坏。飞机上4个发动机,一旦有2个发动机吸入天鹅,飞机就无法继续飞行,最终在基地附近坠毁,机上全部24个空勤人员殒命,造成经济损失达近9千万美元。自此以后,美国空军和机场(USAF)就更加重视鸟对飞机伤害的预警,促使机场工作人员更好地执行鸟的管理计划和鸟撞的报告制度,并增加了许多相关设备。

2.4.3　鸟撞数据的汇总和分析保证飞机飞行安全

鸟撞数据的汇集和分析对于确定鸟撞的经济损失、安全问题的严重程度和撞击性质是很重要的,其目的是为了预防未来可能发生的鸟撞。鸟撞历史数据的分析可以用来识别存在鸟撞风险大的机场,估计对机场受鸟撞事故伤害的可能性等。除此之外,还可揭示什么类型的鸟种是未可预料的,何时、何地经常发生鸟撞,以及其他一些为防止鸟撞从而使机场和人员有安全保障以更好地使用管理和研究结果的重要因素。

鸟撞数据的分析也可以用于发动机和风挡的制造。当制造者明确发生鸟撞的鸟重,能为这些部件抵御鸟撞提供加强飞机结构部件、改善其结构的资料。鸟撞数据的汇总和分析可以直接或间接地搞清楚引起鸟撞的原因。从而可采取适当的措施来防止以后发生的撞击和减少由于碰撞引起损伤的可能。

例如美国在20世纪90年代初设计了一种鸟回避模型(Bird Avoidance Model,BAM),就是使用鸟的活动对飞机飞行有潜在威胁的历史数据、范围和时间等。近代又有新的改进,例如在模型中使用地形信息系统(Geographic Information System,GIS),在分析多次层信息、同步地和一些合适的重要参数一起合成一个新的地图是有效的。新的模型版本归纳了30年内的50多种鸟的分布和繁殖数量的数据,利用遥感和地形环境数据可以比较及时地按一定的周期预示每千米为一间隔的用鸟的重量归一化的单鸟对飞机威胁的相对风险。这种新的模型有助于飞行员识别和选择合适的飞行航线来减少和尽量降低飞机遭受鸟撞的可能。

总之,认真地做好机场飞鸟规避的各方面工作,并有效地采取防鸟撞的各种措施,对于提高飞机结构鸟撞的生存特性具有重要意义。

参 考 文 献

[1]　王小宛,等.航线飞行工程学[M].北京:北京航空航天大学出版社,2005.

[2]　周加良.我国鸟撞飞机事故统计[J].国际航空,1991(7):56-57.

[3]　梁惠钧.民用飞机的统计资料[J].飞行工程,1993(3):81-83.

[4]　周加良.飞机鸟撞事故分析、预防及建议[J].宁波大学学报,1994,7(1):16-23.

[5]　Tedrow C A. Bird strike risk assessment for USAF airfield and aircraft[M]. Virginia: Virginia Polytechnical Institute,1999.

第三章 鸟撞动力学原理与有限元数值计算技术

本章分析论述鸟体撞击飞机薄壁结构的撞击载荷基本特征及其耦合特性、鸟体撞击动力学的基本控制方程及其有限元数值计算的变分原理。在理论分析的基础上,总结现代撞击动力学的有限元数值计算方法以及大变形、接触体特殊动力学问题的数值计算技术。为着有助于工程实践中的鸟撞问题分析,依据本项目的工作经验,本章分析总结结构鸟撞问题的有限元数值分析建模一般性简化原则、边界条件的影响作用与选择、单元尺度选择等工程关心的若干应用技术,以利于把握复杂问题处理的数值计算精度。

3.1 鸟撞载荷与变形特征

鸟体与飞机结构撞击的典型技术特征可概括为一软体物质与薄壁结构的碰撞,其动力学行为的基本特点是在碰撞过程中,鸟体变形特性随撞击速度的增大呈现类流体特性;被撞薄壁结构同样经历了几何与材料的双重非线性变形;同时两者在撞击过程中形成了复杂的损伤破坏形态。为在结构设计阶段利用计算分析技术预测结构鸟撞的破坏危险性,充分认识鸟撞载荷与变形的主要力学特征是极其重要的。本节简要介绍现代计算分析中所需建立的鸟体力学简化,以及在特定撞击条件下的鸟撞载荷与变形特征,这对于合理建立计算分析模型、把握复杂问题数值计算的有效性及其精度是必需的。

3.1.1 鸟体的模型简化

鸟体的禽类生物结构特征主要由骨骼、肉体、血液、羽毛及爪质等组织结构构成。鸟体不同部位对结构的撞击必然造成不同的局部力学特性,然而,整体的撞击变形及其主要载荷特征则是一致的。为建立可用于工程计算分析的鸟体撞击分析模型,鸟体结构的力学简化是必要的。鸟体简化的主要动力学依据在于保证两个主要因素:其一,等效的整体质量密度;其二,符合对结构撞击所形成的载荷时空分布特性。

无视鸟体结构的局部化特征,建立鸟体整体等效质量密度的工作较为简单,采用浮力测量原理对质量在 $60\sim3\,600$ g 范围内的不同鸟类进行了浮力测量,发现虽然鸟的种类与体积不同,但其质量密度均为 0.95 kg/dm³。鉴于鸟体的软组织特性,采用 100% 的水介质与 10% 的空气介质混合即可形成与鸟体质量密度相同且力学特性相近的等价模型;水与空气的充分混合介质体则可采用一定配比的明胶体予以物理实现。这是目前工程分析中普遍认同和采用的鸟体均质化模型。

在确定了鸟体的等效物质体之后,符合对结构撞击所形成的载荷时空分布特性的鸟体简化实际是建立其等效的形状构型问题。在大量的鸟体撞击面积观测以及鸟撞载荷的冲击波行为特征分析基础上,工程中普遍认为采用长径比为2∶1的圆柱体构型最为恰当,且柱体两端采用等直径的半球构型,如图3-1所示。这种长径比为2∶1的球头圆柱型明胶体等效简化模型已作为国内外分析鸟撞类问题的标准模型。

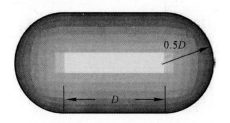

图3-1　鸟体撞击的简化等效构型图

3.1.2　圆柱软体正撞击刚性靶面的冲击波压力分析

对圆柱软体正撞击刚性靶面的冲击波过程分析,有助于深入理解鸟体撞击类问题的应力波传播特征及其动力学守恒关系的应用,由此在整体上把握鸟撞结构的载荷及变形特性,同时可用作鸟撞问题数值分析模型合理性及精度测试的验算标准。

从软体撞击到刚性靶面的初始时刻起,软体前缘表面的物质前向运动开始停顿,且撞击导致的冲击应力波开始向鸟体内部传播,如图3-2(a)所示。冲击波传播的同时使得波阵面后的软体物质的前向运动逐渐停止下来,这种软体物质前向运动停止的力学效应(撞击动能在静止物质中的转换)将产生很高的瞬时冲击压力,此即冲击压力形成阶段。

随着冲击波的传播,软体边缘的物质经历了很高的压力梯度作用,这驱使边缘物质带动波阵面后的静止软体开始径向运动,这可理解为在静止软体边缘作用了沿径向向外的冲击力,从而形成了向内(即软体中心的位置)运动的应力波(称为释放波,取减小冲击波之意),如图3-2(b)所示,该阶段称为径向释放波形成或冲击波下降段。该阶段在持续过程中在前向静止的软体中开始形成径向的拉应力和纵横向剪应力的复合应力状态(二维和轴对称的),并起到减少应力梯度、弱化冲力波和降低冲力波速度的作用。随着径向释放波的向内运动,最终将赶上初始的冲击波。

随着冲击波压力的衰减,径向压力也在减小,而剪应力在软体中不断增强。当剪应力大于其材料的剪切强度就足以造成软体沿径向的"流动",此刻后软体的行为即流体化了。当释放波经过几次反射后,即可形成软体径向稳态流动的条件,如图3-2(c)所示,在软体中建立起了定常的压力及速度场,并一致保持到软体后端面完全达到刚性靶面上,其典型特征即是一个较长持续时间(毫秒级)的压力平台,如图3-3所示,该阶段称为软体的定产流动段。

从软体后端面完全到达刚性靶面的时刻起,软体撞击动能完全转换为软体的径向流动能量,使得撞击压力随即衰减至零,如图3-2(d)所示,这个撞击压力消耗殆尽的阶段称为压力终止段。

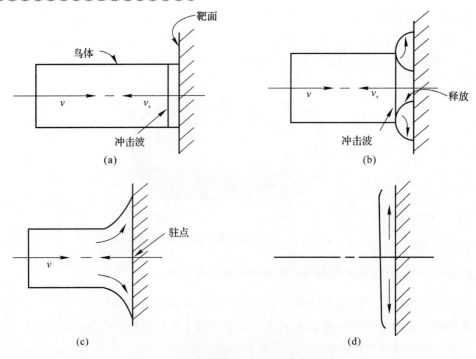

图 3 - 2 软体撞击的不同阶段示意图

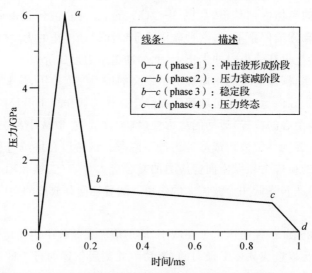

线条：	描述
0—a（phase 1）：冲击波形成阶段
a—b（phase 2）：压力衰减阶段
b—c（phase 3）：稳定段
c—d（phase 4）：压力终态

图 3 - 3 软体撞击四个阶段相应的压力曲线图

以下应用动力学守恒关系简单推导软体撞击过程中定常流动驻点压力理论值。将软体径向稳定流动形成前时刻的软体向前运动仍视为轴向一维运动，则软体的质量守恒及动量平衡方程可写成如下两式：

$$\rho_1 u_s = \rho_2 (u_s - u_p) \tag{3.1}$$

$$p_1 + \rho_1 u_s^2 = p_2 + \rho_2 (u_s - u_p)^2 \tag{3.2}$$

式中，p，ρ 和 u 分别表示压力、密度及速度；下标 1 和 2 分别表示波阵面前与后的软体位置；下标 s 和 p 分别表示冲击波和软体物质粒子。

按 Hugoniot 压力的定义,由式(3.1)及式(3.2)可得

$$p_{\text{H}} = p_2 - p_1 = \rho_1 u_{\text{s}} u_{\text{p}} \tag{3.3}$$

对于亚声速的撞击,如前所述,由于释放波造成的冲击波弱化,使得冲击波传播速度减小直至成为一驻波,于是在驻波波阵面后形成了稳态和亚声速的流动。由稳态流动的 Bernoulli 能量守恒方程可得

$$\int \frac{\mathrm{d}p}{\rho} + \int u \mathrm{d}u = K \tag{3.4}$$

式中,K 为常数;其他物理量同式(3.1)及式(3.2)定义。

对于圆柱软体得正撞击刚性靶面问题,显然靶面中心即为驻点($u = 0$),驻点的压力 p_{S} 可由式(3.4)计算得到,即

$$\int_{p_0}^{p_0 + p_{\text{S}}} \frac{\mathrm{d}p}{\rho} = \frac{u_0^2}{2} \tag{3.5}$$

式中,p_0 和 u_0 为弹体撞击前的压力和速度。

假设弹体材料是不可压缩的,由式(3.5)计算得

$$p_{\text{S}} = \frac{1}{2} \rho u_0^2 \tag{3.6}$$

对于大部分物质材料,尤其是软体材料均是可压缩的,若已知其具体状态方程 $\rho = \rho(p)$,即可由式(3.5)给出具体驻点压力。通常可压缩材料的密度随压力增大而增大,这意味着

$$p_{\text{S}} \geqslant \frac{1}{2} \rho u_0^2 \tag{3.7}$$

式(3.5)～式(3.7)均可用作复杂鸟撞问题数值计算定性比较的依据。

3.1.3　模型鸟体与弹性结构撞击的载荷及变形特性分析

前小节将软体撞击视为一种射流运动,这对于分析软体撞击载荷的特性是恰当而合理的。为研究鸟体与柔性结构撞击的载荷特性,先从圆柱软体斜撞击刚性靶的情形分析起,图 3 - 4 给出了这种问题的分析模型。

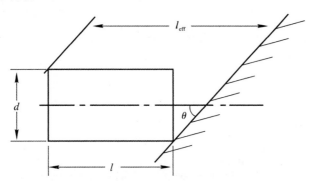

图 3 - 4　圆柱软体斜撞击刚性靶面的模型示意图

圆柱软体在斜撞击中,沿靶面法向方向的动量可写为

$$I = m v_{\text{p}} = m v \sin\theta \tag{3.8}$$

假设软体在撞击过程中未受撞击部分并不减速,当全部软体撞击完成所需的时间即为

$$T_{\text{s}} = \frac{l_{\text{eff}}}{v} \tag{3.9}$$

式中，$l_{eff} = l + d\cot\theta$，$d$ 为圆柱体直径。实际鸟体的头部看作球形钝头更为合理，故式中 l_{eff} 估计的略长。

于是，圆柱软体在整个斜撞击过程中所施加在靶面的总载荷可由冲量定理计算，即有

$$F_{avg} = mv^2\sin\theta / l_{eff} \tag{3.10}$$

大量的鸟撞斜置刚性靶试验表明[2]，采用无量纲化描述的鸟撞瞬时载荷历程如图3-5所示，该历程曲线合理地概括了鸟体质量、鸟体大小、撞击速度以及斜置状态的综合作用。

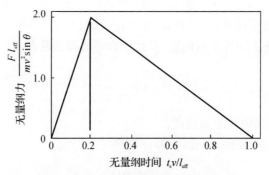

图3-5 无量纲鸟撞载荷历程曲线

对弹性结构而言，受鸟体撞击的变形响应依据弹性结构的具体特征可大致分为变形局部刚性以及变形局部柔性两种形态[2]。变形局部刚性形态，如图3-6所示，可描述为平移与转动位移的两部分之和，因此粗定量分析撞击载荷的特征是可行的。

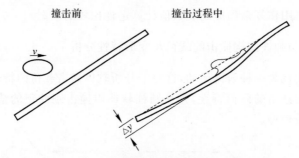

图3-6 局部刚性化的鸟撞变形示意图

对于变形局部刚性形态，可认为撞击过程中鸟体的质心不发生偏离其轴线的运动，且在撞击后的某个时间后，弹性靶面局部获得了垂直于靶面的速度 v_p 和位移 x，同时结构的平面由原来的斜置角 θ_i 也变成了 θ，如图3-7所示。

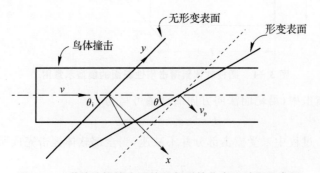

图3-7 弹性结构撞击后的局部刚性化变形过程示意图

考虑到靶面撞击区域的相对运动速度,此情形下的动量传递仍由式(3.8)计算,可知其为

$$I = m(v\sin\theta - v_{\mathrm{p}}) \qquad (3.11)$$

式中,v_{p} 为靶面沿其自身方向的运动速度。因为撞击过程中,θ 和 v_{p} 是瞬时变化的,式(3.11)仅对增量形式是正确的。

按照鸟作为流体的射流运动观点,可知鸟体在对弹性结构撞击过程中其自身长度的消耗可描述为

$$S = \int_0^t (v - v_{\mathrm{p}}/\sin\theta)\,\mathrm{d}t \qquad (3.12)$$

式中,S 即为鸟体在撞击弹性靶过程中的时刻 t 已消耗掉的长度。

采用无量纲的形式表达式(3.12),并注意到鸟体在撞击过程中的速度不变,用鸟体的初始长度 l 去除式(3.12)即得

$$\frac{S}{l} = \frac{vt}{l} - \int_0^t \frac{v_{\mathrm{p}}}{l\sin\theta}\mathrm{d}t \qquad (3.13)$$

为分析变形局部刚性情形下的鸟撞载荷历程,简单起见,将鸟的撞击过程视作一稳态射流运动(略去非稳态流动段)。对于鸟撞斜置完全刚性靶的情形,瞬时撞击载荷可写为

$$F = \rho A v^2 \sin\theta \qquad (3.14)$$

式中,A 为撞击过程中任意时刻的鸟体横截面。对比式(3.10)可知,$\rho A = m/l_{\mathrm{eff}}$,$F$ 即为完全刚性靶情形的平均撞击载荷。

由式(3.14)可知,撞击载荷随时间的变化可简单看作鸟体横截面随时间的变化。同时,应注意到式(3.13)实质上可作为鸟撞击过程的广义时间度量。由图 3-5 所表达的无量纲撞击载荷历程曲线,我们完全有理由将局部刚性变形情形的鸟撞载荷历程表达成同样形态的曲线,只是改写无量纲的坐标轴度量即可,即如图 3-8 所示。

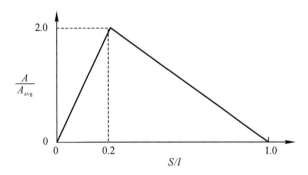

图 3-8　局部刚性变形下的无量纲鸟撞载荷历程曲线

将式(3.14)变形成 $F = \rho v(A v\sin\theta)$,于是完全刚性靶撞击过程的瞬时撞击载荷等同于单位鸟体质量的动量入射到靶面上的通量。对于变形局部刚性情形,由图 3-7 可知,垂直于靶面的相对撞击速度为 $v\sin\theta - v_{\mathrm{p}}$,于是在该面上的动量通量即为 $(v\sin\theta - v_{\mathrm{p}})^2$。这个通量作用于投影到靶面上的鸟的面积,即 $A/\sin\theta$,故施加在变形局部刚性情形靶面上的瞬时载荷即为

$$F = \rho A\,(v\sin\theta - v_{\mathrm{p}})^2/\sin\theta \qquad (3.15)$$

23

式中,面积 A 是鸟体无量纲消耗长度 S/l 的函数。计算瞬时撞击载荷时,先需由式(3.13)计算瞬时鸟体无量纲消耗长度,再查图 3-8 获得无量纲鸟的瞬时面积,接着由 $A_{avg} = m/(\rho\, l_{eff})$ 可获得瞬时鸟体绝对面积,再代入式(3.15)即可得瞬时撞击载荷。

上述描述计算变形局部刚性情形鸟撞瞬时载荷的过程,有几方面需要注意:其一,v_p 和 θ 均是瞬时量,必须通过试验测量手段获取;其二,瞬时撞击载荷的方向同样是瞬时变化的,但始终垂直于靶面;其三,上述的整个分析过程中认为鸟体的密度 ρ 是不变的,这仅对亚声速的鸟撞过程是适用的;其四,撞击力的作用位置在撞击过程中同样是变化的,且变化量大。如图 3-7 所示,设靶面偏移了距离 x,撞击点位移平移了距离 y,忽略靶的旋转,则 $y = x\cot\theta$。若考虑靶的旋转,θ 随之变化,这样撞击位置必须将撞击轨迹投影到靶面上来确定。一般而言,撞击位置是位移 x, y 和 θ 的复杂函数。

对于变形局部柔性情形,鸟撞过程中靶面经历了实质性的局部变形,较变形局部刚性情形更难定量分析其撞击载荷,但通过细致分析还是可以给出定性的结论。图 3-9 说明了撞击变形局部柔性情形的一些特点。

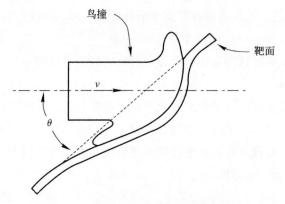

图 3-9　鸟撞变形局部柔性情形示意图

对比变形局部刚性情形,变形局部柔性的变形区域更加局部不光滑,撞击角度和相对速度更强依赖于撞击区域的位置,且鸟体在靶面上的流动与靶面的精确变形密切相关。由于这个撞击载荷与变形的高度耦合性,就不大可能再通过指定载荷来计算结构的响应。这种载荷与变形的相互依赖性,只能够通过数值的方法予以解决(见3.3节)。

从定性上讲,撞击过程中的变形局部化势必对动量传递、撞击力及其持续时间以及撞击载荷的上升沿时间均将产生作用。现作几点分析如下:第一,局部变形会导致鸟体材料以一个比变形局部刚性情形大的角度被甩出撞击区域,于是可以断定传递到该靶面上的冲击将更强;第二,总的撞击力作用方向也不大可能与原始未变形靶面垂直;第三,由于"口袋"现象更加突显,动量传递的方向会更加接近于原始鸟的撞击轨迹;第四,由于撞击力是撞击过程中鸟体转动角度的函数,局部变形增加了这个转动角,因此可以预料这样形成的撞击力势必增大;第五,同样由于这个转动角度的增加,撞击载荷峰值的达到时间会更延迟,也即撞击载荷的上升沿时间被推迟。最终,显然,靶面的有效位移以及撞击载荷持续时间都会增大。

3.2　鸟撞结构的守恒关系及其接触条件

鸟体撞击对结构的破坏作用不仅是航空器适航安全所关注的重要工程领域,且作为一类特殊的撞击力学问题,一直为计算分析与试验研究所重视。鉴于鸟类的软体性质、可能的飞行速度以及本指南所关注的飞行器薄壁结构特性,鸟撞结构在撞击动力学领域可划归为速度在 $50 \sim 500 \text{ m/s}$、应变率 $\dot{\varepsilon}$ 在 $10^2 \sim 10^4 \text{ s}^{-1}$ 范围内的塑性撞击范畴。该参数范围段内的撞击动力学行为往往伴有流体力学、弹塑性力学、几何非线性形变、载荷与变形耦合以及损伤破坏等复杂特征,给理论分析及试验研究均带来巨大的技术挑战。本节依据航空器适航安全所关注的鸟撞及结构参数范围特征,分析说明鸟撞动力学的若干基础理论关系,以用于指导数值计算或试验数据的科学分析。

3.2.1　鸟撞动力学分析的基本特征及守恒关系

分析解决鸟撞动力学的基础理论方法大致可分两类,即类流体(fluid-like)的流体动力学理论和塑性波传播理论。

类流体的流体动力学方法认为软体的永久变形在低压段符合弹塑性形变规律;在高压段符合流体状态方程规律,即变形体积完全由压力球张量的变化(也即密度变化)所决定。分析过程中,温度、体积、熵、动量、能量以及质量守恒定律的积分形式在一起使用。

塑性波传播方法中,结构材料在塑性变形域内考虑成不可压缩的,同时联系应力、应变和应变率的本构方程一般与温度无关。对于延性材料、载荷作用时间较长(一般在毫秒数量级)、高温以及高应变率的情况,描述材料塑性行为的本构关系与率的相关性不容忽视。在分析过程中,动量、能量以及质量守恒定律的微积分形式被广泛应用。

结合鸟撞动力学的基本分析特征,本小节对撞击动力学遵从的动量、能量以及质量守恒关系用连续介质力学的方式[3]予以分析说明,至于各类本构关系及状态方程的各种形式可参见本书相关章节。

3.2.1.1　质量守恒

当前构形下占有体积 Ω 的物体总质量可表示为 $\int_\Omega \rho \, \mathrm{d}\Omega$,其中,$\rho = \rho(\boldsymbol{x}, t)$ 为当前构形中的质量密度,满足 $0 < \rho < \infty$。质量守恒定律的总体形式可表达为总质量关于时间的变化率等于零,即

$$\frac{\mathrm{D}}{\mathrm{D}t} \int_\Omega \rho \, \mathrm{d}\Omega = 0 \qquad (3.16)$$

式中,$\dfrac{\mathrm{D}}{\mathrm{D}t}$ 为参考构形中关于物质点 X 的时间导数算子,称为物质导数。由物质导数的定义,式(3.16)等价于

$$\int_\Omega (\dot{\rho} + \rho \, \mathrm{div} \boldsymbol{v}) \, \mathrm{d}\Omega = 0 \qquad (3.17)$$

式中的点上标仍表示关于状态函数的物质导数;散度 $\mathrm{div} \, \boldsymbol{v}$ 表示了当前构形关于参考构形的梯度变化。式(3.16)和式(3.17)的质量守恒定律是在空间当前构形下描述的,称为 Euler 描述。

采用物质描述(Lagrange 描述)的质量守恒可写作如下形式:

$$\int_{\Omega} \rho \, \mathrm{d}\Omega = \int_{\Omega_0} \rho_0 \, \mathrm{d}\Omega_0 \tag{3.18}$$

式中，$\rho_0 = \rho_0(\boldsymbol{X}, t_0)$ 为参考构形中的质量密度。式(3.18)表示任意时刻的总质量与初始时刻的总质量相等。根据参考构形与初始构形间的体积微元关系，式(3.18)可变为

$$\int_{\Omega_0} (\rho \det \boldsymbol{F} - \rho_0) \, \mathrm{d}\Omega_0 = 0 \tag{3.19}$$

式中，$\det \boldsymbol{F}$ 为 Jacobian 矩阵的行列式，即 $\left| \dfrac{\partial \boldsymbol{x}}{\partial \boldsymbol{X}} \right|$。

质量守恒定律的局部形式要求式(3.17)和式(3.19)对物体中任意部分的体积均成立，故有此两式的局部微分形式，即

$$\dot{\rho} + \rho \operatorname{div} \boldsymbol{v} = 0 \tag{3.20a}$$

$$\frac{\rho_0}{\rho} = \det \boldsymbol{F} \tag{3.20b}$$

式(3.20a)及式(3.20b)分别称为 Euler 型和 Lagrange 型连续性方程。特别当材料不可压缩时，由 div $\boldsymbol{v} = 0$ 可得 $\dot{\rho} \equiv 0$ 或 $\rho = \rho_0$。

3.2.1.2 动量守恒

动量守恒定律仅在惯性系中成立，其总体形式可表述为：物体总动量的时间变化率等于作用于该物体上所有外力的合力，即

$$\frac{\mathrm{D}}{\mathrm{D}t} \int_{\Omega} \rho \boldsymbol{v} \, \mathrm{d}\Omega = \boldsymbol{F}_{\text{total}} \tag{3.21}$$

式中，$\boldsymbol{v}$ 为物体内典型物质点的速度；$\boldsymbol{F}_{\text{total}}$ 为所有外力的合力。

外力一般可分为体积力和面力两种，体积力通常是由其他物体对该物体的远程作用而产生的分布力，如重力场中的物体体积力（重力）即由太阳的万有引力而产生，若以向量场 $\boldsymbol{f}$ 表示单位质量上的体积力，则体力的合力为 $\int_{\Omega} \rho \boldsymbol{f} \, \mathrm{d}\Omega$。面力是由其他物体与所研究物体表面接触而产生的作用力，如静水压力、摩擦力和撞击接触力等。若以 $\boldsymbol{t}(\boldsymbol{N})$ 表示法向为 $\boldsymbol{N}$ 的单位面积上的作用面力（traction），则其合力为 $\int_{\partial\Omega} \boldsymbol{t}(\boldsymbol{N}) \, \mathrm{d}\Omega$。于是，式(3.21)可改写为

$$\frac{\mathrm{D}}{\mathrm{D}t} \int_{\Omega} \rho \boldsymbol{v} \, \mathrm{d}\Omega = \int_{\Omega} \rho \boldsymbol{f} \, \mathrm{d}\Omega + \int_{\partial\Omega} \boldsymbol{t}(\boldsymbol{N}) \, \mathrm{d}S \tag{3.22}$$

由 Cauchy 第一基本定理，物体内任一点 x 必存在一个二阶张量 σ，使得通过该点具有单位法向量 $\boldsymbol{N}$ 的面元上的面力（见图 3-10）可表示为

$$\boldsymbol{t}(\boldsymbol{N}) = \sigma \cdot \boldsymbol{N} \tag{3.23}$$

式(3.23)写成分量形式即为通常弹性力学中所给出的力的边界条件，数学上称为第二类边值条件（Neumann）。

将式(3.23)代入式(3.22)，并对其物质导数进行计算可得

$$\int_{\Omega} \rho \boldsymbol{a} \, \mathrm{d}\Omega = \int_{\Omega} \rho \boldsymbol{f} \, \mathrm{d}\Omega + \int_{\partial\Omega} \sigma \boldsymbol{N} \, \mathrm{d}S \tag{3.24}$$

式中，$\boldsymbol{a} = \mathrm{D}\boldsymbol{v}/\mathrm{D}t$ 表示物体中典型物质点的加速度。注意：式(3.24)在计算左端物质积分时已用了质量连续性方程，且应当注意上式是在空间描述下，即对应于当前构形的动量守恒形式，也称 Euler 型方程。

对式(3.24)右端的第二项积分运用散度定理,将其转换为体积的物质积分,则有

$$\int_{\partial\Omega} \boldsymbol{\sigma} \boldsymbol{N} \mathrm{d}S = \int_{\Omega} \boldsymbol{\nabla} \boldsymbol{\sigma} \mathrm{d}\Omega = \int_{\Omega} \sigma^{ij}_{,j} \boldsymbol{g}_i \mathrm{d}\Omega \tag{3.25}$$

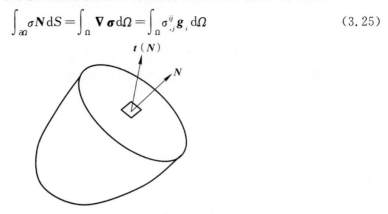

图 3 - 10 具有法向量 N 的面元上的面力 $t\ (N)$

当式(3.24)对物体中的任意部分的体积均成立时,可得

$$\boldsymbol{\nabla} \boldsymbol{\sigma} + \rho \boldsymbol{f} = \rho \boldsymbol{a} \tag{3.26}$$

式(3.26)通常称为运动方程或 Cauchy 动量方程,一般动力学教科书中也称动平衡方程或动力学微分控制方程。结合式(3.23)给出的边值条件、材料的物理方程、应变连续性方程以及初始条件即构成了一个动力学问题的完备描述,理论上可以进行求解。鉴于工程问题的复杂性,由微分方程描述体系进行求解是非常困难的,必须借助于数值计算技术(见 3.3 节)。以上所述的方程体系对撞击动力学问题并不完备,缺少了撞击接触条件,详见 3.2.2 小节。

式(3.26)称为线动量守恒、角动量守恒或动量矩守恒,可以给出 Cauchy 应力对称的结论,即

$$\boldsymbol{\sigma} = \boldsymbol{\sigma}^{\mathrm{T}} \qquad \text{或分量形式} \qquad \sigma_{ij} = \sigma_{ji} \tag{3.27}$$

至于动量守恒定律在物质坐标系下的描述受篇幅所限,恕不赘述。

3.2.1.3 能量守恒

能量守恒定律作为热力学系统的第一定律可描述为:自然界中一切物质都具有能量。能量虽然有各种不同的形式,并且可以从一种形式转化为另一种形式,从一个物体传递给另一个物体,但在转化和传递过程中,能量的数量是守恒的。能量守恒定律的重要理论意义在于,当热力学体系处于平衡状态时,有一个称之为内能的状态函数;在绝热过程中,体系内能的增加等于外界对该体系所做的功。能量守恒定律在应用中的意义在于它易于对复杂工程问题进行定性或定量的应用分析。定量表述能量守恒定律即对于一个热力学系统,其总内能 $\tilde{\varepsilon}$ 和总动能 K 的时间变化率等于外力对该系统所做的功率 $\dot{W}$ 以及输入给该体系的其他类型能量的时间变化率之和。其他类型的能量可包括热能、化学能等。为符号表达的简洁起见,以下仅考虑热能 Q。能量守恒定律的符合表达为

$$\dot{\tilde{\varepsilon}} + \dot{K} = \dot{W} + \dot{Q} \tag{3.28}$$

定义单位质量上的内能密度为 ε,则占有体积 Ω 的物体总内能可由体积分表示为

$$\tilde{\varepsilon} = \int_{\Omega} \rho \varepsilon \mathrm{d}\Omega \tag{3.29}$$

物体所获得的热能 Q 可由物体内部的热源提供,也可以通过表面输入给物体,故其时间

变化率可表示为

$$\dot{Q} = \int_{\Omega} \rho h \, d\Omega - \int_{\partial\Omega} q(\boldsymbol{N}) \, dS \tag{3.30}$$

式中，ρ 为密度；h 为单位时间内单位质量上的分布热源；$q(\boldsymbol{N})$ 为单位时间内通过物体表面的单位面积上输入或输出的热能，其中，$q(\boldsymbol{N})$ 输入为负，输出为正。

注意到

$$K = \frac{1}{2} \int_{v} \rho \boldsymbol{v} \cdot \boldsymbol{v} dv \ \text{及} \ \dot{W} = \int_{\Omega} \rho \boldsymbol{f} \cdot \boldsymbol{v} dv + \int_{\partial\Omega} \boldsymbol{t}(\boldsymbol{N}) \cdot \boldsymbol{v} dS \tag{3.31}$$

其中，$\boldsymbol{v}$ 为质点速度；$\boldsymbol{f}$ 和 $\boldsymbol{t}(\boldsymbol{N})$ 分别为体力和面力。于是，能量守恒定律的总体形式可表示为

$$\frac{D}{Dt} \int_{\Omega} \rho \left(\frac{1}{2} \boldsymbol{v} \cdot \boldsymbol{v} + \varepsilon \right) d\Omega = \int_{\Omega} \rho (\boldsymbol{f} \cdot \boldsymbol{v} + h) \, d\Omega + \int_{\partial\Omega} \left[\boldsymbol{t}(\boldsymbol{N}) \cdot \boldsymbol{v} - q(\boldsymbol{N}) \right] dS \tag{3.32}$$

由式(3.23)并根据热流量的定义可知：

$$\boldsymbol{t}(\boldsymbol{N}) \cdot \boldsymbol{v} = \boldsymbol{v} \cdot \boldsymbol{\sigma} \cdot \boldsymbol{N}, \quad q(\boldsymbol{N}) = \boldsymbol{q} \cdot \boldsymbol{N} \tag{3.33}$$

式中，$\boldsymbol{N}$ 为物体表面的单位外法向量；$\boldsymbol{\sigma}$ 为 Cauchy 应力；$\boldsymbol{q}$ 为热流向量。

对热力学系统而言，由内能的定义可知下式成立：

$$\dot{\bar{\varepsilon}} = \int_{\Omega} \boldsymbol{\sigma} \cdot \boldsymbol{D} d\Omega + \dot{Q} \tag{3.34}$$

其中，$\boldsymbol{D}$ 为变形率张量。式(3.34)代入式(3.28)即得

$$\dot{W} = \int_{\Omega} \boldsymbol{\sigma} : \boldsymbol{D} d\Omega + \dot{K} \tag{3.35}$$

将式(3.35)代入式(3.32)，并注意到式(3.30)，最后得

$$\int_{\Omega} \rho \dot{\varepsilon} \, d\Omega = \int_{\Omega} \boldsymbol{\sigma} \cdot \boldsymbol{D} d\Omega + \int_{\Omega} \rho h \, d\Omega + \int_{\partial\Omega} \boldsymbol{q} \cdot \boldsymbol{N} dS \tag{3.36}$$

对式(3.36)右端第三项积分运用散度定理，并假定上式对物体内任一部分体积均成立，于是可得局部形式的能量守恒表达式：

$$\rho \dot{\varepsilon} = \boldsymbol{\sigma} \cdot \boldsymbol{D} + \rho h - \boldsymbol{\nabla} \cdot \boldsymbol{q} \tag{3.37}$$

式(3.36)及式(3.37)是基于当前构形的，关于初始构形或参考构形的能量守恒表达可参见文献[3]。

以下就文献[4] 应用 LS-DYNA 软件数值模拟鸟体撞击准各向同性复合材料板所获得的技术结论分析为例，说明能量守恒在复杂工程问题中的定性分析。数值模型如图 3.11(a) 所示，其技术结论为：同一速度下，随鸟体直径的增加，穿透靶板后的鸟体速度在减小，但几乎与鸟的长度无关，如图 3-11(b)所示。该结论表明弹体的总动能对穿透结构并不起主要作用，只要初始动能大于一个阈值(该能量所产生的接触力足以造成结构起裂)即可。为解释此结论，定性的能量分析如下：

鸟体穿透时刻的能量平衡可表示为

$$\frac{1}{2} m v_0^2 = \frac{1}{2} m_u v_0^2 + \frac{1}{2} m_d v_d^2 + E_{global} + E_{local} + E_{other} \tag{3.38}$$

式中，等式左端为鸟体的初始总能量；右端第一项为鸟体穿透过程中未变形部分的动能；第二项为鸟体穿透过程中变形受损部分的动能；第三项为靶板由弯曲、剪切及面力应力所产生的结构整体变形能；第四项为结构受冲击区域的局部变形能，该部分的能量造成材料的损伤，该能量值实际为结构单位面积材料损伤的阻抗，为一常数；第五项即为由摩擦及冲击波传播等所消

耗的能量部分。

由于结构被穿透发生于整个结构弹体变形之前,故未变形弹体部分的质量动能就不影响这个穿透过程,或仅前面的一部分影响到损伤过程。因此,对于给定的弹体质量存在一个弹体的临界速度,超过部分对穿透就没有作用。这不同于硬弹体的撞击情况。

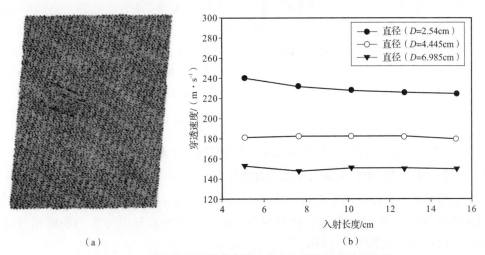

（a）　　　　　　　　　　　　　　　（b）

图 3 - 11　鸟体撞击靶板及其穿透速度与鸟体长度的无关性

3.2.2　鸟体撞击的接触及其基本特征分析

如前所述,鸟体与飞机结构的撞击是一个能量交换的复杂作用过程,最显著的基本特征即是过程中所形成的撞击力(接触力)和接触变形。本小节主要依据鸟体撞击的作用特点,介绍撞击过程中有关撞击接触的基本问题。

3.2.2.1　初始撞击接触几何条件

撞击过程中撞击接触作用的一个最基本几何特征即是撞击接触的方向,通常分为共线型(Collinear)和偏心型(Eccentric)两种[5]。共线撞击接触的定义为:两体接触面 C 的法线 n 与两接触体的质心连线共线,如图 3.12(a)所示;偏心型共线接触的定义为至少有一个撞击接触体的质心到接触点的连线与接触面法线 n 不共线,如图 3.12(b)所示。

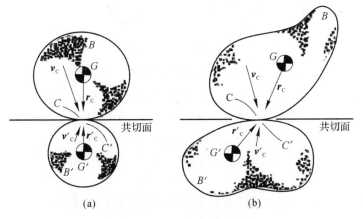

(a)　　　　　　　　　　　　　　　(b)

图 3 - 12　撞击接触类型

(a)共线型；　(b)偏心型

由图 3.12(a)可知,设撞击体 B 及 B' 的质心到接触点 C 的矢径分别为 r_C 和 r'_C ,共线型撞击接触条件可描述为

$$r_C \times n = r'_C \times n = 0 \tag{3.39a}$$

偏心型撞击接触条件可写作

$$r_C \times n \neq 0, \quad r'_C \times n \neq 0 \tag{3.39b}$$

撞击过程中撞击接触作用的另一个几何基本特征是撞击入射角。两撞击体的初始接触时刻,重合接触点 C 和 C' 存在一个初始相对速度, $v_0 \equiv v_C(0) - v_C'(0)$ 。初始相对速度关于接触切平面分别有法向分量 $v_0 \cdot n$ 和切向分量 $(n \times v_0) \cdot n$,切向分量又称为接触滑动相对速度。撞击体入射角 Ψ_0 定义为相对初始入射速度与接触切平面单位法向量间的夹角,即

$$\Psi_0 = \arctan\left(\frac{(n \times v_0) \cdot n}{v_0 \cdot n}\right) \tag{3.40}$$

显然,当 $\Psi_0 = 0$ 时,即为共线型撞击接触;偏心型撞击接触的 $\Psi_0 \neq 0$ 。

3.2.2.2 撞击过程中的接触几何及面力条件

设初始构形的两物体分别为 B_0^1 和 B_0^2 ,其中边界分别为 ∂B^1 及 ∂B^2 ;在某一研究时刻的当前构形又分别为 b^1 和 b^2 ,当前构形的边界为 ∂b^1 及 ∂b^2 ,如图 3.13 所示。当前时刻两物体接触到且不可侵入的几何条件可分别记作

$$\Gamma^C = \partial b^1 \cap \partial b^2 \neq 0 \qquad \text{(接触)} \tag{3.41a}$$

$$(b^1 - \partial b^2) \cap b^2 = 0 \quad \text{或} \quad \partial b^1 \cap \partial b^2 = 0 \qquad \text{(不可侵入)} \tag{3.41b}$$

无论两体或多体撞击接触,以后均用一个 Γ^C 表示所有的接触边界。特别在计算过程中,两个表面往往是不重合的, Γ^C 表示人为随意规定的计算主控物体表面。

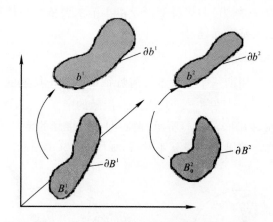

图 3 - 13 两运动物体的初始及当前构形示意图

假设两物体有一个接触面,记物体 b^1 表面上的接触区边界为 $A = \Gamma^C \cap \partial b^1$ (计算时取为主控表面),物体 b^2 表面上的接触区边界为即 $B = \Gamma^C \cap \partial b^2$ 。 Γ^C 上的各点对应两物体有着方向相反的面外法向,即 $n^A = -n^B$,且两物体接触面上的速度场表示为

$$v^A = v_N^A n^A + v_T^A \tag{3.42a}$$

$$v^B = -v_N^B n^B + v_T^B \tag{3.42b}$$

式(3.42)中,法向分量是以计算主控接触表面的局部坐标系为准,即有

$$v_N^A = v^A \cdot n^A \quad \text{或} \quad v_N^B = v^B \cdot n^A \tag{3.43}$$

对于鸟撞薄壁结构问题而言,式(3.41a)和式(3.41b)表示的不可侵入条件在撞击过程中是高度非线性的,且难以表示成位移的代数或微分方程,主要困难在于撞击过程是不可预知的。为着使式(3.41b)成为可计算的形式,撞击动力学中常采用位移的率形式或增量形式表达不可侵入条件,有下述形式:

$$\gamma_N = v^A \cdot n^A + v^B \cdot n^B = (v^A - v^B) \cdot n^A \equiv v_N^A - v_N^B \leqslant 0 \quad (\text{在 } \Gamma^c \text{ 上}) \quad (3.44)$$

实际上,上式的意义并不与式(3.41b)完全等价。如图3-14所示,仅当$\gamma_N = 0$的条件才表示接触的真实状态,而$\gamma_N < 0$实际为两物体的分离状态,$\gamma_N > 0$表示相互的侵入速率。因此γ_N的意义较式(3.41b)更宽泛,尤其作为计算判断的条件。

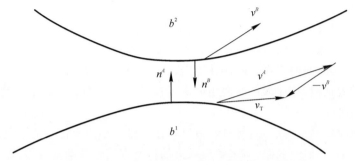

图3-14　撞击接触的率形式表达意义示意图

γ_N称为相互侵入速率,也有使用$-\gamma_N$值作为接触体的相互作用度量,称为间隙率。接触面上的相对切向速度可表示为

$$\boldsymbol{\gamma}_T = \boldsymbol{v}_T^A - \boldsymbol{v}_T^B \quad (3.45)$$

式(3.45)中黑体表示对于三维问题,接触面上两物体的相对切向速度具有两个分量。

从动力学角度而言,横跨接触面上应满足动量平衡,由于接触面不涉及质量,故动量平衡变成为两个物体在接触面上的合力为零,即

$$t^A + t^B = 0 \quad (3.46)$$

当接触面不存在任何黏性时,接触面上的法向面力显然不能是拉力,可表示为

$$t_N^A \equiv t^A \cdot n^A = -t_N^B \equiv t^B \cdot n^B \leqslant 0 \quad (3.47)$$

当式(3.46)用于切向时同样成立,只有当接触面不存在摩擦时,两物体接触面上的切向面力均为零,表示为

$$t_T^A = t_T^B = 0 \quad (3.48)$$

可以将式(3.44)和式(3.47)合并来表达接触条件,称为归一化接触条件:

$$t_N \gamma_N = 0 \quad (3.49)$$

上式表达了接触力的法向分量不工作的事实,即当两物体接触时,虽接触力法向分量不为零,但$\gamma_N = 0$。故在接触状态时,式(3.49)总是成立的。

3.2.2.3　撞击接触力的基本特征

撞击过程中,能量交换作用所形成的接触力是一个局部接触区域协调变形的结果,在本指南所关心的撞击作用范围内,引起较大塑性变形的法向撞击速度大约介于$(10^2 \sim 10^3) v_y$范围,其中v_y是在软体材料中产生塑性屈服所需的最小相对法向入射速度(对一般金属而言,这个法向入射速度约在0.1 m/s的量级)。

撞击过程产生的接触力通常可表示为热力学系统状态变量$\boldsymbol{x}$和其速度$\dot{\boldsymbol{x}}$的函数,即$f_C =$

$f_C(\boldsymbol{x}, \dot{\boldsymbol{x}})$。接触力在所关心的时间范围内,通常是非线性和不连续的,且接触的位置和区域同样随时间变化。接触力的变化及其大小与撞击体系的诸多物理量有关,如几何形态、接触及其附近区域刚度,接触表面的粗糙程度、接触阻尼以及接触环境等。对于非共线撞击接触,两撞击体在接触区域上将产生滑移运动,对于粗糙的物体表面,这种滑动将产生非保守的切向接触力,并伴随干摩擦消耗撞击能量的过程。

对于弹塑性撞击问题,除摩擦力外,法向的相互作用接触力同样是非保守的,即在接触区域的加/卸载反复过程中存在着能量的消耗与损失,这个能量的耗散可能来自于不可逆的材料塑性行为、率相关行为、局部的损伤与断裂行为以及弹性波在各自撞击体中的截获行为等,且通常转换成热能、声能而耗散。

鸟撞飞机薄壁结构的情形属于柔性体横向撞击问题,若受撞体沿接触切平面法向的厚度相比这个平面很小,则撞击区域附近的板壳弯曲刚度对接触力的影响也是较大的,起到了减缓接触力、延迟撞击持续时间的作用。同样在撞击过程以及后续的一段时间内,接触区及其附近区域都是一个能量的耗散源,耗散量的大小取决于接触区及其相邻区域的材料性质以及结构形态所构成的弯曲刚度大小。

工程中的撞击问题随结构形态、材料性质以及作用量大小的变化差别很大,解决问题的所使用的方法亦多有不同,但一般而言,求解接触力的控制方程包括动量方程、能量方程、本构关系、初边值条件、接触几何以及接触力条件。关于撞击接触力的数值计算方法详见 3.3 节。

3.3　撞击动力学数值计算方法

撞击动力学数值计算方法本身是一个庞大的力学计算理论体系,涉及深入而广泛的基础力学概念和必要的数学知识储备,特别对于本指南所关心的鸟体撞击问题,由于较高速度条件下鸟体的变形往往超过 Lagrangian 描述对计算网格所要求的畸变程度,还必须采用与计算流体力学相耦合的 ALE(Arbitrary Lagrangian Eulerian)或 SPH(Smoothed Particle Hydrodynamic,光滑粒子流体动力学)描述及其相应的复杂数值计算方法。受篇幅所限,本节仅在鸟体撞击薄壁结构问题所覆盖的技术范围内,分析介绍其数值计算方法的技术体系骨干并给予必要的解释和说明,以有助于结构工程师对数值仿真技术的理解以及在进行此类问题分析计算时能恰当把握方法的选择和细节的合理处理。本节的内容主要取自文献[6],文献[6]是一部极富理论与方法体系价值的专著文献。

3.3.1　物质形变运动的基本描述方法

鸟体撞击飞机结构是一个具有大范围相对运动与变形的过程,作为连续介质力学的描述,对一个运动与变形体(无论固体或流体)的描述首先假定其物体内部处处充满均匀的物质,而至多有有限个不连续点,且其中的每一均匀物质点代表了物体微观结构在该空间点的总体均匀化物质效应。于是,对物体中或边界上的状态变量或响应总可以用光滑的(或分段光滑的)函数来描述,且在常规意义下域内的微积分都是存在的。

3.3.1.1　物质构形及其运动与形变描述

描述任意时刻的物体构形需要相对于一个参考构形,参考构形可以是物体的初始时刻构形($t = 0$)或是某个固定时刻的构形($t = \tau$)。为着简单起见,本节始终取参考构形为初始时刻构形，用 Ω_0 表示；而所研究的当前 t 时刻构形用 Ω 表示，称为当前构形。当然这些被研究的构形可以是一维的、二维的或三维的。

描述物体构形各点的参照系有两种观点：其一，物质坐标系，又称 Lagrangian 坐标系。该参照系通过一个固定的坐标系（通常为笛卡儿直角坐标系，Cartesian）对初始构形 Ω_0 的各物质点进行标记（用一组有序数表示）；其二，称为空间坐标系，又称 Eulerian 坐标系。该参照系通过另一个固定的坐标系（直角或曲线的坐标系，且可以不与 Lagrangian 坐标重合。为描述符号的简单起见，本节仅使用固定的直角坐标系），对任意时刻构形 Ω 的各空间点进行标记。应当注意，本节使用的这两套坐标系都不随时间而变化。

取物质坐标系与空间坐标系重合，两套坐标系的坐标标架（坐标轴的基矢量）为 $\{e_i, i = 1, 2, \cdots, N_D\}$。于是，初始构形 Ω_0 上任一物质点的 Lagrangian 描述为

$$\boldsymbol{X} = \sum_{i=1}^{N_D} \mathrm{X}_i \boldsymbol{e}_i \tag{3.50a}$$

而初始构形 Ω_0 上任一空间点位置的 Eulerian 描述为

$$\boldsymbol{x} = \sum_{i=1}^{N_D} x_i \boldsymbol{e}_i = \sum_{i=1}^{N_D} f_i(t) \big|_{t=0} \boldsymbol{e}_i \tag{3.50b}$$

式（3.50a）和式（3.50b）所赋予初始构形 Ω_0 的坐标值是一致的，但这仅对初始构形是正确的。值得注意的是，由物质坐标的含义可知，$\boldsymbol{X}$ 是永远不变的，刻画了物质点在初始构形中的位置；而空间描述的 $\boldsymbol{x}$ 则是随时间不断变化的，因此有式（3.50b）的第二个等式表达。但该式表达的意义性不强，我们需要研究的是原初始构形的各物质点在某个 t 时刻运动到了什么位置。因此，用下式表达我们的研究目的更为确切，即设

$$\boldsymbol{x} = \boldsymbol{\varphi}(\boldsymbol{X}, t) = \boldsymbol{x}(\boldsymbol{X}, t) = \sum_{i=1}^{N_D} \varphi_i(\boldsymbol{X}, t) \boldsymbol{e}_i = \sum_{i=1}^{N_D} x_i(\boldsymbol{X}, t) \boldsymbol{e}_i \tag{3.51}$$

式（3.51）中 $\boldsymbol{\varphi}(\boldsymbol{X}, t)$ 的含义即表达了初始构形中的任一物质点 X 在某时刻 t 空间构形中的位置；式中的第二个等式仅是习惯的符号记法。显然在 $t = 0$ 时刻，$\boldsymbol{X} = \boldsymbol{\varphi}(\boldsymbol{X}, 0)$。式（3.51）中 $\boldsymbol{\varphi}(\boldsymbol{X}, t)$ 的另一层含义即表示了初始构形中任一物质点的运动轨迹，如图 3.15 所示。限于连续介质力学的分析观点，$\boldsymbol{\varphi}(\boldsymbol{X}, t)$ 是连续的且一对一。因此，该函数的逆是存在的，即

$$\boldsymbol{X} = \boldsymbol{\varphi}^{-1}(\boldsymbol{x}, t) = \boldsymbol{X}(\boldsymbol{x}, t) \tag{3.52}$$

物体运动通常还需用物质点的位移来表示，由图 3-15 可知，在初始构形中的物质点到 t 时刻当前构形中空间点的位移可写作

$$\boldsymbol{u} = \boldsymbol{x} - \boldsymbol{X} \quad \text{或} \quad \boldsymbol{u}(\boldsymbol{X}, t) = \boldsymbol{\varphi}(\boldsymbol{X}, t) - \boldsymbol{X} \tag{3.53}$$

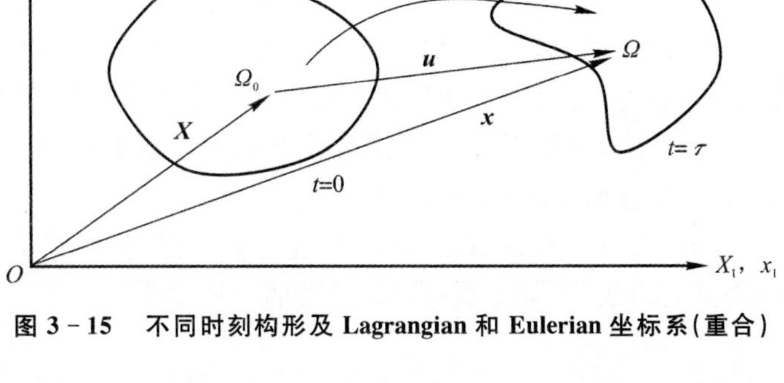

图 3-15　不同时刻构形及 Lagrangian 和 Eulerian 坐标系（重合）

于是，初始构形中物质点的运动速度及加速度可表示为

$$v \equiv \dot{u} \equiv \frac{\mathrm{D}u}{\mathrm{D}t} = \frac{\partial u(X,t)}{\partial t} = \frac{\partial \varphi(X,t)}{\partial t} \quad (3.54a)$$

$$a \equiv \dot{v} \equiv \frac{\mathrm{D}v}{\mathrm{D}t} = \frac{\partial v(X,t)}{\partial t} = \frac{\partial^2 x(X,t)}{\partial t^2} \quad (3.54b)$$

应当强调的是式(3.54)中是关于初始构形中物质点的时间导数，简称物质导数或材料导数(material time derivatives)。但当运动位移、速度或加速度用 t 时刻当前构形的空间点表达时，需利用复合函数的导数链规则进行物质点的时间求导，如用空间点表达的速度为 $v(x,t)$，则其物质导数为

$$\frac{\mathrm{D}v}{\mathrm{D}t} = \frac{\mathrm{D}v(x,t)}{\mathrm{D}t} = \frac{\mathrm{D}v[\varphi(X,t),t]}{\mathrm{D}t} = \frac{\partial v}{\partial t} + \frac{\partial v}{\partial x} \cdot v = \frac{\partial v}{\partial t} + v \cdot \mathbf{grad}v \quad (3.55a)$$

或下述分量形式：

$$\frac{\mathrm{D}v_i}{\mathrm{D}t} = \frac{\partial v_i}{\partial t} + v_k \frac{\partial v_i}{\partial x_k} \quad (i,k=1,2,3) \quad (3.55b)$$

式(3.55b)中第二项称为迁移项，同时利用了 Einstein 求和约定（下标 k 重复求和）。

物体构形的变化特征用形变梯度来描述，记作

$$F = \frac{\partial \varphi(X,t)}{\partial X} = \frac{\partial x}{\partial X} \quad \text{或} \quad F_{ij} = \frac{\partial x_i}{\partial X_j} \quad (i,j=1,2,3) \quad (3.56a)$$

注意到式(3.51)及其解释，由式(3.52)知 F 的逆存在（于是，二阶张量 F 称为正则仿射量），定义为

$$F^{-1} = \frac{\partial X}{\partial x} = \frac{\partial \varphi^{-1}(x,t)}{\partial x} \quad \text{或} \quad F_{ij}^{-1} = \frac{\partial X_i}{\partial x_j} \quad (i,j=1,2,3) \quad (3.56b)$$

式(3.56a)实际表达了初始构形中微元段 $\mathrm{d}X$ 在现时构形中的变化，即

$$\mathrm{d}x = F \cdot \mathrm{d}X \quad \text{或} \quad \mathrm{d}x_i = F_{ij}\mathrm{d}X_j \quad (3.57)$$

初始构形中体积微元 $\mathrm{d}\Omega_0$ 的现时变化 $\mathrm{d}\Omega$ 可表示为[6]

$$\mathrm{d}\Omega = (\mathrm{d}x_i \mathrm{d}x_j \mathrm{d}x_k)\boldsymbol{e}_i \cdot (\boldsymbol{e}_j \times \boldsymbol{e}_k) = \det F \cdot \mathrm{d}\Omega_0 \quad (3.58)$$

式(3.58)中，$\det F$ 称为 Jacobian 行列式，通常记为 $J \equiv \det F$。可以证明 Jacobian 行列式的物质导数为[3]

$$\frac{\mathrm{D}J}{\mathrm{D}t} = J \mathrm{div}v \quad (3.59)$$

注意到 3.3.1 节开始及其式(3.51)定义式的解释，可知 Jacobian 行列式 J 同样具有所需的连续性要求，当然还应当限制 $J > 0$，这是保证质量守恒定律存在所必需的。数值计算中可能出现 $J \leqslant 0$ 的情况，遇此情况也是数值计算"崩溃"之时。

3.3.1.2 物质构形上的状态变量、响应函数及其物质导数与积分

物质构形中各物质点涉及到其场变量（如密度、温度、压力、体积、应力、应变、能量等状态变量、状态函数以及响应函数等）的时间演变规律。应当注意这些关于物质点的场变量可以是标量的或张量的。设当前构形 Ω 中的某个标量函数在空间坐标系下记为 $f(x,t)$，而在物质坐标系下表示为 $F(X,t)$，则这两个函数间的关系为

$$F(X,t) = f[\varphi(X,t),t] \quad \text{或} \quad F = f \circ \varphi \quad (3.60)$$

式中的第二个记号称为函数构成，数学专业对复合函数的一种称谓。

对一空间坐标系下描述的标量函数进行时间求导意味着计算空间点所对应的物质点时间导数,如式(3.56)的标量函数,其物质导数可表示为

$$\frac{\mathrm{D}f}{\mathrm{D}t} = \frac{\partial F}{\partial t} \equiv \dot{F} = \frac{\partial f}{\partial t} + \frac{\partial f}{\partial x} \frac{\partial \boldsymbol{\varphi}(\boldsymbol{X},t)}{\partial t} = \frac{\partial f}{\partial t} + \boldsymbol{v} \cdot \mathbf{grad} f \tag{3.61}$$

若对空间坐标系下的张量函数σ进行物质导数计算,则可表示为

$$\frac{\mathrm{D}\boldsymbol{\sigma}}{\mathrm{D}t} = \frac{\partial \boldsymbol{\sigma}}{\partial t} + \frac{\partial \boldsymbol{\sigma}}{\partial x} \frac{\partial \boldsymbol{\varphi}(\boldsymbol{X},t)}{\partial t} = \frac{\partial \boldsymbol{\sigma}}{\partial t} + \boldsymbol{v} \cdot \mathbf{grad}\boldsymbol{\sigma} \tag{3.62}$$

式中,$\mathbf{grad}\boldsymbol{\sigma} = \nabla \otimes \boldsymbol{\sigma}$,即梯度算子与张量函数的张量积。

连续介质力学分析中,时常需要对现时构形域中的函数积分进行物质导数计算,这导致一个著名的 Reynold 转换定理。一个当前构形域中函数积分的物质导数定义为

$$\frac{\mathrm{D}}{\mathrm{D}t}\int_{\Omega} f \mathrm{d}\Omega = \lim_{\Delta t} \frac{1}{\Delta t}\left[\int_{\Omega_{\tau+\Delta t}} f(\boldsymbol{x},\tau+\Delta t)\,\mathrm{d}\Omega - \int_{\tau} f(\boldsymbol{x},\tau)\,\mathrm{d}\Omega\right] \tag{3.63}$$

式(3.63)中,Ω_τ 是 τ 时刻的现时空间域,$\Omega\tau+\Delta t$ 为同一材料域在 $\tau + \Delta t$ 时刻所占有的变化后空间。左端积分的空间域 Ω 应理解为同一材料在 τ 时刻的现时空间域。利用式(3.58),将式(3.63)右端转换到初始参考构形域,即

$$\frac{\mathrm{D}}{\mathrm{D}t}\int_{\Omega} f \mathrm{d}\Omega = \lim_{\Delta t} \frac{1}{\Delta t}\left[\int_{\Omega_0} F(\boldsymbol{X},\tau+\Delta t) J(\tau+\Delta t)\,\mathrm{d}\Omega_0 - \int_{\Omega_0} F(\boldsymbol{X},\tau) J(\tau)\,\mathrm{d}\Omega_0\right] \tag{3.64}$$

由式(3.60)知,式(3.64)中 $F(\boldsymbol{X},t) = f[\boldsymbol{\varphi}(\boldsymbol{X},t),t]$。

式(3.64)的积分域变换是时间独立的,极限运算可转入积分号内进行,于是得

$$\frac{\mathrm{D}}{\mathrm{D}t}\int_{\Omega} f \mathrm{d}\Omega = \int_{\Omega_0} \frac{\partial}{\partial t}\{f[\boldsymbol{\varphi}(\boldsymbol{X},t),t] J(\tau+\Delta t)\}\,\mathrm{d}\Omega_0 \tag{3.65}$$

由复合函数导数链规则且再将其变换回到现时空间域,可得

$$\frac{\mathrm{D}}{\mathrm{D}t}\int_{\Omega} f \mathrm{d}\Omega = \int_{\Omega}\left[\frac{\mathrm{D}f(\boldsymbol{x},t)}{\mathrm{D}t} + f\,\mathrm{div}\boldsymbol{v}\right]\mathrm{d}\Omega \tag{3.66}$$

注意到式(3.61),可得上式的另一形式:

$$\frac{\mathrm{D}}{\mathrm{D}t}\int_{\Omega} f \mathrm{d}\Omega = \int_{\Omega}\left[\frac{\partial f(\boldsymbol{x},t)}{\partial t} + \mathrm{div} f\boldsymbol{v}\right]\mathrm{d}\Omega \tag{3.67}$$

又对式(3.67)右端第二项利用 Gauss 定理,上式又可表示为

$$\frac{\mathrm{D}}{\mathrm{D}t}\int_{\Omega} f \mathrm{d}\Omega = \int_{\Omega} \frac{\partial f(\boldsymbol{x},t)}{\partial t}\mathrm{d}\Omega + \int_{\partial\Omega} f\boldsymbol{v} \cdot \boldsymbol{n}\mathrm{d}S \tag{3.68}$$

式(3.66)~式(3.68)称为不同形式的 Reynold 转换定理。

3.3.1.3　应变与应力度量

连续介质力学中常用的应变度量最基本的有两种:其一称 Green(Green - Lagrange)应变张量 $\boldsymbol{E}$,其二称变形率张量 $\boldsymbol{D}$。以下分别介绍。

(1)Green 应变张量 $\boldsymbol{E}$ 定义为

$$\mathrm{d}s^2 - \mathrm{d}S^2 = 2\mathrm{d}\boldsymbol{X} \cdot \boldsymbol{E} \cdot \mathrm{d}\boldsymbol{X} \tag{3.69}$$

式中,$\mathrm{d}S$ 为初始构形中的一线段微元(或称物质线元);$\mathrm{d}s$ 为 $\mathrm{d}S$ 在某时刻现时构形中的变化长度。显然,式(3.69)中 Green 应变张量 $\boldsymbol{E}$ 是物质线元 $\mathrm{d}S$ 变化的某种度量,稍后可以看到这样定义的意义所在。为获得 $\boldsymbol{E}$ 的具体表达,可对式(3.69)左端项展开计算,注意到式(3.57)

可得

$$\mathrm{d}s^2 = \mathrm{d}\boldsymbol{x} \cdot \mathrm{d}\boldsymbol{x} = (\boldsymbol{F} \cdot \mathrm{d}\boldsymbol{X}) \cdot \boldsymbol{F} \cdot \mathrm{d}\boldsymbol{X} = \mathrm{d}\boldsymbol{X}^{\mathrm{T}} \boldsymbol{F}^{\mathrm{T}} \boldsymbol{F} \mathrm{d}\boldsymbol{X} = \mathrm{d}\boldsymbol{X} \cdot \boldsymbol{F}^{\mathrm{T}} \cdot \boldsymbol{F} \cdot \mathrm{d}\boldsymbol{X} \tag{3.70a}$$

$$\mathrm{d}S^2 = \mathrm{d}\boldsymbol{X} \cdot \mathrm{d}\boldsymbol{X} \equiv \mathrm{d}\boldsymbol{X} \cdot \boldsymbol{I} \cdot \mathrm{d}\boldsymbol{X} \tag{3.70b}$$

式(3.70a)中第三个等式利用了矩阵运算。将式(3.70a)及式(3.70b)两式代入式(3.69)，并注意到物质微元的任意性，可得

$$\boldsymbol{E} = \frac{1}{2}(\boldsymbol{F}^{\mathrm{T}} \cdot \boldsymbol{F} - \boldsymbol{I}) \quad \text{或} \quad E_{ij} = \frac{1}{2}(F_{ik}^{\mathrm{T}} F_{kj} - \delta_{ij}) \tag{3.71}$$

Green 应变张量 $\boldsymbol{E}$ 还可表示成位移矢量的关系。注意到位移的定义式(3.53)，将其分量形式代入式(3.71)右端括号内第一项进行计算，可得

$$E_{ij} = \frac{1}{2}\left(\frac{\partial x_k}{\partial X_i}\frac{\partial x_k}{\partial X_j} - \delta_{ij}\right) = \frac{1}{2}\left[\left(\frac{\partial u_k}{\partial X_i} + \frac{\partial X_k}{\partial X_i}\right)\left(\frac{\partial u_k}{\partial X_j} + \frac{\partial X_k}{\partial X_j}\right) - \delta_{ij}\right] =$$
$$\frac{1}{2}\left[\left(\frac{\partial u_k}{\partial X_i} + \delta_{ki}\right)\left(\frac{\partial u_k}{\partial X_j} + \delta_{kj}\right) - \delta_{ij}\right] = \frac{1}{2}\left(\frac{\partial u_i}{\partial X_j} + \frac{\partial u_j}{\partial X_i} + \frac{\partial u_k}{\partial X_i}\frac{\partial u_k}{\partial X_j}\right) \tag{3.72}$$

写回张量形式有

$$\boldsymbol{E} = \frac{1}{2}\left[\boldsymbol{\nabla}_0 \otimes \boldsymbol{u} + (\boldsymbol{u} \otimes \boldsymbol{\nabla}_0) + (\boldsymbol{\nabla}_0 \otimes \boldsymbol{u}) \cdot (\boldsymbol{u} \otimes \boldsymbol{\nabla}_0)\right] \tag{3.73}$$

式中，$\boldsymbol{\nabla}_0$ 为物质梯度算子。

式(3.73)寓意着 Green 应变张量 $\boldsymbol{E}$ 用于初始参考构形，且由式(3.71)还可以看出，对于初始构形中线元发生纯转动的情况，此时，$\boldsymbol{F} = \boldsymbol{R}$ 为一转动张量，即 $\boldsymbol{R}^{\mathrm{T}}\boldsymbol{R} = \boldsymbol{I}$，显然 Green 应变张量 $\boldsymbol{E} = \boldsymbol{0}$。

(2)变形率张量 $\boldsymbol{D}$，是物质点运动速率的空间变化度量。为此，首先定义物质点速度关于空间梯度的计算式：

$$\boldsymbol{L} \equiv \frac{\partial \boldsymbol{v}}{\partial \boldsymbol{x}} = \boldsymbol{\nabla} \otimes \boldsymbol{v} = \mathbf{grad}\,\boldsymbol{v} \quad \text{或} \quad L_{ij} = \frac{\partial v_i}{\partial x_j} \tag{3.74}$$

由张量代数，$\boldsymbol{L}$ 可等价分解为对称部分及反对称部分，即

$$\boldsymbol{L} = \frac{1}{2}(\boldsymbol{L} + \boldsymbol{L}^{\mathrm{T}}) + \frac{1}{2}(\boldsymbol{L} - \boldsymbol{L}^{\mathrm{T}}) \tag{3.75}$$

定义变形率张量 $\boldsymbol{D}$ 为 $\boldsymbol{L}$ 的对称部分，$\boldsymbol{L}$ 的反对称部分称为转动张量 $\boldsymbol{W}$，即

$$\boldsymbol{D} = \frac{1}{2}(\boldsymbol{L} + \boldsymbol{L}^{\mathrm{T}}) \quad \text{或} \quad D_{ij} = \frac{1}{2}\left(\frac{\partial v_i}{\partial x_j} + \frac{\partial v_j}{\partial x_i}\right) \tag{3.76a}$$

$$\boldsymbol{W} = \frac{1}{2}(\boldsymbol{L} - \boldsymbol{L}^{\mathrm{T}}) \quad \text{或} \quad W_{ij} = \frac{1}{2}\left(\frac{\partial v_i}{\partial x_j} - \frac{\partial v_j}{\partial x_i}\right) \tag{3.76b}$$

由下式的推导可知变形率张量 $\boldsymbol{D}$ 是现时构形中线段微元长度二次方的变化率度量，即

$$\frac{\partial}{\partial t}(\mathrm{d}s)^2 = \frac{\partial}{\partial t}\left[\mathrm{d}\boldsymbol{x}(\boldsymbol{X},t) \cdot \mathrm{d}\boldsymbol{x}(\boldsymbol{X},t)\right] = 2\mathrm{d}\boldsymbol{x} \cdot \mathrm{d}\boldsymbol{v} =$$
$$2\mathrm{d}\boldsymbol{x} \cdot \frac{\partial \boldsymbol{v}}{\partial \boldsymbol{x}} \cdot \mathrm{d}\boldsymbol{x} = \mathrm{d}\boldsymbol{x} \cdot (\boldsymbol{L} + \boldsymbol{L}^{\mathrm{T}} + \boldsymbol{L} - \boldsymbol{L}^{\mathrm{T}}) \cdot \mathrm{d}\boldsymbol{x} = \tag{3.77}$$
$$\mathrm{d}\boldsymbol{x} \cdot \boldsymbol{D} \cdot \mathrm{d}\boldsymbol{x}$$

式(3.77)中第二个等式括号内的反对称部分为零，是仅考虑微元长度二次方的变化率而得的，即认为 $\mathrm{d}\boldsymbol{x}$ 与 $\mathrm{d}\boldsymbol{v}$ 同方向而无转动。

Green 应变张量 $\boldsymbol{E}$ 和变形率张量 $\boldsymbol{D}$ 是有联系的，可以从以下的推导得知：

$$L \equiv \frac{\partial \boldsymbol{v}}{\partial \boldsymbol{x}} = \frac{\partial \boldsymbol{v}}{\partial \boldsymbol{X}} \cdot \frac{\partial \boldsymbol{X}}{\partial \boldsymbol{x}} = \frac{\partial \boldsymbol{v}}{\partial \boldsymbol{X}} \cdot \boldsymbol{F}^{-1} \quad \text{或} \quad L_{ij} = \frac{\partial v_i}{\partial X_k} \frac{\partial X_k}{\partial x_j} \tag{3.78}$$

又知

$$\dot{\boldsymbol{F}} = \frac{\partial}{\partial t} \frac{\partial \boldsymbol{x}}{\partial \boldsymbol{X}} = \frac{\partial}{\partial t} \frac{\partial \boldsymbol{\varphi}(\boldsymbol{X}, t)}{\partial \boldsymbol{X}} = \frac{\partial \boldsymbol{v}}{\partial \boldsymbol{X}} \quad \text{或} \quad \dot{F}_{ij} = \frac{\partial v_i}{\partial X_j} \tag{3.79}$$

将式(3.79)代入式(3.78)可得

$$\boldsymbol{L} = \dot{\boldsymbol{F}} \cdot \boldsymbol{F}^{-1} \quad \Rightarrow \quad \boldsymbol{D} = \frac{1}{2}(\dot{\boldsymbol{F}} \cdot \boldsymbol{F}^{-1} + \boldsymbol{F}^{-T} \cdot \dot{\boldsymbol{F}}^T) \tag{3.80}$$

对式(3.80)做前点积 $\boldsymbol{F}^T$ 及后点积 $\boldsymbol{F}$,并注意到对式(3.71)取物质导数的结果,即得

$$\dot{\boldsymbol{E}} = \boldsymbol{F}^T \cdot \boldsymbol{D} \cdot \boldsymbol{F} = \frac{1}{2}(\boldsymbol{F}^T \cdot \dot{\boldsymbol{F}} + \dot{\boldsymbol{F}}^T \cdot \boldsymbol{F}) \tag{3.81}$$

连续介质力学中常用的应力度量有三种:①定义在现时构形中的 Cauchy 应力 σ(又称真应力);②定义在初始构形中的名义应力 $\boldsymbol{P}$;③第二 Piola-Kirchhoff 应力 S(简称 PK2 应力)。以下分别说明。

实际上,式(3.23)的 Cauchy 第一基本定理在现时构形和初始构形都是成立的,故 Cauchy 应力 σ 和名义应力 $\boldsymbol{P}$ 均可由式(3.23)的变形来定义,即

$$\boldsymbol{n} \cdot \sigma \mathrm{d}\Gamma = t\mathrm{d}\Gamma \quad \text{和} \quad \boldsymbol{n}_0 \cdot \boldsymbol{P}\mathrm{d}\Gamma_0 = \boldsymbol{t}_0 \mathrm{d}\Gamma_0 \tag{3.82}$$

式(3.82)左式即为现时构形中真应力定义,右式即为初始构形中名义应力定义。第二 Piola-Kirchhoff 应力 S 定义为

$$\boldsymbol{n}_0 \cdot \boldsymbol{S}\mathrm{d}\Gamma_0 = \boldsymbol{F}^{-1} \cdot \boldsymbol{t}_0 \mathrm{d}\Gamma_0 \tag{3.83}$$

对任一正则仿射张量 $\boldsymbol{F}$ 和任意向量 $\boldsymbol{u}, \boldsymbol{v}$,张量代数 Nanson 公式[6]给出

$$(\boldsymbol{F} \cdot \boldsymbol{u}) \times (\boldsymbol{F} \cdot \boldsymbol{v}) = (\det \boldsymbol{F})\boldsymbol{F}^{-1} \cdot (\boldsymbol{u} \times \boldsymbol{v}) \tag{3.84}$$

将式(3.84)中的 $\boldsymbol{u}, \boldsymbol{v}$ 理解为过同一物质点上的两个微元线段,$\boldsymbol{F}$ 为形变梯度张量,则式(3.84)即为 $\boldsymbol{n}\mathrm{d}\Gamma = J\boldsymbol{n}_0 \cdot \boldsymbol{F}^{-1}\mathrm{d}\Gamma_0$,于是可以得到如下各不同应力间的转换关系:

$$\sigma = J^{-1}\boldsymbol{F} \cdot \boldsymbol{P} = J^{-1}\boldsymbol{F} \cdot \boldsymbol{S} \cdot \boldsymbol{F}^T \tag{3.85a}$$

$$\boldsymbol{P} = J^{-1}\boldsymbol{F} \cdot \sigma = \boldsymbol{S} \cdot \boldsymbol{F}^T \tag{3.85b}$$

$$\boldsymbol{S} = J\boldsymbol{F}^{-1} \cdot \sigma \cdot \boldsymbol{F}^{-T} = \boldsymbol{P} \cdot \boldsymbol{F}^{-T} \tag{3.85c}$$

以下不加分析地给出几点关于各种应力的性质:

(1)Cauchy 真应力 σ 是对称的(见式(3.28)),且在一随物质点一起转动的坐标系上具有分量不变性,即 $\hat{\sigma} = \boldsymbol{R}^T \cdot \sigma \cdot \boldsymbol{R}$ 的分量是不变量,因为旋转张量 $\boldsymbol{R}$ 嵌入物质点随其一起转动,故始终为单位张量;

(2)PK2 应力 S 是对称的,且在一随物质点一起转动的坐标系上具有分量不变性;

(3)名义应力 $\boldsymbol{P}$ 是非对称的。

Cauchy 真应力 σ 又称物理应力,表示了初始构形受载后一物质点运动到现时空间构形中某个位置上的真实应力(还是该物质点,只是随时间发生了位置变化)。名义应力 $\boldsymbol{P}$ 和 PK2 应力 S 均不具有明显的物理意义,但在能量直接积分运算(建立数值算式)以及本构关系应用时具有实用意义,这是因为积分域必须在一可知的参考构形上才能完成,而当前构形是未知而需要计算的。

Cauchy 应力 σ 的性质(1)对一固定坐标系并不成立,因为固定坐标系下旋转张量 $\boldsymbol{R}$ 刻画了物质点的转动,不再是单位量(除非物体没有转动)。该事实给应用带来困难,因为实际中需

要真实应力来刻画物质点的真实内力状态,用随物质点一起转动的坐标系不是可以消除此麻烦吗? 这是因为各点的随转坐标系时时刻刻需要计算获取,因此剥离真应力中的转动分量增加了计算工作量。于是,直接使用固定坐标系更为方便,这就需要关于固定坐标系转动不变的应力度量(称为客观性度量);而且率型的应力转动不变量更为实际,因为实际计算是在一时间增量段内进行的(由此可以处理与路径相关的复杂问题)。以下不加证明地给出三种常用的客观应力率。

(1)Cauchy 应力对应的 Jaumann 率,表达式为

$$\boldsymbol{\sigma}^{\nabla J} = \frac{D\boldsymbol{\sigma}}{Dt} - \boldsymbol{W} \cdot \boldsymbol{\sigma} - \boldsymbol{\sigma} \cdot \boldsymbol{W}^T \quad \text{或} \quad \sigma_{ij}^{\nabla J} = \frac{D\sigma_{ij}}{Dt} - W_{ik}\sigma_{kj} - \sigma_{ik}W_{jk} \tag{3.86}$$

式中,W 即为速度梯度的转动张量(见式(3.76b))。

(2)Cauchy 应力对应的 Trusedell 率,表达式为

$$\boldsymbol{\sigma}^{\nabla T} = \frac{D\boldsymbol{\sigma}}{Dt} + \text{div}(\boldsymbol{v})\boldsymbol{\sigma} - \boldsymbol{L} \cdot \boldsymbol{\sigma} - \boldsymbol{\sigma} \cdot \boldsymbol{L}^T \tag{3.87a}$$

$$\text{或} \quad \sigma_{ij}^{\nabla T} = \frac{D\sigma_{ij}}{Dt} + \frac{\partial v_k}{\partial x_k}\sigma_{ij} - L_{ik}\sigma_{kj} - \sigma_{ik}L_{jk} \tag{3.87b}$$

式中,$\boldsymbol{L}$ 即为速度梯度张量(见式(3.74))。

(3)Cauchy 应力对应的 Green - Naghdi 率,表达式为

$$\boldsymbol{\sigma}^{\nabla G} = \frac{D\boldsymbol{\sigma}}{Dt} - \boldsymbol{\Omega} \cdot \boldsymbol{\sigma} - \boldsymbol{\sigma} \cdot \boldsymbol{\Omega}^T \quad \text{或} \quad \sigma_{ij}^{\nabla J} = \frac{D\sigma_{ij}}{Dt} - \Omega_{ik}\sigma_{kj} - \sigma_{ik}\Omega_{jk} \tag{3.88}$$

式中,$\boldsymbol{\Omega} = \dot{\boldsymbol{R}} \cdot \boldsymbol{R}$,$\boldsymbol{R}$ 为坐标转动张量。

以下从机械能守恒的计算分析来看应变定义的意义。为简单起见,以下分析忽略了研究域内热源以及外部热流的能量输入及作用。现时构形中力作用的能量率守恒可描述为外部作用力功率等于物体内能变化率与其动能变化率之和,即

$$p^{\text{ext}} = p^{\text{int}} + p^{\text{kin}} \tag{3.89}$$

式中

$$p^{\text{ext}} = \int_{\Omega} \boldsymbol{v} \cdot \rho \, \boldsymbol{b} \, d\Omega + \int_{\partial\Omega} \boldsymbol{v} \cdot \boldsymbol{t} \, dS \tag{3.90a}$$

$$p^{\text{int}} = \frac{D}{Dt}\int_{\Omega} \rho w^{\text{int}} d\Omega \tag{3.90b}$$

$$p^{\text{kin}} = \frac{D}{Dt}\int_{\Omega} \frac{1}{2}\rho \boldsymbol{v} \cdot \boldsymbol{v} \, d\Omega \tag{3.90c}$$

上式(3.90)中,ρ 为质量密度;$\boldsymbol{v}$ 为当前构形中物质点的运动速度;$\boldsymbol{b}$ 为单位体积上的体积力;$\boldsymbol{t}$ 为单位表面上的作用外力;w^{int} 称为物质点的比内能,对一般物体而言,包括因材料塑性变形和内部摩擦等所消耗的热能以及储存在物体内的弹性能。

对式(3.84a)右端的第二项利用 Gauss 定理转换为体积分,注意到式(3.82)有

$$\int_{\partial\Omega} \boldsymbol{v} \cdot \boldsymbol{t} \, dS = \int_{\partial\Omega} \boldsymbol{n} \cdot \boldsymbol{\sigma} \cdot \boldsymbol{v} \, dS = \int_{\partial\Omega} n_i\sigma_{ij}v_j \, dS = \int_{\Omega} (\sigma_{ij}v_j)_{,i} \, d\Omega =$$

$$\int_{\Omega} (v_{j,i}\sigma_{ij} + \sigma_{ij,i}v_j) \, d\Omega = \int_{\Omega} (D_{ji}\sigma_{ij} + W_{ji}\sigma_{ij} + \sigma_{ij,i}v_j) \, d\Omega = \tag{3.91}$$

$$\int_{\Omega} (D_{ji}\sigma_{ij} + \sigma_{ij,i}v_j) \, d\Omega = \int_{\Omega} [\boldsymbol{D} \cdot \boldsymbol{\sigma} + (\boldsymbol{\nabla}\boldsymbol{\sigma}) \cdot \boldsymbol{v}] \, d\Omega$$

式中,第 5 个等式由速度梯度及变形率张量的定义式(3.73)及式(3.75)得来;第 6 个等式由真应力的对称性及转动张量的反对称性得来。

对式(3.90b)及式(3.90c)之和的形式变换可得

$$\frac{\mathrm{D}}{\mathrm{D}t}\int_{\Omega}\left(\rho w^{\mathrm{int}}+\frac{1}{2}\rho \boldsymbol{v}\cdot\boldsymbol{v}\right)\mathrm{d}\Omega=\int_{\Omega}\left(\rho \frac{\mathrm{D}}{\mathrm{D}t}w^{\mathrm{int}}+\rho \boldsymbol{v}\cdot\frac{\mathrm{D}}{\mathrm{D}t}\boldsymbol{v}\right)\mathrm{d}\Omega \qquad (3.92)$$

注意,式(3.92)的推导应先变换到初始构形中,再变回到当前构形来。

将式(3.91)～式(3.92)一并代入式(3.89),最终可得

$$\int_{\Omega}\left[\rho \frac{\mathrm{D}}{\mathrm{D}t}w^{\mathrm{int}}-\boldsymbol{D}\cdot\boldsymbol{\sigma}+\boldsymbol{v}\cdot\left(\rho \frac{\mathrm{D}}{\mathrm{D}t}\boldsymbol{v}-\nabla\cdot\boldsymbol{\sigma}-\rho \boldsymbol{b}\right)\right]\mathrm{d}\Omega=0 \qquad (3.93)$$

由式(3.26)知式(3.93)被积函数中括号内的项为动量平衡项,故为零。于是得

$$\rho \frac{\mathrm{D}}{\mathrm{D}t}w^{\mathrm{int}}=\boldsymbol{D}\cdot\boldsymbol{\sigma}=\boldsymbol{\sigma}\cdot\boldsymbol{D}=\sigma_{ij}D_{ij} \qquad (3.94)$$

式(3.94)说明物体内单位体积下的内能率等于真应力与变形率张量的全点积,于是变形率张量赋予了实用意义。式(3.94)称为真应力与变形率张量的功率共轭。

同理,将式(3.94)放在初始构形(或已知的参考构形)上同样成立,可得

$$\rho_0 \dot{w}^{\mathrm{int}}=\boldsymbol{P}\cdot\dot{\boldsymbol{F}}=\dot{\boldsymbol{F}}\cdot P=\boldsymbol{F}^{\mathrm{T}}\cdot\dot{\boldsymbol{F}}\cdot\boldsymbol{S}=\frac{1}{2}(\boldsymbol{F}^{\mathrm{T}}\cdot\dot{\boldsymbol{F}}+\boldsymbol{F}^{\mathrm{T}}\cdot\dot{\boldsymbol{F}})\cdot\boldsymbol{S} \qquad (3.95)$$

式(3.95)推导利用了反对称张量与对称张量缩并运算等于零的事实。同时第 1,2 等式说明名义应力与形变梯度率共轭;注意到式(3.81),则式(3.95)最后的等式说明 PK2 应力与 Green 应变率共轭。上面的功率共轭分析说明了各种应力、应变定义的实用意义。实际使用中,因名义应力 P 不对称而极少应用,而 PK2 应力是常用的。

3.3.2　结构有限运动形变的动力学变分原理

鸟体撞击薄壁结构的相对运动与变形量较大,工程中的数值计算通常采用 UL(Updated Lagrangian)格式,ALE(Arbitrary Lagrangian Eulerian)格式以及 SPH(Smoothed Particle Hydrodynamic)格式,视变形的复杂程度来决定。UL 及 ALE 数值计算格式均源于系统方程的变分方法,SPH 格式则源自于核近似原理(详见 3.3.3.3 节)。应注意,上述各计算格式并不能直接求解撞击接触问题,需要在此基础上引入撞击接触条件,这将导致有条件的变分原理。本小节作为数值计算的理论基础解释了 UL 和 ALE 计算格式的变分原理以及带撞击问题的接触条件变分原理,将 SPH 作为另一种技术方法放在 3.3.3.3 节做简单介绍。本小节的分析忽略了研究域内热源以及外部热流的能量输入及作用。

在进入细致内容分析之前,简单回顾总结一个动力学问题的理论控制方程及其独立变量数目是有益的。由 3.2 节知,对于三维空间中的运动变形体一定满足质量、动量与能量的三个基本守恒(平衡)定律,这些定律实际上提供了 5 个方程,分析如下:质量平衡是 1 个标量的,变量中质量密度是 1 个独立的,Jacobian 行列式是变形梯度 9 个分量的函数,但变形梯度本质上可由 3 个位移分量的导数来计算,故实质上仅为 3 个独立位移变量;动量平衡是三个张量方程,除 3 个位移分量外,独立变量为 6 个应力张量分量(因其对称性);能量平衡同样是标量方程,方程中独立变量是 6 个变形率张量分量(同理对称)。这样总共 16 个变量。可利用的方程资源还有两类:其一,物体内的变形连续性方程(如,变形率张量的定义式(3.70a)),共 6 个;其二,材料的本构关系方程,一般显式地给出了所需应力型式与共轭应变的复杂函数关系,这就

提供了 6 个方程。

仔细研究上述内容,已有的方程数比独立变量数多 1 个。以下各小节的变分原理分析中我们能够看到动量的总体平衡形式(关于物体域的积分形式)涵盖了物体的总能量平衡。这表明在数值计算中,能量平衡是蕴含于其中的,而非独立的。如果考虑物体的热能量平衡,能量守恒方程是必须的,其变量有温度(1 个)及热流变量(三维问题 3 个),这样需再补充 3 个方向的热流与温度的本构方程。

为了求解方程体系的完整性以及后续行文的方便,以下按 UL 格式的计算所需,简单罗列可能遇到的初边值条件及其表达,即

边界条件:

$$n_j \sigma_{ji} = \tilde{t}_i (\text{在} \Gamma_{ti} \text{上}); \quad v_i = \tilde{v}_i (\text{在} \Gamma_{ui} \text{上}) \tag{3.96}$$

其中;$\Gamma_{ti} \bigcap \Gamma_{ui} = 0$,$\Gamma_{ti} \bigcup \Gamma_{ui} = \Gamma$,$i$ 为问题的维数。

初始条件:

$$\boldsymbol{v}(\boldsymbol{X}, 0) = \boldsymbol{v}_0(\boldsymbol{X}) \quad , \boldsymbol{\sigma}(\boldsymbol{X}, 0) = \boldsymbol{\sigma}_0(\boldsymbol{X}) \tag{3.97a}$$

或

$$\boldsymbol{v}(\boldsymbol{X}, 0) = \boldsymbol{v}_0(\boldsymbol{X}) \quad , \boldsymbol{u}(\boldsymbol{X}, 0) = \boldsymbol{u}_0(\boldsymbol{X}) \tag{3.97b}$$

内部连续性条件:

$$[[\boldsymbol{n} \cdot \boldsymbol{\sigma}]] \equiv n_i^A \sigma_{ij}^A + n_i^B \sigma_{ij}^B = 0 \quad (\text{在} \Gamma_{int} \text{上}) \tag{3.98}$$

式中,Γ_{int} 表示物体内数学可以处理的有限间断点、线或面;双方括号表示函数值的跳跃,即 $[[f(\boldsymbol{X})]] = f(\boldsymbol{X} + \varepsilon) - f(\boldsymbol{X} - \varepsilon)$ $\varepsilon \to 0$;上标 A 和 B 即为此间断的两侧;n_i 为间断两侧的单位法向量分量,显然 $n_i^A + n_i^B = 0$。各类边界下标的意义如图 3-16 所示。

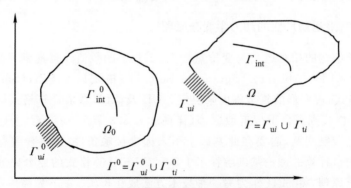

图 3-16　运动变形研究域的各类边界示意图

3.3.2.1　更新的 Lagrangian 格式变分原理

更新的 Lagrangian 格式(UL)求解采用了代数型质量连续方程(见式(3.20b)),无需变分计算;动量守恒采用当前构形的积分形式,需采用变分原理计算。变分原理表述为物体当前构形下的动量守恒与任意连续函数乘积的积分为零,即

$$\int_{\Omega} \delta v_i \left(\frac{\partial \sigma_{ji}}{\partial x_j} + \rho b_i - \rho \dot{v}_i \right) d\Omega = 0 \tag{3.99}$$

式中,括号内的被积函数即为动量守恒式(参见 3.2 节);δv_i 为域内至少具有 C^{-1} 型的任意连续函数,C^{-1} 指数学上具有第一类间断形式的连续函数集合(可理解为通常的多组分段连续函数集)。

式(3.99)在数学上的真实性(等价于动量守恒的微分方程)可用变分学基本定理证明[6]，这仅具有理论意义而无济于对问题的求解。数值计算的任务是用给定形式的近似试函数取代被积函数中的独立可变函数(需满足可积性要求的内部连续性条件及式(3.96)指定的运动边界条件)，将 δv_i 理解为这些近似独立可变函数的差函数(差函数称为函数的变分，且在运动边界上满足齐次条件，$\delta v_i|_{\Gamma_u}=0$)，于是原真理性命题转换为一个泛函变分计算为零的命题。这时需要对式(3.99)按变分原理理解并实施等价的形式变换以获得满足实际计算的表达。变换过程如下。

对式(3.99)被积函数的第一项按乘积函数的微分法则进行变换，可得

$$\int_{\Omega}\delta v_i\frac{\partial\sigma_{ji}}{\partial x_j}\mathrm{d}\Omega=\int_{\Omega}\left[\frac{\partial}{\partial x_j}(\delta v_i\sigma_{ji})-\frac{\partial(\delta v_i)}{\partial x_j}\sigma_{ji}\right]\mathrm{d}\Omega \tag{3.100}$$

注意到等式右端方括号内第一项，假定偏导符号下的函数仍是 C^{-1} 型的，根据 Gauss 定理有

$$\int_{\Omega}\frac{\partial}{\partial x_j}(\delta v_i\sigma_{ji})\,\mathrm{d}\Omega=\int_{\Gamma_{\mathrm{int}}}\delta v_i\,[[n_j\sigma_{ij}]]\,\mathrm{d}\Gamma+\int_{\Gamma}\delta v_i n_j\sigma_{ij}\,\mathrm{d}\Gamma \tag{3.101}$$

注意到问题所需满足的边界条件(式(3.96)～式(3.98))，式(3.101)可再次变换为

$$\int_{\Omega}\frac{\partial}{\partial x_j}(\delta v_i\sigma_{ji})\,\mathrm{d}\Omega=\int_{\Gamma_t}\delta v_i\tilde{t}_i\,\mathrm{d}\Gamma \tag{3.102}$$

式(3.102)右端的求和表示对所有 Γ_{ti} 边界。将式(3.102)代回式(3.99)，即得

$$\int_{\Omega}\frac{\partial(\delta v_i)}{\partial x_j}\sigma_{ji}\mathrm{d}\Omega-\int_{\Omega}\delta v_i\rho b_i\mathrm{d}\Omega-\int_{\Gamma_t}\delta v_i\tilde{t}_i\mathrm{d}\Gamma+\int_{\Omega}\delta v_i\rho\dot{v}_i\mathrm{d}\Omega=0 \tag{3.103}$$

现用几种不同观点赋予上述近似试函数变分计算的理解与解释。

从纯数学观点上看，式(3.99)中的独立可变函数用近似试函数及其变分取代后，实际为泛函的 Galerkin 加权余量积分为零形式，其意义在于用该积分约束近似试函数的取值(实际是确定给定试函数形式后的组合系数)，也必然是在给定近似函数的所有线性组合中对真实函数的最佳逼近。式(3.99)积分号下括号内的第一项被积函数可理解为独立可变函数的二次可导函数，用近似试函数取代后，其可积性用选取近似试函数的形式予以保证，这样式(3.99)对真函数的最佳逼近性可在完备的内积数学空间上讨论。

式(3.99)积分号下的 δv_i 为近似试函数的变分，实际数值计算中直接取用各剖分单元上的局部支撑基函数(近似试函数的形状函数)，局部支撑基函数集合显然是独立完备的(域内近似试函数集合可由其线性组合来表示)，这说明局部支撑基函数集合在内积空间上张成了一个线性子空间(可将每个局部支撑基函数广义地理解为超"几何"空间上的各坐标轴)。这样，式(3.99)的积分可理解为"余向量"(真函数与近似试函数经组合导数算子运算后的差函数，注意真函数经被积函数中括号内的组合导数算子运算后为零)与"坐标基向量"的点积，记作

$$\int_{\Omega}\delta v_i\left(\frac{\partial\sigma_{ji}}{\partial x_j}+\rho b_i-\rho\dot{v}_i\right)\mathrm{d}\Omega=0\Rightarrow\langle e_i\cdot\boldsymbol{R}\rangle=0\quad(i=1,\cdots,N_e) \tag{3.104}$$

式中，N_e 为域内剖分单元的数量与单元上插值近似基函数的数量乘积。

式(3.104)是内积空间上一向量到子空间最近距离的充分必要条件(几何正交性原理)。于是，式(3.99)用近似试函数取代而进行变分计算所获得的结果一定是在给定近似形式的函数集合中对真实函数的最佳逼近。

对式(3.96)～式(3.98)的边界条件暂不赋予其力学意义，直接理解为对问题的一种强制

性数学定解条件。式(3.99)～式(3.103)的等价变换是毋庸置疑的,其实际意义是降低了对近似插值试函数的连续性要求。对比式(3.99)和式(3.103)的被积函数可积性可以看出,因为式(3.99)中的 $\dfrac{\partial \sigma_{ji}}{\partial x_j}$ 为独立可变函数的二阶导数,这就需要独立可变函数为 C^1 型连续函数(1阶导函数连续),这给实际近似函数的技术操作带来困难;而在式(3.103)中,仅要求 σ_{ij} 为 C^{-1} 型的,这提高了对 δv_i 的连续性要求,但此要求仅为 C^0 型的,对近似插值试函数不带来任何技术困难。于是,由式(3.99)～式(3.103)的等价变换给实际数值计算带来了技术操作上的可行性。数学上称式(3.99)或式(3.103)为原问题方程组(动量守恒及面力条件方程)的积分弱形式,反之称原问题方程组为强形式。从以上的讨论中,我们可以体会到这样一个事实:积分弱形式实际涵盖了强形式,只要独立可变函数是任意的连续函数,变分的结果一定是原问题的方程组;而对独立可变函数进行一定形式下的近似插值,则积分弱形式的解一定是原问题在选定近似形式下的最佳逼近。

现赋予式(3.103)力学意义。结合3.3.1节的分析,我们不难看出式(3.103)的每一项均代表了某种能量率。注意到式(3.94),式(3.103)的第一项积分表示了在近似速度梯度上真应力的功率,称为内力虚功率;式(3.103)的第二项积分表示域内体积力在虚速度上的功率;式(3.103)的第三项积分表示了边界面力在虚速度上的功率;式(3.103)的第四项积分表示了惯性力在虚速度上的功率。将式(3.103)的负号项搬至右端,不难看出它表达了动力学体系的能量率守恒性质,这说明动量守恒的加权积分在弱形式下等同于能量率守恒。

UL格式变分原理计算仍需具体解决实际近似试函数的选择以及率型本构关系的处理等,这些将在3.3.3节介绍。

3.3.2.2　ALE格式的变分原理

Lagrangian格式的有限元计算方法最基本特征是在可变形物体上划分计算网格,这些计算网格与物体一起变形。对于许多严重变形问题,往往导致计算精度的极大损失,也会导致显式稳定时间步长明显减小,甚至导致计算"崩溃"。Eulerian格式的有限元方法则在空间上划分计算网格,物体的变形随时间占据不同的网格位置(称作材料在计算网格上"流动"),这意味着物体的形变与网格无关,但材料在单元中"流动"给本构方程的处理和更新以及处理物体边界移动和相互作用问题等带来极大困难。于是,集成两类计算格式的优势、扬长避短的杂交计算技术应运而生,这些方法通称为任意的Lagrangian和Eulerian格式(Arbitrary Lagrangian Eulerian,ALE)。顾名思义,ALE格式是Lagrangian和Eulerian描述方法的任意组合,"任意"是指对计算网格运动的选择性,显然选择网格运动是向着有利于网格畸变程度改善的。

为了建立起ALE格式的计算框架,需要增加一个相对独立于物体变形运动的可动参考坐标系(也称为ALE系),这个ALE系在物体变形运动过程中不断更新,以利用Lagrangian方法的精确特性跟踪物体边界运动,同时移动内部网格以避免计算网格的过度扭曲和纠结。由于这个ALE系在计算过程中可动,就需要精确描述其运动速度等,同时它的运动会导致场函数物质导数的迁移,这会带来计算方程描述的变化,增加计算的开销以及复杂性。为此在介绍ALE格式的变分原理之前,需说明在这个ALE系下的物体变形运动描述与Lagrangian和Eulerian描述间的关系,以及在该系下物体守恒定律的表现特征等。

1.ALE坐标系及其物体变形运动描述间的关系

在3.3.1.1中的式(3.51)描述了物体初始构形中各质点 t 时刻的空间运动位置,数学上

称为从初始物质构形空间到当前空间构形的映射,表示为

$$x = \varphi(X, t) \quad 或 \quad \varphi(X, t) : X \in \Omega_0 \rightarrow x \in \Omega \tag{3.105}$$

为了区别 ALE 格式中的网格运动,式(3.105)强调其称为材料(物质点)的运动。在 ALE 格式中,需要考虑另一个参考域 $\hat{\Omega}$ 或称为 ALE 域,如图 3-17 所示,用 χ 表示物质点在该域上的位置坐标,并认为初始构形中的物质点在零时刻与 ALE 域的各坐标点完全重合,即

$$\chi = \varphi(X, 0) \quad 或 \quad \chi(X, 0) = X \tag{3.106}$$

ALE 域网格到空间域的映射记为

$$x = \hat{\varphi}(\chi, t) \tag{3.107}$$

这个映射在 ALE 格式中担当了关键角色,称该映射为 ALE 域的网格运动。

通过函数的复合可以将任意时刻物质点在 ALE 域中的位置(ALE 坐标)联系起来,即

$$\chi = \hat{\varphi}^{-1}(x, t) = \hat{\varphi}^{-1}[\varphi(X, t), t] = \Psi(X, t) \quad 或 \quad \Psi = \hat{\varphi}^{-1} \circ \varphi \tag{3.108}$$

同样,可以通过网格运动(式(3.107))和 Ψ 映射的复合来表示物质点的空间运动,有下式:

$$x \equiv \varphi(X, t) = \hat{\varphi}(\chi, t) = \hat{\varphi}[\Psi(X, t), t] \quad 或 \quad \varphi = \hat{\varphi} \circ \Psi \tag{3.109}$$

式(3.109)表明,ALE 格式中物质点的空间运动经过了 ALE 网格的中间转换。只要在数值计算过程中设计好物质点到 ALE 的网格运动(即解决好 Ψ 映射问题),则可以利用上述函数复合获得物质构形的运动描述。

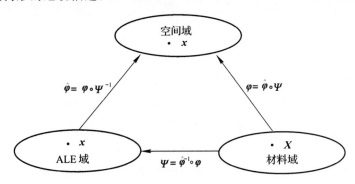

图 3-17　不同域间的映射关系示意图[6]

2. 网格运动及其在 ALE 域中的物质导数

效仿 3.3.1.1 节,首先对 ALE 域中的网格运动予以定义。网格运动位移的定义为

$$\hat{u}(\chi, t) = x - \chi = \hat{\varphi}(\chi, t) - \chi \tag{3.110}$$

网格运动速度的定义为

$$\hat{v}(\chi, t) = \frac{\partial \hat{\varphi}(\chi, t)}{\partial t} \equiv \left. \frac{\partial \hat{\varphi}}{\partial t} \right|_{\chi} \equiv \hat{\varphi}_{, t\,[\chi]} \tag{3.111}$$

网格运动加速度的定义为

$$\hat{a}(\chi, t) = \frac{\partial \hat{v}(\chi, t)}{\partial t} = \frac{\partial^2 \hat{u}}{\partial t^2} \equiv \hat{u}_{, tt\,[\chi]} \tag{3.112}$$

ALE 格式中,物质点的运动速度需利用网格运动和 Ψ 映射的复合函数导数链规则进行计算,则下式成立:

$$v_i(X, t) \equiv \frac{\partial \varphi_i(X, t)}{\partial t} = \frac{\partial \hat{\varphi}_i(\chi, t)}{\partial t} + \frac{\partial \hat{\varphi}_i(\chi, t)}{\partial \chi_j} \frac{\partial \Psi_j(X, t)}{\partial t} = \hat{v}_i + \frac{\partial x_i}{\partial \chi_j} \frac{\partial \chi_j}{\partial t} \tag{3.113}$$

定义物质点的参考速度 w_i 为

$$w_i = \frac{\partial \Psi_i(\boldsymbol{X},t)}{\partial t} = \frac{\partial \chi_i}{\partial t}\bigg|_{[\boldsymbol{x}]} \tag{3.114}$$

再定义对流速度 c，作为物质点速度与网格速度之差，即

$$c_i = v_i - \hat{v}_i \quad \text{或} \quad c_i(\boldsymbol{X},t) = \frac{\partial x_i}{\partial \chi_j} w_j \tag{3.115}$$

同理，ALE 格式中，场函数的物质导数可由复合函数的链规则进行计算，有下述公式：

$$\frac{\mathrm{D}f}{\mathrm{D}t} \equiv \dot{f}(\boldsymbol{\chi},t) = \frac{\partial f(\boldsymbol{\chi},t)}{\partial t} + \frac{\partial f(\boldsymbol{\chi},t)}{\partial \chi_i} \frac{\partial \Psi_i(\boldsymbol{X},t)}{\partial t} = f_{,t[\boldsymbol{\chi}]} + \frac{\partial f}{\partial \chi_i} w_i \tag{3.116}$$

式中，$f_{,t[\boldsymbol{\chi}]}$ 为场函数的 ALE 时间导数。注意到式(3.109)，只要 $\hat{\varphi}$ 的逆存在且连续，且下式成立：

$$\frac{\partial f(\boldsymbol{\chi},t)}{\partial \chi_i} = \frac{\partial f}{\partial x_j} \frac{\partial x_j}{\partial \chi_i} \tag{3.117}$$

于是，物质导数可重写为

$$\frac{\mathrm{D}f}{\mathrm{D}t} = f_{,t[\boldsymbol{\chi}]} + f_{,j} \frac{\partial x_j}{\partial \chi_i} w_i = f_{,t[\boldsymbol{\chi}]} + f_{,j}c_j = f_{,t[\boldsymbol{\chi}]} + \boldsymbol{c} \cdot \nabla f \tag{3.118}$$

3. ALE 格式中守恒定律的表达形式

质量守恒定律在 Eulerian 描述中的表达为(见式(3.20a))

$$\dot{\rho} + \rho v_{j,j} = 0 \tag{3.119}$$

注意到式(3.118)，式(3.119)写成 ALE 域中的形式为

$$\rho_{,t[\boldsymbol{\chi}]} + \rho_{,j}c_j + \rho v_{j,j} = 0 \quad \text{或} \quad \rho_{,t[\boldsymbol{\chi}]} + \boldsymbol{c} \cdot \mathrm{grad}\rho + \rho \nabla \cdot \boldsymbol{v} = 0 \tag{3.120}$$

线动量守恒定律在 Eulerian 描述中的表达为(见式(3.27))

$$\rho \dot{v} = \sigma_{ji,i} + \rho b_j \tag{3.121}$$

注意到式(3.118)，式(3.121)写成 ALE 域中的形式为

$$\rho[v_{i,t[\boldsymbol{\chi}]} + c_j v_{i,j}] = \sigma_{ji,j} + \rho b_i \quad \text{或} \quad \rho[\boldsymbol{v}_{,t[\boldsymbol{\chi}]} + \boldsymbol{c} \cdot \mathrm{grad}\boldsymbol{v}] = \mathrm{div}(\boldsymbol{\sigma}) + \rho \boldsymbol{b} \tag{3.122}$$

同理可以证明能量守恒定律在 ALE 域中的形式为

$$\rho\{E_{,t[\boldsymbol{\chi}]} + E_{,j}c_j\} = (\sigma_{ij}v_i)_{,j} + b_j v_j + (k_{ij}\theta_{,j})_{,i} + \rho s \tag{3.123}$$

式中，ρ 为质量密度；E 为物体内能；c 为对流速度；$\boldsymbol{\sigma}$ 为应力；v 为材料运动速度；b 为体积力；k 为导热系数；θ 为温度；s 为单位质量所含热量。

4. ALE 格式的变分原理

ALE 方法中采用了偏微分方程形式的质量守恒，实施变分原理的数值计算需要建立该微分方程(见式(3.120))的积分弱形式。取质量密度 ρ 在当前空间域内的插值近似试函数，其变分函数为 $\delta\bar{\rho} \in C^0$，将 $\delta\bar{\rho}$ 与式(3.120)相乘并在当前构形下进行积分即得其弱形式解方程：

$$\int_\Omega \delta\bar{\rho} \cdot \rho_{,t[\boldsymbol{\chi}]} \mathrm{d}\Omega + \int_\Omega \delta\hat{\rho} \cdot \rho_{,j}c_j \mathrm{d}\Omega + \int_\Omega \delta\hat{\rho} \cdot \rho v_{j,j} \mathrm{d}\Omega = 0 \tag{3.124}$$

同理，需要建立线动量偏微分方程的积分弱形式。取物质点运动速度及质量密度的插值近似试函数，质点运动速度近似试函数的变分设为 $\delta\tilde{v} \in C^0$。乘积式(3.122)两端，并在当前构形下积分，得其弱形式解方程为

$$\int_\Omega \delta\tilde{v}_i \rho v_{i,t[\boldsymbol{\chi}]} \mathrm{d}\Omega + \int_\Omega \delta\tilde{v}_i c_j v_{i,j} \mathrm{d}\Omega = \int_\Omega \delta\tilde{v}_i (\sigma_{ji,j} + \rho b_i) \mathrm{d}\Omega \tag{3.125}$$

为了降低应力函数的连续性要求,对上式等号右端第一项运用 Gauss 定理,与 3.3.2.1 同样的推导过程,最终可得

$$\int_{\Omega} \delta \tilde{v}_i \rho v_{i,t[X]} \,\mathrm{d}\Omega + \int_{\Omega} \delta \tilde{v}_i c_j v_{i,j} \,\mathrm{d}\Omega = -\int_{\Omega} \delta \tilde{v}_{i,j} \sigma_{ji} \,\mathrm{d}\Omega + \int_{\Omega} \delta \tilde{v}_i \rho b_i \,\mathrm{d}\Omega + \int_{\Gamma_t} \delta \tilde{v}_i \tilde{t}_i \,\mathrm{d}\Gamma \quad (3.126)$$

式(3.124)及式(3.126)的插值近似试函数已经没有技术难度,但需注意变分函数均冠有"～",这没有物理意义上的差异,是数值计算中为解决传递项(与对流速度相关的项)计算不稳定而采用不同数值插值的一种处理标记,详见 3.3.3 节的有限元具体处理与计算实施。需要强调的是 ALE 格式与更新的 Lagrangian 格式数值计算方法的不同在于两个方面:其一,ALE格式需处理质量密度函数的插值近似,而在更新的 Lagrangian 格式用质量连续的代数方程可直接计算,无需作近似处理;其二,ALE 格式需处理参考域(ALE 域)的物质导数以及网格运动问题,而在更新的 Lagrangian 格式中无此类问题。

3.3.2.3　撞击接触的条件变分原理

由于撞击接触动力学问题中增加了接触条件(见 3.2.2.2 节关于相互接触体的不可侵入速率式(3.44)以及式(3.46)给出的面力条件),使得撞击接触动力学问题求解的泛函变分原理增加了等式和不等式条件,故成为有条件的泛函变分问题。应当注意的是,泛函中独立可变函数仍需满足运动学边界及内部连续性的条件,但该条件在变分原理中已是不言自明的了。

为使后续分析简单,下述的研究分析仅取两体的撞击接触问题,且暂不考虑接触的切向摩擦。两撞击体分别标记为 A 和 B,或 Ω^A 和 Ω^B,其他符号标记及关系如下:

(1)物体 A 的全部边界:

$$\Gamma^A = \Gamma_t^A \bigcup \Gamma_u^A \bigcup \Gamma^C \quad (t \text{ 为面力}, u \text{ 为位移}, C \text{ 为接触})$$

且
$$\Gamma_t^A \bigcap \Gamma_u^A = 0, \quad \Gamma_t^A \bigcap \Gamma^C = 0, \quad \Gamma_u^A \bigcap \Gamma^C = 0$$

(2)物体 B 的全部边界:

$$\Gamma^B = \Gamma_t^B \bigcup \Gamma_u^B \bigcup \Gamma^C$$

且
$$\Gamma_t^B \bigcap \Gamma_u^B = 0, \quad \Gamma_t^B \bigcap \Gamma^C = 0, \quad \Gamma_u^B \bigcap \Gamma^C = 0$$

(3)撞击接触系统:

$$\Omega = \Omega^A \bigcup \Omega^B, \quad \Gamma_t = \Gamma_t^A \bigcup \Gamma_t^B, \quad \Gamma_u = \Gamma_u^A \bigcup \Gamma_u^B \quad (3.127)$$

下述撞击接触动力学求解的泛函变分原理均建立在 Lagrangian 格式基础之上,当接触表面处理成 Lagrangian 网格,这些原理也适用于 ALE 格式。撞击接触的条件泛函变分原理有多种方法,以下分别介绍。这里需再强调的是各变分原理中的独立可变函数均为质点的运动速度,当然质点运动速度是在撞击接触运动学容许的定义空间中,即 $v(X,t) \in V$,函数空间 V 记为

$$V = \{ v(X,t) \mid v \in C^0(\Omega), v = \tilde{v} \text{ 在 } \Gamma_u \text{ 上} \} \quad (3.128)$$

1. Lagrange 乘子型条件变分原理

Lagrange 乘子方法是解决各类条件驻值问题的有效基本方法,在撞击接触问题的泛函变分原理中引入 Lagrange 乘子同样有效。带有 Lagrange 乘子的撞击接触动力学问题的积分弱形式写为

$$\delta \Pi_L(v, \delta v, \lambda, \delta \lambda) \equiv \delta \Pi + \delta G_L \geqslant 0 \quad (3.129)$$

首先需要注意上述的变分式是不等式,这是因为接触几何约束条件是不等式型。式(3.

129)中,质点运动速度 v 的所属函数空间为式(3.128);δv 与 v 的所属函数空间在域内相同,在 Γ_u 上的差异为 $\tilde{v} = \mathbf{0}$;λ 及 $\delta\lambda$ 即为 Lagrange 乘子函数及其变分函数,为实现撞击接触面上的运动学及力学条件,对 λ 及 $\delta\lambda$ 的函数定义空间需作如下规定[9]:

$$\lambda(\zeta,t) \in J^+, \quad J^+ = \{\lambda(\zeta,t) \mid \lambda \in C^{-1}, \lambda \geqslant 0 \text{ 在 } \Gamma^C \text{ 上}\} \tag{3.130a}$$

$$\delta\lambda(\zeta,t) \in J^-, \quad J^- = \{\delta\lambda(\zeta,t) \mid \delta\lambda \in C^{-1}, \delta\lambda \leqslant 0 \text{ 在 } \Gamma^C \text{ 上}\} \tag{3.130b}$$

注意,上述函数空间的定义域是在接触边界上,且 ζ 为接触边界上的点。

式(3.128)中的 $\delta\Pi$ 即为式(3.99)或式(3.103)的左端项,即

$$\delta\Pi = \int_\Omega \frac{\partial(\delta v_i)}{\partial x_j} \sigma_{ji} \, \mathrm{d}\Omega - \int_\Omega \delta v_i \rho b_i \, \mathrm{d}\Omega - \sum_i \int_{\Gamma_{ti}} \delta v_i \tilde{t}_i \, \mathrm{d}\Gamma + \int_\Omega \delta v_i \rho \dot{v}_i \, \mathrm{d}\Omega \tag{3.131a}$$

简记为

$$\delta\Pi = \int_\Omega [\delta v_{i,j} \sigma_{ji} - \delta v_i (\rho b_i - \rho \dot{v}_i)] \, \mathrm{d}\Omega - \int_{\Gamma_t} \delta v_i \tilde{t}_i \, \mathrm{d}\Gamma \tag{3.131b}$$

式(3.131b)的体积分域及边界积分域见式(3.127)。式(3.129)中的 δG_L 见式(3.132),其道理通过理论演绎后即可证明。

$$\delta G_L = \int_{\Gamma^C} \delta(\lambda \gamma_N) \, \mathrm{d}\Gamma \tag{3.132}$$

式中,γ_N 为接触体的相互侵入率(见式(3.44)),接触问题的不可侵入条件简记为

$$\gamma_N = v_N^A - v_N^B \leqslant 0 \tag{3.133}$$

由于 γ_N 是不等式,结合式(3.130)规定的乘子函数空间,通过下述简单推导可得出式(3.128)要求泛函变分"$\geqslant 0$"的正确性,这也是接触问题区别于其他等式条件的 Lagrange 乘子型变分原理的特有形式。

式(3.128)的真实性是要证明在所规定的函数空间内该泛函变分不等式等价于撞击接触动力学问题的所有力学条件,即撞击体的动量方程、面力边界条件、内部连续性条件以及接触边界上的不可侵入条件和面力平衡条件(注意,速度场函数的内部连续性以及速度边界条件在泛函及其变分中已预先满足)。证明分三步走:第一步借助于分部积分和 Gauss 定理对式(3.131)演绎适应于接触问题的表达显式;第二步由式(3.132)推导具体接触条件显式;最后合并前两步的结果,由变分基本定理给出所需证明的强形式方程组。以下分别述之。

对式(3.131b)体积分的第一项运用分部积分和 Gauss 定理,可得

$$\int_\Omega \delta v_{i,j} \sigma_{ji} \, \mathrm{d}\Omega = \int_{\Gamma_t} \delta v_i \sigma_{ji} n_j \, \mathrm{d}\Gamma + \int_{\Gamma_t^C} (\delta v_i^A t_i^A + \delta v_i^B t_i^B) \, \mathrm{d}\Gamma - \int_\Omega \delta v_i \sigma_{ji,j} \, \mathrm{d}\Omega \tag{3.134}$$

注意,式(3.134)推导过程中右端第一项运用了在 Γ_u 边界上 δv_i 为零的事实,第二项被积函数已经过 Cauchy 定理(见式(3.23))的变换。式(3.134)的处理实际还包含了内部连续性条件的运用(见式(3.101))。继续展开式(3.134)的第二项积分,由式(3.43)知

$$\delta v_i^A t_i^A + \delta v_i^B t_i^B = \delta v_N^A t_N^A + \delta v_N^B t_N^B + \delta \hat{v}_\alpha^A \hat{t}_\alpha^A + \delta \hat{v}_\alpha^B \hat{t}_\alpha^B \tag{3.135}$$

式中,下标 N 为接触面法向记号;α 为过每个接触点的切平面记号,对三维撞击接触问题,$\alpha = 2$。

对式(3.132)进行具体运算,并考虑式(3.133),可得

$$\delta G_L = \int_{\Gamma^C} [\delta\lambda \gamma_N + \lambda(\delta v_N^A - \delta v_N^B)] \, \mathrm{d}\Gamma \tag{3.136}$$

将式(3.134)和式(3.135)代入式(3.131b),再将变换后的式(3.131b)同式(3.136)一并

代入式(3.129)，经整理后得

$$0 \leqslant \delta\varPi_{\mathrm{L}} = \int_{\Omega} \delta v_i (\rho \dot{v}_i - \sigma_{ji,j} - \rho b_i) \, \mathrm{d}\Omega + \int_{\varGamma_t} \delta v_i (\sigma_{ji} n_j - \tilde{t}_i) \, \mathrm{d}\varGamma +$$

$$\int_{\varGamma^{\mathrm{C}}} [\delta v_{\mathrm{N}}^{\mathrm{A}} (t_{\mathrm{N}}^{\mathrm{A}} + \lambda) + \delta v_{\mathrm{N}}^{\mathrm{B}} (t_{\mathrm{N}}^{\mathrm{B}} - \lambda) + (\delta \hat{v}_\alpha^{\mathrm{A}} \hat{t}_\alpha^{\mathrm{A}} + \delta \hat{v}_\alpha^{\mathrm{B}} \hat{t}_\alpha^{\mathrm{B}}) + \delta \lambda \gamma_{\mathrm{N}}] \, \mathrm{d}\varGamma \quad (3.137)$$

现由变分基本定理分析式(3.137)各被积函数应满足的条件。式(3.137)第一项被积函数中括号内的项为连续可积函数，而变分函数 δv_i 为式(3.128)空间内的任意函数，两项的乘积及积分不受符号控制，故仅当括号内的项为零时才能满足变分条件，于是有

$$\sigma_{ji,j} + \rho b_i = \rho \dot{v}_i, \quad i = 1, 2, 3 \quad (在 \varOmega 内) \quad (3.138\mathrm{a})$$

同理，由式(3.137)第二项得

$$\sigma_{ji} n_j = \tilde{t}_i, \quad i = 1, 2, 3 \quad (在 \varGamma_t 上) \quad (3.138\mathrm{b})$$

注意到 $\delta v_{\mathrm{N}}^{\mathrm{A}}, \delta v_{\mathrm{N}}^{\mathrm{B}}, \delta \hat{v}_\alpha^{\mathrm{A}}$ 和 $\delta \hat{v}_\alpha^{\mathrm{B}}$ 在接触边界 $\varGamma^{\mathrm{C}}$ 上实际与 δv_i 在域内具有同样的任意性，其乘积及其积分均不受符号的控制，故有

$$\lambda = -t_{\mathrm{N}}^{\mathrm{A}} \quad 及 \quad \lambda = t_{\mathrm{N}}^{\mathrm{B}} \quad (在 \varGamma^{\mathrm{C}} 上) \quad (3.138\mathrm{c})$$

$$\hat{t}_\alpha^{\mathrm{A}} = \hat{t}_\alpha^{\mathrm{B}} = 0 \quad (在 \varGamma^{\mathrm{C}} 上) \quad (3.138\mathrm{d})$$

在式(3.137)的最后一项中，注意对 $\delta\lambda$ 规定的函数空间(式(3.130b))，只有 $\gamma_{\mathrm{N}} \leqslant 0$ 才能满足泛函变分要求，此即接触问题中的不可侵入条件；同时，注意到 λ 的定义空间(式(3.130a))，可知式(3.138c)表明了接触面力的非正值性质。

上述的证明说明了泛函变分式的真实性。而有限元数值计算则是在由式(3.131)和式(3.136)决定的式(3.129)中对被积函数实施一定形式下(满足可积条件)的插值近似，由3.3.2.1的分析知，所得结果一定是撞击接触问题中在该插值近似形式下对真实函数的最佳逼近。

2. 罚参数型条件变分原理

罚参数型条件变分原理是将接触体的不可侵入率条件通过一个正而大的参数引入到能量率泛函变分中，参数本身并不参与变分运算，通过自身取值的变化，达到对约束条件满足的符合程度。罚参数型条件变分原理所采用的能量率泛函变分表达与 Lagrange 乘子格式完全相同(包括速度函数的空间定义)，仅在接触条件约束引入方式上不同，数学表述如下：

$$\delta\varPi_{\mathrm{P}}(v, \delta v) \equiv \delta\varPi + \delta G_{\mathrm{P}} = 0 \quad \forall v \in V \quad (3.139)$$

式中，V 的定义空间见式(3.128)；δv 的定义空间可见式(3.129)的相关注释；$\delta\varPi$ 的表达式见式(3.131)；δG_{P} 的表达式如下：

$$\delta G_{\mathrm{P}} = \int_{\varGamma^{\mathrm{C}}} \frac{\beta}{2} \delta(\gamma_{\mathrm{N}}^2) H(\gamma_{\mathrm{N}}) \, \mathrm{d}\varGamma \quad (3.140)$$

式中，β 为罚参数(可以是空间坐标的函数)；$H(\gamma_{\mathrm{N}})$ 为 Heaviside 阶跃函数，即

$$H(\gamma_{\mathrm{N}}) = \begin{cases} 1, & \gamma_{\mathrm{N}} > 0 \\ 0, & \gamma_{\mathrm{N}} < 0 \end{cases} \quad (3.141)$$

为证明式(3.139)的真实性，注意到 γ_{N} 的定义(见式(3.133))，由对式(3.140)的变分运算展开得

$$\delta G_{\mathrm{P}} = \int_{\varGamma^{\mathrm{C}}} \beta \gamma_{\mathrm{N}}^+ (\delta v_{\mathrm{N}}^{\mathrm{A}} - \delta v_{\mathrm{N}}^{\mathrm{B}}) \, \mathrm{d}\varGamma \quad (3.142)$$

式中，$\gamma_N^+ = \gamma_N H(\gamma_N)$。

注意罚参数型变分运算在域内及力边界的部分与 Lagrange 乘子型变分运算及其结果完全一致，此处不再赘述，下面的分析仅关注接触边界的变分运算部分。结合 $\delta\Pi$ 的展开运算（见式(3.134)），合并式(3.142)的积分项可得接触边界上的罚参数项为

$$\delta G_P^C = \int_{\Gamma^C} \left[\delta v_N^A (t_N^A + \beta\gamma_N^+) + \delta v_N^B (t_N^B - \beta\gamma_N^+) \right] d\Gamma = 0 \tag{3.143}$$

由上式 δv_N^A 及 δv_N^B 的任意性，可得

$$t_N^A + \beta\gamma_N^+ = 0 \quad （在 \ \Gamma^C \ 上） \tag{3.144a}$$

$$t_N^B - \beta\gamma_N^+ = 0 \quad （在 \ \Gamma^C \ 上） \tag{3.144b}$$

比较式(3.144)可得

$$t_N^A = -t_N^B = -\beta\gamma_N^+ \tag{3.145}$$

式(3.145)中，注意 β 是一个大而正的数，同时由 γ_N^+ 的定义式，其值必须"$\geqslant$"零才有意义。这意味着仅当接触体存在相互侵入率时，罚参数变分才有计算结果；除此之外，说明计算的接触压力是负值。这两点均符合接触体的问题实质，证实了所引入的罚参数型变分条件等价于接触边界上的面力平衡条件。

由罚参数型变分法产生的数值计算格式与 Lagrange 格式的最大不同是无需引入额外变量（Lagrange 乘子），但罚参数（又形象地称为罚力）不能任意放大，将导致计算结果的振荡。

3. 摄动的 Lagrange 型条件变分原理

摄动的 Lagrange 型变分原理是将 Lagrange 乘子及罚参数同时引入撞击接触的变分条件中，其优点是改善了数值计算的稳定性。数学表述如下：

$$\delta\Pi_{PL}(v, \delta v, \lambda, \delta\lambda) \equiv \delta\Pi + \delta G_{PL} = 0 \quad \forall v \in V \tag{3.146}$$

式中，V 的定义空间见式(3.128)；δv 的定义空间可见式(3.129)的相关注释；同理 $\forall \lambda, \delta\lambda \in C^{-1}$，其函数空间约束见式(3.130)的定义；$\delta\Pi$ 的表达式同式(3.131)；δG_{PL} 的表达式如下：

$$\delta G_{PL} = \int_{\Gamma^C} \delta \left(\lambda\gamma_N^+ - \frac{1}{2\beta}\lambda^2 \right) d\Gamma = 0 \tag{3.147}$$

式中，γ_N^+ 的定义见式(3.142)的注解；β 是一个大而正的常数，因此 $\lambda^2/2\beta$ 很小，起到小量摄动的作用。

同样，我们还是要证明式(3.147)给出的变分计算式等价于接触边界上的面力条件。为此，展开式(3.147)的计算可得

$$\delta G_{PL} = \int_{\Gamma^C} \left(\delta\lambda\gamma_N^+ + \lambda\delta\gamma_N^+ - \frac{\lambda}{\beta}\delta\lambda \right) d\Gamma \tag{3.148}$$

同理，结合 $\delta\Pi$ 的展开运算（式(3.134)），将其接触边界上的积分项合并到式(3.148)中，并注意式(3.146)为零的条件，可得接触边界上的功率项为

$$0 = \delta G_{PL} + \delta\Pi_{\Gamma^C} = \int_{\Gamma_t^C} \delta \left(\lambda\gamma_N^+ - \frac{\lambda}{\beta} \right) d\Gamma +$$

$$\int_{\Gamma^C} \left\{ \delta v_N^A \left[t_N^A + \lambda H(\gamma_N) \right] + \delta v_N^B \left[t_N^B - \lambda H(\gamma_N) \right] \right\} d\Gamma \tag{3.149}$$

式中，$H(\gamma_N)$ 的定义见式(3.141)。由变分函数的任意性，式(3.149)可给出关于接触边界上的三个等式，即

$$t_N^A = -\lambda H(\gamma_N^+) \quad (\text{在 } \Gamma^c \text{ 上}) \tag{3.150a}$$

$$t_N^B = \lambda H(\gamma_N^+) \quad (\text{在 } \Gamma^c \text{ 上}) \tag{3.150b}$$

$$\lambda = \beta\gamma_N^+ \quad (\text{在 } \Gamma^c \text{ 上}) \tag{3.150c}$$

注意到 γ_N 的定义(式(3.44))及 γ_N^+ 的定义(式(3.142)注释),组合式(3.150)的三式可得

$$t_N^A = -t_N^B = -\beta\gamma_N^+ = -\beta(v_N^A - v_N^B)H(\gamma_N^+) \quad (\text{在 } \Gamma^c \text{ 上}) \tag{3.151}$$

比较式(3.145),可见的摄动的 Lagrange 型变分原理与罚参数变分原理的结果完全一致,于是证明了摄动的 Lagrange 型变分原理在撞击接触条件上同样是面力平衡和接触力为压力的条件。

4. 增广的 Lagrange 型条件变分原理

增广的 Lagrange 型变分原理同样为改进单纯 Lagrange 型变分原理的数值计算有效性,理论演绎工作与前面的变分原理雷同,仅在变分表达中引入的撞击接触条件形式不同。数学表述如下:

$$\delta\Pi_{AL}(v, \delta v, \lambda, \delta\lambda) \equiv \delta\Pi + \delta G_{AL} \geqslant 0 \quad \forall v \in V \tag{3.152}$$

式中,关于各变分函数的空间定义与摄动的 Lagrange 型变分原理完全相同。其中,

$$\delta G_{AL} = \int_{\Gamma^c} \delta\left[\lambda\gamma_N(v) + \frac{\alpha}{2}\gamma_N^2(v)\right]d\Gamma \tag{3.153}$$

式中,$\gamma_N(v)$ 定义见式(3.44);α 为大而正的罚参数。

与摄动的 Lagrange 变分原理同样的证明过程,展开式(3.153),并注意到 $\gamma_N(v)$ 的定义式,可得接触边界上的变分算式为

$$\delta G_{AL} = \int_{\Gamma^c} \left[\delta\lambda\gamma_N + \lambda(\delta v_N^A - \delta v_N^B) + \alpha\gamma_N(\delta v_N^A - \delta v_N^B)\right]d\Gamma \tag{3.154}$$

结合 $\delta\Pi$ 的展开运算(见式(3.134)),将其接触边界上的积分项合并到式(3.154)中,并注意式(3.152)"$\geqslant 0$"的条件,可得接触边界上的功率项为

$$\int_{\Gamma^c} \left[\delta\lambda\gamma_N + \delta v_N^A(\lambda + \alpha\gamma_N + t_N^A) - \delta v_N^B\alpha(\lambda + \alpha\gamma_N - t_N^B)\right]d\Gamma \geqslant 0 \tag{3.155}$$

由变分函数的任意性,在 Γ^c 上可得

由于 $\delta\lambda \leqslant 0$,故有

$$\gamma_N = v_N^A - v_N^B \leqslant 0 \tag{3.156a}$$

由于 δv_N^A 任意,故有

$$\lambda = -\alpha\gamma_N - t_N^A \tag{3.156b}$$

由于 δv_N^B 任意,故有

$$\lambda = -\alpha\gamma_N + t_N^B \tag{3.156c}$$

由式(3.156b)和式(3.156c)可得

$$t_N^A = -t_N^B = -\lambda - \alpha\gamma_N \tag{3.156d}$$

由式(3.156a)及式(3.156d)知,式(3.153)与接触边界上的面力平衡(面力为压力)以及不可侵入的条件等价。

5. 接触面切向摩擦力的积分型条件

借助以上关于接触体的条件型变分原理,通过强加切向面力的连续性的一项,可以处理接触面上的摩擦问题。为此,在以上各接触条件变分表达式基础上添加接触面切向摩擦的功率

项可得

$$\delta \Pi_{\mathrm{C}} \equiv \delta \Pi + \delta G_{\mathrm{N}} + \delta G_{\mathrm{T}} \tag{3.157}$$

式中

$$\delta G_{\mathrm{T}} = \int_{\varGamma^{C}} \delta \boldsymbol{\gamma}_{\mathrm{T}} \cdot \boldsymbol{t}_{\mathrm{T}} \mathrm{d}\varGamma = \int_{\varGamma^{C}} \delta \hat{\boldsymbol{\gamma}}_{\alpha} \cdot \hat{\boldsymbol{t}}_{\alpha} \mathrm{d}\varGamma \tag{3.158}$$

式(3.158)的第最后一项表示接触面上各接触点对的局部坐标系各量($\alpha = 2$)。

对于 Lagrange 和增广的 Lagrange 型变分式,即当 $\delta G_{\mathrm{N}} = \delta G_{\mathrm{L}}$ 或 $\delta G_{\mathrm{N}} = \delta G_{\mathrm{AL}}$ 时,有

$$\delta \Pi_{\mathrm{N}} \geqslant 0 \tag{3.159a}$$

对于罚参数和摄动的 Lagrange 型变分式,即当 $\delta G_{\mathrm{N}} = \delta G_{\mathrm{P}}$ 或 $\delta G_{\mathrm{N}} = \delta G_{\mathrm{PL}}$ 时,有

$$\delta \Pi_{\mathrm{N}} = 0 \tag{3.159b}$$

无论上述哪种条件变分原理,证明接触条件的方法与过程是同样的,为证明 δG_{T} 给出的是接触面切向的面力条件,这里忽略接触体内、力边界上以及接触面法向上的能量率各项分析,于是,在 $\delta \Pi_{\mathrm{N}}$ 中所剩的项为

$$\int_{\varGamma^{C}} (\delta \boldsymbol{v}_{\mathrm{T}}^{\mathrm{A}} \cdot \boldsymbol{t}_{\mathrm{T}}^{\mathrm{A}} + \delta \boldsymbol{v}_{\mathrm{T}}^{\mathrm{B}} \cdot \boldsymbol{t}_{\mathrm{T}}^{\mathrm{B}} + \delta \boldsymbol{\gamma}_{\mathrm{T}} \cdot \boldsymbol{t}_{\mathrm{T}}) \mathrm{d}\varGamma = 0 \tag{3.160}$$

注意 $\boldsymbol{t}_{\mathrm{T}}$ 不同于 $\boldsymbol{t}_{\mathrm{T}}^{\mathrm{A}}$ 和 $\boldsymbol{t}_{\mathrm{T}}^{\mathrm{B}}$,是由界面本构关系给出的切向面力,而 $\boldsymbol{t}_{\mathrm{T}}^{\mathrm{A}}$ 和 $\boldsymbol{t}_{\mathrm{T}}^{\mathrm{B}}$ 分别为两撞击体 A 和 B 接触面处由 Cauchy 定理决定的面力。由定义,$\delta \boldsymbol{\gamma}_{\mathrm{T}} = \delta \boldsymbol{v}_{\mathrm{T}}^{\mathrm{A}} - \delta \boldsymbol{v}_{\mathrm{T}}^{\mathrm{B}}$,代入式(3.160)并经整理得

$$\int_{\varGamma^{C}} \left[\delta \boldsymbol{v}_{\mathrm{T}}^{\mathrm{A}} \cdot (\boldsymbol{t}_{\mathrm{T}}^{\mathrm{A}} + \boldsymbol{t}_{\mathrm{T}}) + \delta \boldsymbol{v}_{\mathrm{T}}^{\mathrm{B}} \cdot (\boldsymbol{t}_{\mathrm{T}}^{\mathrm{B}} - \boldsymbol{t}_{\mathrm{T}}) \right] \mathrm{d}\varGamma = 0 \tag{3.161}$$

由变分函数的任意性,从式(3.161)可以提出

$$\boldsymbol{t}_{\mathrm{T}}^{\mathrm{A}} = -\boldsymbol{t}_{\mathrm{T}} \quad \text{和} \quad \boldsymbol{t}_{\mathrm{T}}^{\mathrm{B}} = \boldsymbol{t}_{\mathrm{T}} \quad (\text{在 } \varGamma^{C} \text{ 上}) \tag{3.162}$$

式(3.162)中两式相加即得

$$\boldsymbol{t}_{\mathrm{T}}^{\mathrm{A}} + \boldsymbol{t}_{\mathrm{T}}^{\mathrm{B}} = \boldsymbol{0} \quad \text{或} \quad \hat{\boldsymbol{t}}_{\alpha}^{\mathrm{A}} + \hat{\boldsymbol{t}}_{\alpha}^{\mathrm{B}} = \boldsymbol{0} \quad (\text{在 } \varGamma^{C} \text{ 上}) \tag{3.163}$$

式(3.163)证明了式(3.158)的变分形式与接触面力条件等价。

在切向接触中还有一类黏着的状态(如静摩擦),即 $\boldsymbol{v}_{\mathrm{T}}^{\mathrm{A}} = \boldsymbol{v}_{\mathrm{T}}^{\mathrm{B}}$。考虑此类切向接触问题,可通过 Lagrange 乘子建立切向黏着的接触积分形式,写为

$$\delta G_{\mathrm{TS}} = \int_{\varGamma^{C}} \delta (\boldsymbol{\lambda}_{\mathrm{T}} \cdot \boldsymbol{\gamma}_{\mathrm{T}}) \mathrm{d}\varGamma = \int_{\varGamma^{C}} \delta (\hat{\boldsymbol{\lambda}}_{\alpha} \cdot \hat{\boldsymbol{\gamma}}_{\alpha}) \mathrm{d}\varGamma \tag{3.164}$$

于是,虑及切向黏着接触条件的变分原理形式为

$$\delta \Pi_{\mathrm{CS}} \equiv \delta \Pi + \delta G_{\mathrm{N}} + \delta G_{\mathrm{TS}} \tag{3.165}$$

同样的证明过程可得式(3.164)与黏着的接触条件等价,即

$$\boldsymbol{t}_{\mathrm{T}}^{\mathrm{A}} = -\boldsymbol{\lambda} \quad \text{和} \quad \boldsymbol{t}_{\mathrm{T}}^{\mathrm{B}} = \boldsymbol{\lambda} \tag{3.166}$$

关于各类接触条件变分原理的数值计算格式见 3.3.3 节。

3.3.3 有限元数值计算方法

有限元计算是对 3.3.2 小节所描述的各泛函变分式直接实施数值插值逼近的过程。为着能清晰说明撞击体有限元数值计算分析方法,先由一般结构体的非线性动力学问题开始,随后介绍结构撞击问题的有限元数值计算格式。

3.3.3.1　更新的 Lagrangian 有限元计算格式

更新的 Lagrangian 有限元数值计算是在初始构形上实施几何剖分的基础上建立各物理量的插值试函数逼近,并按变分原理在当前构形上进行变分及积分运算,由此将积分方程转换成常微方程后实施数值求解。这个数值逼近是将物理变量关于空间变元的离散化过程,通常又称作半离散化。离散化的过程较为简单,关键在于解决离散后的积分运算问题。

在以下阅读中,注意到三个方面的问题是十分必要的:其一,当前构形下相关的物理量有哪些?独立变化的物理量是谁?其二,插值试函数怎样用不同坐标系下的形函数表达当前构形下的物理量,插值试函数的 C^0 型连续具有什么特征?其三,变分原理中的各积分运算是如何解决的?

1. 各物理量的插值逼近

由 3.3.2.1 节更新的 Lagrangian 变分式(式(3.103))可以看出,当前构形下的相关变量有材料物质点的运动速度 $v(\boldsymbol{X},t)$、加速度 $\dot{v}(\boldsymbol{X},t)$、Cauchy 应力张量 $\sigma(\boldsymbol{X},t)$ 和密度 $\rho(\boldsymbol{X},t)$。其实,Cauchy 应力张量 $\sigma(\boldsymbol{X},t)$ 在实际计算中用线化的本构关系所代替,于是其实质变量是变形率张量 $D(\boldsymbol{X},t)$。除密度函数外,速度、加速度及变形率都是物质点运动或位移的导函数。因此只要对物质点运动或位移进行插值逼近后,其他均可用导出运算得到。

更新的 Lagrangian 有限元离散化网格是指对初始构形域 Ω 进行单元剖分,获得一个个的单元域 Ω_e,其关系为

$$\Omega = \bigcup_e^N \Omega_e \quad 且 \quad \Omega_i \bigcap_{i \neq j} \Omega_j = 0 \quad (N\text{ 为单元剖分总量}) \tag{3.167}$$

单元域 Ω_e 对二维而言,用的最多的是三角形或四边形;对三维而言,用的最多的是四面体、五面体或六面体。物质点运动 $\boldsymbol{x}(\boldsymbol{X},t)$ 的插值近似为

$$x_i(\boldsymbol{X},t) = N_I(\boldsymbol{X}) x_{iI}(t) \quad 或 \quad \boldsymbol{x}(\boldsymbol{X},t) = N_I(\boldsymbol{X}) x_I(t) \tag{3.168}$$

式中,小写下标 i 表示运动方向(坐标);大写下标 I 代表单元的节点(角节点或边中点)。注意式(3.168)中,左式的数乘运算仍采用了 Einstein 求和约定;右式为行向量与列向量的乘积。

式(3.168)的 $N_I(\boldsymbol{X})$ 在现代有限元近似中一般为 Lagrange 型典则基函数(形函数),其基本概念有三点:其一,仅在单元域内有定义(所谓的局部支撑函数);其二,每一个单元节点对应一个基函数,且在相应的节点上其值为 1,其他节点上为 0;其三,单元内部的连续性与单元的节点数相关,但至少都是 C^1 型的,还可以有更高的连续性,连续性越高,表示插值逼近的效率越好(使单元剖分可适当增大)。仔细分析上述三点,并注意到 Lagrange 型插值函数的特点,可以看出运动场函数在单元域内至少有 C^1 型的连续性,而在过单元边界上仅为 C^0 型的了。此即 Lagrangian 离散网格上基本场变量近似函数的 C^0 型连续性含义。

给出形函数 $N_I(\boldsymbol{X})$ 的显式一般需要规则的单元剖分,工程实际使用中十分不便,后续将介绍在单元局部系下利用母单元映射方法获得一定任意性剖分下的形函数具体形式。

由 3.3.1.1 节关于物质体运动的描述,对物质点的运动位移近似插值为

$$u_i(\boldsymbol{X},t) = X_i(\boldsymbol{X},t) - X_i = u_{iI}(t) N_I(\boldsymbol{X}) \quad 或 \quad \boldsymbol{u}(\boldsymbol{X},t) = N_I(\boldsymbol{X}) \boldsymbol{u}_I(t) \tag{3.169}$$

式中,节点位移 $u_{iI}(t) = x_{iI}(t) - X_{iI} = x_{iI}(t) - x_{iI}(0)$;右式由定义得来。

通过取位移的物质导数可得速度及加速度,即

$$v_i(\boldsymbol{X},t) = \frac{\partial u_i(\boldsymbol{X},t)}{\partial t} = \dot{u}_{iI}(t) N_I(\boldsymbol{X}) = v_{iI}(t) N_I(\boldsymbol{X}) \quad 或 \quad v(\boldsymbol{X},t) = N_I(\boldsymbol{X}) \dot{\boldsymbol{u}}_I(t)$$

$$\tag{3.170}$$

$$\ddot{u}_i(\boldsymbol{X},t) = \ddot{u}_{iI}(t) N_I(\boldsymbol{X}) = a_{iI}(t) N_I(\boldsymbol{X}) \quad \text{或} \quad \ddot{\boldsymbol{u}}(\boldsymbol{X},t) = N_I(\boldsymbol{X}) \ddot{\boldsymbol{u}}_I(t) = N_I(\boldsymbol{X}) \boldsymbol{a}_I(t)$$

$$(3.171)$$

速度梯度及变形率张量的插值导出为

$$L_{ij} = v_{i,j} = v_{iI} \frac{\partial N_I(\boldsymbol{X})}{\partial x_j} = v_{iI} N_{i,j} \quad \text{或} \quad \boldsymbol{L} = \boldsymbol{v}_I \, \boldsymbol{\nabla}_x \otimes N_I \qquad (3.172)$$

$$D_{ij} = \frac{1}{2}(L_{ij} + L_{ji}) = \frac{1}{2}(v_{iI}N_{i,j} + v_{jI}N_{j,i}) \qquad (3.173)$$

注意式(3.172)中形函数不显含 x_j，关于当前构形坐标 x_j 的导数运算原则上可对式(3.168)取逆映射后进行运算，但这是有技术困难的。有限元通常的做法是在单元局部坐标系下利用隐函数微分的链式规则实施运算。

单元局部坐标系下的插值近似是指，用标准母单元上的插值形函数建立坐标及位移函数的映射，从而实现对结构单元的适当任意剖分。以二维问题为例，母单元是一正方形，有限元通过等参形式建立坐标及位移的插值，如图 3-18 所示，双线性插值形函数的具体形式见下列公式。

$$X_i(\xi,\eta) = N_I(\xi,\eta) X_{iI} \quad \text{或} \quad \boldsymbol{X}(\xi,\eta) = N_I(\xi,\eta) \boldsymbol{X}_I \qquad (3.174)$$

$$x_i(\xi,\eta) = N_I(\xi,\eta) x_{iI}(t) \quad \text{或} \quad \boldsymbol{x}(\xi,\eta) = N_I(\xi,\eta) \boldsymbol{x}_I(t) \qquad (3.175)$$

$$u_i(\xi,\eta) = N_I(\xi,\eta) u_{iI}(t) \quad \text{或} \quad \boldsymbol{u}(\xi,\eta) = N_I(\xi,\eta) \boldsymbol{u}_I(t) \qquad (3.176)$$

其中

$$N_I(\xi,\eta) = \frac{1}{4}(1 + \xi_I\xi)(1 + \eta_I\eta) \qquad (3.177)$$

式中，ξ_I 及 η_I 为母单元的节点坐标值，更高阶或三维体上的插值形函数具体显形式可见文献[10]。

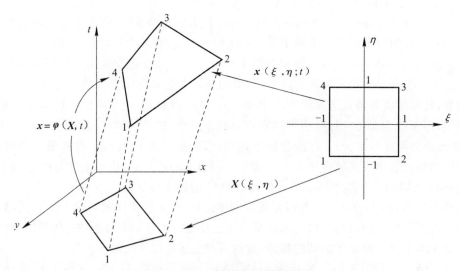

图 3-18 母单元等参映射关系

应当注意的是式(3.174)及式(3.175)的映射已实现了在物质构形全域上的 C^0 型连续且是一对一的，这保证了物质构形的基本连续性要求及逆映射的存在性。图 3.18 的映射关系中还隐含着节点编号升序的右旋性(对积分运算及实际应用是必要的)，这在数学上要求母单元映射的 Jacobian 行列式必须为正。Jacobian 行列式为正在动力学问题中还有另一层含义，即在构形运动变化过程中符合质量密度总为正值的事实，其理由如下。

取当前构形关于母单元坐标的导数得

$$\frac{\partial x_i}{\partial \xi_j} = \frac{\partial x_i}{\partial X_k}\frac{\partial X_k}{\partial \xi_j} = F_{ik}\frac{\partial X_k}{\partial \xi_j} \quad \text{或} \quad \boldsymbol{x}_{,\xi} = \boldsymbol{F} \cdot \boldsymbol{F}^0_\xi \tag{3.178}$$

式中，ξ_j 即指图 3.18 中的母单元坐标$(\xi\eta)$；对于三维问题，$j=1,2,3$。由母单元映射的 Jacobian 行列式定义：

$$J_\xi = \det(\boldsymbol{x}_{,\xi}) = \det(\boldsymbol{F})\det(\boldsymbol{F}^0_\xi) = JJ^0_\xi \tag{3.179}$$

如果在初始构形上建立了恰当的离散化网格及右旋的单元编码，则 $J^0_\xi > 0$，同时由物质构形形变运动中的质量守恒知，$\rho = \rho_0/J$。当物质构形的变形不过度扭曲，则可以保证 J 的正值特性，即保证了质量密度总为正，同时知 $J_\xi > 0$；反之，若 $J_\xi \leqslant 0$，则当 $J^0_\xi > 0$ 时，有 $J \leqslant 0$，这意味着质量密度为负，违背了物质形变运动的物理事实。当然，当物质构形的形变运动过于严重，也可导致 $J \leqslant 0$，则不仅质量密度为零或负，也必然导致 $J_\xi \leqslant 0$。这也是 Lagrangian 离散网格计算适应性的结束时刻。

关于物质点的运动速度及加速度在局部单元系下的插值形同式(3.176)，只要节点位移换成节点速度或加速度即可，如下式：

$$\dot{u}_i = v_i(\xi,\eta) = N_I(\xi,\eta)v_{iI}(t) \quad \text{或} \quad \dot{\boldsymbol{u}} = \boldsymbol{v}(\xi,\eta) = N_I(\xi,\eta)\boldsymbol{v}_I(t) \tag{3.180}$$

$$\ddot{u}_i = a_i(\xi,\eta) = N_I(\xi,\eta)a_{iI}(t) \quad \text{或} \quad \ddot{\boldsymbol{u}} = \boldsymbol{a}(\xi,\eta) = N_I(\xi,\eta)\boldsymbol{a}_I(t) \tag{3.181}$$

应注意的是式(3.180)和式(3.181)各插值关系中的节点值需理解为是物质构形中单元域上的节点值，而不是母单元的节点值，母单元仅是插值隐函数的定义域而已；这里所指的插值隐函数意味着位移、速度及加速度插值关系中的形函数均已通过式(3.174)和式(3.175)的映射建立了与物质构形(初始和当前的)坐标的关系。于是，可利用隐函数的链式求导法则得到速度梯度或变形率在物质构形下的插值表达，由

$$\frac{\partial v_i}{\partial \xi_j} = \frac{\partial v_i}{\partial x_k}\frac{\partial x_k}{\partial \xi_j} \quad \text{或} \quad \boldsymbol{v}_{,\xi} = \boldsymbol{x}_{,\xi}\boldsymbol{v}_{,x} \tag{3.182}$$

记

$$\boldsymbol{x}_{,\xi} \equiv \boldsymbol{F}_\xi(\xi,t) = \begin{bmatrix} x_{1,\xi_1} & x_{1,\xi_2} \\ x_{2,\xi_1} & x_{2,\xi_2} \end{bmatrix} = \begin{bmatrix} \dfrac{\partial x}{\partial \xi} & \dfrac{\partial x}{\partial \eta} \\ \dfrac{\partial y}{\partial \xi} & \dfrac{\partial y}{\partial \eta} \end{bmatrix} \tag{3.183}$$

借助式(3.182)对式(3.180)实施逆运算，即得物质构形坐标系下的速度梯度：

$$L_{ij} = \frac{\partial v_i}{\partial x_j} = \frac{\partial v_i}{\partial \xi_k}\frac{\partial \xi_k}{\partial x_j} = F^{-1}_{kj}\frac{\partial N_I}{\partial \xi_k}v_{iI}(t) \quad \text{或} \quad \boldsymbol{L} = \boldsymbol{v}_{,x} = \boldsymbol{F}^{-1}_\xi\boldsymbol{v}_{,\xi} = \boldsymbol{F}^{-1}_\xi(\boldsymbol{\nabla}_\xi \otimes N_I)\boldsymbol{v}_I \tag{3.184}$$

式中

$$\boldsymbol{\nabla}_\xi \otimes \boldsymbol{N}_I = \begin{bmatrix} \dfrac{\partial N_1}{\partial \xi} & \dfrac{\partial N_2}{\partial \xi} & \cdots & \dfrac{\partial N_n}{\partial \xi} \\ \dfrac{\partial N_1}{\partial \eta} & \dfrac{\partial N_2}{\partial \eta} & \cdots & \dfrac{\partial N_n}{\partial \eta} \end{bmatrix}, \quad \boldsymbol{v}_{iI} = \begin{bmatrix} v_{11} & v_{12} & \cdots & v_{1n} \\ v_{21} & v_{22} & \cdots & v_{2n} \end{bmatrix}^T \tag{3.185}$$

其中，单一角标为节点号；双角标第一个指坐标方向，第二个指节点号。另由式(3.182)可直接得到变形率的运算表达，此处不再赘述。

53

由于已建立了单元局部坐标系,对比式(3.172)与式(3.182)可得

$$\boldsymbol{V}_x \otimes \boldsymbol{N}_I(\boldsymbol{X}) = \boldsymbol{F}_{\xi}^{-1}[\boldsymbol{V}_{\xi} \otimes \boldsymbol{N}_I(\xi, \eta)] \tag{3.186}$$

2. 变分原理式的直接计算

更新的 Lagrangian 变分原理式的直接计算是将上述插值函数代入动量守恒的积分弱形式(见式(3.103)),并直接实施其变分及积分运算,从而获得结构有限元离散化后的运动方程组。首先计算单元插值速度的变分,即

$$\delta v_i = \delta v_{iI} N_I(\boldsymbol{X}) \quad 或 \quad \delta v_i(\xi, \eta) = \delta v_{iI} N_I(\xi, \eta)$$

再将式(3.103)按单元离散并代入上式,简记为

$$\sum_e \delta v_{iI} \int_{\Omega_e} \frac{\partial N_I}{\partial x_j} \sigma_{ji} \mathrm{d}\Omega_e - \sum_e \delta v_{iI} \int_{\Omega} N_I \rho\, b_i \mathrm{d}\Omega_e - \sum_{\Gamma_t^e} \delta v_{iI} \int_{\Gamma_t^e} \widetilde{N}_I \widetilde{t}_i \mathrm{d}\Gamma_t^e + \sum_e \delta v_{iI} \int_{\Omega} N_I \dot{v}_i \mathrm{d}\Omega_e = 0$$

$$\tag{3.187}$$

式中,第三项是指对在力边界上的那些单元积分,且积分号下的形函数取值也是在边界坐标上。对式(3.187)的各积分项展开运算可分别获得

(1)与应力等效的单元内部节点力:

$$\delta \boldsymbol{v}^{\mathrm{T}} \boldsymbol{f}^{\mathrm{int}} = \delta v_{iI} f_{iI}^{\mathrm{int}} = \delta v_{iI} \int_{\Omega_e} \frac{\partial N_I}{\partial x_j} \sigma_{ji} \mathrm{d}\Omega = \delta v_{iI} \int_{\Omega_{\xi}} \frac{\partial N_I}{\partial \xi_k} F_{kj}^{-1} \sigma_{ji} J_{\xi} \mathrm{d}\Omega_{\xi} \tag{3.188}$$

式中,$\boldsymbol{f}^{\mathrm{int}}$ 或 f_{iI}^{int} 即为与应力等效的单元内部节点力。式(3.188)的第 3 个等式为在母单元域上的积分,是一个标准的规则域,但被积函数复杂,技术上采用数值积分解决[7];式(3.188)被积函数的复杂性还在于单元域内 Cauchy 应力随时间增量求解的不断更新,对于大变形非线性动力学问题,还涉及对应力转动问题的处理,见本节后续的细致分析。

(2)与外载荷等效的单元外部节点力:

$$\delta \boldsymbol{v}^{\mathrm{T}} \boldsymbol{f}^{\mathrm{ext}} = \delta v_{iI} f_{iI}^{\mathrm{ext}} = \delta v_{iI} \int_{\Omega_e} N_I \rho b_i \mathrm{d}\Omega + \delta v_{iI} \int_{\Gamma_t^e} \widetilde{N}_I \widetilde{t}_i \mathrm{d}\Gamma_t^e \tag{3.189}$$

式中,$\boldsymbol{f}^{\mathrm{ext}}$ 或 f_{iI}^{ext} 即为与外载荷等效的单元外部节点力,有两项,第一项为与单元体积力等效的外部节点力;第二项为与边界作用力等效的外部节点力。这两项当前构形上的积分均可通过式(3.175)的变换改写成母单元上的标准积分,即

$$f_{iI}^{\mathrm{ext}}|_{\Omega_e} = \int_{\Omega_e} N_I \rho\, b_i \mathrm{d}\Omega = \int_{\Omega_{\xi}} N_I(\xi) \rho(\xi) b_i(\xi) J_{\xi} \mathrm{d}\Omega_{\xi} \tag{3.190a}$$

$$f_{iI}^{\mathrm{ext}}|_{\Gamma_t^e} = \int_{\Gamma_t^e} \widetilde{N}_I \widetilde{t}_i \mathrm{d}\Gamma_t^e = \int_{\Gamma_{\zeta}} \widetilde{N}_I(\zeta) \widetilde{t}_i(\zeta) \frac{l_{\zeta}}{2} \mathrm{d}\zeta \tag{3.190b}$$

式(3.190a)中的母单元坐标记为 ξ,对二维问题意为 (ξ, η);式(3.190b)的母单元坐标记为 ζ,对二维问题实指母单元的某一条单元边界,且 l_{ζ} 为当前构形上外载荷作用边的单元边长。

(3)单元的一致质量阵和节点惯性力:

$$\delta \boldsymbol{v}^{\mathrm{T}} \boldsymbol{f}^{\mathrm{ine}} = \delta v_{iI} f_{iI}^{\mathrm{ine}} = \delta v_{iI} \int_{\Omega_e} N_I \rho \dot{v}_i \mathrm{d}\Omega = \delta v_{iI} \int_{\Omega_e} N_I \rho N_J \mathrm{d}\Omega \dot{v}_{iJ} \tag{3.191}$$

记单元的节点加速度为 $\dot{v}_{iJ} = \delta_{ij} \dot{v}_{jJ}$,则对于二维问题,一致质量阵的节点子阵为

$$\boldsymbol{M}_{IJ} = \begin{bmatrix} M_{IJ} & 0 \\ 0 & M_{IJ} \end{bmatrix} \quad 或 \quad M_{ijIJ} = \delta_{ij} \int_{\Omega_{\xi}} N_I(\xi) \rho(\xi) N_J(\xi) J_{\xi} \mathrm{d}\Omega_{\xi} \tag{3.192}$$

于是，单元节点的质量力可写作

$$f_I^{\text{ine}} = M_{IJ}\dot{v}_J = M_{IJ}a_J \tag{3.193}$$

将以上三步获得的式(3.188)、式(3.189)和式(3.193)代回式(3.187)，式(3.187)的单元求和则转换为按节点求和(对同一节点的所有单元求和)，于是，可得有限元离散化的虚功率方程为

$$\delta v^{\text{T}}(Ma + f^{\text{int}} - f^{\text{ext}}) = 0 \tag{3.194a}$$

注意到非约束节点速度的任意性，式(3.194a)可按节点给出分量形式为

$$\delta v_{iI}^{\text{T}}(\delta_{ij}M_{ijIJ}a_J + f_i^{\text{int}} - f_i^{\text{ext}}) = 0 \ , \ \forall \ \delta v_{iI} \notin \Gamma_{v_i} \tag{3.194b}$$

同样由非约束节点速度的任意性，可得有限元离散化节点的运动方程为

$$\delta_{ij}M_{ijIJ}a_J + f_i^{\text{int}} - f_i^{\text{ext}} = 0, \ \forall \ (i, I) \notin \Gamma_{v_i} \tag{3.195a}$$

或写成矩阵式有

$$Ma + f^{\text{int}} - f^{\text{ext}} = 0 \quad \text{或} \quad Ma = f \quad (\text{其中 } f = f^{\text{ext}} - f^{\text{int}}) \tag{3.195b}$$

实际结构的动力学运动过程中一定伴有运动耗能的阻尼机制(结构体内部或外部的)，为简单起见，工程中常采用与运动速度成正比的 Rayleigh 黏性力形式。在离散化运动方程中的引入阻尼后的形式为

$$Ma = f - C^{\text{damp}}v \tag{3.195c}$$

式(3.195)即为有限元离散化结构体关于无速度约束节点(自由节点)的运动方程组，即为一标准初值问题的常微分方程组。

3. 离散化运动方程的显式积分算法

由变分原理，式(3.195)一方面可理解为在当前物质构形下等效于动量守恒关系的离散化方程组，其中的各物理量均是已知的；另一方面是从式(3.195)出发，求解下一个时刻的物质变形及其各物理量，这是该式作为微分方程的意义所在。数值求解式(3.195)的方法分为显式积分和隐式积分方法。对于撞击、爆炸以及高度非线性动力学问题一般宜采用显式方法，因为当质量阵适当处理成对角阵时，显式方法的时间积分不需要分解任何方程组系数，解效率非常高；但同时受到临界时间步长的限制，这取决于单元的特征长度(受质量阵对角化的精度影响，一般单元的划分越小越好；同时随变形程度的增大，单元的特征长度也在减小)，因此求解的时间步长一般很小，约在微秒数量级，甚至更低。在以下的讨论中，我们假定质量矩阵已做了对角化处理。

最广泛应用的显式积分算法是中心差分方法，对复杂动力学问题，采用变时间步长的中心差分法是恰当的。为此，对时间步有如下定义：

$$\Delta t^{n+\frac{1}{2}} = t^{n+1} - t^n, \quad t^{n+\frac{1}{2}} = \frac{1}{2}(t^{n+1} + t^n), \quad \Delta t^n = t^{n+\frac{1}{2}} - t^{n-\frac{1}{2}} \tag{3.196}$$

式中，上标即指时间步长数，1/2 称为半步长或中点步长。关于时间步长的定义如图 3-19 所示。

对速度的中心差分式有

$$\dot{u}^{n+\frac{1}{2}} \equiv v^{n+\frac{1}{2}} = \frac{u^{n+1} - u^n}{t^{n+1} - t^n} = \frac{1}{\Delta t^{n+\frac{1}{2}}}(u^{n+1} - u^n) \tag{3.197a}$$

于是，按中心差分得到的位移积分式为

$$u^{n+1} = u^n + \Delta t^{n+\frac{1}{2}}v^{n+\frac{1}{2}} \tag{3.197b}$$

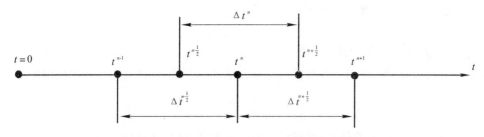

图 3-19　中心差分法中的时间步长定义示意图

对加速度的中心差分及积分式有

$$\ddot{\boldsymbol{u}}^n \equiv \boldsymbol{a}^n = \frac{\boldsymbol{v}^{n+\frac{1}{2}} - \boldsymbol{v}^{n-\frac{1}{2}}}{t^{n+\frac{1}{2}} - t^{n-\frac{1}{2}}} \quad \text{和} \quad \boldsymbol{v}^{n+\frac{1}{2}} = \boldsymbol{v}^{n-\frac{1}{2}} + \Delta t^n \boldsymbol{a}^n \tag{3.197c}$$

实际计算中,速度的更新常采用以下两个半步长定义的积分式(见图 3-19):

$$\boldsymbol{v}^{n+\frac{1}{2}} = \boldsymbol{v}^n + (t^{n+\frac{1}{2}} - t^n)\boldsymbol{a}^n \quad \text{及} \quad \boldsymbol{v}^{n+1} = \boldsymbol{v}^{n+\frac{1}{2}} + (t^{n+1} - t^{n+\frac{1}{2}})\boldsymbol{a}^n \tag{3.198}$$

由以上的差分式计算定义,结合式(3.195),可以总结出显式积分算法的时间推进步骤如下:

(1)置 $n=0, t^n=0$,计算质量阵 $\boldsymbol{M}$,并按初始条件计算 $n=0$ 时刻作用力 $\boldsymbol{f}_0^{\text{ext}} - \boldsymbol{f}_0^{\text{int}}$;

(2)由式(3.195)计算 $n=0$ 时刻加速度:$\boldsymbol{a}^n = \boldsymbol{M}^{-1}(\boldsymbol{f}^n - \boldsymbol{C}^{\text{damp}} \boldsymbol{v}^{n-\frac{1}{2}})$;

(3)时间更新:$t^{n+\frac{1}{2}} = \frac{1}{2}(t^n + \Delta t^{n+1})$,$t^{n+1} = t^n + \Delta t^{n+\frac{1}{2}}$;

(4)第 1 次半步长速度更新:$\boldsymbol{v}^{n+\frac{1}{2}} = \boldsymbol{v}^n + (t^{n+\frac{1}{2}} - t^n)\boldsymbol{a}^n$;

(5)直接由 $\boldsymbol{v}^{n+\frac{1}{2}}$ 更新变形率张量 $\boldsymbol{D}^{n+\frac{1}{2}}$ 及转动张量 $\boldsymbol{W}^{n+\frac{1}{2}}$(见式(3.76));

(6)强置半步长速度边界条件:$v_i^{n+\frac{1}{2}}\big|_I = \bar{v}_i(\boldsymbol{x}_I, t^{n+\frac{1}{2}})$,$\forall \boldsymbol{x}_I \in \varGamma_{v_i}$;

(7)应力更新及计算作用力 $\boldsymbol{f}^{n+1} = \boldsymbol{f}_{n+1}^{\text{ext}} - \boldsymbol{f}_{n+1}^{\text{int}}$(见本节小标题 4 的分析);

(8)由式(3.195)计算 $n+1$ 时刻加速度:$\boldsymbol{a}^{n+1} = \boldsymbol{M}^{-1}(\boldsymbol{f}^{n+1} - \boldsymbol{C}^{\text{damp}} \boldsymbol{v}^{n+\frac{1}{2}})$;

(9)第 2 次半步长速度更新:$\boldsymbol{v}^{n+1} = \boldsymbol{v}^{n+\frac{1}{2}} + (t^{n+1} - t^{n+\frac{1}{2}})\boldsymbol{a}^{n+1}$;

(10)节点位移及构形更新:$\boldsymbol{u}^{n+1} = \boldsymbol{u}^n + \Delta t^{n+\frac{1}{2}} \boldsymbol{v}^{n+\frac{1}{2}}$,$\boldsymbol{x}^{n+1} = \boldsymbol{x}^n + \boldsymbol{u}^{n+1}$;

(11)$n+1$ 时间步能量平衡检查[6](用于判断数值计算稳定的可控性);

(12)更新时间步数 $n=n+1$,若未完成总计算时间返回步骤(3)。

以上给出的有限元离散化运动方程组显式积分方法步骤仅仅是框架性的,为能够高效高精度处理鸟体撞击薄壁结构等大型复杂动力学问题(通常结构自由度数目可达 10^6 量级),算法技术上尚需解决单元数值积分的高效计算方案、应力波波阵面前沿突变处理以及数值噪声抑制等实用化问题。这些技术问题均已建立了有效的算法技术方案(包括数值滤波技术),受篇幅所限不再赘述,有兴趣可参考文献[6~9]。

4.应力更新及内部节点力增量计算

应力更新给出了 $n+1$ 时刻有限元网格单元上的应力(离散化计算中给出的是单元积分点应力),为 $n+1$ 时刻单元内部节点力计算做好准备。应力更新的计算关键在于要处理因为形变过程中因转动而带来的应力状态变化问题,这涉及应力客观率的应用。对于显式积分方法,

采用线化应力更新具有足够的精度,即

$$\sigma_{ij}^{n+1} = \sigma_{ij}^n + \dot{\sigma}_{ij}^{n+\frac{1}{2}} \Delta t^{n+\frac{1}{2}} \tag{3.199}$$

式中,Cauchy 应力的物质导数受刚体转动影响不是客观的(材料本构关系无法知道实际结构的转动),因此需要应用 Jaumann 应力率以及实际的转动张量来获取,利用式(3.86)可得

$$\dot{\sigma}_{ij}^{n+\frac{1}{2}} \equiv \left.\frac{\mathrm{D}\sigma_{ij}}{\mathrm{D}t}\right|_{n+\frac{1}{2}} = \sigma_{ij}^{\nabla J\,(n+\frac{1}{2})} + W_{ik}^{n+\frac{1}{2}}\sigma_{kj}^n + \sigma_{ik}^n W_{jk}^{n+\frac{1}{2}} \tag{3.200}$$

将式(3.200)代入式(3.199)即可获得 $n+1$ 时刻的应力更新。要解决 $n+1$ 时刻的单元内部节点力尚需利用以 Jaumann 应力率给定的本构关系在 n 时刻构形上实施单元内部节点力的积分运算,采用与式(3.199)相同的增量积分格式,可得单元内部节点力更新为

$$\boldsymbol{f}_{n+1}^{\mathrm{int}} = \boldsymbol{f}_n^{\mathrm{int}} + \dot{\boldsymbol{f}}_{n+\frac{1}{2}}^{\mathrm{int}} \Delta t^{n+\frac{1}{2}} \tag{3.201}$$

式中,$\dot{\boldsymbol{f}}_{n+\frac{1}{2}}^{\mathrm{int}} = \int_{\Omega_e^n} \frac{\partial \boldsymbol{N}}{\partial \boldsymbol{x}} \cdot \dot{\boldsymbol{\sigma}}^{n+\frac{1}{2}} \mathrm{d}\Omega_e^n = \int_{\Omega_e^n} \frac{\partial N}{\partial \boldsymbol{x}} \cdot \left[\boldsymbol{\sigma}^{\nabla\,(n+\frac{1}{2})} + \boldsymbol{W}^{n+\frac{1}{2}} \cdot \boldsymbol{\sigma}^n + \boldsymbol{\sigma}^n \cdot \boldsymbol{W}^{\mathrm{T}\,(n+\frac{1}{2})}\right] \mathrm{d}\Omega$

或

$$f_{iI}^{\mathrm{int}}\big|_{n+\frac{1}{2}} = \int_{\Omega_e^n} \frac{\partial N_I}{\partial x_j} (\sigma_{ji}^{\nabla J\,(n+\frac{1}{2})} + \sigma_{ki}^n W_{jk}^{n+\frac{1}{2}} + \sigma_{jk}^n W_{ik}^{n+\frac{1}{2}}) \mathrm{d}\Omega \tag{3.202}$$

式(3.202)中的下标 i 表示节点力方向,I 表示单元节点号。

为方便起见,后续讨论暂且取消式(3.102)关于时间步的标记。为讨论 Jaumann 应力率的表达,这里采用相对简单的各向同性非线弹材料切向模量形式给出的本构关系(复杂本构模型参见本指南第四章),即

$$\boldsymbol{\sigma}^{\nabla J} = \boldsymbol{C}^{\sigma J} : \boldsymbol{D} \quad \text{或} \quad \sigma_{ij}^{\nabla J} = C_{ijkl}^{\sigma J} D_{kl} \tag{3.203}$$

式中

$$\boldsymbol{C}^{\sigma J} = \lambda \boldsymbol{I} \otimes \boldsymbol{I} + 2\mu \boldsymbol{I} \quad \text{或} \quad C_{ijkl}^{\sigma J} = \lambda \delta_{ij}\delta_{kl} + \mu(\delta_{ik}\delta_{jl} + \delta_{il}\delta_{jk}) \tag{3.204}$$

首先注意到节点速度插值的式(3.170),利用张量指标运算将单元域内变形率张量的节点速度插值形式(见式(3.173))表达成

$$D_{kl} = \frac{\partial N_J}{\partial x_r} \frac{1}{2}(\delta_{rl}\delta_{kj} + \delta_{rk}\delta_{lj}) v_{jJ} \tag{3.205}$$

将式(3.205)代入式(3.203),再代入式(3.202)的第 1 项积分式可得

$$K_{ijIJ}^{\mathrm{mat}} v_{jJ} = \left[\frac{1}{2}(\delta_{rl}\delta_{kj} + \delta_{rk}\delta_{lj}) \int_{\Omega_e} \frac{\partial N_I}{\partial x_s} C_{sikl}^{\sigma J} \frac{\partial N_J}{\partial x_r} \mathrm{d}\Omega\right] v_{jJ} \tag{3.206}$$

其中,K_{ijkl}^{mat} 称为材料切向刚度。对复杂类型单元,式(3.206)实际算法技术采用在母单元局部坐标系下的数值积分方案,并采用矩阵形式存储。同理,利用张量指标运算将单元域内转动张量的节点插值形式以及域内应力表达为

$$W_{kl} = \frac{\partial N_J}{\partial x_r} \frac{1}{2}(\delta_{rl}\delta_{kj} - \delta_{rk}\delta_{lj}) v_{jJ}, \quad \sigma_{kl} = \sigma_{mn}\delta_{mk}\delta_{nl} \tag{3.207a}$$

将式(3.207a)代入式(3.202)的第 2 项积分可得

$$K_{ijIJ}^{\mathrm{geo}} v_{jJ} = \left\{\frac{1}{2}\left[\delta_{ms}(\delta_{ij}\delta_{nr} - \delta_{ir}\delta_{nj}) + \delta_{ni}(\delta_{sj}\delta_{mr} - \delta_{rs}\delta_{mj})\right] \int_{\Omega_e} \frac{\partial N_I}{\partial x_s}\sigma_{mn}\frac{\partial N_J}{\partial x_r}\mathrm{d}\Omega\right\} v_{jJ} \tag{3.207b}$$

其中,K_{ijIJ}^{geo} 称为几何刚度或初应力刚度。同理,对复杂类型单元,上式实际算法技术采用在母单元局部坐标系下的数值积分方案,并采用矩阵形式存储。

关于单元外部节点力的更新(参见式(3.189))同样可参照增量积分的线化方案进行处理,恕不赘述。

3.3.3.2 ALE格式的数值计算方法

由3.3.3.1节对更新的Lagrangian有限元数值方法分析可知,当物体的初始网格在形变运动过程中发生严重畸变时,可能发生违反质量守恒的结果,同时时间推进步长受解的稳定性要求而越来越小(甚至到无法进行下去的程度)。很自然可以想到在物体严重变形时,可以利用当前构形进行形变结构的网格重新划分,但这需要将原来变形的Lagrangian网格节点及单元上的各类物理量"搬"到再造的新网格上,此即ALE方法的基本意义。3.3.2.2节描述了由于网格运动(再造网格与原变形网格的差异化)而引起的物理方程变化,其中的网格运动定义是为了网格自动更新而建立的。在早先的算法技术中,就是利用插值法将变形网格上的物理量"搬"到新网格上的,但所转移的物理量仅具有一阶精度。在现代的算法技术中[6],自动网格更新以及高精度(二阶)转移物理量的计算方法已初步应用于实际工程问题。正如3.3.2.2节所述,这将增加物理问题计算的开销,且需解决因物理量转移所带来的空间计算不稳定问题。

对于高速鸟体撞击薄壁结构的问题,通常对鸟体采用流体本构模型,且在鸟体的运动域上采用Eulerian空间网格,而结构通常采用嵌入的Lagrangian网格,此即流固耦合的鸟撞分析模型。这种鸟撞分析模型必须依靠ALE算法技术来支持,因为结构受撞击变形而导致了鸟体的运动边界变化,这就需要用ALE算法技术来不断更新鸟体运动域的Eulerian空间网格,从而保持撞击计算的有效性。当然,对于单一的结构动力学严重变形问题,也可利用ALE算法技术在恰当的时间步上对结构的Lagrangian网格实施更新,以更深入地研究结构动力学行为规律。

以下给出ALE格式的有限元数值算法理论构造,并给予适当分析理解。首先对ALE域进行几何离散,划分为单元的集合,ALE域可以是Eulerian空间网格(如前述的鸟体运动域),也可以是将发生形变运动的结构初始构形。对其单元 e 的ALE坐标、网格运动及其速度等均按母单元局部坐标系的等参形式进行标准Lagrange型插值,即

$$\chi(\xi^e) = \chi_I N_I(\xi^e) \tag{3.208a}$$

$$\boldsymbol{x}(\xi^e) = \hat{\varphi}(\boldsymbol{\chi}(\xi^e), t) = \boldsymbol{x}_I(t) N_I(\xi^e) \tag{3.208b}$$

$$\hat{\boldsymbol{v}} = \frac{\partial \hat{\varphi}(\boldsymbol{\chi}(\xi^e), t)}{\partial t} = \dot{\boldsymbol{x}}_I(t) N_I(\xi^e) = \hat{\boldsymbol{v}}_I(t) N_I(\xi^e) \tag{3.208c}$$

需要强调的是ALE网格的运动及速度是由网格更新算法完成的,与物质构形的物理运动无关,这体现了ALE网格与物质构形中嵌入的Lagrangaian网格不同的一面。

现在来研究ALE网格上的物理量插值问题(物质点与ALE坐标的映射关系见式(3.108))。对ALE域单元中的密度函数做插值近似,取为

$$\rho(\xi^e, t) = \rho[\boldsymbol{\chi}(\xi^e), t] = \rho_I(t) N_I^\rho(\xi^e) \tag{3.209}$$

式中,形函数 $N_I^\rho(\xi^e)$ 的表示可与网格运动的形函数 $N_I(\xi^e)$ 不同。ALE域单元中物质点的运动速度插值为

$$\boldsymbol{v}(\xi^e, t) = \boldsymbol{v}[\boldsymbol{\chi}(\xi^e), t] = \boldsymbol{v}_I(t) N_I(\xi^e) \tag{3.210}$$

于是,物质点速度的ALE时间导数插值形式见下式:

$$\boldsymbol{v}_{,t[\chi]} = \frac{\mathrm{d}\boldsymbol{v}_I(t)}{\mathrm{d}t} N_I(\xi^e) \tag{3.211}$$

注意式(3.210)与式(3.208c)的插值是同样的,但 ALE 网格节点的速度则是不同时间发展方程按时间步推进来获得的。式(3.210)的 ALE 网格节点速度代表了该节点对应的物质点运动速度,它是由动量的有限元离散化方程按时间步推进得到的。

由 3.3.2.2 节的分析可知,物质点速度及密度的物质导数按上述插值近似可得

$$\dot{\boldsymbol{v}} = \frac{\mathrm{d}\boldsymbol{v}_I(t)}{\mathrm{d}t} N_I(\xi^e) + c(\xi^e, t) \cdot \boldsymbol{\nabla} N_I(\xi^e) \boldsymbol{v}_I(t) \tag{3.212}$$

$$\dot{\rho} = \frac{\mathrm{d}\rho_I(t)}{\mathrm{d}t} N_I(\xi^e) + c(\xi^e, t) \cdot \boldsymbol{\Delta} N_I(\xi^e) \rho_I(t) \tag{3.213}$$

其中

$$c(\xi^e, t) = c_I(t) N_I(\xi^e) \tag{3.214}$$

为了对 ALE 格式的积分弱形式(式(3.124)及式(3.126))实施直接数值计算,需注意到在质量连续方程和动量方程中出现了因物质点速度与网格速度的差所引起的转移项,$\rho_{,i} c_i$ 及 $v_{i,i} c_j$,这两项会导致数值计算的不稳定。为此,密度及速度的变分函数插值需做特殊处理,这里暂记为

$$\delta \tilde{\rho}(\xi^e) = \delta \rho_I(t) \bar{N}^\rho(\xi^e) \tag{3.215a}$$

$$\delta \tilde{\boldsymbol{v}}(\xi^e) = \delta \boldsymbol{v}_I(t) \bar{N}(\xi^e) \tag{3.215b}$$

将式(3.212)~式(3.215)代入按单元离散化的式(3.124)及式(3.126),可得有限元数值计算的常微分方程组,即

(1)质量连续方程

$$\boldsymbol{M}^\rho \frac{\mathrm{d}\boldsymbol{\rho}}{\mathrm{d}t} + \boldsymbol{L}^\rho \boldsymbol{\rho} + \boldsymbol{K}^\rho \boldsymbol{\rho} = \boldsymbol{0} \tag{3.216}$$

其中,容量矩阵

$$\boldsymbol{M}^\rho = [M^\rho_{IJ}] = \sum_e \int_{\Omega_e} \bar{N}^\rho_I N^\rho_J \mathrm{d}\Omega \tag{3.217a}$$

转移矩阵

$$\boldsymbol{L}^\rho = [L^\rho_{IJ}] = \sum_e \int_{\Omega_e} \bar{N}^\rho_I c_i N^\rho_{J,i} \mathrm{d}\Omega \tag{3.217b}$$

散度矩阵

$$\boldsymbol{K}^\rho = [K^\rho_{IJ}] = \sum_e \int_{\Omega_e} \bar{N}^\rho_I v_{i,i} N^\rho_J \mathrm{d}\Omega \tag{3.217c}$$

节点密度及其 ALE 时间导数列阵

$$\boldsymbol{\rho} = \{\rho_J\}, \quad \frac{\mathrm{d}\boldsymbol{\rho}}{\mathrm{d}t} = \left\{\frac{\mathrm{d}\boldsymbol{\rho}_J}{\mathrm{d}t}\right\} \tag{3.217d}$$

(2)动量方程

$$\boldsymbol{M} \frac{\mathrm{d}\boldsymbol{v}}{\mathrm{d}t} + \boldsymbol{L}\boldsymbol{v} + \boldsymbol{f}^{\mathrm{int}} = \boldsymbol{f}^{\mathrm{ext}} \tag{3.218}$$

其中,广义质量矩阵

$$\boldsymbol{M} = [M_{ijIJ}] = \sum_e \delta_{ij} \int_{\Omega_e} \bar{N}_I \rho N_J \mathrm{d}\Omega \tag{3.219a}$$

转移矩阵

$$\boldsymbol{L}^{\rho} = \left[L_{ijIJ}^{\rho}\right] = \sum_e \delta_{ij} \int_{\Omega_e} \rho \bar{N}_I c_k N_{J,k} \mathrm{d}\Omega \tag{3.219b}$$

内部节点力阵

$$\boldsymbol{f}^{\mathrm{int}} = \{f_{iI}^{\mathrm{int}}\} = \sum_e \int_{\Omega_e} \frac{\partial \bar{N}_I}{\partial \chi_j} \sigma_{ij} \mathrm{d}\Omega \tag{3.219c}$$

外部节点力阵

$$\boldsymbol{f}^{\mathrm{ext}} = \{f_{iI}^{\mathrm{ext}}\} = \sum_e \left[\int_{\Omega_e} \rho \bar{N}_I b_i \mathrm{d}\Omega + \int_{\Gamma_{ti}^e} \bar{N}_I \tilde{t}_i \mathrm{d}\Omega \right] \tag{3.219d}$$

对式(3.216)及式(3.218)即可实施显式时间积分的推进计算,具体算法技术与3.3.3.1节所描述的中心差分方案略有不同,有兴趣可参见资料[6]的详细分析。实际上,为解决转移矩阵计算以及由此引起的计算不稳定问题,资料[6]详细分析了对流-扩散方程由 Galerkin 离散所导致的解的空间振荡特性,并对 Petrov - Galerkin 方法以及前人所提出的迎风流线算法格式进行了细致剖析,在此基础上,总结了动量离散化方程的 Petrov - Galerkin 方法求解以及 ALE 单元应力更新的详细技术方案。受篇幅所限,不再赘述。

前已述及,ALE 格式算法技术的另一个重要组成部分是其网格重新生成技术,或称作网格更新,这是与上述有限元离散的质量连续和动量方程无关的另一类几何算法技术。网格更新的算法技术相对来说比较开放(指网格拓扑固定,如节点数目、单元类型不能变化),这体现了 ALE 方法"任意"的基本特征,也是技术实用化的基本需求。现代的网格更新实用算法技术大致有[6]:

(1)预先指定网格运动方法。这对于当流体域的边界有一个已知运动时,可以预先指定沿着这一边界的网格运动速度 $\hat{v}$,从而实现网格重构。

(2)Lagrange - Euler 矩阵方法。这是一种任意定义物质点参考速度 w 的方法。w 定义如下:

$$w_i = \frac{\partial \chi_i}{\partial t}\bigg|_{[X]} = (\delta_{ij} - \alpha_{ij}) v_j \tag{3.220}$$

式中,α_{ij} 为对角化参数矩阵,或称为 Lagrange - Euler 参数矩阵,通常取为时间独立的。当 $\alpha_{ij} = \delta_{ij}$ 时,$w = \boldsymbol{0}$,则表明退化为 Lagrangian 描述;当 $\alpha_{ij} = 0$ 时,$w = v$,表明得到 Eulerian 描述。对 ALE 网格的每一节点定义一次 w,由此可以得到质点与网格的相对运动速度 c,从而形成各节点位置重构的方程组。

(3)变形梯度方法。该方法不断跟踪物体变形边界,在物体边界上强制 $w \cdot n = 0$,在域内定义节点位移 $\hat{u}$ 或速度 $\hat{v}$,从而形成质点与网格的相对运动速度 c 的解方程,继而获得节点位置的重构。

(4)自动网格生成方法。该方法利用了 Laplace 方程解的等值线近似于正交的事实,将 Laplace 方程解空间的节点再重新变换到物体空间的节点上去。该方法可以获得一个网格生成的四阶偏微分方程,利用有限差分法可以获得内角接近直角的重构单元及节点。

(5)应用修正的弹性方程方法。这是利用修正后无体力的线弹性方程控制网格的"流动",由物体变形的边界位置,对修正后的线弹性方程组施加指定位移边界条件,求解获得结构整体弹性变形的内部网格变化,从而获得节点重构的位置。该方法可以适用于任何类型的网格和任意的变形运动,但每个时间增量步增加了求解弹性系统的代价。

最后,我们简单总结 ALE 格式算法计算一个时间增量步的基本计算步骤:

(1)完成一个 Lagrandian 时间步的计算,即按时间增量步解一次式(3.216)及式(3.218)的有限元离散方程组,获得结构体该时间增量步后的形变、运动速度、变形率以及内应力状态等;

(2)完成一次网格更新计算(当需要时),得到较形变网格构形更规则的重构网格节点分布;

(3)计算转移项(式(3.127b)及式(3.129b))以及更新重构网格节点上的速度、变形率以及内应力状态等。

(4)准备下一时间增量步数值计算。

3.3.3.3　光滑质点流体动力学(SPH)数值方法

对于鸟体高速撞击飞机薄壁结构的一类问题,鸟体行为可视作流体特性,其形变运动非常大,甚至伴有血肉横飞的状况。因此,采用在鸟体上嵌入 Lagrandian 网格的计算方案难于奏效;采用借助于 ALE 技术的流固耦合方法,可避免网格畸变问题,但求解中引入了非线性的转移项,使得计算复杂性增大,开销变多。特别对于结构受撞发生破坏的情况,其物质形变边界(Eulerian 网格的运动依据)难于精确描述,这将导致 ALE 计算方法的不成功。近二十多年来由无网格计算技术演变发展起来的光滑质点流体动力学(SPH)方法则较高效、经济地适用于类似的高速碰撞问题。利用撞击接触积分弱形式所形成的离散型约束方程,可方便地将 SPH 鸟体与 Lagrandian 结构耦合在一个数值模型当中,成为这类撞击问题与本课题研究的一类主流鸟撞计算模型。本小节对 SPH 数值算法的理论构造予以简单介绍与分析,以期对该算法技术的研究起到抛砖引玉的作用。

SPH 方法数学上源自于所谓的核近似原理,是指用一个局部支撑的紧支集权函数与给定函数的乘积在积分意义下近似给定函数的取值,记作

$$u(\boldsymbol{x}) \approx u^h(\boldsymbol{x}) = \int_\Omega u(\bar{\boldsymbol{x}}) w(\boldsymbol{x} - \bar{\boldsymbol{x}}) \, \mathrm{d}\Omega_{\bar{x}} \qquad (3.221)$$

式中,权函数 $w(\boldsymbol{x} - \bar{\boldsymbol{x}})$ 称为核函数(kernel function)或光滑函数(smoothing function)。为保证式(3.221)在拟定的局域上对给定函数近似的有效性,核函数需满足以下性质:

(1)半正定性。即在所支撑的局域内满足 $w(\boldsymbol{x} - \bar{\boldsymbol{x}}) \geqslant 0$。

(2)紧支性。即在所支撑的局域外满足 $w(\boldsymbol{x} - \bar{\boldsymbol{x}}) = 0$。

(3)归一性。即 $\int_\Omega w(\boldsymbol{x} - \bar{\boldsymbol{x}}) \, \mathrm{d}\Omega_{\bar{x}} = 1$。

(4) $w(\boldsymbol{x} - \bar{\boldsymbol{x}})$ 是距离 $d = \| \boldsymbol{x} - \bar{\boldsymbol{x}} \|$ 的单调减函数。

(5)当支撑域大小 $h \to 0$ 时,$w(\boldsymbol{x} - \bar{\boldsymbol{x}}) \to \delta(\| \boldsymbol{x} - \bar{\boldsymbol{x}} \|)$。

为使式(3.221)在数值积分方案下有良好的近似性及收敛性,核函数尚需满足零阶及一阶一致性要求,其中零阶一致性即指归一性条件,一阶一致性是指核函数的一阶原点矩为零,即

$$\int_\Omega (\boldsymbol{x} - \bar{\boldsymbol{x}}) w(\boldsymbol{x} - \bar{\boldsymbol{x}}) \, \mathrm{d}\Omega_{\bar{x}} = 0$$

连续型积分意义上的核函数一致性条件较易得到满足,但在数值积分意义上是较难以实现的,文献[8]指出了实现一致性条件的算法原理。三次 B 样条是 SPH 方法中常用的一种核函数,即

$$w(r) = \begin{cases} \dfrac{G}{h^d}\left(1 + \dfrac{3}{2}r^2 + \dfrac{3}{4}r^3\right), & r < 1 \\[2mm] \dfrac{G}{4h^d}(2-r)^3, & 1 \leqslant r < 2 \\[2mm] 0, & 2 \leqslant r \end{cases} \tag{3.222}$$

式中，$r = \| x - \bar{x} \| / h$；$d$ 为空间的维数；G 为归一化常数，对一维问题 $G = 2/3$，对二维问题 $G = 10/7\pi$，对三维问题 $G = 1/\pi$。

为利用核近似实现动力学问题的数值求解，还需解决向量函数散度的核近似表达、核近似数值积分、实用化算法变换以及适当的差分求解格式。以下简单说明上述问题的基本理论方法，参见文献 [8]。

1. 向量函数散度的核近似

向量函数散度的核近似定义为

$$\nabla \cdot u(x) \approx \nabla \cdot u^h(x) = \int_\Omega \nabla \cdot u(\bar{x}) w(x - \bar{x}) \, \mathrm{d}\Omega_{\bar{x}} \tag{3.223}$$

式中，∇ 表示对空间坐标 $\bar{x}$ 的梯度算子。利用乘积函数的梯度运算规则以及 Gauss 积分定理，并注意到核函数在支撑域边界上取值为零的事实，可以得到上式的实用表达，即

$$\nabla \cdot u(x) \approx \nabla \cdot u^h(x) = \int_\Omega u(\bar{x}) \nabla w(x - \bar{x}) \, \mathrm{d}\Omega_{\bar{x}} \tag{3.224}$$

2. 核近似数值积分及实用型变换

原则上可取任何数值积分方法对式(3.221)及式(3.224)实现离散化(建立节点物理量求解的代数方程组)，通常采用最简单的梯形积分方法。对一维情况，式(3.221)的梯形积分形式为

$$u^h(x) = \sum_{J=1}^{N} w_J(x) u_J \Delta x_J = \sum_{J=1}^{N} N_J(x) u_J \tag{3.225}$$

式中，下标 J 即指积分点，$w_J(x) = w_J(x - x_J)$，$u_J = u(x_J)$，$\Delta x_J = (x_{J+1} - x_{J-1})/2$。

式(3.225)可直接推广到三维情况，其中的 Δx_J 应换为节点(积分点)J 对应的体积 ΔV_J，这在高维几何中是个难事。在 SPH 方法中，可利用物质质量概念来简单解决。首先将计算域剖分成 N 个体积单元，各体元的质心取为节点，将各体元的质量 m_J 赋予其质心节点 x_J，由此形成所谓的质点或粒子(particle)。于是，各质点的体积 $\Delta V_J = m_J / \rho_J$，其中 $\rho_J = \rho(x_J)$。于是，式(3.225)在三维物质计算域中的算式为

$$u^h(x) = \sum_{J=1}^{N} w_J(x) u_J \frac{m_J}{\rho_J} \tag{3.226}$$

对质量密度函数，式(3.226)可以简化，特别取 $x = x_I$(其他质点)时，可记为

$$\rho_I = \sum_{J=1}^{N} w_{IJ} m_J \tag{3.227}$$

其中，$w_{IJ} = w(x_I - x_J)$。式(3.227)可以解释为，质点 x_I 的密度(近似值)是通过对它有影响的所有质点密度(拟定的局部域中各离散点)经加权光滑后所得到的，这也是光滑质点(smoothed particle)方法名称的由来。

类似，对于向量函数的散度核近似(见式(3.224))数值积分可写作

$$\nabla \cdot u(x) \approx \nabla \cdot u^h(x) = \sum_{J=1}^{N} \frac{m_J}{\rho_J} \nabla w_J(x) \cdot u_J \tag{3.228}$$

对矢量函数 $u(x)$ 的散度作简单变换,可写为

$$\nabla \cdot u(x) = \frac{1}{\rho} \{\nabla \cdot [\rho u(x)] - u(x) \cdot \nabla \rho\} \tag{3.229a}$$

或

$$\nabla \cdot u(x) = \rho \left\{ \nabla \cdot \left[\frac{u(x)}{\rho} \right] + \frac{u(x)}{\rho^2} \cdot \nabla \rho \right\} \tag{3.229b}$$

对式(3.229)实施数值积分可得实用型离散化公式,得

$$\nabla \cdot u(x_I) = -\frac{1}{\rho_I} \sum_{J=1}^{N} m_J [u(x_I) - u(x_J)] \cdot \nabla w_{IJ} \tag{3.230a}$$

$$\nabla \cdot u(x_I) = \rho_I \sum_{J=1}^{N} m_J \left[\frac{u(x_I)}{\rho_I^2} + \frac{u(x_J)}{\rho_J^2} \right] \cdot \nabla w_{IJ} \tag{3.230b}$$

式中

$$\nabla w_{IJ} = \nabla w(x - x_J) |_{x = x_I}$$

3. SPH 数值解方法

SPH 方法是直接数值求解研究域偏微分方程的方法,即对当前研究域上的动量方程、质量连续方程以及速度梯度实施核近似替换,对所获得的质点离散化常微方程组按时间步推进实施差分求解。为简明起见,以下的分析取消了动量方程的体力项。物体当前构形下的无体力动量方程记作

$$\nabla \cdot \sigma = \rho \dot{v} \tag{3.231}$$

质量连续方程记作

$$\dot{\rho} + \rho \nabla \cdot v = 0 \tag{3.232}$$

首先对当前计算域进行质点离散(现代商用程序中直接用有限元网格来转换),获得 N 个离散质点 $x_I (I = 1, 2, \cdots, N)$。将式(3.231)真应力的空间散度用核函数近似来替代,遍历整个离散质点域可得

$$\dot{v}_I = \frac{1}{\rho_I} \sum_{J=1}^{N} \frac{m_J}{\rho_J} \sigma_J \cdot \nabla w_{IJ} \qquad (I = 1, 2, \cdots, N) \tag{3.233a}$$

式中, $\sigma_J = [\sigma_{ij}(x_J)]$, ∇w_{IJ} 见式(3.230b)的注释。注意到式(3.230b),可对式(3.233a)给出对称算式:

$$\dot{v}_I = \sum_{J=1}^{N} m_J \left(\frac{\sigma_I}{\rho_I^2} + \frac{\sigma_J}{\rho_J^2} \right) \cdot \nabla w_{IJ} \tag{3.233b}$$

同理,对质点 x_I 处的速度梯度用核函数近似代替得

$$\nabla \otimes v_I = \sum_{J=1}^{N} \frac{m_J}{\rho_J} v_J \otimes \nabla w_{IJ} \tag{3.234a}$$

或

$$\nabla \otimes v_I = \frac{1}{\rho_I} \sum_{J=1}^{N} m_J (v_I - v_J) \otimes \nabla w_{IJ} \tag{3.234b}$$

式(3.234b)的优点在于当 x_I 和 x_J 的相对速度为零时,则对 x_I 点的速度近似没有贡献。注意到式(3.230a)的核近似形式,对质量连续方程进行核函数近似替代得

$$\dot{\rho}_I = \sum_{J=1}^{N} m_J (v_I - v_J) \cdot \nabla w_{IJ} \tag{3.235}$$

可分别采用式(3.233)和式(3.234)的 a 或 b 形式并结合式(3.235)进行求解,a 和 b 两形式给出的结果差仅在边界附近可能有较大差异。SPH 方法的时间步推进差分解步骤如下:

(1)置 $n=0,t^n=0$,按初始条件计算 $n=0$ 时刻离散质点的应力 $\boldsymbol{\sigma}_I^n$;

(2)由式(3.233a)或式(3.233b)计算 n 时刻加速度 $\dot{\boldsymbol{v}}_I^n$;

(3)按蛙跳(leap-frog)差分格式计算 $t^{n+1/2}$ 时刻的速度和 t^{n+1} 时刻的质点坐标(参见图 3-19 的时间步),即

$$\boldsymbol{v}_I^{n+1/2} = \boldsymbol{v}_I^{n-1/2} + \frac{1}{2}(\Delta t^{n+1/2} + \Delta t^{n-1/2})\dot{\boldsymbol{v}}_I^n \tag{3.236}$$

$$\boldsymbol{x}_I^{n+1} = \boldsymbol{x}_I^n + \Delta t^{n+1/2}\boldsymbol{v}_I^{n+1/2} \tag{3.237}$$

(4)式(3.234a)或式(3.234b)计算 $t^{n+1/2}$ 时刻的变形率张量及转动张量,即

$$\boldsymbol{D}^{n+1/2} = \frac{1}{2}\left[\boldsymbol{\nabla}\otimes\boldsymbol{v}_I + (\boldsymbol{\nabla}\otimes\boldsymbol{v}_I)^T\right]^{n+1/2} \tag{3.238a}$$

$$\boldsymbol{W}^{n+1/2} = \frac{1}{2}\left[\boldsymbol{\nabla}\otimes\boldsymbol{v}_I - (\boldsymbol{\nabla}\otimes\boldsymbol{v}_I)^T\right]^{n+1/2} \tag{3.238b}$$

(5)结合式(3.235),按中心差分计算 t^{n+1} 时刻的质点密度,即

$$\rho_I^{n+1} = \rho_I^n + \Delta t^{n+1/2}\left[\sum_{J=1}^N m_J(\boldsymbol{v}_I - \boldsymbol{v}_J)\cdot\boldsymbol{\nabla}w_{IJ}\right]^{n+1/2} \tag{3.239}$$

(6)由式(3.200)及式(3.203)计算 $t^{n+1/2}$ 时刻的质点应力物质导数,即

$$\dot{\boldsymbol{\sigma}}_I^{n+\frac{1}{2}} = \boldsymbol{\sigma}_I^{\nabla J(n+1/2)} + \boldsymbol{W}^{n+1/2}\cdot\boldsymbol{\sigma}_I^n + \boldsymbol{\sigma}_I^n\cdot\boldsymbol{W}_I^{T(n+1/2)} \tag{3.240}$$

$$\boldsymbol{\sigma}_I^{\nabla J(n+1/2)} = \boldsymbol{C}_I^{\sigma J(n+1/2)}:\boldsymbol{D}^{n+1/2} \tag{3.241}$$

(7)按中心差分计算 t^{n+1} 时刻的质点应力,即

$$\boldsymbol{\sigma}_I^{n+1} = \boldsymbol{\sigma}_I^n + \dot{\boldsymbol{\sigma}}_I^{n+\frac{1}{2}}\Delta t^{n+\frac{1}{2}} \tag{3.242}$$

(8)更新时间步 $n=n+1$,若未完成总计算时间返回步骤(2)。

在分析高速碰撞、爆炸等问题时,需要引入人工黏性对冲击波在窄的范围内进行光顺,以克服波阵前沿不连续的计算困难。研究表明[8],在 SPH 方法的差分求解中,简单引入体积黏性的算法不能消除与节点间距成比例的数值振荡,Monaghan 等人采用了一种与质点间应力相关的人工黏性,表达为

$$Q_{IJ} = \rho^2\Pi_{IJ}, \quad \Pi_{IJ} = \frac{\alpha\,c_{IJ}\mu_{IJ} - \beta\,\mu_{IJ}^2}{\rho_{IJ}} \tag{3.243}$$

式中

$$\mu_{IJ} = \frac{h\sum_{j=1}^3(v_{jI} - v_{jJ})(x_{jI} - x_{jJ})}{\parallel x_I - x_J\parallel_2^2 + \varepsilon h^2} \tag{3.244a}$$

$$c_{IJ} = \frac{1}{2}(c_I + c_J), \quad \rho_{IJ} = \frac{1}{2}(\rho_I + \rho_J) \tag{3.244b}$$

其中,α 和 β 为常数;ε 一般取 0.1;c_I 为质点 x_I 处的声波速度。

式(3.243)的 Q_{IJ} 称为质点 x_I 和 x_J 间的黏性应力,代入式(3.233b)可将质点加速度的核近似改写为

$$\dot{\boldsymbol{v}}_I = \sum_{J=1}^N m_J\left(\frac{\boldsymbol{\sigma}_I}{\rho_I^2} + \frac{\boldsymbol{\sigma}_J}{\rho_J^2} + \Pi_{IJ}\boldsymbol{I}\right)\cdot\boldsymbol{\nabla}w_{IJ} \tag{3.245}$$

t^{n+1} 时刻质点 x_I 上的内能可由人工黏性能量率的核近似与该质点总内能率的差分计算得到。加入人工黏性后的能量率方程为

$$\rho \dot{E} = \boldsymbol{\sigma} \cdot \dot{\boldsymbol{\varepsilon}} + \dot{E}_Q \tag{3.246}$$

对式(3.246)应用中心差分可得

$$E_I^{n+1} = E_I^n + \left(\frac{\boldsymbol{\sigma} \cdot \boldsymbol{\varepsilon} + \dot{E}_Q}{\rho} \Delta t \right)_I^{(n+\frac{1}{2})} \tag{3.247}$$

式中

$$\dot{E}_Q = \frac{1}{2} \sum_{J=1}^{N} m_J \Pi_{IJ} (\boldsymbol{v}_I - \boldsymbol{v}_J) \cdot \boldsymbol{\nabla} w_{IJ} \tag{3.248}$$

3.3.3.4　撞击接触的有限元离散型方程

3.3.2.3节描述了撞击接触的积分弱形式表达,此处则是利用有限元离散化过程,建立起这些撞击接触积分弱形式的半离散型解方程(仅对空间离散)。需要说明的是,本节所建立的离散化过程均是在物质描述基础上的 Lagrangian 网格构造,不能直接用于 Eulerian 和 SPH 计算格式,流固耦合问题中的 Eulerian 网格或 SPH 离散质点与 Lagrangian 网格耦合的撞击接触离散化方法需要专门的研究,现代商用工程分析软件已集成了相关的算法技术。本节的 Lagrangian 网格离散化过程可作为与其他网格耦合技术的基础,同时尚需注意的是,本节建立离散型解方程的过程直接基于更新的 Lagrange 变分格式,对于完全的 Lagrange 变分格式尚需用形变表面的描述方法来修改接触不可侵入条件。下文的顺序仍采用3.3.2.3节的小标题布置。

1. Lagrange 乘子方法

为简明且不失一般性,仍针对两物体的撞击接触问题展开讨论。对于更新的 Lagrangian 有限元离散,独立可变的函数即为物质构形中的各点速度,由其积分弱形式(见式(3.134))可知能采用 C^0 插值近似,但两个撞击体的速度不必须是连续的,而利用 Lagrange 型积分弱形式中的不可侵入条件在某种意义上就是建立两体速度不连续问题的离散型处理方法。由于是在 Lagrangian 网格构造上讨论插值问题,以下的有限元近似均是在物质描述方法上的。仍假设撞击接触两体为 A 和 B,其各自的速度场插值近似表达为

$$v_i^A = \sum_{I \in \Omega^A} \sum_e N_I(\boldsymbol{X}_e) v_{iI}^A(t) = \sum_{I \in \Omega^A} \sum_e N_I(\boldsymbol{\xi}^e) v_{iI}^A(t) \tag{3.249a}$$

$$v_i^B = \sum_{I \in \Omega^B} \sum_e N_I(\boldsymbol{X}_e) v_{iI}^B(t) = \sum_{I \in \Omega^A} \sum_e N_I(\boldsymbol{\xi}^e) v_{iI}^B(t) \tag{3.249b}$$

式中,内求和号表示单元域内插值形函数的线性组合,外求和号仅代表节点集合,不具有实际求和意义;式中的第2个等式表示在母单元局部坐标系下的等参插值近似,对不规则单元更具实际应用意义。式(3.249)的另一层含义表示两撞击接触体的网格构造是独立无关的,单元节点编号同样各自独立。式(3.249)在分析使用中略显繁琐,在不致混淆情况下,将两体速度场的节点插值简记为

$$v_i = N_I v_{iI}(t) \quad (哑标隐含求和) \tag{3.250}$$

在 Lagrange 乘子法中,接触表面上的 Lagrange 乘子场函数 $\lambda(\zeta, t)$ 可以用 C^{-1} 场近似(见式(3.130a)),记为

$$\lambda(\zeta, t) = \sum_{I \in \Gamma^C} \Lambda_I(\zeta) \lambda_I(t) \equiv \Lambda_I(\zeta) \lambda_I(t) \quad \lambda(\zeta, t) \geqslant 0 \tag{3.251}$$

式中,$\Lambda_I(\zeta)$ 为撞击接触区域上已知的单元插值形函数,其连续性阶次可低于撞击体域内的单元插值;ζ 为撞击接触区域上的局部坐标(对三维问题,$\zeta = 2$)。还需说明这里所指的撞击区域

Γ^C 是指可能的接触区域,实际中不妨取大些。

用以上两个场函数的插值显式,直接可得其变分函数为

$$\delta v_i = N_I \delta v_{iI}(t), \quad \delta \lambda(\zeta,t) = \Lambda_I(\zeta)\,\delta \lambda_I(t) \tag{3.252}$$

由以上速度场及其变分函数的插值构造,首先代入撞击接触问题 Lagrange 型积分弱形式(式(3.129))中的 $\delta \Pi$ 项,与 3.3.3.1 的演绎过程全同,可得撞击两体的离散型动量方程组,简记为

$$\delta \Pi = \delta v_{iI}(M_{ijIJ}\dot{v}_{jJ} + f_{iI}^{\mathrm{int}} - f_{iI}^{\mathrm{ext}}) \quad \text{或} \quad \delta v(\boldsymbol{M}\dot{\boldsymbol{v}} + \boldsymbol{f}^{\mathrm{int}} - \boldsymbol{f}^{\mathrm{ext}}) \equiv \delta \boldsymbol{v}^{\mathrm{T}}\boldsymbol{r} \tag{3.253}$$

式中的各项算式参见式(3.188)、式(3.189)及式(3.192),与之唯一区别在于此处是两个可能撞击接触的物体。

同理,由速度场函数的插值构造可以得到接触界面上的相互侵入率(式(3.44))表达:

$$\gamma_N(\zeta,t) = \sum_{I \in \Gamma^C \cap \Gamma^A} N_I v_{iI}^{\mathrm{A}} n_i^{\mathrm{A}} + \sum_{I \in \Gamma^C \cap \Gamma^B} N_I v_{iI}^{\mathrm{B}} n_i^{\mathrm{B}} \quad \text{或} \quad \gamma_N = N_I v_{NI} \tag{3.254}$$

式(3.254)中的求和号表示了可能接触面上的节点集合,还需注意的是该式插值形函数的取值同样是在可能的接触面上。该式第 2 个简式中法向速度的含义为

$$v_{NI} = v_{iI}^{\mathrm{A}} n_i^{\mathrm{A}} \quad (\text{若 } I \text{ 在 } A \text{ 内}) \quad \text{或} \quad v_{NI} = v_{iI}^{\mathrm{B}} n_i^{\mathrm{B}} \quad (\text{若 } I \text{ 在 } B \text{ 内}) \tag{3.255}$$

将 λ 场函数及相互侵入率表达一起代入式(3.132)得

$$\delta G_{\mathrm{L}} = \int_{\Gamma^C} \delta(\lambda \gamma_N)\,\mathrm{d}\Gamma = \delta v_{NI}\hat{G}_{IJ}^{\mathrm{T}}\lambda_J + \delta \lambda_I \hat{G}_{IJ} v_{NJ} \tag{3.256a}$$

其中

$$\hat{G}_{IJ} = \sum_e \int_{\Gamma_e^C} \Lambda_I(\zeta_e) N_J(\zeta_e)\,\mathrm{d}\Gamma \tag{3.256b}$$

将式(3.253)、式(3.256a)代入式(3.129),即得 Lagrange 型积分弱形式的完整离散化表达:

$$\sum_{I \in \Omega'} \delta v_{iI} r_{iI} + \sum_{I \in \Gamma^C} \delta v_{iI} r_{iI} + \sum_{I \in \Gamma^C} \delta v_{NI}\hat{G}_{IJ}^{\mathrm{T}}\lambda_J + \sum_{I \in \Gamma^C} \delta \lambda_I \hat{G}_{IJ} v_{NJ} \geqslant 0 \tag{3.257}$$

式中
$$\Omega' = \Omega - \Gamma^C - \Gamma_{vi} \quad (\Omega \text{ 为两可能撞击接触体})$$

为获得离散型解,需提取满足式(3.257)不等式的条件式。注意到该式第 1 个求和项的 δv_{iI} 不受任何控制,因此可得

$$r_{iI} = 0 \implies M_{IJ}\dot{v}_{iJ} = f_{iI}^{\mathrm{ext}} - f_{iI}^{\mathrm{int}} \quad (I \in \Omega - \Gamma^C - \Gamma_{v_i}) \tag{3.258}$$

可将式(3.257)第 2 个求和项中的节点速度变分值分解为沿接触法向 N 和接触面内切向 α 的分量和,与式(3.257)的第 3 个求和项组合得

$$\sum_{I \in \Gamma^C} \delta v_{NI}(r_{NI} + \hat{G}_{IJ}^{\mathrm{T}}\lambda_J) + \sum_{I \in \Gamma^C} \delta v_{\alpha I} r_{\alpha I} \geqslant 0 \tag{3.259}$$

注意到撞击接触面事实上是一个运动着的面(即 $\zeta \notin \Gamma_{vi}$),其法向及切向速度的变分亦不受符号控制,故得

$$r_{NI} + \hat{G}_{IJ}^{\mathrm{T}}\lambda_J = 0, \quad M_{IJ}\dot{v}_{NI} + f_{NI}^{\mathrm{ext}} - f_{NI}^{\mathrm{int}} + \hat{G}_{IJ}^{\mathrm{T}}\lambda_J = 0 \quad (I \in \Gamma^C) \tag{3.260a}$$

$$r_{\alpha I} = 0, \qquad M_{IJ}\dot{v}_{\alpha J} = f_{\alpha I}^{\mathrm{ext}} - f_{\alpha I}^{\mathrm{int}} \qquad (I \in \Gamma^C) \tag{3.260b}$$

由式(3.138c)可知,在接触表面上,Lagrange 乘子场函数 $\lambda(\zeta,t)$ 实际表示了接触面上的法向分布力,因此,式(3.260)中的 $\hat{G}_{IJ}^{\mathrm{T}}\lambda_J$ 实际为接触面法向的撞击等效节点力。式(3.260)中的外部节点力 $f_{iI}^{\mathrm{ext}}(i = N \text{ 或 } \alpha)$ 在撞击接触面上一般是指两体中已知的体积力所形成的节

点力。

由式(3.257)的第 4 个求和式,注意到 Lagrange 型积分弱形式中的限制 $\delta\lambda_I \leqslant 0$,故有

$$\hat{G}_{IJ}v_{NJ} \leqslant 0 \qquad (I \in \Gamma^{C}) \tag{3.261}$$

事实上,可将式(3.258)、式(3.260)、式(3.261)以及式(3.130a)的条件式组合表达成一个撞击接触问题的完整半离散型常微分方程解系统,即

$$\left.\begin{aligned} &\boldsymbol{M}\boldsymbol{a} + \boldsymbol{f}^{\mathrm{int}} - \boldsymbol{f}^{\mathrm{ext}} + \hat{\boldsymbol{G}}^{\mathrm{T}}\boldsymbol{\lambda} = 0 \\ &\hat{\boldsymbol{G}}\boldsymbol{v} \leqslant 0 \\ &\boldsymbol{\lambda} \geqslant 0 \end{aligned}\right\} \tag{3.262}$$

可利用 3.3.3.1 节中所介绍的显式积分步骤求解式(3.262)(包括应力及节点力更新)。在两物体未发生撞击接触前,事实上显式积分步骤是不需要任何修改的,但每个时间步完成后需增加相互侵入率的计算判断。一旦某个时间步结束时在两体的可能接触区域上发生了撞击接触,再进入式(3.262)中含 Lagrange 乘子部分的计算以及后两个不等式的判断。应用中心差分的显式积分可以证明时间步推进计算中所得的节点 λ 值始终是正值[6],因此式(3.262)的第 3 个等式可以自动满足,问题在于由于接触界面上速度不连续所带来的数值振荡在 Lagrange 乘子法中是难于消除的。

技术上,上述分析尚遗漏了 Lagrange 乘子场的网格处理问题。实际中接触两体的网格及其节点编号都是独立的,可能接触区域上的两体各自单元节点是不重合的,因此有必要建立方法来处理这类不可侵入条件的计算问题。方法之一是将主控体可能接触区域上的节点作为 Lagrange 乘子场的网格节点,但当其网格较粗时则会导致两接触体的相互侵入。通常有效的方法是独立建立 Lagrange 乘子场网格,其单元应较两体接触区域上的网格单元更细小,才能较好地运用几何算法实施不可侵入条件计算。

2. 罚参数方法

罚参数型变分原理的积分弱形式参见 3.3.2.3 节的标题 2 的内容,对罚参数法,仅需对两撞击接触体的速度场建立插值近似,场函数仍然是 C^0 连续。3.3.3.1 节标题 1 的内容已建立了两体的域内有限元离散化方程,这里仅处理其积分弱形式中的罚项(参见式(3.140))。

先引入两撞击接触体相互侵入率插值近似的节点型表达式:

$$\gamma_N = \boldsymbol{\Phi}\boldsymbol{v} = \Phi_{iI}(\zeta)v_{iI}(t)$$

其中

$$\Phi_{iI}(\zeta) = \begin{cases} \displaystyle\sum_{e \in \Gamma_{\mathrm{A}}^{\mathrm{C}}} N_I(\zeta^e)\, n_i^{\mathrm{A}}(\zeta^e) \\ \displaystyle\sum_{e \in \Gamma_{\mathrm{B}}^{\mathrm{C}}} N_I(\zeta^e)\, n_i^{\mathrm{B}}(\zeta^e) \end{cases} \tag{3.263}$$

式中,$\boldsymbol{\Phi}$ 为接触界面单元插值形函数在节点上的法向分量组合矩阵;v 为接触界面的节点速度列阵。式(3.263)代入式(3.140)可得

$$\delta G_{\mathrm{P}} = \delta\boldsymbol{v}^{\mathrm{T}}\int_{\Gamma^{\mathrm{C}}} \boldsymbol{\Phi}^{\mathrm{T}}\beta H(\gamma_N)\,\mathrm{d}\Gamma = \delta\boldsymbol{v}^{\mathrm{T}}\int_{\Gamma^{\mathrm{C}}} \boldsymbol{\Phi}^{\mathrm{T}}p\,\mathrm{d}\Gamma \equiv \delta\boldsymbol{v}^{\mathrm{T}}\boldsymbol{f}^{\mathrm{C}} \tag{3.264}$$

此处需解释式(3.264)第 3 个等式中的罚力 $\boldsymbol{f}^{\mathrm{C}}$ 怎么得来或怎样去计算。实际上在式(3.140)中,罚参数 β 是函数的定义,之所以称为参数是因为变分不对它操作。与文献[6]中的

取法相近，设 $\beta = \beta_1 \gamma_N$，其中，$\beta_1 \in \mathbf{R}$ 称为罚因子。于是按照式(3.263)的插值近似，立即可得

$$\delta G_P = \delta v^T \left[\int_{\Gamma^C} \boldsymbol{\Phi}^T \beta_1 H(\gamma_N) \boldsymbol{\Phi} \, d\Gamma \right] v = \delta v^T G v = \delta v^T f^C \tag{3.265}$$

将式(3.265)与两接触体域内的离散型动量方程组合，最终可得罚参数型积分弱形式的有限元离散型求解方程：

$$Ma + f^{\text{int}} - f^{\text{ext}} + f^C = 0 \tag{3.266}$$

3.3.3.1 节中所介绍的显式积分步骤几乎不用修改地应用于式(3.266)的求解，增加了罚力并不增加计算规模，且 G 是正定的，这些都是罚参数方法的优点所在。但 G 的计算由于存在 Heaviside 函数不是线性的，且计算效果完全取决于罚因子的取值，太小则会发生过量侵入，太大则导致结果的振荡，适当的罚参数（允许小量的相互侵入）在算法可看作是一种数值黏性，对消除数值计算噪声是有利的。

3. 增广型 Lagrangian 方法

增广型 Lagrangian 变分原理积分弱形式参见 3.3.2.3 节标题 4 的内容，接触条件的积分项见式(3.153)。应用 Lagrange 场函数的插值近似（式(3.251)）和相互侵入率的插值近似（见式(3.263)），代入式(3.153)可得

$$\delta G_{AL} = \int_{\Gamma^C} \delta \left[\boldsymbol{\lambda}^T \boldsymbol{\Lambda}^T \boldsymbol{\Phi} + \frac{\alpha}{2} v^T \boldsymbol{\Phi}^T \boldsymbol{\Phi} v \right] d\Gamma \tag{3.267}$$

展开运算得

$$\delta G_{AL} = \delta \boldsymbol{\lambda}^T G v + \delta v^T G^T \boldsymbol{\lambda} + \delta v^T P^C v \tag{3.268}$$

其中

$$G = \int_{\Gamma^C} \boldsymbol{\Lambda}^T \boldsymbol{\Phi} \, d\Gamma, \qquad P^C = \int_{\Gamma^C} \alpha \boldsymbol{\Phi}^T \boldsymbol{\Phi} \, d\Gamma \tag{3.269}$$

与 Lagrange 乘子法完全平行的讨论，最终可得增广型 Lagrangia 变分原理的有限元离散型求解方程

$$\left. \begin{aligned} Ma + f^{\text{int}} - f^{\text{ext}} + \hat{G}^T \boldsymbol{\lambda} + P^C v = 0 \\ \hat{G} v \leqslant 0 \end{aligned} \right\} \tag{3.270}$$

4. 摄动型 Lagrangian 方法

摄动型 Lagrangian 变分原理积分弱形式参见 3.3.2.3 节标题 3 的内容，接触条件的积分项见式(3.147)。与增广型 Lagrangian 方法完全平行的讨论步骤，可得摄动型 Lagrangia 变分原理的有限元离散型求解方程：

$$\left. \begin{aligned} Ma + f^{\text{int}} - f^{\text{ext}} + \hat{G}^T \boldsymbol{\lambda} = 0 \\ \hat{G} v - H \boldsymbol{\lambda} = 0 \end{aligned} \right\} \tag{3.271}$$

式中

$$H = \int_{\Gamma^C} \frac{1}{\beta} \boldsymbol{\Lambda}^T \boldsymbol{\Lambda} \, d\Gamma \qquad (\beta \in \mathbf{R}, \text{为罚因子}) \tag{3.272}$$

由式(3.271)中的第 2 个等式，可反解给出 λ，代回第 1 个等式可得

$$Ma + f^{\text{int}} - f^{\text{ext}} + \hat{G}^T H^{-1} \hat{G} v = 0 \tag{3.273}$$

于是，摄动方法可看作是罚参数方法的另一种形式，与式(3.266)相似，可直接利用 3.3.3.1 节中所介绍的显式积分步骤按时间步推进求解。

3.3.4　结构撞击动力学有限元数值计算软件包介绍

我国及国际上动力学有限元数值计算软件技术的研发大致源于 20 世纪 70 年代末期,经历了 30 多年的技术发展进步,已形成了以 DYNA3D 等为代表的动力学有限元数值计算软件包这样的国际化主流商业产品。这些动力学有限元数值计算软件的技术功能涵盖了本指南所关心的结构鸟撞动力学等非常宽泛而复杂的工程技术问题。本小节仅对国际上有代表性的 LS-DYNA 及 PAM CRASH 两软件系统的功能特征等做一概括性介绍。

3.3.4.1　LS-DYNA3D 软件系统简介

LS-DYNA3D 是国际上最著名的通用显式动力学分析程序,能够模拟真实世界的各种复杂问题,特别适合求解各种二维、三维非线性结构的高速碰撞、爆炸和金属成型等非线性动力冲击问题,同时可以求解传热、流体及流固耦合问题。在工程应用领域被广泛认可为最佳的分析软件包。与试验的无数次对比证实了其计算的可靠性。

LS-DYNA3D 软件系统于 1976 年由美国 Lawrence Livermore National Laboratory 的 J. O. Hallquist 博士主持开发并完成,是在国防需求背景下产生发展起来的,所有功能均有相应的国防科研、工程需求背景。后经过功能的扩充和改进,该程序成为著名的非线性动力分析软件,在武器装备结构设计、内弹道和终点弹道、材料研制、汽车安全性设计、金属成型、跌落仿真等方面得到了广泛的应用。

LS-DYNA3D 程序是功能齐全的几何非线性(大位移、大转动和大应变)、材料非线性(140 多种材料动态模型)和接触非线性(50 多种接触类型)程序。它以 Lagrange 算法为主,兼有 ALE 和 Euler 算法;以显式求解为主,兼有隐式求解功能;以结构分析为主,兼有热分析、流体—结构耦合功能;以非线性动力分析为主,兼有静力分析功能(如动力分析前的预应力计算和薄板冲压成型后的回弹计算);是军用和民用相结合的通用结构分析非线性有限元程序。

LS-DYNA3D 程序目前有 140 多种金属和非金属材料模型可供选择,如弹性、弹塑性、超弹性、泡沫、玻璃、地质、土壤、混凝土、流体、复合材料、炸药及起爆燃烧、刚性及用户自定义材料,并可考虑材料失效、损伤、黏性、蠕变、与温度相关及与应变率相关等性质。

LS-DYNA3D 程序现有 16 种单元类型,包括二维、三维单元,薄壳、厚壳、体、梁单元,ALE,Euler,Lagrange 单元等。各类单元又有多种理论算法可供选择,具有大位移、大应变和大转动性能,单元积分采用沙漏黏性阻尼以克服零能模式,单元计算速度快,节省存储量,可满足各种实体结构、薄壁结构和流体-固体耦合结构的有限元网格划分的需要。

LS-DYNA3D 程序的全自动接触分析功能易于使用、功能强大。现有 50 多种接触类型可以求解接触问题,如变形体对变形体的接触、变形体对刚体的接触、刚体对刚体的接触、板壳结构的单面接触(屈曲分析)、与刚性墙接触、表面与表面的固连、节点与表面的固连、壳边与壳面的固连、流体与固体的界面等,并可考虑接触表面的静动力摩擦(库伦摩擦、黏性摩擦和用户自定义摩擦类型)、热传导和固连失效等。这种技术成功地用于整车碰撞研究、乘员与柔性气囊或安全带接触的安全性分析、薄板与冲头和模具接触的金属成型、水下爆炸对结构的影响、高速弹丸对靶板的穿甲模拟计算等。

3.3.4.2　PAM-CRASH 软件简介

PAM-CRASH 软件是法国 ESI 集团集成和研发专门用于碰撞模拟分析的工程软件,特别适合在汽车、航空、航天、兵器、船舶工业中应用。PAM - CRASH 采用显式有限元积分技术，可以模拟复杂的航空、航天工业中的碰撞仿真问题。PAM - CRASH2005 以后的版本集成了 PAM - SAFE(人员碰撞中安全分析)和 PAM - SHOCK(高速冲击分析)，能提供广泛的分析能力。现在，PAM - CRASH 能够做速度从几米每秒到几十公里每秒的碰撞冲击问题。PAM - CRASH 提供广泛的材料模型和接触模型(材料模型的准确与否，是仿真模拟的关键要素之一)，这些材料模型结合了全面的非线性应变、硬化性质理论，让用户能够构造更接近实际性质的材料库，能够全面模拟结构的大变形、大位移及高扭转的工况。PAM - CRASH 特有 Adaptive Meshing (动态调整网格密度)、Frozen Metric(有效的防止负体积)、Nonlinear Contact Stiffness(动态调整接触刚度)等高级功能，可以充分保障冲击仿真分析的稳定性和精确性。PAM - CRASH 提供先进的无网格计算技术，能够模拟超高速撞击及流-固耦合撞击。PAM - CRASH 其主要功能有以下几方面：

(1)系统级碰撞过程中大变形、大位移、大转角分析(如飞机迫降、汽车相撞、轮船触礁等)，提供特殊的材料断裂模型。

(2)碰撞过程中人员安全分析，包括被动安全装置分析，如安全带、气囊、假人模型等。

(3)终点弹道冲击问题(如计算弹道极限速度、计算侵彻深度、装甲与反装甲对抗等)。

(4)流-固耦合碰撞问题(如鸟撞、水上迫降)。

(5)超高速碰撞问题(如流星撞击等)。

(6)外场爆炸冲击问题，采用无网格的 FPM 方法，主要模拟弹片飞行速度及方向。

(7)内场爆炸冲击问题，采用 SPH 方法，主要模拟起爆瞬间气体膨胀过程。

(8)高频脉冲响应问题(如多级火箭爆炸分离等)。

(9)复合材料碰撞问题(复合材结构的失效分析、层间应力分析、脱层现象分析等)。

PAM - CRASH 已形成一个完善的计算分析工具包，即采用 OPEN - VTOS 做前后处理工具，采用 PAM - CRASH 求解器进行运算分析；同时，软件具有二次开发及并行计算能力，与 PAM - OPT 耦合，可以完成优化设计分析。

3.4　鸟撞动力学有限元分析建模技术

鸟体与飞机结构撞击是一个复杂的动力学过程，鸟的大小与速度、结构构形的复杂性、撞击的不同部位、不同材料的率响应特性、边界条件的影响作用以及撞击后结构可能的破坏形态等，均是结构工程设计以及适航安全性关心和考察的重要内容，合理、恰当的数值分析建模以及数值计算细节技术的正确选择与控制对于保障可靠的分析预测结果有着举足轻重的意义，也将对工程设计及适航符合性试验验证起到有效的技术指导作用。前述各节的分析内容对于深入认识理解鸟撞问题特征以及数值计算技术的原理性框架均是必需的，然而，正确合理地把握数值分析建模中细节技术的选择与应用以及计算结果的恰当后处理更具有实用意义，也是正确有效完成分析工作重要而具体的技术环节。本节对鸟撞动力学数值分析建模中的若干细节技术以及之后的处理分析工作需注意的特殊问题给予分析说明，以期对结构工程技术人员在具体工作中的应用起到帮助作用。

3.4.1　鸟撞动力学数值分析建模的一般性技术原则

3.4.1.1　结构的截取及其边界效应

飞机结构受到鸟体撞击所产生的动力学效应属于整个结构体中的局部行为，这个局部行为的大小与结构的刚度特性以及鸟体的撞击速度等因素有关。因此，应用数值计算方法预测鸟撞动力学行为没有必要建立完整的结构模型，而问题的关键是截取多大的结构范围、截取结构的边界设置可能产生的力学效应又如何。根据本课题的研究工作经验，对上述两个问题的解决方案提出如下参考意见。

鸟体撞击飞机薄壁结构通常属于横向撞击，撞击载荷及其动力学效应是沿结构展向传播的（如机翼前缘的鸟撞问题）。横向结构（撞击方向的后段结构）通常只起到变形约束的支撑作用，因此一般来说，沿展向结构的截取应是足够长的，而横向结构截取的长度可适当的小（通常截断到一重要构件位置，如机翼的前梁）。对于鸟撞飞机机头雷达罩问题，截取到雷达罩连接的机身后端框上即可。还应当说明，被截断结构的质量对鸟撞区域动力学效应的贡献几乎是不存在的。

所谓展向结构截取的足够长，其本质在于使截断处边界的设置不再对鸟撞局部效应产生较大的影响作用，这包括端部边界支反力的静力学效应以及撞击应力波反射的作用。按照课题的工作经验以及国外的技术资料看，截取的单侧展向长度至少应大于鸟体撞击变形区域的1倍以上（国外机翼前缘的鸟撞地面试验仅取三个肋跨，中间跨为撞击区）。这样的结构模型并不大，数值模拟时，不妨单侧展向长度可再大些，如单侧三跨，且一般截断位置处应有结构的横向构件（如翼肋）。

展向截断处的展向边界约束设置已不再重要，甚至可以是自由的（物理试验就是可样），但横向约束至少起到了刚体运动的限制作用，是不能忽略的；在横向截断处，约束边界值实际模拟了被截断结构的弹性约束性质，也是不容忽略的。这些位移约束值的选择可以有两种方案：其一，可以直接选择为简支撑，这种选择虽然简单，但显严重；其二，利用整体结构的有限元静力计算，获得截断处的弹性支持系数，将这些弹性系数直接施加在截断处的结构边界上，这种方式较为准确，但增加了计算工作量。

3.4.1.2　单元类型、网格大小与属性分组

一旦确定了所截取结构的大小，建立有限元数值分析模型首先面临的工作任务是实施结构的离散化（形成网格与计算单元），并恰当选择结构单元的类型。以下所述的若干技术原则谨供技术人员在分析建模工作中参考。

1. 单元类型的选择

单元类型的含义指计算单元的受力模式和单元刚度计算的数值积分方案，最一般的单元类型是完全数值积分的三维实体单元。这类单元仅对于块体结构的离散化是有效的，对于轴类或板壳类元件几乎是无效的，技术原因有三点：其一，计算单元的划分应当尽可能是等边的，过分的比例失调都将带来数值计算误差。由于轴类或板壳类元件在2个或1个方向上的尺度通常远小于其他维度，因此，采用实体单元划分并保持尽可能相等的边长势必形成巨量的单元数目。其二，完全的数值积分方案对于单元刚度计算总是趋于刚性化的，对于特定的形变与受载模式以及体积不可压缩类材料特性，将导致单元计算结果的劣化（体积自锁、剪切自锁），一

定程度上影响到动力学计算的稳定性,最终导致计算结果的不收敛。其三,单元数量大、积分点多显然增大了数值计算的时间,这对于使用显式积分求解器计算系统方程组将成为一个主要的技术障碍。由于上述原因,即使对薄壁结构选用轴类或板壳类计算单元,在数值积分方案的选择上也应当尽可能选择单点或选择性缩减积分方案(以明显提高计算效率并改善刚化作用)。尽管这样的积分方案选择可能导致所谓的沙漏形变模式和应力棋盘模式,但现代计算软件系统中对两种不合理的形变与应力模式均采取了有效的算法技术,至少可以采用调整体积黏性参数或后期数值过滤处理的办法来避免应力棋盘模式的发生;当采用沙漏控制模式后仍存在形变的沙漏现象,唯一的办法是适当增加积分点数目。

对于飞机薄壁结构,以下单元类型的选择是恰当的。

(1)对于非重要部位上的轴类元件可直接采用梁元(不能模拟轴类元件上分立板件的局部屈曲),而对关键部位(撞击区域附近)的轴类元件可在其上直接划分网格,用板弯单元的组合来模拟轴类元件(可模拟轴类元件上分立板件的局部屈曲)。梁单元的偏心与否对屈曲形变的刚度支持作用是显著的,可恰当采用梁元形心偏置的方法来建立其偏心状态。

(2)对于蒙皮、腹板类元件通常采用板弯曲单元(现代分析软件上统称为壳单元)。应尽量避免使用三角形板弯单元(有损于计算精度),任意四边形单元的边长划分也应尽可能边长相近,过分的比例失调将影响计算精度。

(3)对于结构中较大的集中连接接头可采用实体单元划分,能较好地模拟接头的应力细节;也可采用刚性杆或梁单元来模拟其传力效果,但集中质量要尽可能正确。

(4)蒙皮/腹板与轴类元件的机械连接,在不重要的分析区域上可直接采用完全位移协调模式连接(同一节点方式);重要区域上可采用仅在连接钉排位置处建立位移全协调连接或弹性(非弹性)的连接(用零长度弹簧元模拟,也可对这种弹簧元建立强度破坏准则),并在连接面上设置接触状态。

2.单元尺度的大小

计算单元网格尺度的大小在有限元分析中是一个重要的考虑因素,对撞击动力学的数值计算尤为如此。单元网格粗大,其影响作用类同于结构刚度的增大,可使得运动速度/加速度等响应量变大、应力波传播加速,撞击的部形变形态失真,接触体间的相互侵入量增大等,导致各式各样的计算误差。动力学数值计算的一般经验是尽可能细化或等比例均匀变化,与静力学建模的基本概念类似,在应力变化剧烈(结构形变形态可能较大)的部位,结构受撞的直接及其附近部位以及可能的接触区域上,单元网格应尽可能细化,而远离形变变化较大或撞击/接触的区域,可以粗化。但这种由细化到粗化的过渡应当是均匀比例放大的,单元大小的突变对应力场的计算影响较大,而且两个接触体间的网格尺度也应尽量相等,否则会导致相互侵入几何的计算误差增大。

单元尺度的大小本质上属于数值计算的收敛性问题,可通过比较不同尺度的单元网格分划所获得的计算结果来确认网格大小的影响作用,也可检验接触区的相互侵入量大小来确认计算误差的容许程度。当然有适当的试验数据检验更为理想。本课题研究工作中开发了一个板类元件网格尺度的标定器,以非常细化的单元网格分化的数值计算结果为基准,利用数值优化技术,通过调整单元的材料性能参数以及单元的几何刚度参数等,寻找一个尽可能粗化的单元网格分划,使得板型元件在标准撞击载荷作用下的冲击载荷响应(支反力历程)、内能吸收量以及数值计算的稳定性(伪能量控制)均在工程容许的误差范围内。

3.刚度属性的分组

刚度属性分组是现代数值分析软件提供的一种数据管理工具,利用它可将具有相同几何刚度数据的结构单元形成一个特定刚度属性的数据组,可大大减少有限元模型数据的前处理规模,同时对后处理的响应量图显也是十分有帮助意义的。在数值计算建模或结果的后处理分析中,利用不同的刚度属性分组可直接进行图显,帮助检验模型的正确与否以及局部结果的局部形态。因此将同类元件按构件、部件的规律实施分组对分析工作有着很好的帮助作用和意义。

3.4.1.3　接触条件设置

现代有限元分析软件技术中提供了丰富的接触模式算法工具,在接触算法的选用过程中,有必要正确运用薄壁结构撞击的基本力学概念与数值计算特点对各种接触状态的设置加以恰当的判断与分析。以下几方面的说明仅供技术人员在分析工作中参考。

(1)主控与从属接触面的选择。从接触的物理角度看无所谓主控接触面或从属接触面,这是数值算法技术的一种需要,接触算法中始终检查从属接触面上的节点速度和位移,并计算对主控接触面的侵入量(在更新的 Lagrange 算法中计算相互侵入率),来判断和确认接触形态,进而做出下一个时间步的接触计算调整。由于两个接触体的单元网格划分是独立的,在这种主从接触面设置的几何算法中,应当将单元网格更细的接触面设置为主控面,以利于提高从属接触面节点在主控面上侵入量的计算判断精度。

(2)可能的接触区域设置。接触状态的计算与判断是以离散化系统方程组显式时间积分步后的计算判断为代价的,大量的接触状态判断计算,显然将增大结构模型求解所需的 CPU 时间。因此,尽可能少地设置接触面是有利的,精确确定接触面的大小是非常困难的,但大致判断接触域则是可能的。

(3)单面接触状态的设置。单面接触是指结构在形变运动过程中由于元件屈曲、弯折等变形形态所可能导致的自身接触状态,这种接触状态设置一般仅限于结构元件自身,不需要设置从属接触面(因无法预知)。实际使用中,可对撞击附近区域的薄弱元件(桁材与板件)设置此接触预计状态。

(4)自适应接触设置。自适应接触是指当组成接触面的单元因承受过大的应力或应变而达到强度破坏时,这些单元将从接触面中被删除,由此改变接触面的构形。这种接触状态的设置以及"坏单元"的删除是必要的,这一方面表明了因撞击接触而可能形成的破坏状态,另一方面这些"坏"的单元已在结构中不能起到传力功能,对接触计算是一种浪费。同时,变形过大的单元可导致计算误差的增加,甚至形成负体积(negative volume)而导致数值计算的终止。LS-DYNA3D软件对于实体结构还提供了 erode surface-to-surface 接触算法[4],允许接触表面变形过大的单元从中剥离,新暴露出的面仍可作为主/从接触面。

(5)关于接触阻尼。由前述的理论描述章节里可知接触界面上的速度在时间上是不连续的,且这种不连续可以沿时间步传播,导致数值解的振荡,这种振荡的放大可能导致系统解过程的失败。因此,适当消除(或平顺)这种解的振荡性是必要的,理论上称其为解的规则化(regulations)。利用接触阻尼算法技术可以达到此种目的,一般有两种实现接触阻尼的方法:其一,适当调小罚参数法中的罚力(罚因子),以适当放松接触侵入条件为代价,达到平顺接触速度解的效果。软件技术中实现这种黏性阻尼的算法是引入一个与临界阻尼成比例(小于1)

的系数[4]，这个临界阻尼可利用接触刚度及主从接触面的质量来计算。其二，采用 Crunier - Mroz 摩擦模型，该模型依据物理接触面非光滑的事实，通过表面粗糙度的概念在接触计算中引入一个附加的力学量，达到平顺响应的目的。

3.4.1.4　材料本构模型的选择

由于工程结构中使用的材料种类较多，各类材料对于撞击的力学行为莫衷一是，尤其对撞击能量的存储、吸收与释放机制更为不同与复杂。关于材料的本构模型可参见本指南的相关章节。以下以飞机薄壁结构常用的铝合金材料为例，结合撞击力学的特点分析说明材料本构模型选用过程中的若干技术概念。

就一般结构材料的受撞过程而言，表现出对撞击能量的存储、吸收与断裂释放，撞击过程完成后，受撞结构基于内部自由能的大小产生弹性振动。对于鸟撞问题，这种振动可以提前到撞击过程中，且可以是反复的塑性形变（金属材料）。这个事实导致同一结构部位随时间处于加载、卸载的反复变化历程中，同时也可能导致不同部位处于不同的加载或卸载状态。对于铝合金这类弹塑性材料而言，不同的反复加载历程可导致大相径庭的应力应变状态，因此恰当选择真实表现铝合金材料后继屈服路径特点的模型是至关重要的。

上述问题是金属材料静力学范畴内的特征，不同材料、不同的加载历程可以表现出不同的路径相关特性。而结构材料对撞击动力学响应的基本特征之一是其率相关性，这表现为材料在不同拉（压或剪）速率条件下，其响应曲线的不同。就工程金属材料而言，其弹性模量、初始屈服应力、塑性段切模量以及延伸率、断裂强度等都有可能发生变化，其规律随材料和加载速率的不同有较大变化。例如，2024 铝合金在较大应变率范围内是率不敏感的，而 7050 铝合金就存在一定的率相关性。对玻璃纤维的单向层合板，在纤维方向上拉伸，率相关特性并不明显，且主要表现为相同的线弹性性质，而在偏轴方向的拉伸，随加载速率的变化，率特性就非常明显。因此，根据材料率相关特性，选择有率相关描述能力的本构模型是必须的。

对于铝合金结构材料，选择带有随动强化的弹塑性（elastic plastic with kinematic hardening）材料本构模型是恰当的。这种本构模型可以根据计算单元的应力加载/卸载状态实现弹塑性计算的自动判断，且三维塑性应力状态描述方程是 Cowper - Symonds 模型，该塑性段模型通过其中的参数变化实现从完全各向同性强化到完全随动强化间的任意变化，同时用指数型系数调整应变率对初始屈服应力以及塑性流变行为的影响作用。

率敏感材料的断裂强度也是率相关的，而且无论材料的率相关如何，结构中局部发生强度破断的行为还受到应力约束状态的影响作用（可用应力三轴度予以描述判断）。现代有限元分析软件所囊括的材料本构模型很多，但尚未发现有率相关断裂强度的描述模型，仍沿用静力学的断裂强度准则。虑及应力状态约束的强度积分准则（用于金属材料结构）有多种描述形式，且损伤力学的本构模型及强度准则在现代软件算法中已应用，但所需的材料参数较多，实验获取方法及数据处理尚存在一定的技术难度，因此限制了这些复杂强度准则的工程应用。

3.4.1.5　求解器的选择与控制

求解器是指对有限元系统方程组时间积分的求解算法。动力学常微分方程组的求解器有两类，其一为隐式算法，其二为显式算法。隐式算法是一个对时间步长无条件稳定的复杂格式差分算法，显式算法是一个对时间步长条件稳定的中心差分算法。通常隐式求解器较显式求解器的时间步长可大 3 个数量级以上。正是由于隐式求解器的时间步长大，对于撞击接触类问题所导致的位移、速度及面力的时间不连续响应量难于实施有效计算;而显式求解器的时间步长极小(临界步长为最小计算单元特征长度除以当前波速,通常可在微秒量级),对撞击接触类的不连续响应量按时间推进计算显得非常有效(可以不用迭代计算)。

显式求解器的控制参数包括:总的求解时间、时间步长以及对结构和历程数据的输出选择等。时间步长是一个最需要关注的量,不仅影响到总的 CPU 计算时间,而且影响到数值计算的稳定性。现代软件算法中,时间步长通常使用一个缩比系数乘以临界步长,默认值为 0.6。这个缩比系数可以修改,降低该系数只会减小系统所取的步长值,而改大该系数可能出现计算过程中的单元负体积(negative volume)。现代软件中提供了一个质量放大算法技术,在局部大刚度、网格很小以及变形较大的节点上可以通过放大节点质量来提高计算步长,但这对局部的应力等响应量将导致计算结果难以估计。一般不推荐使用或在无关紧要的结构部位使用,特别对于接触区或惯性效应明显的部位不能使用[9]。

3.4.1.6 模型的考核与验证

大型结构的撞击动力学有限元数值分析建模不仅工作量巨大,而且需要细致深入的技术细节处理,模型质量的功亏一篑可能是由于一个技术细节处理的不到位而导致的,因此模型的检验与考核是重要的工作环节。

模型的检验与考核并没有标准统一的做法,通常可以通过用静力学加载计算的办法来检验模型的传力真实性,用线性屈曲的特征值解方法检验模型刚度设置的合理性(尤其对板、梁类单元十分有效),用固有模态的特征值分析检查模型局部连接刚度、局部单元划分以及单元几何刚度设置的不合理之处,还可以截取部分结构进行试算与分析。

当获得了可供对比分析的试验数据结果,就可以比对模型计算中工程关心量与试验结果的误差,当误差在合理的容许范围内时,有限元分析的详细计算结果可作为试验数据的有效补充。

3.4.2 数值分析结果的后处理技术与注意事项

现代软件技术中提供的后处理器通常有两类:其一,对动力学响应量任意历程时刻的空间分布数据形成等值线图或彩色云图;其二,对任意响应量的时间历程以曲线形式输出。应当提醒的是,形变位移、速度、加速度数据仅是节点时间历程数据,而应力、应变的原始历程数据是形心点上的值,软件通过插值技术已将其处理到了计算节点上。

现代软件中还提供了对响应量历程数据的各种滤波后处理算法,应用于数值噪声较大的节点响应量是非常有效的,但一般不宜用于撞击接触区域附近的节点数据,因为这种滤波器是数学的而不是物理的,可能会将应力波传播所导致的高频数值消除,从而导致不真实的处理结果。

工程中解决飞机结构抗鸟撞问题的基本技术途径是,在不违反轻重量设计准则的条件下,充分利用材料本身的吸能以及结构构形的设计来尽量吸收和耗散鸟体撞击的能量,使结构中的关键构件不致遭受严重的撞击损伤,并保证撞击后结构具有足够的剩余强度承载飞机维持安全性返航的飞行载荷。民用客机的安全适航标准对此做了严格规定(见本指南第一章)。实际上,这对飞机薄壁结构提出了设计与评估两方面的技术任务。

现代飞机结构设计已充分融入了数值计算技术与手段,通过粗定量的构形概念设计,运用精细数值计算获得的结果来改进设计结构的性能指标。于是,在结构鸟撞数值分析过程中,对计算数据的考察与研究显得十分重要。通常,撞击结构后的鸟体剩余动能是考察结构吸收鸟撞能量的一个最简单、直观的物理量;当然,深入考察结构撞击后构件的形变形态以及结构体的内能都是十分必要的。因此,利用软件工具提供的属性分组技术,在结构模型的前置处理中,对鸟体以及关心的结构构件建立不同的属性分组,对于后期物理量的捕捉是非常有利的。

对于薄壁结构抗鸟撞能力的评估,数值计算技术的方法是将受撞击的结构部分置入整体结构的分析模型中,运用静力计算校核的方法考察受损结构的静承载能力。这就需要在鸟撞分析计算中记录撞击结构中关键构件的受损状态。对于金属构件,通常是指构件塑性变形的严重程度;而复合材料层合构件则指单层和层间的破损程度。构件的受损状态是软件计算的过程数据,在模型的前置处理中,需注意运用命令流提请这部分历程数据的输出。一旦获得了关键构件的受损力学数据,经过恰当分析处理后,即可用于部分受损结构的整体承载能力的计算校核,达到鸟撞后结构的安全性评估目的。

参 考 文 献

[1] Jenq S T,Hsiao F B,et al. Simulation of a rigid plate hit by a cylindrical hemi‐spherical tip‐ended soft impactor[J]. Computational Materials Science,2009(39):518-526.

[2] Barber J P,Tayor H R,Wilbock J S. Bird Impact Forces and Pressure On Rigid and Compliant Targets[J]. Bird Strike,1978(2):16-18.

[3] 黄筑平.连续介质力学基础[M].北京:高等教育出版社,2003.

[4] Cheng J,Roberts G D,Binienda W K. Finite Element Simulation of Soft Projectiles Impacting Composite Targets[J].Journal of Aircraft,2004(6):4319-4332.

[5] Stronger W J. Impact Mechanics[M]. London:Cambridge University Press,2000.

[6] Belytschko Ted,Liu Wing Kam,et al.连续体和结构的非线性有限元[M].庄苗,等,译.北京:清华大学出版社,2002.

[7] 姜晋庆,张铎.结构弹塑性有限元分析法[M].北京:宇航出版社,1990.

[8] 张雄,王天舒.计算动力学[M].北京:清华大学出版社,2007.

[9] 卞文杰,万力,吴莘馨.瞬态动力学 CAE 解决方案:MSC.Dytran 基础教程[M].北京:北京大学出版社,2004.

[10] Nonaghan J J. On the problem of penetration in particle methods[J]. Journal of Computational Physics. 1989,82(1):1-15.

第四章 材料率相关特性与本构模型

高应变率状态下,结构材料所表现出的动力学特性与静态特性不同。第一,静力学不存在介质微元的惯性作用,而在冲击载荷作用下,介质各微元体处于变速运动中,必须计入介质微元因惯性力而导致的变形行为。第二,动态变形除了弹性变形以材料中的波速传播外,非弹性变形运动和断裂均以有限速度发展(如错位的运动过程、应力引起的扩散过程、裂纹扩展和传播过程等)。于是,动态条件下的材料动力学行为规律,需要考察其应变率特性、温度变化特性、体积压缩以及材料硬化行为等对材料弹性模量、屈服应力、强度极限的影响。一般而言,随着应变率的提高,材料的屈服极限和强度极限提高,延伸率降低,同时屈服滞后和断裂滞后等现象变得明显。从热力学角度来看,静力学行为为等温过程,而动力学行为为绝热过程。

以上分析可见,研究材料在动力学环境下的力学行为以及建立力学本构模型成为结构动力学分析的基础。本章针对鸟体撞击薄壁结构过程中所体现出来的各种材料动力学特性,详细介绍鸟体材料、金属材料、复合材料的动力学特性及其本构模型,阐述各种材料在不同温度和不同应变率下的变形机理,以及工程分析应用中的破坏判据。

4.1 鸟体动力学本构模型

鸟体动力学本构模型及其参数是开展抗鸟撞结构设计分析的基础。本节细致研究不同鸟体撞击速度下的鸟体本构模型,设计鸟撞平板试验,建立鸟体本构模型参数的反演方法。

4.1.1 鸟体结构的复杂性及其等效的明胶体模型

鸟体结构的复杂性体现在三个方面:第一,鸟体几何形状复杂,难以真实描述鸟体几何形态;第二,鸟体材料包含骨、血、肉,其本构方程难以细致描述,加之在撞击薄壁结构过程中呈现非线性变形,致使在鸟撞数值模拟中难以对鸟体建立准确的数值模型;第三,鸟体撞击的速度带来的动力学性能变化使得难以建立准确的鸟体动力学本构模型。

工程分析中,为建立合理的鸟体动力学本构关系,通常采用等效的明胶体模型来模拟鸟体。等效是指相同质量的鸟体和明胶体撞击结构时的整体动响应一致。目前等效模型已经标准化,一般采用明胶体密度为 $950 \sim 1\,000 \ \text{kg} \cdot \text{m}^{-3}$、几何形状为长径比是 $2:1$ 的两端带半球的圆柱体等效模型[1]。在数值模拟时,采用 3 种本构模型来模拟明胶体,即含损伤失效的弹塑性本构模型、弹塑性流体动力学本构模型以及状态方程,并选用不同的本构关系与鸟体的速度特性相关。

4.1.2 鸟体本构关系及其速率特性

鸟与平板的撞击试验结果表明,当撞击速度约为 $70 \ \text{m} \cdot \text{s}^{-1}$ 时,撞击后鸟体碎片成块状,存在大块骨头和大块肉片，说明鸟体的动力学特性属类固体材料特性。当撞击速度约为 120 m·s⁻¹ 时，撞击后鸟体碎片很小，偶见大块碎片，说明鸟体的动力学特性介于固体和流体的特性之间，属于黏性材料。当撞击速度约为 170 m·s⁻¹ 时，鸟体表现出流体的特性，破碎的鸟体碎片呈流体状四处飞溅，说明鸟体的特性与流体材料特性相像。所以，鸟体的动力学本构模型与撞击速度密切相关，一般可接受的鸟体模型有 3 个，即当撞击速度为 70 m·s⁻¹ 左右时，可采用含损伤失效的弹塑性本构模型模拟鸟体材料；当撞击速度在 120 m·s⁻¹ 左右时，采用弹塑性流体动力学本构模型模拟鸟体材料；当撞击速度约为 170 m·s⁻¹ 时，选用状态方程模拟鸟体材料。下面分别介绍这 3 种本构模型[2]。

4.1.2.1　含损伤失效的弹塑性本构模型(Elastic-Plastic Solids with Damage and Failure)

当鸟体以低速度撞击物体时，广泛使用含损伤失效的双线性弹塑性本构模型来模拟鸟体低速撞击的动力学行为。由于其速度范围较低，可不考虑其率相关特性。图 4-1 给出了线性强化弹塑性本构模型的示意图，在 PAM-CRASH 材料库中对应 16 号材料模型。

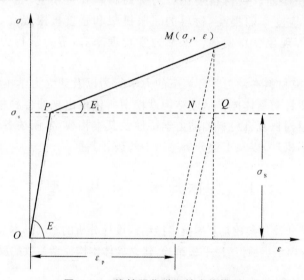

图 4-1　线性强化弹塑性本构模型

鸟撞过程中，鸟体材料共表现为 3 种行为：弹性行为、塑性行为及失效行为。

1. 弹性行为

OP 线段表现了鸟体的弹性应力-应变关系。弹性段任一物质点的三维应力张量 σ_{ij} 可分解为

$$\sigma_{ij} = \sigma_m \delta_{ij} + s_{ij} \qquad (i,j=1,2,3) \tag{4.1}$$

其中，$\sigma_m \delta_{ij}$ 为应力球张量，仅引起物质体积的变化；s_{ij} 为偏应力张量，仅引起物质构形变化。

任一物质点的三维应变张量 ε_{ij} 同样可分解为

$$\varepsilon_{ij} = \varepsilon_m \delta_{ij} + e_{ij} \qquad (i,j=1,2,3) \tag{4.2}$$

其中，$\delta_m \delta_{ij}$ 为应变球张量，表示体积应变量；e_{ij} 为偏应变张量，表示剪应变量。

复杂应力应变状态的弹性段应力应变关系可表示为

$$s_{ij} = G e_{ij}, \qquad \sigma_m = K \varepsilon_m \tag{4.3}$$

其中，G 和 K 分别为剪切模量和体积模量，对鸟体而言是控制其弹性行为的两个基本参数。

2. 塑性行为

设鸟体的初始屈服应力为 σ_s，图 4-1 中 P 点起斜率为 E_t 的直线表示其塑性行为。由几何关系 $PN = \varepsilon_p$ 及 $NQ = MQ/E = (\sigma_y - \sigma_s)/E$，可得

$$PQ = PN + NQ = \varepsilon_p + \frac{\sigma_y - \sigma_s}{E} \tag{4.4}$$

$$MQ = \sigma_y - \sigma_s = E_t \cdot PQ = E_t \cdot \left(\varepsilon_p + \frac{\sigma_y - \sigma_s}{E}\right) \tag{4.5}$$

由式（4.4）和式（4.5）可得

$$\sigma_y = \sigma_s + \frac{EE_t}{E + E_t}\varepsilon_p \tag{4.6}$$

定义 $E_p = EE_t/(E + E_t)$ 为材料塑性硬化模量，这样可以将式（4.6）简化为 $\sigma_y = \sigma_s + E_p\varepsilon_p$，即塑性段材料应力-应变关系，$\sigma_s$ 和 E_t 是控制鸟体塑性行为的两个基本参数。

3. 失效行为

通常鸟体的失效准则用最大塑性应变失效准则，即在数值模拟时，当质点的等效应变达到一定值 ε_f 时，认为失效，即失效判据为 $\varepsilon > \varepsilon_f$，$\varepsilon_f$ 是控制鸟体失效行为的基本参数。

4.1.2.2　弹塑性流体动力学本构模型（Isotropic-Elastic-Plastic-Hydrodynamic Solid）

弹塑性流体动力学本构模型在 PAM-CRASH 材料库中对应 7 号材料。当鸟体的撞击速度为 120 m·s^{-1} 时，低压下鸟体材料表现为弹塑性行为，见 4.1.2.1 节的弹塑性本构关系描述。高压时鸟体材料表现为流体动力学行为，其本构方程由下列状态方程表示：

$$p = C_0 + C_1\mu + C_2\mu^2 + C_3\mu^3 + (C_4 + C_5\mu + C_6\mu^2)E_i \tag{4.7}$$

其中，$\mu = \rho/\rho_0 - 1$，ρ 和 ρ_0 表示鸟体材料的现时密度和初始密度；$C_0 \sim C_6$ 为鸟体材料常数。若鸟体膨胀，则 $\mu < 0$，此时 $C_2\mu^2$ 和 $C_6\mu^2$ 可以设置为 0，E_i 表示鸟体初始内能。

4.1.2.3　状态方程（Murnaghan EOS for Solids and SPH）

鸟体以较高速度撞击平板，速度大于 170 m/s 时，广泛采用状态方程作为鸟体材料本构模型[3,4]，在 PAM-CRASH 材料库中对应 28 号材料模型。

该本构模型用于描述可人为增加压缩性的流体，从而进行某些流体动力学模拟，此时流体流动速度远低于物理声速并且对其压缩性的影响很小。采用 Murnaghan 状态方程有下述描述：

$$p = p_0 + B[(\rho/\rho_0)^\gamma - 1] \tag{4.8}$$

其中，ρ 和 ρ_0 表示鸟体材料的现时密度和初始密度；假设流体的最大速度为 v_{max}^2，系数 B 须满足 $B > 100\rho_0 v_{max}^2/\gamma$；$\gamma$ 无量纲，仅表示公式的指数，没有物理意义。

相比弹塑性流体动力学本构模型，状态方程本构模型的优点在于不考虑剪切强度的影响，这样可以增加计算过程的时间步长，从而降低了压力计算的不稳定性。

4.1.3　鸟体本构参数的试验设计及其模型参数反演

4.1.3.1　鸟体本构参数的试验设计

鸟体本构关系试验采用 1.8 kg 和 3.6 kg 的鸟体正撞击平板中心进行试验。平板试件选用两种板厚、同一面尺寸（600 mm×600 mm）的铝合金（LY-12）及合金钢（45$^{\#}$钢）。平板厚度根据撞击速度确定，预定撞击速度分别为 70 m·s^{-1}，120 m·s^{-1} 和 170 m·s^{-1}。

鸟撞试验的气炮装置如图 4-2(a)所示,靶架系统装置如图 4-2(b)所示。用压框和底框将正方形平板试件夹持并用双排螺栓连接,之后将底框用力传感器固定在安装台上。激光测速仪如图 4-2(c)所示,安放在炮口和被撞平板试件之间可以比较准确地测出鸟体在撞击试件前的速度。高速摄影仪如图 4-2(d)所示,工作时可拍摄 3 000 幅/s,试验前调整好拍摄角度和画面亮度,可以完整而清晰地记录鸟撞试件前的飞行轨迹、撞击时的姿态、接触试件的时间及撞击后的破碎和碎片的散布情况。鸟体的外观如图 4-2(e)所示,鸟体形状近似于两端半球体中间短圆柱体的几何外形。鸟体用家鸡制作,在试验前半小时内,将鸡窒息至死或宰杀。秤取重量 1.8 kg,用聚乙烯薄膜包装,表 4-1 给出了该发炮装置的主要设备参数。

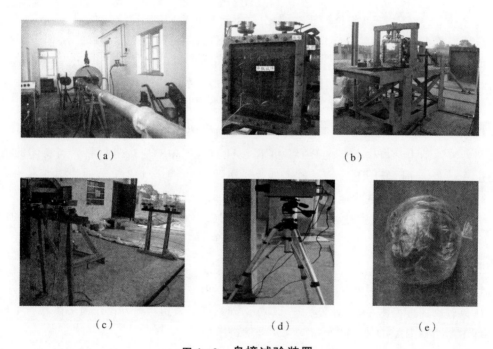

(a)　　　　　　　　　　　　　　　　(b)

(c)　　　　　　　　(d)　　　　　　　　(e)

图 4-2　鸟撞试验装置

(a)发炮体系装置；　(b)试件夹具及安装台；　(c)激光测速仪；　(d)高速摄像仪；　(e)鸟体

表 4-1　发炮体系装置设备参数

储气罐容积	炮管内直径	炮管长度
4 m³	145 mm	7 m

位移测量原理为激光位移传感器与前置放大器连接,放大器的输出端与瞬态记录仪连接,可获得与位移相关的电压信号随撞击响应时间的变化关系,再通过标定关系转化成最终的位移。

位移测量点位置示意图如图 4-3(a)所示,其中 d_1 点和 d_2 点位于平板上,目的是检测鸟撞过程中平板试件两点的位移时间历程,d_1 点偏离平板中心 50 mm 的原因是平板中心点所贴应变片对激光光束有干扰,从而使测量得到的位移数据不真实或不完全。d_3 点位于夹具框上,目的是检测鸟撞过程中夹具框的位移,此位移取决于夹具框的刚度、夹具框与试验平台的连接刚度、试验平台的刚度及试验平台与地面的连接刚度,试验中必须保证夹具框的位移相对于平板位移足够小。测量时将激光位移传感器固定在独立于试验平台的框架上,如图 4-3(b)所示,激光光束垂直打在 d_1,d_2 和 d_3 点上,d_1 点和 d_2 点的位移测量用大位移激光传感器,d_3 点位移测量用小位移激光传感器。两种激光位移传感器的采样频率均为 10 MHz,测量时电压范围为 ±20 V,位移量与位移原始数据的转化关系为

$$d = x/25.6（对大位移传感器）$$
$$d = -x/204.8（对小位移传感器）$$

其中,d 为位移;x 为原始数据。

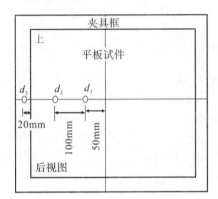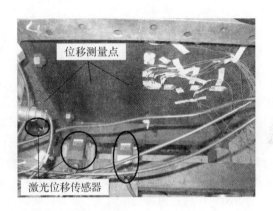

图 4-3 位移测量示意图及测量装置

(a)位移测量点位置示意图; (b)位移测量装置

应变测量原理为应变片与超动态应变仪建立了桥路连接,超动态应变仪的输出端与瞬态记录仪连接,可获得与应变相关的电压信号随撞击响应时间的变化关系,再通过标定关系转化成最终的应变。

应变测量点位置示意图如图 4-4(a)所示,测量 $S_1 \sim S_9$ 共 9 个点的应变。在鸟体正撞击平板中心的理想情况下,应变 S_1,S_2,S_3,S_4 的时间历程曲线分别和应变 S_9,S_8,S_7,S_6 的时间历程曲线基本重合,如此布置应变测量点,其目的是:① 利用 S_1,S_2,S_3,S_4 分别和 S_9,S_8,S_7,S_6 的对称关系检验鸟体是否垂直撞击平板、鸟体是否撞击到平板中心等;② 鸟体高速撞击平板时,在巨大的撞击力作用下,应变片的导线会被拖曳、甩断,相互影响,导致一些点的应变数据测量不完整,这时可用与之对称的另一些点的应变数据大致地判断数据不完整点的应变。图4-4(b)给出了应变片在平板试件背面的粘贴情况,本课题试验中应变测量系统的频响为10MHz,应变片的测量范围为 $0 \sim 20\,000\mu\varepsilon$,测量时电压范围为 ±5V,先将原始数据按照公式 $V = x/0.4\,096$ 转化为电压量,其中 V 为电压,x 为原始数据。应变与电压量的转化关系为 $\varepsilon = kV + b$,各次试验的 k 和 b 不同,具体数值见各次试验原始数据。

支反力的测量原理为力传感器与阻抗变换器连接,阻抗变换器的输出端与瞬态记录仪连接,可获得与支反力相关的电压信号随撞击响应时间的变化关系,再通过标定关系转化成最终的支反力。

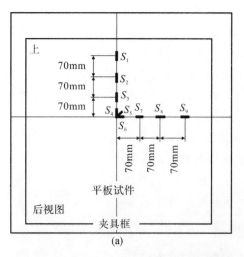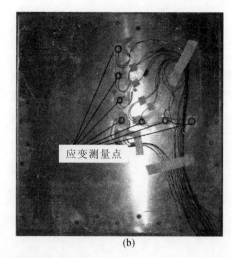

图 4-4　应变测量示意图及应变片

(a)应变测量点位置示意图；　(b)试件背面应变片

支反力测量点位置示意图如图 4-5(a)所示,其中 F_1,F_2,F_3,F_4 为鸟体撞击方向的支反力,F_5,F_6,F_7,F_8 为侧向支反力。拉、压式力传感器的连接如图 4-5(b)所示,每个力传感器的一端与夹具底框连接,另一端与试验平台连接,本课题试验中支反力测量系统的采样频率为 10 MHz,撞击方向力传感器的最大量程为 500 kN,侧向力传感器的最大量程为 300 kN,测量时电压范围为 10 MHz,先将原始数据按照公式 $V=x/409.6$ 转化为电压量,其中 V 为电压,x 为原始数据。电压量与支反力的转化关系为 $R=kV+b$,其中 k 和 b 的值由各个传感器的标定数据得出。

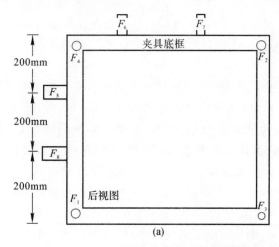

图 4-5　支反力测量示意图及力传感器连接图

(a)支反力测量点位置示意图；　(b)力传感器连接图

试验结果表明,鸟撞试验具有很大的随机性,即使撞击条件(如鸟体速度、鸟体质量、板厚、板材)完全相同,试验结果也存在差异,有时甚至差异较大。所以每组撞击试验至少重复两次,如果两次试验结果仍差异较大,则再进行重复试验,直至试验结果分散性较小。

表 4-2 给出了 16 组试验结果,其中试验件编号后没有标注实际撞击速度值的为无效撞击。

表 4-2　鸟撞平板试验结果

试验编号	鸟体参数		试件尺寸		试件编号（实际撞击速度）	
	质量/kg	速度/(m·s⁻¹)	板材	板厚/mm		
NO.1	1.8	70	LY-12	10	23#(69m·s⁻¹)	24#(68m·s⁻¹)
NO.2	1.8	70	45#钢	4.5	7#8#9#(74 m·s⁻¹)	10#(76m·s⁻¹)
NO.3	1.8	120	LY-12	10	25#(116m·s⁻¹)	26#(115m·s⁻¹)
NO.4	1.8	120	45#钢	4.5	13#(115 m·s⁻¹)	14#(122 m·s⁻¹)
NO.5	1.8	120	LY-12	14	2#(121 m·s⁻¹)	3#(114 m·s⁻¹)
NO.6	1.8	120	45#钢	8	1#(118 m·s⁻¹)	4#(119 m·s⁻¹)
NO.7	1.8	170	LY-12	14	19#(172 m·s⁻¹)	20# 22#
NO.8	1.8	170	45#钢	8	17#(170 m·s⁻¹)	18#(176 m·s⁻¹)
NO.9	3.6	70	LY-12	10	27#28#(69 m·s⁻¹)	29#(68m·s⁻¹)
NO.10	3.6	70	45#钢	4.5	11#(70 m·s⁻¹)	12#(70 m·s⁻¹)
NO.11	3.6	120	LY-12	10	30#(122 m·s⁻¹)	31#(122 m·s⁻¹)
NO.12	3.6	120	45#钢	4.5	32#(117 m·s⁻¹)	33#(123 m·s⁻¹)
NO.13	3.6	120	LY-12	14	5#(124 m·s⁻¹)	15#21#(170 m·s⁻¹)
NO.14	3.6	120	45#钢	8	6#(124 m·s⁻¹)	16#(126 m·s⁻¹)
NO.15	3.6	170	LY-12	14	36#(167 m·s⁻¹)	37#(164 m·s⁻¹)
NO.16	3.6	170	45#钢	8	34#(164 m·s⁻¹)	35#(172 m·s⁻¹)

以第一组试验结果为例进行分析,图 4-6 给出了第一组两次重复性试验测量结果的对比。

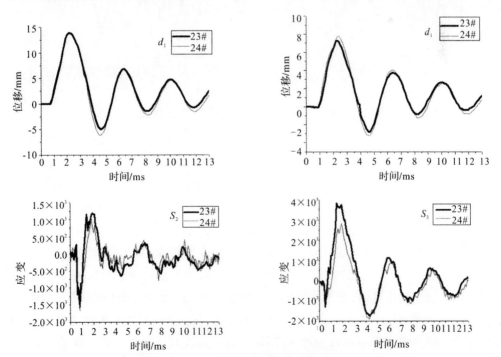

图 4-6　NO.1 试验测量结果重复性对比

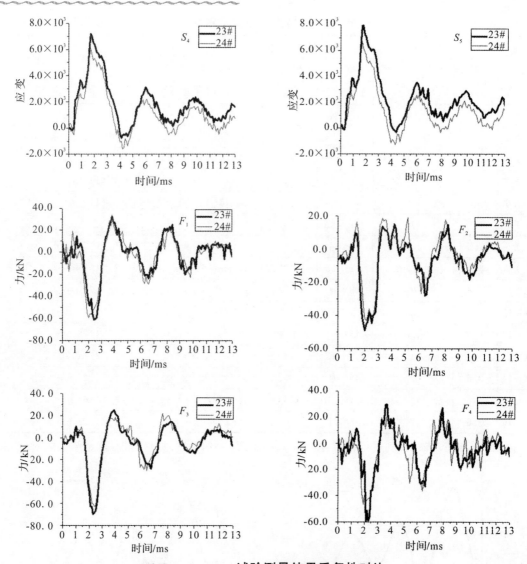

续图 4 - 6　NO.1 试验测量结果重复性对比

在试验中，$23^{\#}$试件撞击速度为 69 m·s^{-1}，$24^{\#}$试件撞击速度为 68 m·s^{-1}，两次试验撞击速度重复性非常好，与预定撞击速度 70 m·s^{-1}十分接近。平板上两点位移 d_1 和 d_2 各自的时程曲线基本重合，曲线上约 3 ms 前为鸟体作用下平板的位移，之后为平板的自由反弹位移，并且在 0 位移附近波动，说明试验结束后平板基本处于弹性状态。两次试验夹具位移 d_3 的时程曲线重复性较好，在鸟撞作用下最大位移很小，约为 1 mm，说明试验过程中夹具及试验台架刚性良好，可以保证试验件的刚性安装。两次试验应变时程曲线的重复性从 $S_1 \sim S_5$ 依次变差，这是由于从 $S_1 \sim S_5$ 离撞击中心的距离依次变远，即距离鸟体作用区域依次变远。从 $S_1 \sim S_5$ 无明显的平台出现，表明平板基本处于弹性状态。$F_1 \sim F_4$ 为鸟撞击方向的 4 个力传感器测得的力时程曲线，两次试验 $F_1 \sim F_4$ 重复性很好，$F_1 \sim F_4$ 最初呈现拉力是由于鸟撞引起平板内出现快速向边界移动的压力冲击波，该压力冲击波到达平板边缘时反射成为拉伸冲击波，拉伸冲击波使传感器测量到了拉伸信号。

4.1.3.2　鸟体本构模型参数的反演

将数值模拟与优化技术相结合,可实现鸟体本构模型参数的反演[5]。鸟体本构模型参数反演的基本思想是:第一,进行鸟撞平板试验研究,测量平板结构的位移、应变和撞击支反力等物理量。第二,建立鸟撞平板试验的数值计算模型,将待反演的鸟体本构模型参数定义为优化参数。第三,利用位移和应变等物理量的试验值与计算值误差来定义优化目标,使计算模型能够准确反映试验对象的特征,即通过优化鸟体本构模型参数使数值模拟计算结果与试验结果的差异最小。第四,将计算集成到优化控制程序中,由优化控制器按照优化算法将参数初始值传递给计算模型,使其根据这些初始值进行运算,得到初步计算结果。将计算结果与试验结果进行比较,若两者的误差比较大,那么这组参数值是不合理的,优化控制器可根据其变化梯度自动产生一组新的参数值,再进行新一轮计算;如此反复迭代,若误差满足要求,那么参数值就是合理的,此时得到最终要求的优化参数值。鸟体本构模型参数优化反演过程如图 4 – 7所示。

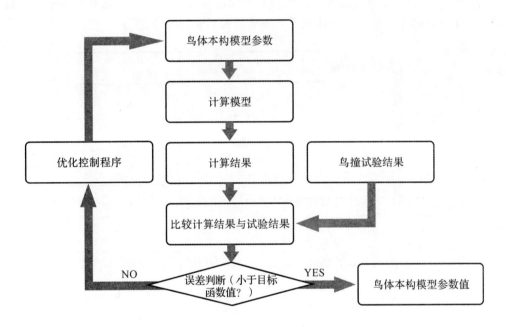

图 4 – 7　鸟体材料本构模型参数优化反演过程

鸟撞试验测量结果一般包括结构的位移、应变响应、鸟体与结构之间的撞击力响应等,优化反演的目标函数定义为计算结果与试验结果之间相对误差的平方和,如下式所示:

$$F = \sum_{i=1}^{n} \left\{ \frac{E_T(i) - E_C(i)}{\max[\,|E_T(i)|\,,\,|E_C(i)|\,]} \right\}^2 \tag{4.9}$$

式中,$E_T(i)$ 为试验结果;

$E_C(i)$ 为相应的计算结果。

$\max\{\,|E_T(i)|\,,\,|E_C(i)|\,\} \neq 0$。$E_T(i)$ 和 $E_C(i)$ 可以包括各类测量数据,实际应用时还需要考虑优化参数对 $E_T(i)$ 和 $E_C(i)$ 的敏感性,尽量选用敏感性大的试验结果和计算结果。当 F 最小时,计算结果和试验结果的误差将最小,目标函数中试验结果个数选取的原则是必须大于待优化反演参数的个数,试验结果数量越多,优化精度越高。

鸟体本构模型参数优化反演的实现是通过 iSIGHT 优化软件与显式碰撞分析有限元 PAM-CRASH 软件集成综合完成,具体过程如下。

在 PAM-CRASH 软件的 Visual-Enviroment 中应用 Visual-Mesh 建立鸟撞平板有限元 网格模型,形成部件 Part,将网格模型导入 Visual – HVI 用户模块。定义材料属性及鸟体与 平板之间的点面接触方式,施加边界条件,设定鸟体速度及设置求解过程中的控制参数,选择 结果输出时间间隔,最终生成 input. pc 计算输入文件,新建并生成与计算输入文件一样的模 板文件 temp-input. pc。优化变量的定义一般在模板文件中进行,通过 iSIGHT 中的解析模 块,对 input. pc 文件进行解析,即将优化变量的值传递给 input. pc 文件中的相应变量,调用 PAM-CRASH 的批处理求解程序 PAM-CRASH. bat 读取 input. pc 文件进行计算,生成计算 结果 answer. THP。此计算结果不是文本文件,无法直接打开查看计算结果,所以还需要调用 Visual-Viewer 批处理程序对 answer. THP 进行后处理得到某一物理量响应时程值 answer. xy文本文件,结合此响应的试验结果,利用 Calculation 模块计算相对误差的平方和得 到目标函数值,iSIGHT 集成的过程就是按照其定义的优化算法寻求优化参数的值使目标函 数值最小。上述鸟体本构模型参数优化反演集成流程图如图 4 – 8 所示。

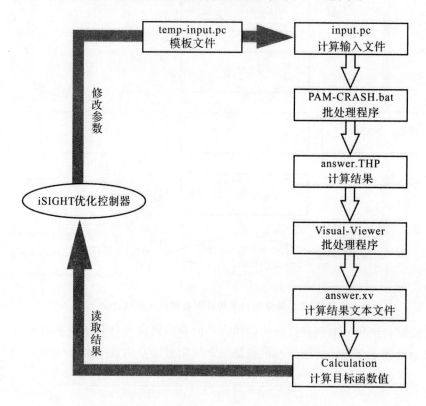

图 4 – 8   鸟体本构模型参数优化反演流程图

1.含损伤失效的弹塑性本构模型参数优化反演

采用含损伤失效的弹塑性本构模型模拟鸟体撞击时,有 5 个本构模型参数需要确定,分别 为剪切模量 G,体积模量 K,屈服强度 σ_s,切线模量 E_t 和失效应变 ε_f。经优化反演后得到的鸟 体本构模型参数列于表 4 – 3 中。

表 4-3 带失效模式的弹塑性鸟体本构模型参数优化结果

参 数	定义域	初始值	优化值
G/Pa	$10^7 \sim 10^9$	10^8	$620\ 555\ 525.419\ 897 \approx 6.2 \times 10^8$
K/Pa	$10^8 \sim 10^{10}$	10^9	$7\ 232\ 768\ 267.237\ 76 \approx 7.2 \times 10^9$
σ_s/Pa	$10^5 \sim 10^7$	10^6	$989\ 041.422\ 677\ 469 \approx 9.9 \times 10^5$
E_t/Pa	$10^5 \sim 10^7$	10^6	$1\ 179\ 835.003\ 531\ 31 \approx 1.2 \times 10^6$
ε_f	$0.5 \sim 1.0$	0.75	$0.571\ 343\ 747\ 333\ 471 \approx 0.57$
相对误差平方和			$F_2 = 2.59$

2.弹塑性流体动力学本构模型参数优化反演

采用弹塑性流体动力学本构模型模拟鸟体时,有 6 个本构模型参数需要确定,分别为剪切模量 G,屈服强度 σ_s,切线模量 E_t,状态方程系数 C_1,C_2 和 C_3。经优化反演后得到的鸟体本构模型参数列于表 4-4 中。

表 4-4 弹塑性流体动力学鸟体本构模型参数优化结果

参 数	定义域	初始值	优化值
G/Pa	$10^8 \sim 10^{10}$	10^9	$402\ 763\ 939.486\ 529 \approx 4.0 \times 10^8$
σ_s/Pa	$10^5 \sim 10^7$	10^6	$333\ 300.810\ 827\ 245 \approx 3.3 \times 10^5$
E_t/Pa	$10^5 \sim 10^7$	10^6	$3\ 978\ 591.468\ 549\ 99 \approx 3.9 \times 10^6$
C_1/Pa	$10^8 \sim 10^{10}$	10^9	$2\ 807\ 374\ 567.726\ 48 \approx 2.8 \times 10^9$
相对误差平方和			$F_2 = 2.24$

3.状态方程本构模型参数优化反演

采用状态方程本构模型时,有 2 个本构模型参数需要确定,分别为状态方程的系数 B 和指数 γ。经优化反演后得到的鸟体本构模型参数列于表 4-5 中。

表 4-5 状态方程鸟体本构模型参数优化结果

参 数	定义域	初始值	优化值
B/Pa	$10^8 \sim 10^{10}$	10^9	$932\ 824\ 575.619\ 795 \approx 9.3 \times 10^8$
γ	$6 \sim 8$	7	$7.136\ 578\ 455\ 645\ 78 \approx 7.14$
相对误差平方和			$F = 0.000\ 16$

4.1.4 鸟体动力学参数的敏感性

本构关系参数取不同值时对计算结果影响的大小定义为参数敏感性。研究某个参数敏感性的方法是固定其他参数(即给定某些参数值不变)的情况下取此参数为不同的分析值,研究不同分析值所造成的计算结果差异,从而可以分析此参数对计算结果的敏感性。

鸟撞平板数值模拟试算结果表明,不同撞击条件下鸟体本构模型参数对撞击支反力均不敏感,对平板位移敏感性很小,应变为位移的一阶导数;鸟体本构模型参数对平板应变的敏感性相比平板位移要大,并且对平板中心点应变 S_4 的敏感性最大。所以,这里主要研究鸟体本构模型参数对平板中心点应变的敏感性。由鸟撞平板试验结果可知,随撞击速度的提高,很难测量得到有效的完整波形的平板中心点应变时间历程曲线,考虑鸟体本构模型参数优化反演需要尽量采用应变试验结果,所以在此情况下研究鸟体本构模型参数对平板应变 S_3 的敏感性。若所有应变测量数据均无效时则研究鸟体本构模型参数对平板两点位移的敏感性。

1.含损伤失效的弹塑性本构模型参数敏感性

根据鸟撞试验高速摄像结果,当撞击速度约为 $70\ \mathrm{m\cdot s^{-1}}$ 时,撞击后破碎的鸟体碎片成块状,其中存在大块骨头和大块肉片,说明数值模拟鸟体时应选用固体材料模型。采用含损伤失效的弹塑性本构模型来模拟撞击速度为 $70\ \mathrm{m\cdot s^{-1}}$ 时的鸟体,程序需要输入的鸟体本构模型参数有 $K,G,\sigma_s,E_t,\varepsilon_f$,其固定值与分析值见表 4-6。

表 4-6 含损伤失效的弹塑性本构模型参数分析取值表

参数	固定值	分析值		
K/Pa	1×10^{10}	1×10^{9}	1×10^{10}	1×10^{11}
G/Pa	1×10^{8}	1×10^{7}	1×10^{8}	1×10^{9}
σ_s/Pa	1×10^{6}	1×10^{5}	1×10^{6}	1×10^{7}
E_t/Pa	1×10^{6}	1×10^{5}	1×10^{6}	1×10^{7}
ε_f/Pa	0.75	0.5	0.75	1.0

结果表明,弹性参数 G 和 K 对应变 S_4 敏感性较小,而塑性参数 σ_s 和 E_t 及失效应变 ε_f 对应变 S_4 的敏感性较大。

2.弹塑性流体动力学本构模型参数敏感性

根据鸟撞试验高速摄像结果,当撞击速度约为 $120\ \mathrm{m\cdot s^{-1}}$ 时,撞击后破碎的鸟体碎片很小,偶见大快碎片,说明数值模拟鸟体时应选用固体材料和流体材料的混合体模型,本指南采用弹塑性流体动力学本构模型模拟撞击速度为 $120\ \mathrm{m\cdot s^{-1}}$ 时的鸟体,程序需要输入的鸟体本构模型参数有 $G,\sigma_s,E_t,C_1,C_2,C_3$,其基本值与分析值见 4-7。

表 4-7 弹塑性流体动力学本构模型参数分析取值表

参数	基本值	分析值		
G / Pa	1×10^{9}	1×10^{8}	1×10^{9}	1×10^{10}
σ_s / Pa	1×10^{6}	1×10^{5}	1×10^{6}	1×10^{7}
E_t / Pa	1×10^{6}	1×10^{5}	1×10^{6}	1×10^{7}
C_1 / Pa	1×10^{9}	1×10^{8}	1×10^{9}	1×10^{10}
C_2 / Pa	1×10^{10}	0	1×10^{5}	1×10^{10}
C_3 / Pa	1×10^{10}	0	1×10^{5}	1×10^{10}

试算结果表明,弹性参数 G 对应变 S_4 和 S_3 敏感性较小,而塑性参数 σ_s 敏感性较大,塑性参数 E_t 敏感性较小,状态方程系数 C_1 对应变 S_4 和 S_3 的敏感性较大,状态方程系数 C_2 和 C_3 不敏感,可以取 $C_2=C_3=0$。

3.状态方程本构模型参数敏感性

鸟撞试验高速摄像结果表明,当撞击速度约为 $170\ \mathrm{m\cdot s^{-1}}$ 时,鸟体基本表现出流体的特性,破碎成很小的鸟体碎片程流体状四处飞溅,说明数值模拟鸟体时应选流体材料模型。本指南采用状态方程本构模型模拟撞击速度为 $170\ \mathrm{m\cdot s^{-1}}$ 时的鸟体,程序需要输入的鸟体本构模

型参数有 B,γ，其基本值与分析值见 4-8。

表 4-8　Murnaghan 状态方程本构模型参数分析取值表

参数	基本值	分析值		
B/Pa	1×10^9	1×10^8	1×10^9	1×10^{10}
γ	7	6	7	8

结果表明，参数 B 对位移 d_1 最大值的敏感性比参数 B 对位移 d_2 最大值的敏感性大，参数 γ 对 d_1 最大值的敏感性比参数 γ 对 d_2 最大值的敏感性稍大。

4.2　结构材料的动力学特性及其试验技术

对于多晶、单晶以及合金金属来说，由于金属的弹性波速在 $10^3\,\mathrm{m/s}$ 量级，其弹性模量对加载应变率的变化不敏感，又由于温度升高材料内部分子热运动加剧导致其结构发生变化，故而受温度影响变化较大。当金属变形超过弹性极限，即处在非线性塑性变形（塑性流动）阶段时，金属的性能随应变率和温度发生较大变化，主要是温度越高流动应力越低，大部分材料的流动应力会随着应变率的升高而升高，但少数材料例外[6,7]。对于由高分子环氧树脂和碳/玻璃纤维组成的复合材料结构板来说，由于高分子环氧树脂的耐热性能主要受分子结构影响，在与纤维固化后树脂交联密度较小、耐热性较差，故而复合材料力学性能通常对应变率和温度是敏感的。

本节首先介绍材料动态试验技术、动态变形机制和本构预测模型，然后分别对铝合金、复合材料、蜂窝材料的动态力学性能进行研究。

4.2.1　动力学试验技术与材料形变及其破坏机理

4.2.1.1　材料冲击动力学性能试验技术

目前的试验技术和方法已能用于材料在不同温度、不同应变率和大变形等极端环境下的力学性能研究。通常，对应变率范围的划分以及相应的试验方法见表 4-9。

表 4-9　不同应变率下的试验技术和方法

试验类型	应变率/$\mathrm{s^{-1}}$	试验方法和装置
压缩试验	<0.1	常规液压/机械试验机
	100	高速液压伺服加载装置
	500	凸轮塑性计或落锤试验装置
	$200\sim10^4$	分离式 Hopkinson 压杆装置
	$10^4\sim10^5$	Taylor 撞击试验方法
拉伸试验	<0.1	常规液压/机械试验机
	100	高速液压伺服加载装置
	$100\sim10^4$	分离式 Hopkinson 拉杆装置
	10^4	膨胀环试验
	$>10^5$	飞板试验方法

续表

试验类型	应变率/s⁻¹	试验方法和装置
剪切试验	<0.1	常规剪切试验机
	$0.1 \sim 100$	高速液压伺服加载装置
	$10 \sim 10^3$	扭转撞击技术
	$100 \sim 10^4$	扭转 Hopkinson(Klosky)杆装置
	$10^3 \sim 10^4$	双开槽剪切和冲孔方法
	$10^4 \sim 10^7$	压/剪板撞击试验方法

常规的试验设备可以实现应变率为 $10^{-1}/\text{s}$ 以下的材料力学性能测试;凸轮塑性机和落锤试验设备可以实现应变率约为 $500/\text{s}$ 时材料的力学性能测试;分离式 Hopkinson 拉压杆装置、膨胀环以及飞板试验装置可以实现应变率约为 $10^5/\text{s}$ 时材料的力学性能测试。

20 世纪 90 年代,研究者已建立了在分离式 Hopkinson 压杆上实现高应变率和高温的耦合方法。随着该技术不断地被改进,目前温度可达 1 200 K,应变率可达 $10^4/\text{s}$ 的温度-应变率耦合 Hopkinson 压杆已经得到应用。它的特点是,不用特殊的高温材料压杆,而是建立一个与撞击杆发射同步启动的连杆机构实现对试样的高温高应变率耦合作用。通过采用这一技术已得到多种材料的动态性能数据。对分离式 Hopkinson 压杆试验技术的基本原理如图 4-9 所示。

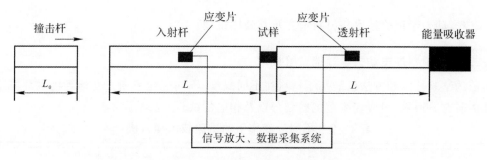

图 4-9 Hopkinson 压杆试验技术的基本原理示意图

试验装置系由材料性能和外径相同的撞击杆、入射杆、透射杆和能量吸收器组成。当撞击杆以速度 v_0 同轴撞击入射杆时,在入射杆产生一个近似的压缩方波,方波的时间宽度为

$$\Delta T = \frac{2L_0}{C_0} \tag{4.10}$$

式中,L_0 为撞击杆的长度;C_0 为一维弹性波速,且 $C_0 = \sqrt{\dfrac{E}{\rho_0}}$。

方波信号的应力幅值 σ 为

$$\sigma_i = -\frac{1}{2}\rho_0 C_0 V_0 \tag{4.11}$$

式中,ρ_0 为杆质量密度;E 为弹性模量。

弹性压缩波(入射杆上应变脉冲为 ε_i)传到入射杆和试样界面,一部分传进试样,一部分以拉伸波的形式反射回入射杆即成为反射应变波 ε_r。进入试样的压缩波到达试样与透射杆界面时,有一小部分返回试样且在试样中来回反射达到应力平衡,另一部分传到透射杆形成透射应变波 ε_t。这样,式(4.10)和式(4.11)给出了实际应用中估计撞击杆速度与脉冲宽度和应力幅值的关系。

在试验装置中,通过贴在入射杆和透射杆中部的应变片测试杆上的应变信号,典型曲线如图 4-10 所示。

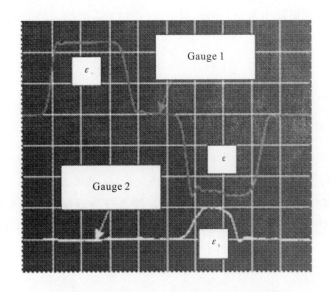

图 4-10　Hopkinson 压杆上典型的记录曲线

利用弹性波在长杆、变截面杆和变介质中的传播理论,以下简要分析怎样取得试样的应力-应变曲线。通常试样的波阻抗($\rho A C$)比杆的波阻抗($\rho_0 A_0 C_0$)要低(其中 A 和 A_0 分别是试样和杆的横截面积)。这样,v_1 和 v_2 分别表示在界面 1 和 2 处的速度,由于 $v_1(t) > v_2(t)$,在加载过程中试样长度 L_0 会随时间变短,试样材料同时经历塑性变形。试样的应变率为

$$\dot{\varepsilon} = \frac{\mathrm{d}\varepsilon}{\mathrm{d}t} = \frac{v_1(t) - v_2(t)}{L_0} \tag{4.12}$$

依据弹性波在杆中传播时的左行波公式,杆上质点速度 v_p 和对应的应变 ε 关系为 $v_p = -C_0\varepsilon = -\sigma/(\rho_0 C_0)$,$\varepsilon_i$ 和 ε_t 为负,ε_r 为正,所以 $v_1(t) = C_0(\varepsilon_i - \varepsilon_r)$ 对压杆情况,$v_2(t) = C_0\varepsilon_t$。于是式(4.12)即为

$$\dot{\varepsilon} = \frac{\mathrm{d}\varepsilon}{\mathrm{d}t} = \frac{v_1(t) - v_2(t)}{L_0} = \frac{C_0(\varepsilon_i - \varepsilon_r - \varepsilon_t)}{L_0} \tag{4.13}$$

对式(4.13)积分,从 0 时刻到 t 时刻,试样的应变为

$$\varepsilon = \frac{C_0}{L_0} \int_0^t \left[\varepsilon_i(\tau) - \varepsilon_r(\tau) - \varepsilon_t(\tau)\right] \mathrm{d}\tau \tag{4.14}$$

依据弹性波在变截面和不同介质界面的传播条件,界面两侧合力以及速度须相等,界面左侧的合力为 $p_1(t) = A_0 E(\varepsilon_i + \varepsilon_r)$;界面右侧的合力为 $p_2(t) = A_0 E\varepsilon_t$。根据试验中试样受的力平衡原理,界面上的平均应力为

$$\sigma = \frac{p_1(t) + p_2(t)}{2A} = \frac{EA_0}{2A}[\varepsilon_i(t) + \varepsilon_r(t) + \varepsilon_t(t)] \tag{4.15}$$

如果试样变形均匀,那么就要求 $p_1(t) = p_2(t)$。于是有

$$\varepsilon_i(t) + \varepsilon_r(t) = \varepsilon_t(t) \tag{4.16}$$

通常认为,对金属试样,波在试样中来回反射 3 次以上后,力就可达到平衡,原因在于试样中波的来回传播时间相对加载波脉宽很小(金属试样的加载波脉宽通常在 $100\mu s$ 以上,而试验中波在试样中单程传播时间在 $1\ \mu s$ 左右($5\ mm$ 长试样,波速约 $5\ mm/\mu s$)),所引起的误差变化可忽略,故试样的变形可认为是均匀的。利用式(4.13)~式(4.16)即得

$$\dot{\varepsilon} = \frac{d\varepsilon}{dt} = -\frac{2C_0 \varepsilon_r}{L_0} \tag{4.17}$$

$$\varepsilon = -\frac{2C_0}{L_0} \int_0^t \varepsilon_r(t)\,dt \tag{4.18}$$

$$\sigma = \frac{EA_0}{A} \varepsilon_t(t) \tag{4.19}$$

从式(4.17)~式(4.19)可以看出,要测试试样的动态应力-应变曲线(σ-ε 曲线),仅仅通过弹性 Hopkinson 杆上的反射应变 $\varepsilon_t(t)$ 和透射应变 $\varepsilon_r(t)$ 就可确定。

高应变率高温耦合试验是通过一套同步机构使撞击杆与透射杆做同步相对运动,保证入射杆-试样-透射杆刚接触(时间在毫米量级),应力波对试样进行加载。在对试样加载前,试样与入射和透射杆分离,具体加温装置如图 4-11 所示。

图 4-11 高温炉及试样安装

4.2.1.2 塑性变形机理研究

从材料的微观角度出发,金属的塑性变形普遍认为与金属晶格缺陷(主要是线性缺陷)运动有关,即与线性缺陷位错的运动、相互作用和积累的过程相关联,所以位错与各种障碍以及自身的相互作用影响着金属的塑性流变。近百年来,金属材料在不同温度不同应变率下的变形机理研究一直是材料学、冶金学和力学工作者最关心的课题之一。通常金属材料在不同应变率和不同温度下会呈现不同的变形机理,图 4-12 说明了钛合金在不同温度不同应变率的变形机理,由变形机理图可大致推测出金属材料常常所具有的变形特征和变形机理。

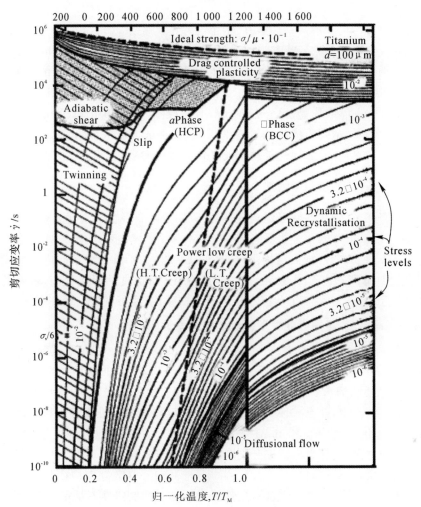

图 4 - 12　在不同温度不同应变率区钛合金的变形机理示意图(晶粒直径 100 μm)

由图 4 - 12 可以看出,随着应变率和温度的变化,金属塑性变形可能的机理是:在很低应变率($<10^{-2}$/s)和高温($>0.2\ T_m$,熔点温度)下,主要是由扩散导致的蠕变机制和在低温下的位错孪生机制控制。当应变率大于 10^{-2}/s 且温度低于 $0.4T_m$ 时,主要有滑移、剪切和绝热剪切机制。当应变率大于约 10^5/s 且较高温度时,有塑性流变的黏-曳阻力等机理。而高温($>0.6\ T_m$)金属会呈现动态重结晶。实际上,金属的变形机理研究是一个非常复杂的课题。就典型的三种晶体结构 BCC,FCC 和 HCP 来说,在较高的应变率和低温下,从塑性变形的热激活位错滑移机制来看,塑性变形来源于位错的相互作用和运动,塑性变形的温度和应变率依赖性可归于 3 个热激活位错运动机理:①克服 Peierls - Nabarro 应力势垒;②克服螺型位错割阶的非保守运动;③克服填隙式原子的沉淀。

4.2.1.3　金属材料塑性流动本构关系

金属材料塑性流动本构关系,即材料在屈服后的力学行为预测模型是工程中关心的重要课题。依据材料不同环境条件下的力学行为建立其数学表达,成为材料、工程和结构设计中的基本工作内容。

常见的金属材料本构关系典型模型有:①半经验本构关系,如 Johnson - Cook 模型,是具有动力学特征的唯象本构关系。②基于热激活位错机制的本构关系,与 Johnson - Cook 模型不同的是这些模型的参数涉及材料的微观结构,如晶粒尺度的影响。典型的模型有由 Zerilli 和 Armstrong 提出的 Zerilli - Armstrong 模型,由 Follansbee 和 Kocks 提出的 MTS 模型,还有 Klopp - Clifton - Shawki 模型、Hoge - Mukherjee 模型、Campbell 和 Nemat - Nasser - Guo 模型。③基于材料细观/微观组成的细观力学模型,如 Nemat - Nasser 等人提出的基于晶体塑性运动学所建立的本构关系,但这类模型大多包含较多参数,工程上不方便使用。

4.2.2 铝合金材料的动力学特性

铝合金具有密度小、导热性好等优点,已广泛应用于航空、航天、交通运输等工业领域。铝合金中应用最广、用量最多的合金主要有 2××× 系和 7××× 系。如 2024 铝合金以其较高的比强度被广泛应用于航空、航天结构等,国产的 LY12 - CZ 铝合金系列广泛应用于航空领域。7050 铝合金具有高的比强度、硬度,良好的热加工性,优良的焊接性能,较好的耐腐蚀性能和较高的韧性等优点,其 T7451 状态厚板用于飞机蒙皮、腹板、椽条、立柱等结构。

4.2.2.1 不同温度、不同应变率下铝合金动力学性能

试验材料为 7050 - T7451,2024 - T351 和 LY12 - CZ 板材。在压缩试验中,2024 - T351 和 7050 - T7451 的压缩试样尺寸为 $\phi5mm\times5mm$,LY12 - CZ 的压缩试样尺寸为 $\phi5mm\times3.5mm$。试验前利用精细水磨砂纸将试样的两个端面打磨使其光滑,以减小变形过程中端面摩擦的影响。拉伸试验中,静态拉伸试样为标距段为 50mm 的标准平板试样。动态拉伸平板试样标距段尺寸为 8mm×2mm×4mm。

试验用的 3 种材料,其室温应变率分别取 0.001/s 和 2 000/s。由图 4 - 13 可看出 7050 - T7451 的屈服应力最高;材料屈服后,2024 - T351 与 LY12 - CZ 随着应变的增加其硬化趋势较为明显。总体来讲,这 3 种材料在常温条件下对应变率的敏感性不是很强。

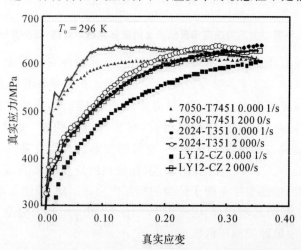

图 4 - 13　应变率对 7050 - T7451,2024 - T351 和 LY12 - CZ 铝合金塑性流动应力的影响

如果改变温度条件,铝合金材料力学性能对温度很敏感,图 4 - 14 给出了 2024 - T351 在

应变率分别为 0.001/s,0.1/s,2 000/s,6 000/s 和不同温度下的试验结果。

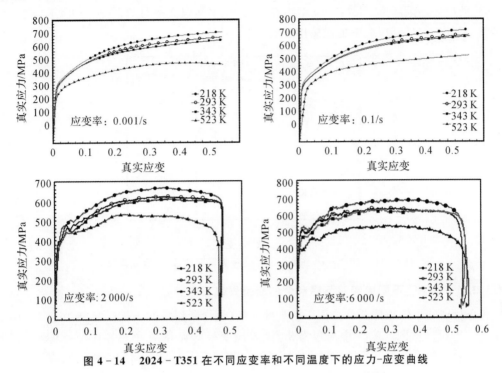

图 4 - 14　2024 - T351 在不同应变率和不同温度下的应力-应变曲线

为对比起见,以下给出了 7075 - T6 铝合金材料在应变率分别为 0.001/s,0.1/s,2 000/s, 6 000/s 和不同温度下的试验结果,如图 4 - 15 所示。

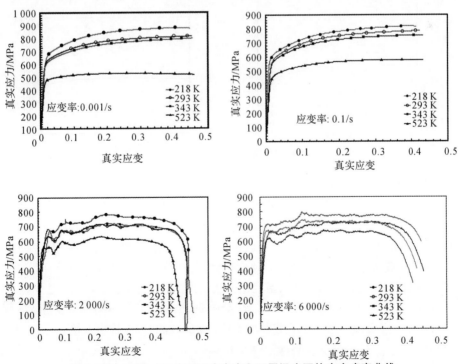

图 4 - 15　7075 - T6 在不同应变率和不同温度下的应力应变曲线

通过比较和分析以上曲线，可以得出 7075 - T6 也具有明显的温度敏感性，即随着温度的升高，其流动应力逐渐降低。图 4 - 16 给出在室温下，不同应变率对 7075 - T6 的应力-应变曲线的影响。可以看出，其应变率的敏感性较弱。

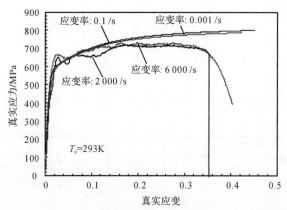

图 4 - 16　7075 - T6 在室温下不同应变率时的应力-应变曲线

4.2.2.2　室温下不同应变率下铝合金的断裂失效应变

铝合金材料在单轴拉伸载荷作用下的失效应变(试样断裂时的工程应变)和应变率的关系如图 4 - 17 所示。从图 4 - 17 中可以看出，随着应变率的提高，4 种材料(2024，LY12 - CZ，7075，7050)的失效应变都呈下降趋势，但 LY12 - CZ 下降不明显。其它 3 种材料在应变率超过 $10^3/s$ 量级时失效应变迅速下降。

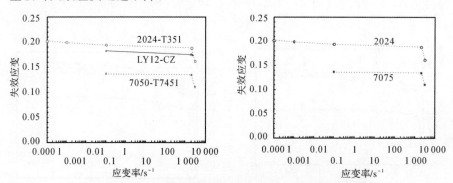

图 4 - 17　室温单轴拉伸条件下四种铝合金的断裂失效应变

4.2.2.3　铝合金的 Johnson - Cook 本构关系

材料的本构关系是用于描述材料的宏观力学行为。本构关系通常为一个或一组关系式，将应变率和应力、应力的变化率、温度、材料的热力学历史以及材料结构参数等联系在一起。

一个理想的金属塑性本构关系大体上可以描述如下一些材料性能：应变率相关性、温度相关性、应变和应变率加载历程相关性以及应变硬化行为等。然而，完全描述所有这些性能，是一项复杂的工作。即使只考虑应变率相关性、温度相关性和大塑性变形，也很难从理论分析的角度给出问题的解析解。因此在实际工程应用中，一些基于试验结果构建的本构模型获得了实际应用。

针对金属经受大应变、高应变率和高温环境条件，Johnson 和 Cook 提出了如下一个本构关系：

$$\sigma = (A + B\varepsilon^n)(1 + C\ln\dot{\varepsilon}^*)(1 - T^{*m}) \tag{4.20}$$

式中，A, B, C, n, m 为 5 个待定的材料常数；其中 A, B 和 n 表征了材料的应变硬化特性，C 表征

了应变率敏感性,m 表征了温度敏感性。T^* 和 $\dot{\varepsilon}^*$ 的表达式如下:

$$\dot{\varepsilon}^* = \frac{\dot{\varepsilon}}{\varepsilon_0} \qquad (4.21)$$

$$T^* = \frac{T - T_r}{T_{melt} - T_r} \qquad (4.22)$$

其中,$\dot{\varepsilon}_0$ 为参考应变率,一般取 $1/s$;T_{melt} 为材料的熔点温度;T_r 为参考温度,由于 m 一般是小数,所以参考温度一般取最低能研究的温度或最低试验温度;σ 为 VonMises 应力;ε 为等效塑性应变;$\dot{\varepsilon}$ 为应变率;T 为试验温度。

式(4.20)中第一个括号内表示的是当应变率和参考应变率取相同值以及试验温度和参考温度取相同值时应力与应变的函数关系;第二和第三个括号内分别表示的是应变率和温度的影响。此模型没有反应出热和应变率历史的影响。模型实质是通过应变、应变率和温度的乘积来表示材料的力学行为。Johnson-Cook 模型形式简单,物理解释清楚,非常适合与温度相关的金属,也适用于描述金属的温度依赖性。

此外,由于高应变率试验时试样所处的状态与低应变率试验时的等温状态有所不同,高速冲击试样瞬间产生的大塑性变形做功在较短时间内转化出大量的热量,这部分热量没有足够的时间与外界交换,所以引起试样本身温度升高,即试样在试验过程中处于绝热状态。因此,高应变率试验时,本构关系拟合中的试验温度 T 应该为试验时所测温度加上试样上的绝热温升值。设 η 为塑性功转化为热的比例系数,试样上的温升(ΔT) 公式为

$$\eta \Delta W \approx \Delta Q \qquad (4.23)$$

$$\eta \int_0^\varepsilon \sigma d\varepsilon = \rho C_v \Delta T \qquad (4.24)$$

$$\Delta T(\varepsilon) = \frac{\eta}{\rho C_v} \int_0^\varepsilon \sigma d\varepsilon \qquad (4.25)$$

Johnson-Cook 模型包含 5 个材料参数,初始确定时可将模型中各因素对流动应力的影响分别考虑,即对 $A + B\varepsilon^n$ 项,等于材料在 $\dot{\varepsilon} = 1/s$,$T = T_r$ 时的初始屈服应力,可以从真实应力-应变曲线上直接读取;$B\varepsilon^n$ 是对应力应变曲线强化段的描述,只要将强化段的采集点绘制在双对数坐标纸上,便可以通过下式确定 B 和 n,即

$$\ln\sigma = \ln B + n\ln\varepsilon \qquad (4.26)$$

上式在双对数坐标纸上是截距为 $\ln B$,斜率为 n 的直线。

材料的硬化系数为

$$n = \frac{d(\ln\sigma)}{d(\ln\varepsilon)} = \frac{\Delta \ln\sigma}{\Delta \ln\varepsilon} \qquad (4.27)$$

对于 $1 + C\ln\dot{\varepsilon}^*$ 项,可直接将此式作图于半对数坐标纸上,表示截距为 1,斜率为 C 的一条直线,应变率敏感系数为

$$C = \Delta\sigma / \Delta \ln\dot{\varepsilon}^* \qquad (4.28)$$

对于 $1 - T^{*m}$ 项,当 $T^* \gg 1$ 时,$\sigma = T^{*m}$,于是有

$$\ln\sigma = m\ln T^* \qquad (4.29)$$

它表示一条在双对数坐标纸上的直线,所以有

$$m = \frac{\Delta \ln\sigma}{\Delta \ln T^*} \qquad (4.30)$$

铝合金的物理参数见表 4-10。

表 4 - 10　铝合金材料的物理参数

材料 材料参数	2024 - T351	7050 - T7451	7075 - T6	LY12 - CZ
$\rho/(g \cdot cm^{-3})$	2.77	2.83	2.8	2.78
$C_v/(J \cdot g^{-1} \cdot K^{-1})$	0.8875	0.86	0.88	0.921
T_{melt}/K	775	761	760	775

通过对 4 种铝合金材料试验曲线的拟合，分别得到了 4 种材料 Johnson - Cook 模型的五个待定参数，见表 4 - 11。其预测的流动应力曲线和试验曲线对比如图 4 - 18 所示。

表 4 - 11　铝合金 Johnson - Cook 模型参数

材料	A	B	C	n	m
2024 - T351	345	462	0.001	0.25	2.75
7050 - T7451	500	240	0.003	0.22	2.55
7075 - T6	480	400	0	0.30	2.75
LY12 - CZ	325	555	−0.001	0.28	2.2

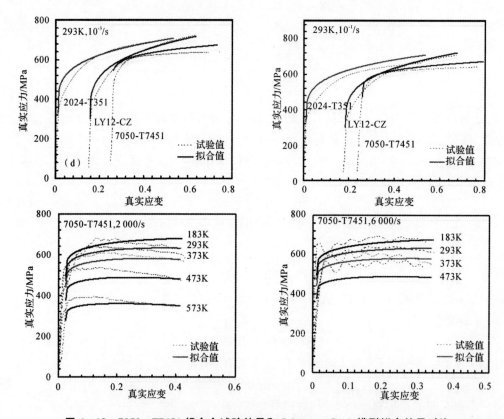

图 4 - 18　7050 - T7451 铝合金试验结果和 Johnson - Cook 模型拟合结果对比

4.2.3 复合材料层合板的动力学特性

4.2.3.1 SW200/LWR-2 平纹机织玻璃纤维增强复合材料力学性能与本构关系

本指南对 SW200/LWR-2 平纹机织玻璃纤维增强复合材料进行了应变率为 0.001/s，0.1/s，500/s，温度从-55～100℃的面内动力学压缩试验研究，分析温度敏感性以及应变率敏感性，并对其破坏机制进行了研究。运用损伤力学方法，建立了复合材料应变率以及温度相关的损伤内变量面内压缩本构模型。

1.试验材料及试验装置

试验所用材料为玻璃纤维织物增强树脂基复合材料 SW200/LWR-2，是由 LWR-2 树脂通过熔融法刮涂在平纹机织的 SW200 玻璃布的面上而制成的，树脂含量为 40%±3%。玻璃纤维织物中的纤维方向以及加载方式如图 4-19 所示，试样为边长 8mm 的立方体。准静态压缩试验在液压伺服实验机上进行，动态压缩试验在分离式 Hopkinson 压杆试实装置上进行。

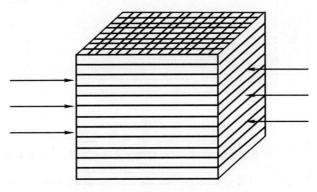

图 4-19 试样铺层及加载方式

2.应变率对材料力学性能的影响

图 4-20 所示为 SW200/LWR-2 复合材料在室温下的应力-应变曲线。

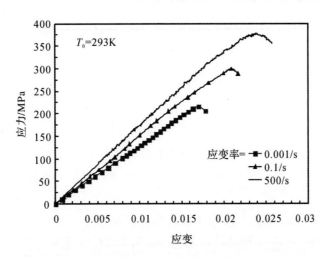

图 4-20 室温时材料在不同应变率下的应力-应变曲线

应变率为 0.001/s,0.1/s,500/s 时材料的强度分别为 215 MPa,299 MPa,377 MPa;3 种应变率下的破坏应变分别为 0.017,0.021,0.024。应变率为 500/s 时材料的强度与应变率为 0.001/s 时相比增长了 75.3%,破坏应变增长了 41.1%。以上数据说明了 SW200/LWR‐2 复合材料具有较强的应变率敏感性,且在应变率为 $10^{-3} \sim 10^{3}/s$ 的范围内,材料随着应变率的升高呈现出由脆向韧的转变。

3.温度对材料力学性能的影响

图 4‐21 为 SW200/LWR‐2 复合材料在应变率为 0.001/s 时随温度变化的应力-应变曲线。

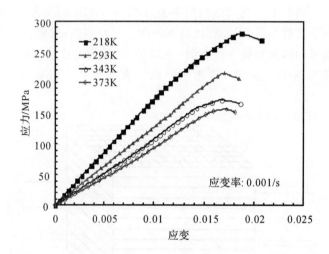

图 4‐21　应变率为 0.001/s 时材料随温度变化的应力-应变曲线

从图中可以看到,温度为 218K,293K,343K,373K 时材料的强度分别为 280 MPa,215 MPa,172 MPa,156 MPa,其中 218 K 时材料的强度为 373 K 时强度的 1.79 倍,表明温度对玻璃纤维增强复合材料的影响很大,材料发生了明显的热软化现象。也可以发现,随着温度的升高,材料的弹性模量也逐渐降低,但材料的破坏应变随温度变化不大。

4.本构模型的建立

根据损伤力学,通过引入损伤量 D 来综合表示复合材料的基体开裂、分层、纤维断裂等导致材料最终破坏的行为,进而提出复合材料的本构方程。基本形式为

$$\sigma = E\varepsilon(1-D) \tag{4.31}$$

式中,损伤变量 D 可以用 Weibull 分布函数表示,即

$$D = 1 - \exp\left[-\frac{1}{ne}\left(\frac{E\varepsilon}{\sigma_{\mathrm{m}}}\right)^{n}\right] \tag{4.32}$$

其中,E 为弹性模量;σ_{m} 为强度;e 为自然对数底数;n 为影响曲线形状的参数。

图 4‐22 给出了平纹编织玻璃纤维复合材料的初始弹性模量 E 和破坏应力 σ_{m} 与应变率以及温度的关系。

从图 4‐22 中可以看到,在不同温度下弹性模量 E 和破坏应力 σ_{m} 与应变率对数呈线性关系,故采用式(4.33)和式(4.34)描述随应变率和温度变化的弹性模量和破坏强度:

$$E(\dot{\varepsilon}, T) = E_{0} - 0.039\ 7(T - T_{0}) + 0.817\ 6\ \lg(\dot{\varepsilon}/\dot{\varepsilon}_{0}) \tag{4.33}$$

$$\sigma_m(\dot{\varepsilon}, T) = \sigma_0 - 0.810\,5(T - T_0) + 23.89\,\lg(\dot{\varepsilon}/\dot{\varepsilon}_0) \tag{4.34}$$

式中，$E_0 = 15.122\ \text{GPa}$，$\sigma_0 = 279.8\ \text{MPa}$，$T_0 = 218\ \text{K}$，$\dot{\varepsilon}_0 = 0.001/\text{s}$。

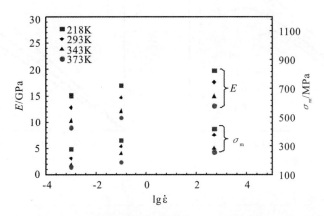

图 4 - 22　弹性模量、破坏强度与应变率对数的关系

对不同应变率不同温度下对应的参数 n 值与对数应变率的关系进行拟合，如图 4 - 23 所示，得到

$$n = (146.3 - 0.357T)\exp\left[(0.001\,6T - 0.69)\lg(\dot{\varepsilon}/\dot{\varepsilon}_0)\right] \tag{4.35}$$

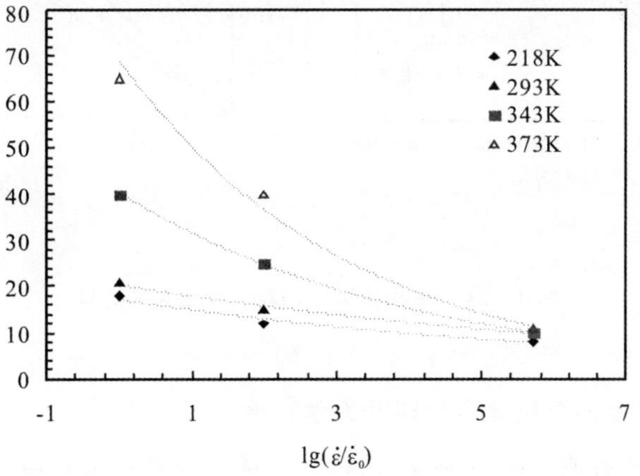

图 4 - 23　参数 n 与应变率对数的关系

平纹机织玻璃纤维增强复合材料在一维冲击压缩载荷下的损伤型动态本构模型为

$$\left.\begin{aligned}
\sigma &= E(\dot{\varepsilon}, T)\varepsilon\exp\left[-\frac{1}{ne}\left[\frac{E(\dot{\varepsilon}, T)\varepsilon}{\sigma_m(\dot{\varepsilon}, T)}\right]^n\right] \\
E(\dot{\varepsilon}, T) &= E_0 - 0.039\,7(T - T_0) + 0.817\,6\,\lg(\dot{\varepsilon}/\dot{\varepsilon}_0) \\
\sigma_m(\dot{\varepsilon}, T) &= \sigma_0 - 0.810\,5(T - T_0) + 23.89\,\lg(\dot{\varepsilon}/\dot{\varepsilon}_0) \\
n &= (146.3 - 0.357T)\exp\left[(0.001\,6T - 0.69)\lg(\dot{\varepsilon}/\dot{\varepsilon}_0)\right]
\end{aligned}\right\} \tag{4.36}$$

图 4 - 24 给出在不同温度和不同应变率下试验数据和模型预测结果的对比，可以看到，模型预测与试验结果吻合很好。

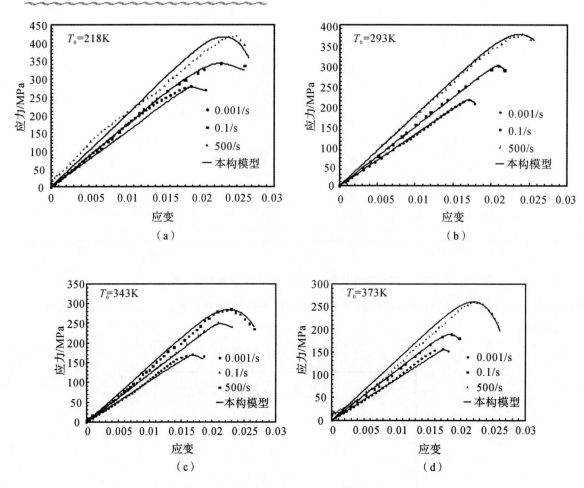

图 4-24　本构模型预测与试验结果的比较

4.2.3.2　四种典型层合板复合材料动力学特性

本指南共选用了 4 种典型铺层的复合材料：①碳纤维增强复合材料（T700/QY8911），共 17 层，铺层方式为 $[-45_2/0/45_2/0/45/0/90]_s$；②碳纤维增强复合材料（T700/QY8911），共 17 层，铺层方式为 $[45_2/90/-45_2/90/-45/90/0]_s$；③E 玻璃纤维增强复合材料，正交编织（平纹），正交铺层；④芳纶 Kelvar29 正交编织，正交铺层。复合材料层板铺层具体试验情况如下：

E 玻纤正交织物（平纹）正交铺层试件 7 个；Kelvar29 正交织物、正交铺层试件 4 个；T700 纤维 17 层 $[-45_2/0/45_2/0/45/0/90]_s$，沿 0°方向切割试件 10 个；T700 纤维 17 层 $[45_2/90/-45_2/90/-45/90/0]_s$，沿 0°方向切割试件 10 个；T700 纤维 16 层 $[-45/0/45/90/-45/0/45/0]_s$，沿 90°方向 2 个。

在 Hopkinson 压杆上各开一个槽，槽的宽度刚好比试验件的厚度大一点，可以把试验件牢固的粘接在杆子上。图 4-25 给出动态拉伸试样图。

纤维复合材料试样制备相对较难，一般很难采用机械刀具方法加工，本指南的试样加工是通过高压水切割而成的。

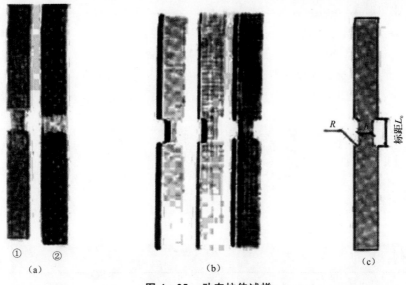

图 4-25　动态拉伸试样

　　4 种材料的试样采用了相同的外形和尺寸,为保障在加载过程中试样应力很快达到平衡,按照波速计算式 $C = \sqrt{E/\rho}$ 。对于各向异性的复合材料,考虑这些材料的等效模量约在 10 GPa 以上,密度约为 1.5 g/mm^3,故波速约在 10^2 m/s 以上。试样的标距段统一取为 10 mm,试样的具体几何尺寸如图 4-26 所示。

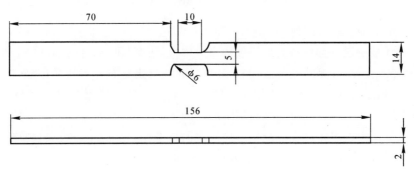

图 4-26　试样几何尺寸

　　为了将试样与 Hopkinson 杆可靠连接,杆上槽的长度为 70 mm,槽厚 2.2 mm,然后在试样两端 70 mm 两面处涂高强环氧胶,插入杆子槽中固化,具体连接形式以及试样上应变计粘贴位置如图 4-27 所示。

图 4-27　试样的连接形式和应变计位置

103

1.试样的破坏形式

图 4-28(a)~(d)所示分别为以下 4 种材料的破坏形式：①碳纤维增强复合材料（T700），铺层方式为$[-45_2/0/45_2/0/45/0/90]_s$；②碳纤维增强复合材料（T700），铺层方式为$[45_2/90/-45_2/90/-45/90/0]_s$；③E 玻璃纤维增强复合材料，正交编织（平纹），正交铺层；④芳纶纤维增强复合材料，Kevlar29 正交编织，正交铺层。

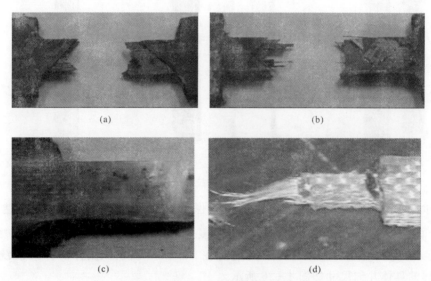

(a) (b) (c) (d)

图 4-28 4 种材料的破坏形式对比

可以看出，由于铺层或者纤维的不同，4 种材料的破坏形式有很大区别。图 4-28(a)和(b)中所示的碳纤维增强复合材料的分层破坏十分明显，±45°和 90°方向的铺层上纤维只是沿着铺设方向整齐地分离，并无断裂现象；0°方向铺层的纤维则是自身发生了断裂，图 4-28(b)中可以清晰地看到 0°方向纤维的断裂情况。图 4-28(c)中的玻纤增强复合材料分层破坏并不明显，甚至在断口处不容易分辨纤维破坏情况。图 4-24(d)中的芳纶破坏部分有明显的纤维拉长现象，说明纤维在破坏过程中产生了比较大的形变。在试验中还可以观察到在低、中和高三种应变率下材料的破坏形式也有一定变化。例如碳纤维增强复合材料，其高应变率时的破坏断口并不规则，如图 4-28(a)所示；而其在低应变率下端口则十分规则整齐，这与复合材料中纤维以及树脂的特性有关。

2.材料的应变率效应

在 3 种不同应变率的拉伸下，4 种复合材料的应力-应变曲线如图 4-29(a)~(d)所示。

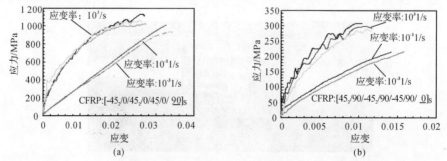

(a) (b)

图 4-29 室温下 4 种复合材料在不同应变率下的应力-应变曲线

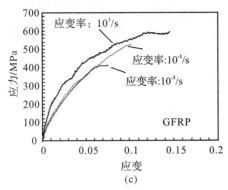

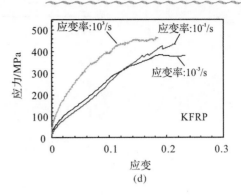

续图 4－29　室温下 4 种复合材料在不同应变率下的应力-应变曲线

由图 4－29(a)可以看出,铺层方式[－45₂/0/45₂/0/45/0/90]ₛ的碳纤维增强复合材料随着应变率的增加,拉伸强度有所增加,其在高、中应变率与在低应变率相比,平均拉伸强度分别增加了 13.9％和 7.6％;随着应变率的增加,失稳应变有所减小,其在高、中应变率的平均失稳应变分别为低应变率的 79％和 94％。

由图 4－29(b)可以看出,铺层方式[45₂/90/－45₂/90/－45/90/0]ₛ的碳纤维增强复合材料随着应变率的增加,其在高、中应变率与在低应变率相比,平均拉伸强度分别增加了 38.8％和 4.6％;而其高、中应变率的平均失稳应变分别为低应变率的 75.9％和 85.9％。相比于破坏应变的变化,拉伸强度的变化更加明显。

图 4－29(c)中,E 玻璃纤维复合材料在高、中应变率与在低应变率相比,平均拉伸强度分别增加了 27.3％和 43.4％,高、中应变率的平均失稳应变分别为低应变率的 1.33 倍和 1.90 倍。

图 4－29(d)中,芳纶在高、中应变率与在低应变率相比,平均拉伸强度分别增加了 13.3％和 19.8％,高、中应变率的平均失稳应变分别为低应变率时的 79.9％和 92.8％。

通过上面列举的数据可以发现,与图 4－29(a)中的碳纤维复合材料相比,图 4－29(b)中的碳纤维复合材料的应变率效应更加明显,其高应变率下的平均拉伸强度与低应变率相比增加了 38.8％,图 4－29(a)中只增加了 13.9％;图 4－29(a)中的碳纤维复合材料的失稳应变的变化也小于图 4－29(b)中的碳纤维复合材料,说明了铺层方式[－45₂/0/45₂/0/45/0/90]ₛ的碳纤维增强复合材料的应变率敏感性小于铺层方式[45₂/90/－45₂/90/－45/90/0]ₛ的碳纤维增强复合材料的应变率敏感性。图 4－29(a)中复合材料与图 4－29(b)中复合材料的共同点是其拉伸强度都是随着应变率的增大而提高,而其破坏应变随着应变率的增加而减小,说明这两种材料都是动态脆性材料。对于图 4－29(c)中的 E 玻璃纤复合材料,可以看到其应变率敏感性非常明显,而破坏应变随着应变率升高而增大的现象说明其为动态韧性材料。

从图 4.29(a)～(d)中可以发现一个共同点,就是在低速加载下的应力-应变曲线比较平直,接近于线性,而高速加载下的曲线呈现明显的非线性。这是因为在低速加载时实际上是等温加载过程,纤维和基体在变形中产生的热量及时扩散,所以接近线性。在高应变率时,由于加载速度很快,热量来不及扩散,故可以看成绝热加载过程。在此过程中,基体会出现热软化效应,导致界面分离,并引起分层,使材料刚度明显下降,所以会呈现非线性。

通过比较 4 种材料在高应变率时的力学行为,如图 4－30 所示,可以看出这 4 种材料的力学性能有很大的差别,比如两种碳纤维复合材料,只是在铺层方向有区别,可是最终的拉伸强度却相差很大。这说明复合材料中的纤维成分以及纤维铺设方向对复合材料整体性能的影响很大。

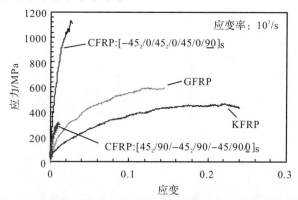

图 4 - 30　4 种复合材料在应变率 $10^3 s^{-1}$ 时的应力-应变关系比较

4.2.4　蜂窝夹芯板的动力学特性

4.2.4.1　蜂窝夹芯板结构简介

复合夹芯板(以下简称夹芯复合板)被广泛地应用于航天、航空、造船、车辆以及工业和民用建筑等领域,从外观划分主要有金属面板、塑料面板和木质面板。面材为金属板的主要是镀锌钢板、冷轧钢板、不锈钢板、铝板,其中大部分为 PVC 装饰膜贴塑金属板(以下简称 PVC 板)和彩色涂层钢板。按芯材划分主要有铝蜂窝、纸蜂窝、聚苯乙烯泡沫、聚氨酯泡沫和岩棉等。蜂窝夹芯结构因为强度高和质量轻,被广泛地应用于航天、航空工业。非金属蜂窝结构一般采用非金属蜂窝芯和碳/环氧或玻璃/环氧面板[8]。

结构工程应用的铝蜂窝夹芯板结构如图 4 - 31 所示,面板平均厚度 t_f,蜂窝芯高度 h_c;如图 4 - 32 所示是具体的蜂窝芯单元,L 和 W 是蜂窝波峰的方向,面板可看作 I 型梁的凸缘。

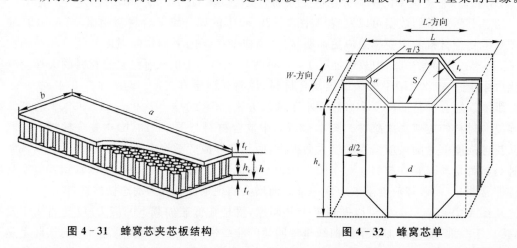

图 4 - 31　蜂窝芯夹芯板结构　　　　　图 4 - 32　蜂窝芯单

当面板处在一面受拉一面收压的工作状态时,面板常常承受弯曲应力。作为 iI 型梁腹板的蜂窝芯,被认为不承受轴向应力而仅形成抗剪力。夹芯结构使其具有很高的扭转和弯曲刚度,面板惯性距可按下式计算:

$$I_f = \frac{h^3 - h_c^3}{12} b \tag{4.37}$$

蜂窝单元的有效面积为

$$A = L \cdot W \tag{4.38}$$

铝蜂窝夹芯板的重量为

$$m = m_f + m_c \tag{4.39}$$

不考虑蜂窝芯与面板的胶体材料,蜂窝芯的平均密度为

$$\rho_{ca} \frac{8dt_c}{A} \rho \cong \frac{8}{3\sqrt{3}} \frac{t_c}{d} \rho_c \tag{4.40}$$

式(4.40)表示芯材的平均密度 ρ_{ca} 是蜂窝芯壁厚、边缘宽度、和本身材料密度的函数,所以 ρ_{ca} 常常用于芯材的强度特性表征。

对于非金属蜂窝芯,由于玻璃布蜂窝芯或 NOMEX 芯材的性能不够理想,一定程度限制了非金属蜂窝的推广应用。杜邦公司的高性能蜂窝芯 KOREX,其压缩疲劳和短梁剪切疲劳性能大大优于 NOMEX 和玻璃钢芯。非金属蜂窝芯材的力学性能见表 4-12 和表 4-13。

表 4-12　KOREX 的性能　　　　　　　　　　　　单位:MPa

规　格	压缩强度	压缩模量	剪切性能			
			纵向		横向	
			强度	模量	强度	模量
3.2/0.048	2.63	280	1.40	140	0.81	56
3.2/0.072	4.41	420	2.10	210	1.33	84
3.2/0.096	6.65	490	3.01	280	1.96	126
4.8/0.032	1.12	148	0.81	84	0.39	28
4.8/0.048	2.66	245	1.47	126	0.84	28
6.4/0.024	1.30	140	0.70	70	0.39	28
9.5/0.032	1.12	182	0.84	84	0.42	35
9.5/0.048	2.66	245	1.47	126	0.84	49
4.8/0.048	2.73	238	0.74	42	0.91	108

表 4-13　不同蜂窝芯性能比较　　　　　　　　　单位:MPa

蜂窝芯材料	压缩强度	压缩模量	平面剪切				拉伸强度
			纵向		横向		
			强度	模量	强度	模量	
KOREX	2.62	280	1.40	1.40	0.81	56	3.57
玻璃布	2.45	175	1.30	105	0.67	49	3.15
NOMEX	2.28	140	1.33	49	0.70	25	2.24

由于蜂窝芯材料力学性能与其具体结构和尺寸有关,但一般认为与率无关,典型的应力-应变曲线特征如图 4-33 所示。对于动态冲击载荷下蜂窝夹芯板性能的试验方法有落锤低能量撞击、爆炸非接触冲击载以及高速弹片撞击等。

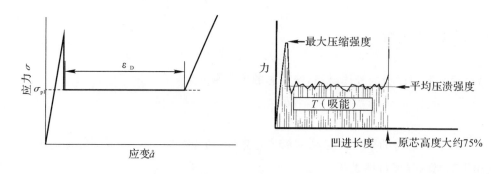

图 4-33 蜂窝芯的应力应变曲线

图 4-34 和图 4-35 分别给出蜂窝夹芯结构板落锤撞击试验以及载荷与冲头位移的典型曲线。

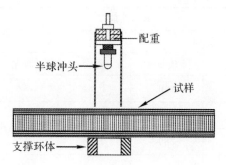

图 4-34 落锤冲击试验布局示意图

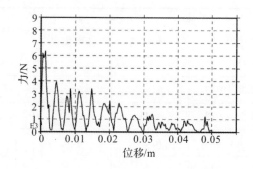

图 4-35 冲击力与冲头位移的曲线

4.2.4.2 泡沫铝芯材的动态力学性能

块体泡沫金属具有超轻的质量、较高的刚度、高的冲击能吸收性能和稳定的变形性能,在军事和民用领域广泛用于结构抗冲击和震动能量的吸收[9]。

通常在压缩变形下,泡沫金属通常表现有 4 个特征阶段:①起始的弹性变形区;②屈服点;③泡沫腔胞的塑性变形和应力缓慢增加而呈现出的平台区;④随进一步的泡沫腔胞边缘不断地互相接触而出现的应力迅速增长段。在工程应用和泡沫材料的本构关系发展中,对泡沫材料变形机制和其力学性能研究至关重要。

利用 Instron 液压伺服试验机和分离式 Hopkinson 杆装置对 40 ppi(即每英寸有 40 个孔洞,1 in≈25.4 mm)泡沫铝在不同应变率下的变形行为进行了系统研究,并对其力学性能进行了研究,获得了一些重要的结果并给出了有关的结论。

所用的泡沫铝是 Duocel 铝空腔胞结构,腔胞分布是 40 ppi,其密度约是铝合金 6101-T6 的 9.5%。为了研究其在低应变率下的性能,对密度为 0.26 g/cm³,直径和高度均为 76 mm 的试样在 Instron 液压伺服试验机以 0.001/s 的应变率进行了重复中断压缩试验,每次中断后测试试样的真实尺寸,同时用数码像机记录试样的变形。图 4-36 显示的是泡沫铝的具体变形情况。

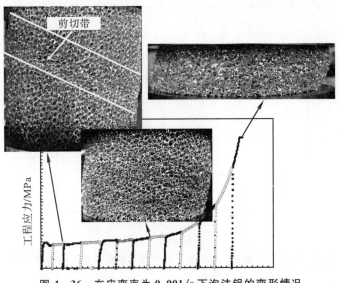

图 4 - 36　在应变率为 0.001/s 下泡沫铝的变形情况

从图 4 - 36 中可看出,当应变为 0.10 时,试样沿加载轴线成 45°方向出现剪切带,在此带中腔胞压垮塌陷。随着应变的增加,压垮塌陷剪切带区加宽,直到应变为 0.75 时整个试样腔胞压垮塌陷。试样体积变化描述的是在加载过程中,整个体积的减少量随应变线性增加,如图 4 - 37 所示。

泊松比衡量的是横向应变与加载轴线应变的绝对值之比,从图 4 - 38 可以看出,泊松比随轴向工程应变呈现幂次关系增加变化。

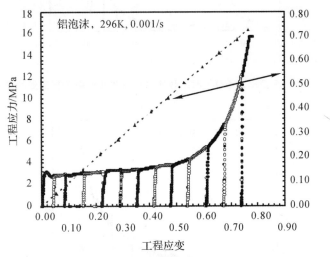

图 4 - 37　应变率为 0.001/s 时工程应力和体积应变随工程应变的变化

泡沫铝试样在高应变率下的动态压缩试验是在分离式 Hopkinson 杆上进行的,密度为铝合金 6101 - T6 的 8.9%,腔胞分布是 40 ppi,试验尺寸为棱长 13 mm 的立方体,应变率为 500/s。试验采用中断方式并分 11 次,每次卸载后用高精度千分尺测量试样的尺寸,这样可得到泡沫率的体积应变、泊松比和工程应变。

典型结果如图 4 - 39 和图 4 - 40 所示。

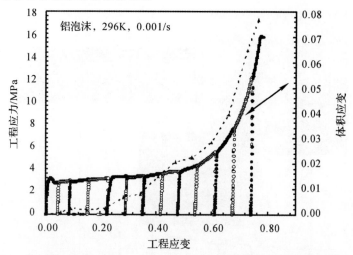

图 4-38　应变率为 0.001/s 时工程应力和体积应变随工程应变的变化

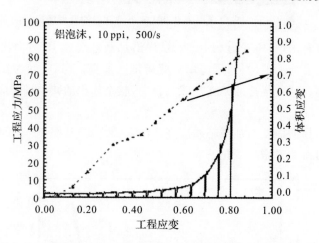

图 4-39　应变率为 500/s 时工程应力和体积应变随工程应变的变化

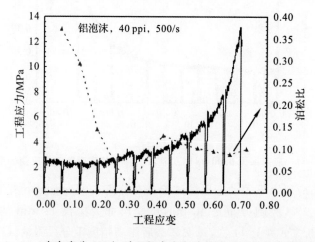

图 4-40　应变率为 500/s 时工程应力和泊松比随工程应变的变化

与低应变率结果比较,当应变小于 0.05 时,体积应变并没有随应变增加而增加。而泊松比在初始变形较高,并且随轴向应变增加而下降,然后从最小值增加趋于大约 0.1 的这一稳定值。这种现象可能是在高应变率加载下,试样首先弹性变形进而随应变增加出现局部剪切变形所致。在图 4-41 中通过对所测量的值进行计算给出了工程应力-应变曲线与真实应力-应变曲线的比较。当应变小于 0.5 时,两者曲线完全重合,在低应变率也具有与高应变率相同的在应变小于 0.5 时两者曲线重合的特性。

通过以上试验测试可得出以下几点结论:

(1)低应变率下泡沫铝的泊松比随应变呈指数增加,而在高应变率下,泊松比随应变线性减低;在应变 0.3 处泊松比几乎为零,然后再重新增加并趋于稳定值 0.1;

(2)在不同应变率下体积应变大致随应变线性增加;

(3)低应变率下泡沫铝的变形比高应变率下的变形整体均匀,且高应变率下的剪切变形比低应变率下的严重。

(4)当应变约小于 0.5 时,工程应力-应变曲线与真实应力-应变曲线基本相同。

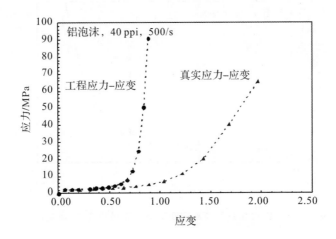

图 4-41 在应变率为 500/s 时工程应力-应变曲线与真实应力-应变曲线的比较

图 4-42 所示是在较高应变率下不同密度泡沫铝的应力-应变曲线,可以看出,当密度相差约 2 倍时,流变应力相差近 5 倍;同时发现,二次加载的流变应力下降,这可能是由于动态加载时变形的不均匀性所导致的,即在第一次动态加载后已造成靠近加载部位局部泡沫铝胞支撑腔的塌陷和压实,在二次加载时第一次造成的塌陷和压实继续延伸,这样起始流变应力基本和第一次初始过程类似地由低向高增加。

图 4-43 给出了当泡沫铝密度接近应变率变化的结果,显然在高应变下泡沫铝对加载率是很敏感的,其流变应力随应变率增加而增加。

为了和低应变率结果比较,在图 4-44 和图 4-45 中分别给出了不同密度下在不同应变率的流变应力比较曲线,从图中可以看出至少在应变小于约 0.3 时下应变率对流变应力不敏感,但随应变增大即泡沫铝密度增加,流变应力随应变率增加而增加。

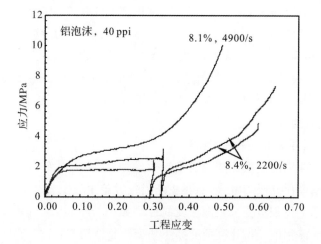

图 4-42 二次加载和不同密度下泡沫铝的应力-应变曲线

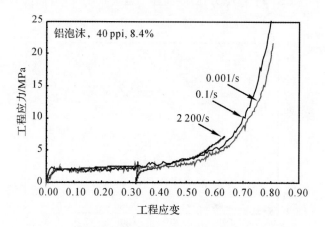

图 4-43 二次加载不同高应变率下泡沫铝的应力-应变曲线

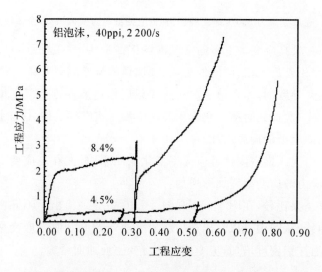

图 4-44 密度为固体铝合金 8.4% 的泡沫铝在不同应变率下的应力-应变曲线

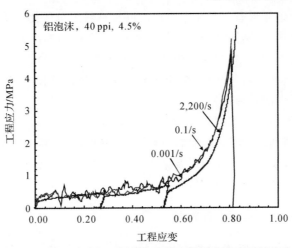

图4-45　密度为固体铝合金4.5%的泡沫铝在不同应变率下的应力-应变曲线

4.3　结构材料的破坏判据

本节介绍了复杂应力状态下金属和复合材料的动力学破坏模式,以及工程中常用的金属和复合材料的破坏判据。

4.3.1　结构材料的动力学破坏模式

4.3.1.1　金属结构材料的动力学破坏模式

动态载荷作用下,金属材料的破坏模式不仅取决于材料的内部因素(如材料的成分及微观结构),还取决于材料或结构的工作环境和受载方式等外部因素(如应力状态、温度、加载速率等)。脆性崩落和绝热剪切带破坏是两种典型的金属材料动力学破坏模式。

崩落是指材料中由于应力波相互作用引起的拉应力场所导致材料中裂纹的起始和传播,最终形成材料的完全或局部分离。崩落按照应力水平分为凝聚型崩落、相变崩落和延性崩落。在凝聚型崩落中,从应力波得到的能量密度足以克服局域材料中的原子束缚能,致使材料原子迁移或崩解而形成的崩落。相变崩落中,应力水平很高,由于整体波速受到运动最慢的分量的限制,速度更快的波和其相互作用,在材料中产生一种非常高而猛烈的拉伸所导致的崩落。延性崩落中,较低应力水平导致材料中产生了延性损伤,损伤作为时间和作用应力的某种函数而增长。当损伤量增大时,即可形成空穴或裂纹,即使难于观察,却可能严重削弱某个性能,因此起始损伤量是非常重要的。

绝热剪切是材料的另一重要的动力学破坏特征,这种特征由于塑性变形时的产热难以即时耗散所致,因此又称为热塑性失稳。绝热剪切带始于形成点,沿塑性滑移面传播,其传播方式与裂纹类同,可以分叉。剪切带的起始点受到材料不均匀性(缺陷、伤痕、几何形状、不均匀构造)和载荷的影响。

4.3.1.2　复合材料的动力学破坏模式

方向性是复合材料层合板强度的显著特点,层合板各个铺层的纤维排列方向不同,可导致各铺层内应力的极大变化,因此,使得最终破坏形态是非常复杂的。

复合材料的动力学破坏形态与载荷作用形态以及材料组分等因素有关,可能产生的破坏形态有:纤维断裂、纤维屈曲、基体开裂、分层、界面脱粘、总体与局部失稳破坏以及整体断裂破坏形态等。在冲击条件下,复合材料层合板的损伤破坏过程大致分为以下 3 个阶段:

(1)复合材料层合板基体均匀开裂,裂纹均限于各单层内,没有层间裂纹的相互作用,这一阶段的能量扩散和材料性能下降迅速。

(2)层内及层间的损伤互相作用,在损伤严重区域造成局部化,基体/纤维界面脱胶、分层。这一阶段中,基体裂纹遇到纤维时,受到增强纤维的桥联作用,材料的刚强度性能下降率减小。

(3)微观裂纹的聚合及其相互作用以及某些主要裂纹穿断纤维并逐步扩展,最终导致复合材料层合板断裂,即所谓的"突然死亡"行为。

4.3.2 结构材料破坏的常用工程判据

工程中常见的金属材料破坏准则大致有以下 7 种[10]。

1. 恒等效应变破坏判据(Constant Equivalent Strains Criterion)

该准则假设当等效塑性应变 $\bar{\varepsilon}$ 达到临界值 $\bar{\varepsilon}_f$ 时,材料微元发生断裂,判据表示为

$$\bar{\varepsilon}_{eq} = \bar{\varepsilon}_f \tag{4.41}$$

对于主应变空间,$\bar{\varepsilon}_{eq}$ 定义为

$$\bar{\varepsilon}_{eq} = \sqrt{\frac{2}{3}} \cdot \sqrt{\varepsilon_1^2 + \varepsilon_2^2 + \varepsilon_3^2} \tag{4.42}$$

式中,ε_i 为主应变分量。

这个判据适用于各种应力状态,该准则中的临界值 $\bar{\varepsilon}_f$ 可通过试验得到。如采用凹槽试样进行横向平面应变试验(应力三轴度参数 $\eta = 1/\sqrt{3}$),采用 V 形缺口试样进行纯剪切试验(应力三轴度参数 $\eta = 0$)。

2. 最大剪应力判据(Maximum Shear Stress Criterion)

许多研究证据表明,延性断裂往往在最大剪应力平面上发生,可表示为

$$\tau_{max} = (\tau_{max})_f \tag{4.43}$$

其中

$$\tau_{max} = \max\left\{\frac{\sigma_1 - \sigma_2}{2}, \frac{\sigma_2 - \sigma_3}{2}, \frac{\sigma_3 - \sigma_1}{2}\right\} \tag{4.44}$$

式中,σ_i 为主应力分量,其中 $\sigma_1 > \sigma_2 > \sigma_3$。

该准则中的最大剪应力 $(\tau_{max})_f$ 可采用平滑槽试样的横向平面应变试验和 V 形缺口试样的纯剪切试验来确定。

3. 薛-威尔兹贝克判据(Xue - Wierzbicki Criterion)

Xue - Weizbicki 判据认为:累计等效塑性应变与包含应力三轴度参数 η 和应力张量偏量参数 ξ 的函数的比值等于 1 时,断裂即发生。可以表示为

$$\int_0^{\bar{\varepsilon}_f} \frac{d\bar{\varepsilon}}{F(\eta, \xi)} = 1 \tag{4.45}$$

其中,应力三轴度参数 η 可以表示为

$$\eta = \sigma_m / \bar{\sigma} \tag{4.46}$$

式中,σ_m 为平均应力,定义为

$$\sigma_m = \frac{1}{3}(\sigma_1 + \sigma_2 + \sigma_3) \tag{4.47}$$

$\bar{\sigma}$ 为等效应力,定义为

$$\bar{\sigma} = \frac{1}{\sqrt{2}}\sqrt{(\sigma_1 - \sigma_2)^2 + (\sigma_1 - \sigma_3)^2 + (\sigma_2 - \sigma_3)^2} \tag{4.48}$$

应力张量偏量参数表示为

$$\xi = \frac{27}{2}\frac{J_3}{\bar{\sigma}^3} \tag{4.49}$$

式中,J_3 是应力张量偏量的第三不变量,即

$$J_3 = s_1 s_2 s_3 \tag{4.50}$$

其中,s_i 为主偏应力分量,定义为

$$s_i = \sigma_i - \sigma_m \tag{4.51}$$

由于参数 η 和 ξ 在加载过程中是变化的,使用中可使用平均值 η_{av} 和 ξ_{av} 取代 η 和 ξ 函数,即

$$\eta_{av} = \frac{1}{\varepsilon_f}\int_0^{\bar{\varepsilon}_f} \eta(\bar{\varepsilon})\,d\bar{\varepsilon} \tag{4.52}$$

$$\xi_{av} = \frac{1}{\varepsilon_f}\int_0^{\bar{\varepsilon}_f} \xi(\bar{\varepsilon})\,d\bar{\varepsilon} \tag{4.53}$$

关于三轴度与等效断裂应变的关系可表示为

$$\bar{\varepsilon}_f = F(\eta, \xi) = C_1 e^{-C_2\eta} - (C_1 e^{-C_2\eta} - C_3 e^{-C_4\eta})(1 - \xi^{1/n})^n \tag{4.54}$$

式中,有 4 个参数 C_1,C_2,C_3 和 C_4 需要确定。其中,C_2 和 C_4 是与材料硬化指数 n 有关的常数。采用有大缺口的圆棒和有小缺口的圆棒试样进行试验,可以得到 C_1 和 C_2 值;采用 V 形缺口试样的纯剪切试验和平滑槽试样的横向平面应变试验,可以得到 C_3 和 C_4。

4. 威尔金斯判据(Wilkins Criterion)

Wilkins 判据认为,下列积分定义超过某一临界值 D_c 时,材料微元 R_c 发生破坏,表达式为

$$D_c = \int_0^{\bar{\varepsilon}_f} \frac{1}{(1 - \alpha\sigma_m)^{\lambda}} \cdot (2 - A)^{\mu}\,d\bar{\varepsilon} \tag{4.55}$$

式中,α,λ 和 μ 为材料参数;σ_m 为平均压力;$A = \max\left(\frac{s_2}{s_1}, \frac{s_2}{s_3}\right)$。

D_c 和 R_c 值可以通过标准材料试验获得。模型中 4 个参数 α,λ,μ 和 D_c 通过光滑圆棒、大缺口圆棒、小缺口圆棒和 V 形缺口试样的纯剪切试验来确定。

对于轴对称试验,变量 $A = 1$,等式(4.55)可以简化为

$$\varepsilon_f = D_c(1 - a\bar{\sigma}\eta)^{\lambda} \tag{4.56}$$

对于纯剪切试验,$\sigma_m = 0$,$A = 0$,且在极限状态下,等式(4.55)可以简化为

$$\varepsilon_f = D_c/2\mu \tag{4.57}$$

将测得的试验数据分别带入式(4.56)和式(4.57),得到 4 个非线性代数方程。首先由 3 个方程解出 α,λ 和 D_c,再由第 4 个方程得到参数 μ。

5. 科拉奇判据(CRACH Criterion)

此判据适用于延性断裂破坏,分为空穴生长所致的汇聚断裂和剪切失效模式两种。

对应空穴成长所致的断裂模式表达式为

$$\bar{\varepsilon}_f^{ductile} = d_0 e^{(-3\eta)} + d_1 e^{(3\eta)} \tag{4.58}$$

式中，c，d_0 和 d_1 为材料参数。

对应剪切失效模式表达式为

$$\bar{\varepsilon}_f{}^{shear} = d_2 e^{(-f\theta)} + d_3 e^{(f\theta)} \tag{4.59}$$

其中

$$\theta = \frac{\bar{\sigma}}{\tau_{max}}(1 - 3k_s\eta) \tag{4.60}$$

式中，k_s，f，d_2 和 d_3 为材料参数。

式(4.58)和式(4.59)可以分开求解。式(4.58)中参数 $\{c, d_0, d_1\}$ 表示韧性断裂，采用 V 形缺口试样、小缺口圆棒和平滑槽试样进行试验来确定，得到的试验值带入式(4.58)中，求解一系列的非线性代数方程，可得到 c，d_0 和 d_1 值。选用平滑槽试样和狗骨状试样进行试验，通过求解一系列的代数方程，得到式(4.59)参数的解 d_2，d_3 和 f。参数 θ 的值可以由等式(4.60)和预先确定的 k_s 的值计算得出。

6. 库克罗伏特-兰姆判据(Cockcroft - Latham Criterion)

前面 5 个判据可适用于应力三轴度很宽的范围，而 Cockcroft - Latham 模型适用于小或者负的应力三轴度范围。Cockcroft - Latham 判据假设当累计等效应变达到临界值时，断裂发生。表达式为

$$\int_0^{\bar{\varepsilon}_f} \sigma_1 d\bar{\varepsilon} = C \tag{4.61}$$

式中，C 为待定参数。

平面应力试验中，$\bar{\varepsilon}_f = \varepsilon_{1f} + \frac{1}{2}\varepsilon_{2f} = C_8$（$C_8$ 为八面体上的剪切断裂应变）等同于 Cockcroft - Latham 断裂准则的另一形式，即

$$\int_0^{\bar{\varepsilon}_f} \frac{\sigma_\theta}{\bar{\sigma}} d\bar{\varepsilon} = \frac{4}{3}C_8 \tag{4.62}$$

式中，σ_θ 表示圆棒中央位置的应力。

利用平面应力屈服条件和相关联流动法则，结合等式 $\varepsilon_{1f} + \frac{1}{2}\varepsilon_{2f} = C_8$，可进一步转化为空间的等效塑性应变和三轴应力，即

$$\bar{\varepsilon}_f = \frac{C_8}{\sqrt{3}} \frac{3\eta + \sqrt{12 - 27\eta^2}}{2(1 + \eta\sqrt{12 - 27\eta^2})} \tag{4.63}$$

以直径高度比为 $d_0/h_0 = 1.0$ 的圆柱状试样进行试验，得到相应的 $\bar{\varepsilon}_f$ 和 η 值，代入式(4.63)中，可以得到 C_8 值。

7. 延性金属材料的一般动力学破坏判据

前述的 6 种金属材料破坏判据并不显含动强度特征，这对于一些应变率及温度敏感的材料并不适用。下面给出常用来表达延性材料率敏感的动强度破坏判据，其形式为

$$D = \int_0^{\varepsilon_C} \frac{d\varepsilon_p}{\varepsilon_f\left(\frac{\sigma_m}{\sigma_{eq}}, \dot{\varepsilon}_p, T\right)} \tag{4.64}$$

式中，σ_m/σ_{eq} 即为应力三轴度，反映了静水压力对材料破坏的影响作用。

实际上，式(4.64)的积分型判据代表着一类归一化等效塑性应变的破坏准则（即 $D = 1$ 时材料质点发生破坏），其中被积函数的分母表示复杂动力学状态下材料质点的等效断裂应变。

由上式等效断裂应变的含盖因素可知,静水压力、塑性应变率以及产热反映了动力学破坏的基本特征,这也隐含着时间与空间上的动态特性。

与 Johson - Cook 动力学本构模型(见 4.2 节)配套应用的等效断裂应变可表达为

$$\varepsilon_f = \left[D_1 + D_2 \exp\left(D_3 \frac{\sigma_m}{\sigma_{eq}} \right) \right] \left(1 + D_4 \log \frac{\dot{\varepsilon}_p}{\dot{\varepsilon}_0} \right) \left(1 + D_5 \frac{T - T_0}{T_{melt} - T_0} \right) \tag{4.65}$$

式中的各物理量含义可参见式(4.20)的注释;D_1,D_2,D_3,D_4 及 D_5 为材料常数,对 2024 - T351,这些常数的取值见表 4 - 14。

表 4 - 14　2024 - T351 材料动力学破坏的性能常数

D_1	D_2	D_3	D_4	D_5
0.13	0.13	1.5	0.011	0.0

式(4.65)表示三个力学因素是独立作用的。当不考虑应变率及温度的效应时,对式(4.65)关于应力三轴度在零点附近的泰勒展开,可得

$$\varepsilon_f = (D_1 + D_2) - D_2 D_3 \frac{p}{\sigma_{eq}} \tag{4.66}$$

式中,p 为静水压力,即平均应力 σ_m 的负值。显然式(4.66)可视为静力学条件下的一种等效断裂应变。

4.3.3　复合材料破坏的工程判据

复合材料单向板主要有沿铺层主方向(即纤维方向)的拉伸强度 X_t 和压缩强度 X_c、垂直于铺层主方向的拉伸强度 Y_t 和压缩强度 Y_c 以及平面内剪切强度 S 等 5 个强度指标。确定复杂应力状态下复合材料破坏的技术准则主要有两种分析途径,即宏观强度理论和细观强度理论。宏观强度准则直接由匀质各向同性材料强度准则推广得到,寻求一个以单向应力强度为参数的准则方程,来表达材料在任意应力状态下的强度破坏。由于不涉及材料具体的破坏形式和机理,又称为唯象强度准则。细观强度准则的建立,是以材料细观层次(即基体、纤维和界面)的破坏形式和机理为基础,建立一个以细观组分性能为参数的强度准则。

4.3.3.1　复合材料破坏的宏观强度判据

国内外对于复合材料层合板强度准则的研究已经进行了相当长的时间,提出了 40 余种用不同数学形式表示的强度准则方程。这些强度准则可以归为 3 类,即最大应力准则、最大应变准则和应力二次方程(应变能)准则。

1. 最大应力判据

复合材料单向板的最大应力判据可表示为

$$\left. \begin{array}{l} \left\{ \begin{array}{l} \sigma_1 = X_t \ (\sigma_1 > 0) \\ |\sigma_1| = X_c \ (\sigma_1 < 0) \end{array} \right. \\ \left\{ \begin{array}{l} \sigma_2 = Y_t \ (\sigma_2 > 0) \\ |\sigma_2| = Y_c \ (\sigma_2 < 0) \end{array} \right. \\ \tau_{12} = S \end{array} \right\} \tag{4.67}$$

式中,X_t 和 X_c 分别为材料主轴 $0°$ 方向上(纤维方向)的拉伸和压缩强度;Y_t 和 Y_c 分别为材料主轴 $90°$ 方向上(纤维横向)的拉伸和压缩强度;S 为纵横剪切强度。

式(4.67)的 5 个方程中,只要一个方程满足,单向板就发生破坏,对应的应力状态即为层板强度。

2. 最大应变判据

复合材料单向板的最大应变判据可以表示为

$$
\left.
\begin{array}{l}
\left\{
\begin{array}{l}
\varepsilon_1 = \varepsilon_{Lt}(\varepsilon_1 > 0) \\
|\varepsilon_1| = \varepsilon_{Lt}(\varepsilon_1 < 0)
\end{array}
\right. \\
\left\{
\begin{array}{l}
\varepsilon_2 = \varepsilon_{Tt}(\varepsilon_2 > 0) \\
|\varepsilon_2| = \varepsilon_{Tc}(\varepsilon_2 < 0)
\end{array}
\right. \\
|\gamma_{12}| = \gamma_S
\end{array}
\right\}
\tag{4.68}
$$

式中,ε_{Lt} 和 ε_{Lc} 分别为材料主轴 $0°$ 方向上(纤维方向)拉伸破坏应变和压缩破坏应变;ε_{Tt} 和 ε_{Tc} 分别为材料主轴 $90°$ 方向上(纤维横向)的拉伸和压缩破坏应变;γ_S 为纵横剪切破坏应变。

由于单向板纵向拉伸、纵向压缩和横向拉伸的应力-应变曲线直至破坏基本上是线性的,式(4.68)可以改写为

$$
\left.
\begin{array}{l}
\left\{
\begin{array}{l}
\sigma_1 - \nu_{LT}\sigma_2 = X_t(\sigma_1 > 0) \\
|\sigma_1 - \nu_{LT}\sigma_2| = X_c(\sigma_1 < 0)
\end{array}
\right. \\
\left\{
\begin{array}{l}
\sigma_2 - \nu_{LT}\sigma_1 = Y_t(\sigma_2 > 0) \\
|\sigma_2 - \nu_{LT}\sigma_1| = Y_c(\sigma_2 < 0)
\end{array}
\right. \\
|\tau_{12}| = S
\end{array}
\right\}
\tag{4.69}
$$

由于横向压缩应力-应变曲线在压缩压力较大时,有可能成非线性,因此上述两方程有可能不等价。

3. 应力二次方程型判据

在 40 多种强度准则中,绝大多数为这一形式,差异仅在方程常数系数的选取上。这类破坏准则可分成 3 种形式。

(1) 仅含应力的二次项形式:

$$
a_{11}\sigma_1^2 + a_{22}\sigma_2^2 + 2a_{12}\sigma_1\sigma_2 + a_{66}\tau_{12}^2 = 1
\tag{4.70}
$$

著名的 Tsai - Hill 准则就是这种形式,表示为

$$
\frac{\sigma_1^2}{X^2} + \frac{\sigma_2^2}{Y^2} - \frac{\sigma_1\sigma_2}{X^2} + \frac{\tau_{12}^2}{S^2} = 1
\tag{4.71}
$$

(2) 包含应力的二次项及交叉项形式的:

$$
a_1\sigma_1 + a_2\sigma_2 + a_{11}\sigma_1^2 + a_{22}\sigma_2^2 + 2a_{12}\sigma_1\sigma_2 + a_{66}\tau_{12}^2 = 1
\tag{4.72}
$$

如 Tsai - Wu 准则就是这种形式,其各项系数取:

$$
\left.
\begin{array}{l}
a_1 = \dfrac{1}{X_t} - \dfrac{1}{X_c}, \quad a_2 = \dfrac{1}{Y_t} - \dfrac{1}{Y_c} \\[2mm]
a_{11} = \dfrac{1}{X_t X_c}, \quad a_{22} = \dfrac{1}{Y_t Y_c} \\[2mm]
a_{66} = \dfrac{1}{S^2}, \quad a_{12}^2 \leqslant \dfrac{1}{X_t X_c}\dfrac{1}{Y_t Y_c}
\end{array}
\right\}
\tag{4.73}
$$

(3) 包含应力一次项和二次项平方根的形式:

$$
a_1\sigma_1 + a_2\sigma_2 + \sqrt{a_{11}\sigma_1^2 + a_{22}\sigma_2^2 + 2a_{12}\sigma_1\sigma_2 + a_{66}\tau_{12}^2} = 1
\tag{4.74}
$$

4.3.3.2　复合材料破坏的细观强度判据

到目前为止,国内外研究人员提出了许多破坏准则。比较常用的面内失效准则有 Hashin 准则、Hou 失效准则、Chang-Chang 准则、Shahid-Chang 准则等。

1. Hashin 准则

Hashin 准则包括 4 种失效模式,即纤维拉伸破坏、纤维压缩破坏、基体拉伸破坏和基体压缩破坏。

(1) 纤维拉伸破坏($\sigma_{11} > 0$):

$$\left(\frac{\sigma_{11}}{X_T}\right)^2 + \left(\frac{\sigma_{12}}{S_{12}}\right)^2 + \left(\frac{\sigma_{13}}{S_{13}}\right)^2 = 1 \tag{4.75}$$

(2) 纤维压缩破坏($\sigma_{11} < 0$):

$$\left(\frac{\sigma_{11}}{X_c}\right)^2 = 1 \tag{4.76}$$

(3) 基体拉伸破坏($\sigma_{22} + \sigma_{33} > 0$):

$$\left(\frac{\sigma_{22} + \sigma_{33}}{Y_T}\right)^2 + \frac{(\sigma_{23}^2 - \sigma_{22}\sigma_{33})}{S_{23}^2} + \left(\frac{\sigma_{12}}{S_{12}}\right)^2 + \left(\frac{\sigma_{13}}{S_{13}}\right)^2 = 1 \tag{4.77}$$

(4) 基体压缩破坏($\sigma_{22} + \sigma_{33} < 0$):

$$\frac{\sigma_{22} + \sigma_{33}}{Y_c}\left[\left(\frac{Y_c}{2S_{23}}\right)^2 - 1\right] + \frac{(\sigma_{22} + \sigma_{33})^2}{4S_{23}^2} + \frac{\sigma_{23}^2 - \sigma_{22}\sigma_{33}}{4S_{23}^2} + \left(\frac{\sigma_{12}}{S_{12}}\right)^2 + \left(\frac{\sigma_{13}}{S_{13}}\right)^2 = 1 \tag{4.78}$$

式中,下标1,2,3分别表示坐标方向,其中1为纤维方向,2为层和板面内垂直于纤维方向的方向,3为层合板铺层叠加的厚度方向;X_T 为 1 向拉伸强度,X_c 为 1 向压缩强度,Y_T 为 2 向拉伸强度,Y_c 为 2 向压缩强度,S_{ij} 为相应面内的剪切强度。

2. Hou 失效准则

(1) 基体开裂($\sigma_{22} \geqslant 0$):

$$e_m^2 = \left(\frac{\sigma_{22}}{Y_T}\right)^2 + \left(\frac{\sigma_{12}}{S_{12}}\right)^2 + \left(\frac{\sigma_{23}}{S_{m23}}\right)^2 = 1 \tag{4.79}$$

(2) 基体挤压破坏($\sigma_{22} \leqslant 0$):

$$e_d^2 = \frac{1}{4}\left(\frac{-\sigma_{22}}{Y_T}\right)^2 + \frac{Y_c^2 \sigma_{22}}{4S_{12}^2 Y_c} - \frac{\sigma_{22}}{Y_c} + \left(\frac{\sigma_{12}}{S_{12}}\right)^2 = 1 \tag{4.80}$$

(3) 纤维断裂:

$$e_f^2 = \left(\frac{\sigma_{11}}{X_T}\right)^2 + \left(\frac{\sigma_{12}^2 + \sigma_{13}^2}{S_f^2}\right) = 1 \tag{4.81}$$

(4) 分层($\sigma_{33} \geqslant 0$):

$$e_l^2 = \left(\frac{\sigma_{33}}{Z_T}\right)^2 + \left(\frac{\sigma_{23}}{S_{123}}\right)^2 + \left(\frac{\sigma_{31}}{S_{31}}\right)^2 = 1 \tag{4.82}$$

式中,S_{m23} 为 2 向与 3 向基体开裂的剪切强度;S_f 为考虑纤维失效的剪切强度;Z_T 为 3 向拉伸强度;S_{l23} 为 2 向与 3 向分层的剪切强度。

3. Chang-Chang 准则

(1) 基体开裂:

$$\left(\frac{\sigma_2}{Y_T}\right)^2 + \frac{\dfrac{\sigma_{12}^2}{2G_{12}} + \dfrac{3}{4}\alpha\sigma_{12}^4}{\dfrac{S_c^2}{2G_{12}} + \dfrac{3}{4}\alpha S_c^4} = 1 \tag{4.83}$$

（2）基-纤剪切失效和纤维断裂：

$$\left(\frac{\sigma_1}{X_T}\right)^2 + \frac{\dfrac{\sigma_{12}^2}{2G_{12}} + \dfrac{3}{4}\alpha\,\sigma_{12}^4}{\dfrac{S_c^2}{2G_{12}} + \dfrac{3}{4}\alpha S_c^4} = 1 \tag{4.84}$$

式中，G_{12} 为剪切模量；α 为剪切非线性系数；S_c 为从和当前层等厚度且与之交叉层测得的剪切强度。

4. Shahid – Chang 准则

（1）基体开裂：

$$\left[\frac{\bar{\sigma}_{22}}{Y_T(\phi)}\right]^2 + \left[\frac{\bar{\sigma}_{12}}{S(\phi)}\right]^2 = 1 \tag{4.85}$$

（2）基－纤剪切：

$$\left(\frac{\bar{\sigma}_{11}}{X_T}\right)^2 + \left[\frac{\bar{\sigma}_{12}}{S(\phi)}\right]^2 = 1 \tag{4.86}$$

（3）纤维断裂：

$$\left(\frac{\bar{\sigma}_{11}}{X_T}\right) = 1 \tag{4.87}$$

式中，$\bar{\sigma}_{ij}$ 为相应方向的等效应力；$Y_T(\phi)$ 为 2 向的等效拉伸强度；$S(\phi)$ 为等效剪切强度。

参 考 文 献

［1］ 白金泽. 基于神经网络方法的鸟撞飞机风挡反问题研究［M］. 西安：西北工业大学，2003.

［2］ 李裕春，时党勇，赵远. LS－DYNA 基础理论与工程实践［M］. 北京：中国水利水电出版社，2006.

［3］ Marc A M. 材料的动力学行为［M］. 张庆明，刘彦，黄风雷，译. 北京：国防工业出版社，2006.

［4］ 郭伟国，李玉龙，索涛. 应力波基础简明教程［M］. 西安：西北工业大学出版社，2007.

［5］ 王富生，李立州，王新军. 鸟体材料参数的一种反演方法［J］. 航空学报，2007，28（2）：344 – 347.

［6］ 郭伟国. BCC 金属的塑性流动行为及其本构关系研究［M］. 西安：西北工业大学，2007.

［7］ SNemat – Nasser，Li Y L. Flow stress of fcc polycrystals with application to OFHC Cu［J］. Acta Materialia，1998，46：565 – 577.

［8］ 程小全，寇长河，郦正能. 复台材科蜂窝央芯板低速冲击损伤研究［J］. 复合材料学报，1998，15(3)：124 – 128.

［9］ 王斌，何德坪，舒光翼. 剖面 Al 合金的压缩性能及其能力吸收［J］. 金属学报，2000，36：1037 – 1040.

［10］ Wierzbicki T，Bao Y B，Lee Y W，et al. Calibration and evaluation of seven fracture models［J］. International Journal of Mechanical Sciences，2005(47)：719 – 743.

第五章　典型吸能结构形式及其设计与分析

　　飞机在飞行过程中迎风面容易受到鸟体撞击,例如发动机、雷达罩、风挡、机翼前缘、尾翼等。这些结构中常设有油路系统等重要设施,一旦遭到破坏,飞机的安全性能就得不到保障。因此,这些部件在满足空气动力学设计要求外,还必须满足抗鸟撞强度要求。本章首先介绍吸能构件的一般性设计要求,并针对机翼前缘典型吸能结构形式、风挡夹层玻璃的吸能结构型式、风挡龙骨的结构构型以及飞机结构常用的夹芯板构型,运用数值计算及软体撞击试验方法分别讨论其结构吸能特性,还通过软体撞击模拟试验验证数值建模与分析方法的正确性。

5.1　吸能构件的一般性设计要求

　　所谓能量吸收是指在碰撞事件中,吸能元件或结构经塑性变形(金属材料)或脆性断裂(复合材料)等变形和破坏形式耗散冲击能量的过程。能量吸收结构的设计与分析和传统结构的设计与分析大不相同,其目的是要以可控的方式或者以预定的速率耗散冲击动能。为了达到这个目的,在设计中应遵循以下基本原则。

　　(1)通过恰当的材料选择和结构构型设计,通过结构的塑性变形或其他机制耗散能量,以避免对设施和乘员造成严重的伤害。

　　(2)吸能结构在大变形过程中,不但应当提供足够的能量吸收能力,而且在碰撞时吸能结构传递给支撑结构的峰值能量应当保持低于引起损伤的阈值,避免过高的尖锐峰值,以保证乘员和整体结构的安全。

　　(3)当已知撞击物的初始动能时,撞击力 F 作用的时间越长,所要求的制动力就越柔和,结构受到的损伤就越小。这是减少碰撞损伤或破坏所需要遵从的一个原则。

　　(4)吸能结构的变形模式应可重复,以确保结构在复杂工作条件下的可靠性。

　　(5)能量吸收元件本身应当质量轻,具有高的比吸能,这对于飞机结构非常重要。

　　(6)低成本。

5.2　典型吸能结构构型及其能量吸收特性

5.2.1　典型金属机翼前缘的吸能结构构型

　　飞机机翼前缘是发生鸟撞概率较大的部位,传统上增加蒙皮厚度的方法不宜用于满足结构的抗鸟撞要求。单纯增加蒙皮厚度,结构重量提高;而遇到高速撞击时,并不能有效保护结构(如前梁)的安全。机翼前缘内的吸能结构型式在保证结构重量变化不大的情况下,可采用以下几种吸能方案。

1.单斜板式能量吸收原理

单斜板安装于两翼肋间,通过其支持作用,可以提高整体构件的刚度和稳定性,如图 5-1 所示。当鸟撞速度较低时,斜板可通过对两翼肋的支持,间接阻止蒙皮产生较大变形。当前缘遇到大能量撞击时,一旦蒙皮被击穿,则鸟体撞击到斜板上。当斜板的安装角度适当时,鸟体与斜板撞击的同时,会沿着斜板摩擦滑动,能量被逐渐耗散掉。同时,斜板也保护了梁腹板,防止鸟体对梁腹板等后部结构与管路造成损伤。

2.双斜板式能量吸收原理

双斜板的吸能结构形式如图 5-2 所示。双斜板可以提高整体前缘结构的刚度和稳定性。斜板可支撑蒙皮,阻止蒙皮有较大的位移变形。在低速撞击时,斜板不起作用,仅靠蒙皮抵抗外来撞击。遇到高速撞击时,一旦蒙皮被撞破,鸟体碰到斜板;若正撞,则鸟体被撕成两半,沿着斜板滑移,能量被分散;若撞击点偏上或偏下,鸟体仍然被板阻止沿板滑动能量被耗散,防止其撞到主翼盒的前梁。需要说明的是若斜板的安装角度不同,其吸能特性也不尽相同。

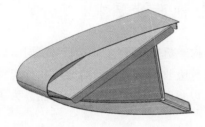 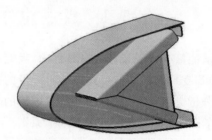

图 5-1　单斜板结构模型　　　　　　图 5-2　双斜板结构模型

3.波纹板式能量吸收原理

波纹板的吸能结构形式如图 5-3 所示。波纹板的波弓结构可以提高蒙皮的刚度和稳定性,随着撞击速度的增加,波纹板的波纹打开,变形逐渐加大,使得载荷可以在一个相对较长的接触时间内耗散,其撞击力峰值会随之降低,因此可吸收大部分的能量。

波纹板结构在鸟撞击中起的作用因撞击速度不同而有所差异。当鸟体速度较低时,波纹板可以使蒙皮的刚度增大,因此不会产生较大的凹坑变形;而当鸟体速度比较高时,波纹板可以通过波纹的展开变形吸收一部分能量,同时使结构的刚度降低,柔性增加,从而具有比简单蒙皮更好的吸能效果。

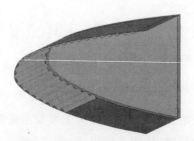

图 5-3　波纹结构的前缘结构模型

5.2.2　典型风挡夹层玻璃的吸能结构构型

在鸟撞结构设计中,风挡玻璃是保障飞行员和飞机飞行安全的重要部件,研究风挡玻璃的吸能和抗毁坏能力,是保证飞机安全飞行的重要课题。

夹层玻璃是由多层强度高、刚度大的有机或无机玻璃与弹性好、延伸率大的聚乙烯醇缩丁醛等薄膜(简称 PVB 胶片)材料经特殊工艺复合而成,是一种层内各向同性、层间各向异性的横观各向同(异)性复合材料层合结构,其抗穿透性优于钢化玻璃及退火玻璃,具有单一材料无法替代的功能,通过调整风挡夹层的层数以及玻璃和 PVB 的厚度能够提高结构的抗撞击能力。因此,当飞鸟与风挡结构相撞时,在瞬间产生的数吨甚至数十吨的撞击力,PVB 胶片能够吸收撞击过程中产生的部分能量和冲击波的压力,使玻璃的动应力降低。如果玻璃破坏,夹层玻璃碎片也会被牢牢地黏结在 PVB 胶片上不产生飞溅,并可在一定时间内保持原有的形状,或在短时期内继续使用,避免了因玻璃掉落、飞溅造成的人身伤害或飞行事故及财产损失。

在夹层玻璃内部布上金属丝或在玻璃板的内表面镀上导电薄膜,以便通电使风挡加热,为风挡玻璃除霜化冰,还能够降低空中电磁波辐射,保护飞行员身体健康。研究表明,6 mm 厚的普通平板玻璃对波长 380 nm 的紫外线防御能力为 20%,而同样厚度的夹层玻璃防紫外线的能力达 90% 以上。同时,夹层玻璃中的 PVB 胶片具有对声波的阻挠和吸收作用,可降低飞行噪声,使飞行环境更加舒适。

夹层玻璃具有很多优点,已经在飞机风挡结构上被广泛使用。为了提高夹层玻璃的吸能效果,常用的结构形式由三层玻璃和两层 PVB 胶片(即 3+2)组成(见图 5-4),或由四层玻璃与三层 PVB 胶片(即 4+3)组成,如协和式风挡玻璃经过多次改进后,目前采用镀金薄膜来加热防冰和防雾的结构,能耐 800 km/h 的 4 lb($\approx$3.6 kg)的鸟撞。镀金薄膜使风挡玻璃具有特殊的淡色,但不影响飞行员的视线,反而能防止眼花,并能挡住有害的紫外线和红外线辐射。

A-300 运输机的风挡玻璃由四层平板无机玻璃和三层 PVB 胶片构成,如图 5-5 所示。经试验,该玻璃耐磨性、耐溶剂和耐高温性能均比现烯酸类树脂优越。

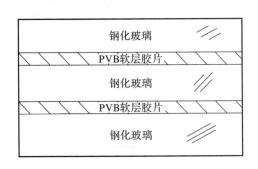

图 5-4　协和号飞机的风挡玻璃结构

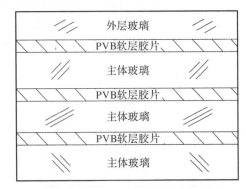

图 5-5　A-300 的风挡玻璃结构

巨型喷气客机 Boeing-747 采用的大型曲面风挡玻璃,整个风挡由两块五边形板组成,风挡组成如图 5-6 所示。为提高内表面的耐磨性和减轻重量,将内层材料改为质量小、硬度高、光畸变小且可以更新的硬涂层后,减掉了一个相关的中间层。

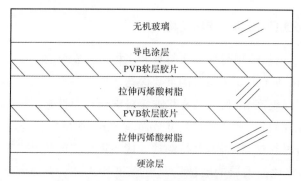

图 5-6 Boeing-747 的风挡玻璃结构

我国自行设计、制造的 ARJ-21 飞机,风挡夹层玻璃结构由三层玻璃和两层 PVB 胶片组成,如图 5-7 所示。

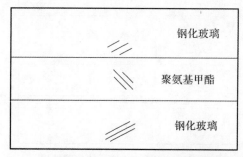
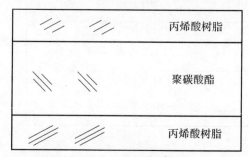

图 5-7 夹层玻璃模型

风挡夹层玻璃结构在现代军用飞机上也得到了很大的应用,如图 5-8 所示是 F-111 的风挡结构形式。它是由两层钢化玻璃和聚氨基甲脂中间层构成的,采用这种结构可以达到较大的临界弯曲压力。同时,风挡也具有较好的光学性能。

F-15 是美国 20 世纪 70 年代研制的多用途歼击机,速度可达声速的 2.3~2.5 倍,其风挡玻璃以丙烯酸树脂为绝热外层和内保护层,以聚碳酸脂为中间结构层,可耐 170℃高温。两者经过热压黏结起来,而不用黏合剂或中间胶层。外层丙烯酸类树脂为聚碳酸脂起热屏作用,使聚碳酸脂能耐 170℃高温而不致吸潮起泡。另外,丙烯酸类树脂较易抛光,如图 5-9 所示。

图 5-8 F-111 的风挡玻璃结构   图 5-9 F-15 风挡玻璃结构

5.2.3 典型风挡龙骨结构构型及其能量吸收特性

飞机风挡及其连接结构的具体形式及特点依据飞机的用途不同而有所不同,但是其主要的结构特点则大同小异。以大型飞机为例,图5-10所示是某型飞机风挡结构的构造,风挡透明件由几块多边形的玻璃构成,各块风挡透明件通过紧固件连接到弧框或龙骨梁上,弧框与透明件之间有一层橡胶密封圈,以保证整机的气密性,弧框再通过螺栓固定于机体上。弧框为铝合金材料,风挡透明件是厚18 mm的多层有机玻璃,近年来随着航空技术的高速发展,先进复合材料在航空设备结构中的应用越来越多,飞机风挡材料逐渐被高强度的复合材料所代替。整个风挡结构沿机身对称轴线呈左右对称。

图5-10 飞机风挡结构的构造模型

对于风挡透明件边缘与非透明件的连接方式大致可以分为硬连接、软连接和半固接三种。硬连接一般是指通过在透明件和非透明件上的相应位置打螺栓孔,用螺栓连接透明件和非透明件,这种连接方式容易造成螺栓孔边缘损伤且在透明件上造成较大的残余应力和装配应力。软连接是指通过硬度较小的材料将玻璃和骨架连接起来的连接方式,例如:用绦丝带或橡胶将透明件和通条钢黏结在一起,然后在通条钢上打螺栓孔与机体骨架连接。该连接方式弥补了硬连接的不足,但对硬度较小的连接材料的强度性能和抗老化要求较高。综合硬连接和软连接的优点,很多设计开始采用了半固接的连接方式。

飞机风挡的抗鸟撞性能是飞机结构设计中的关键力学性能,也是飞机先进技术的标志之一。飞机风挡的鸟撞问题是一个非常复杂的问题,影响飞机风挡的抗鸟撞强度的因素有很多,例如风挡的材料组成、总厚度、结构、主承力层的组成、边部支撑情况、环境温度、冲击角、冲击位置等,对风挡抗鸟撞能力都有影响。另外,鸟撞飞机风挡是发生在毫秒量级的冲击动力学问题,涉及材料动力学和结构动力学,具有瞬时强冲击动载荷、柔性撞击、大变形、高应变率等特点。

5.2.3.1 风挡龙骨结构的典型几何构型

目前大多数运输机风挡骨架材料均为铝合金。图5-11所示为一般固定翼运输机的整个风挡骨架结构;图5-12所示是主龙骨结构,其中主风挡压板和主龙骨经过铆钉连接;图5-13所示为加入边框的风挡框架整体结构。

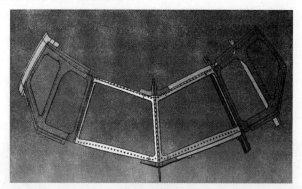

图 5-11　风挡骨架全结构

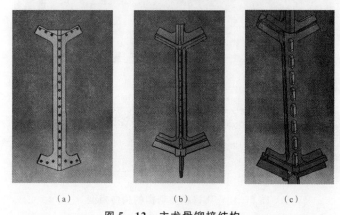

（a）　　　　　　　　　（b）　　　　　　　　　（c）

图 5-12　主龙骨铆接结构

（a）主风挡压板；　（b）主龙骨俯视图；　（c）主龙骨仰视图

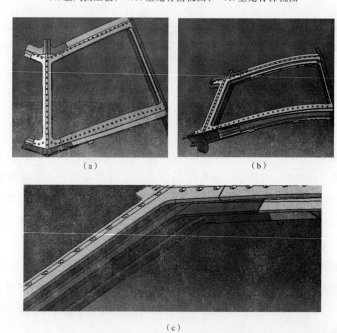

图 5-13　主龙骨整体结构

（a）组合后风挡框架俯视图 ；　（b）组合后风挡框架侧视图；　（c）组合后风挡框架

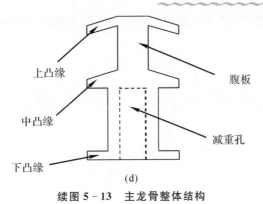

续图 5 - 13 主龙骨整体结构

5.2.3.2 风挡龙骨结构的吸能原理

1. 金属龙骨梁吸能原理

对于金属结构,主要以工字梁结构的抗弯特点来抵抗冲击,吸收冲击能量。当鸟体撞击到工字梁上时,金属工字梁吸收冲击能量来抵抗鸟撞的主要形式就是利用工字梁结构的抗弯性能最大程度地减小冲击造成的影响。在材料方面,主要是通过铝合金自身的变形、弯曲和屈服破坏达到吸收能量的目的。当鸟体撞击到金属工字梁结构上时,铝合金材料首先发生弹性变形,当冲击能量超过材料所能吸收的弹性变形能的极限时,材料过渡到塑性变形阶段来吸收冲击能量,随后铝合金结构可能出现大变形,甚至发生破坏。

2. 三维编织复合材料龙骨梁吸能原理

三维编织复合材料工字梁结构吸收冲击能量的方式主要是纤维断裂、基体压碎和开裂,以及整体变形等。结构上,三维编织复合材料工字梁结构的能量吸收原理与金属工字梁结构的原理一致。材料上,当鸟体撞击工字梁结构时,纤维的变形是吸收冲击能量的主要方式,即鸟体动能逐渐转化为纤维的形变能。随着鸟体撞过程中冲击能量转化的进行,三维编织复合材料工字梁出现破坏,即鸟体的一部分冲击能量转化为纤维和基体的断裂能。

5.2.4 夹芯层板及其吸能特性

5.2.4.1 夹芯层板结构

夹芯层板是一种轻质、性能优异的各向异性复合材料,是飞机结构常用的典型吸能结构元件之一。夹芯层板的主要功能和效果是在不增加结构重量的条件下增加刚度和稳定性。除具有高的比强度和比刚度外,夹芯层板结构的突出优点还在于其优良的能量吸收性能。另外,在减震、隔热、吸声、耐烧蚀、电磁屏蔽等方面,夹芯层板也具有特殊用途。它兼有结构轻、多功能性等优点,已经在飞机结构中得到了广泛地应用。

夹芯层板通常由夹芯层及上、下蒙皮通过焊接或胶接而成,如图 5 - 14 所示,其中面板相当于工字梁的缘条,几乎承担全部正应力。上、下面板的材料可以为铝合金、高强度钢、钛及其他合金,以及复合材料等。夹芯结构的芯子相当于工字梁的腹板,几乎承担全部剪应力。夹芯层板的芯材结构有多种多样的形式,主要有泡沫塑料和泡沫铝芯。例如,用浸渍各种树脂的纸、玻璃布和聚酰胺纸,铝合金、钛合金和不锈钢等材料制造的蜂窝芯材、波纹状芯材、桁架类点阵结构等。显然,夹芯层板具有轻、强、刚、稳 4 个优点。同时,由于面板与芯子采用胶接方式连接,减缓了连接处的应力集中,有利于提高疲劳强度。对于以能量吸收为目的的应用情况,通常采用金属面板的夹层板结构,通过自身的大变形来耗散冲击能量,这时芯材对层板的行为起着关键作用。

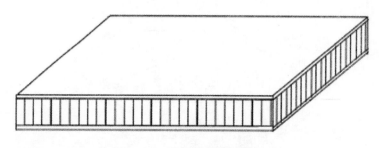

图 5-14　典型蜂窝夹芯层板

5.2.4.2　芯材及其吸能特性

芯材按几何构型可分为蜂窝、泡沫、以及各种点阵结构。蜂窝是具有棱柱形的多边形空穴规则排列的一种结构,它是一种轻质、高强、各向异性的材料。泡沫材料是三维空间多面体填充的一种结构材料。其中,泡沫金属具有孔隙率高、密度小和比表面积大等特征。点阵结构是由结点和结点间的连接杆件组成的周期结构材料,图 5-15 给出了三种点阵结构。它的特点是其微观构型为三维网架体系,网架中的空隙没有用来承载的填充物。这样的设计减轻了质量,提高了比刚度和比强度,在同等质量下点阵材料比无序微结构金属泡沫具有更好的力学性能。对某些飞机结构,也可见图 5-16 所示的波纹夹芯板。目前,在飞机结构上应用较为广泛的为六边形蜂窝夹芯结构及泡沫夹芯层结构。下面分别讨论这些夹芯层结构的能量吸收性能。

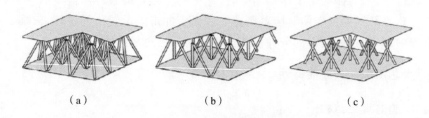

（a）　　　　　　　　　（b）　　　　　　　　　（c）

图 5-15　三种点阵结构的夹层板
(a)锥形; (b)四方体形; (c)双层 Kagome'点阵

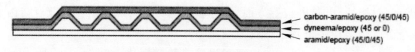

图 5-16　波纹夹芯板

1.蜂窝材料

常用的蜂窝材料有金属蜂窝和非金属蜂窝。金属蜂窝通常用 $0.02 \sim 0.1$ mm 厚的铝合金箔制造,最常用的厚度为 0.03 mm,0.04 mm,0.05 mm。非金属蜂窝常用的材料有纸、玻璃布、塑料和陶瓷等,其中纸蜂窝应用较多。NH-1 型高性能芳纶纸(Nomex)蜂窝是采用聚间苯二甲胺纤维制成的仿生型蜂窝芯材。它与复合材料蒙皮制成的夹层结构在保持刚性的前提下,大大减少了结构的质量,是目前国内外飞机及雷达罩夹层结构使用最多的夹芯材料。目前可供应的蜂窝孔格边长与密度及规格见表5-1。

表5-1 蜂窝孔格边长与密度

孔格边长 mm	密度 kg·m⁻³	孔格边长 mm	密度 kg·m⁻³
1.83	29,48,56,64,80,96,128,144	3.67	24,32,48,64
2.75	32,48,56,64,72	4.5	48,56
3.0	48,56,64	5.5	24,32,48
3.5	32,50,56		

通常,蜂窝的胞元包括以下几种构型:①正方形胞元;②三角形胞元;③六边形胞元;④混合胞元;⑤Kagome 胞元;⑥矩形胞元;⑦菱形胞元。各种结构的构型如图5-17所示。蜂窝材料由于其规则的几何构形,其形变及性能可在不同程度上通过理论分析方法得到,也可通过宏-细观的有限元分析得到。

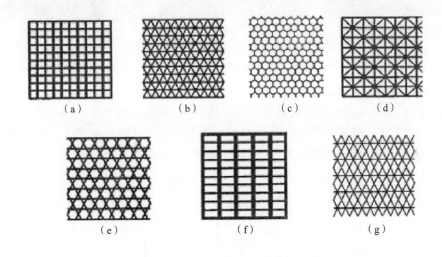

图5-17 二维点阵结构示意图

(a)正方形胞元; (b)三角形胞元; (c)六边形胞元; (d)混合胞元; (e)Kagome 胞元; (f)矩形胞元; (g)菱形胞元

蜂窝结构在面内与面外的性能有所不同。弹塑性蜂窝材料在面内压缩时,首先孔壁会出现弯曲,产生小变形范围内的线弹性形变。超出屈服应力后,空穴开始坍塌。在此阶段,应力成近乎恒定的平台。最终,当处于高应变时,空穴充分坍塌以致相邻孔壁发生接触,导致应力-应变曲线陡然上升,出现致密化。在变形过程中,典型的应力-应变曲线如图5-18所示,蜂窝材料面内变形机制如图5-19所示。蜂窝芯材吸收的能量可以由压缩变形到某一应变下,曲线下的面积得到,即

$$w = \int F \mathrm{d}u \tag{5.1}$$

其中,F 为支反力。

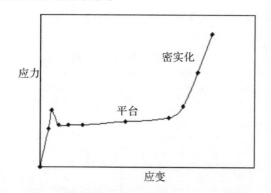

图 5-18　蜂窝材料典型的应力-应变曲线

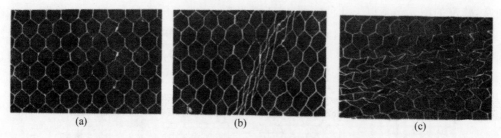

图 5-19　弹塑性蜂窝材料的共面变形机制

（a)未变形的蜂窝铝；　（b)在 x_1 方向上压缩加载的孔壁塑性屈服；　（c)在 x_2 方向上压缩加载的孔壁塑性屈服

对蜂窝材料面外压缩时，产生类似于面内加载的应力-应变曲线，但对应的变形机制却有所不同。此时，孔壁受沿六边形柱面轴线的压缩或拉伸，其模量远大于面内的模量；塑性坍塌平台应力也相应变大。蜂窝材料的面外压缩变形如图 5-19 所示。从图 5-19 不能看出，图 5-20示出了线弹性区、坍塌区和压实区，以及应力-应变曲线随 t/l 而变化的方式。

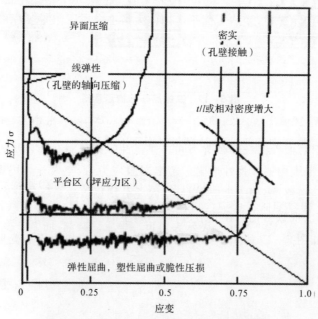

图 5-20　蜂窝材料的轴向（x_3)加载示意图

2.泡沫材料

常见的泡沫材料有开孔和闭孔两种形式。开孔泡沫材料与蜂窝的表现和性能非常相似；闭孔泡沫由于本身结构较为复杂，且有限元模型的建立比较困难，因此常用等效的均匀化处理方法来研究。

泡沫材料多数情况都是受压缩载荷。弹塑性泡沫材料被静态压缩时，典型的应力-应变曲线如图 5-21 所示。影响泡沫材料性能的因素有：基体的性能、相对密度、孔结构类型（开孔或闭孔）、孔结构的均匀性、孔径大小、孔的形状、孔结构的各向异性性、孔壁的连接性以及缺陷（如孔壁的不完整性）等。

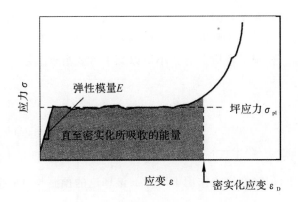

图 5-21 泡沫材料的压缩性能曲线示意图

一般来说，泡沫材料的变形过程可以分为三个阶段：弹性段、屈服段及致密段。当应变较小时，应力应变曲线呈线弹性关系，然后出现一个平台，这时随着应变增大应力几乎保持不变；最后随着胞壁被挤压在一起，材料被压实，应力又迅速增大。在动态压缩试验中，应力-应变响应曲线与准静态压缩条件下的响应曲线类似，均经过以上三个阶段，但也有着与准静态环境下不同的特征行为，即动态条件下的屈服应力比静态条件下的要高，并随着应变率的增加而增加，并且动态条件下的平台区长度稍短。泡沫材料的压缩应力-应变响应曲线上出现较长的塑性变形段，这表明泡沫材料在被压缩过程中能够在保持相对稳定的应力下吸收大量的能量，其吸能性大小可用单位体积或单位质量的泡沫材料被压缩到致密段的过程中所吸收的能量来表示。

线弹性性能可由一组模量来表示。对开孔泡沫材料，杨氏模量 E、剪切模量 G 和泊松比 ν 与密度的关系分别为

$$\left. \begin{array}{l} \dfrac{E^*}{E_{\mathrm{s}}} \approx \left(\dfrac{\rho^*}{\rho_{\mathrm{s}}}\right)^2 \\[2mm] \dfrac{G^*}{E_{\mathrm{s}}} \approx \dfrac{3}{8}\left(\dfrac{\rho^*}{\rho_{\mathrm{s}}}\right)^2 \\[2mm] \nu^* \approx \dfrac{1}{3} \end{array} \right\} \tag{5.2}$$

式中，E_{s} 为孔壁材料的弹性模量。对多种泡沫材料来说，当取 $C_1=1, C_2=3/8, C_3=0.33$ 时，以上公式预报的杨氏模量、剪切模量与试验数据具有良好的一致性的比较；但泊松比的预报与试验数据具有较大的分散性。

对闭孔泡沫材料，由于变形机制的不同，模量以不同的方式依赖于密度。分别分析不同机理的贡献，可得

$$
\left.\begin{array}{l}
\dfrac{E^*}{E_s} \approx \phi^2 \left(\dfrac{\rho^*}{\rho_s}\right)^2 + (1-\phi)\dfrac{\rho^*}{\rho_s} + \dfrac{\rho_0(1-2\nu^*)}{E_s(1-\rho^*/\rho_s)} \\[3mm]
\dfrac{G^*}{E_s} \approx \dfrac{3}{8}\left[\phi^2\left(\dfrac{\rho^*}{\rho_s}\right)^2 + (1-\phi)\dfrac{\rho^*}{\rho_s}\right] \\[3mm]
\nu^* \approx \dfrac{1}{3}
\end{array}\right\}
\tag{5.3}
$$

对飞机结构常用的弹塑性金属材料，当超过弹性区域时，会发生塑性坍塌，在应力-应变曲线上会出现一个长的平台。对开孔泡沫，应力-应变曲线中的平台应力主要对应于孔棱的弯曲屈服；对闭孔泡沫，平台应力的大小除取决于孔棱的塑性弯曲外，还来自于孔壁的塑性延伸及孔穴内气体压力的贡献。屈服平台应力的大小可以如下方式近似表示。

（1）对开孔泡沫，有

$$
\left.\begin{array}{l}
\dfrac{\sigma_{pl}^*}{\sigma_{ys}} \approx 0.3\left(\dfrac{\rho^*}{\rho_s}\right)^{3/2} \\[3mm]
\dfrac{\sigma_{pl}^*}{\sigma_{ys}} \approx 0.23\left(\dfrac{\rho^*}{\rho_s}\right)^{3/2}\left[1+\left(\dfrac{\rho^*}{\rho_s}\right)^{1/2}\right] \quad\text{（含密度修正）}
\end{array}\right\}
\tag{5.4}
$$

式(5.4)含密度修正，但密度修正作用不明显。该理论的预测与试验值比较的一致性已得到证实。

（2）对闭孔泡沫，有

$$
\dfrac{\sigma_{pl}^*}{\sigma_{ys}} \approx 0.3\left(\phi\dfrac{\rho^*}{\rho_s}\right)^{3/2} + 0.4(1-\phi)\dfrac{\rho^*}{\rho_s} + \dfrac{p_0-p_{at}}{\sigma_{ys}}
\tag{5.5}
$$

此式包含了膜应力和气体压力的贡献。

在压缩过程中的塑性应变会导致孔壁压在一起，使得应力-应变曲线陡然上升，直到密实化应变 ε_D。密实化应变可表示为

$$
\varepsilon_D = 1 - 1.4\,\dfrac{\rho^*}{\rho}
\tag{5.6}
$$

由于多数情况下泡沫材料应用于冲击环境下，因此研究这类低阻抗泡沫介质的动态力学性能，讨论它们的应变率效应是设计部门十分关注的问题。研究结果表明，尽管泡沫材料的基体各不相同，有应变率敏感材料（如聚氨酯或纯铝），也有应变率不敏感材料（如铝合金），但泡沫材料被证明是率相关材料，即相对于准静态情况，泡沫材料的压垮应力和屈服平台应力都有明显地提高。泡沫铝合金材料就是一种应变率敏感材料，其应变率敏感性如图 5-22 所示。这种敏感性主要是由于泡孔结构的变形特性产生的，泡沫材料变形的局部化、微观惯性和致密性导致压垮应力明显提高。基体材料的应变率效应及泡孔的形状大小并不能对泡沫材料应变率的敏感性起主导作用。

除蜂窝材料、泡沫材料外，夹芯板的芯材也可采用各种波纹板，如锯齿波纹板和正弦波纹板。锯齿波纹板的构型参数有波长 λ、波幅 h（夹芯厚度）、平台长 a 及板厚 t，如图 5-23(a) 所示；正弦波纹板的构型参数有波长 λ、波幅 h（夹芯厚度）及板厚 t，如图 5-23(b) 所示。

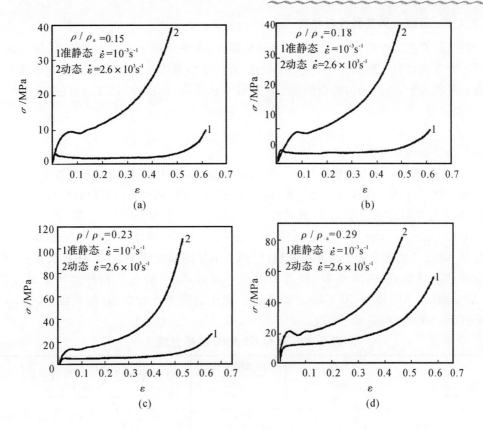

图 5 - 22　四种密度泡沫铝的动静态应力-应变曲线

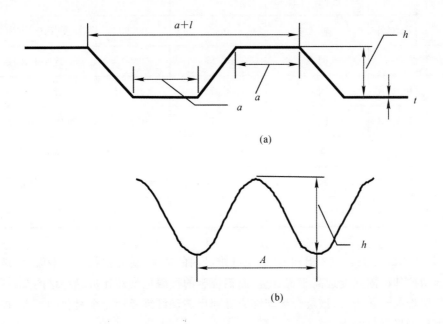

图 5 - 23　锯齿波纹板和正弦波纹板的构型参数

5.2.4.3 面板材料及其性能特性

前面提到,夹芯结构的面板相当于工字梁的翼缘,几乎承担全部面内的载荷,包括弯矩和侧向(板平面方向)的拉、压载荷。夹芯结构的 4 条设计准则之一是按面板的强度条件进行设计,即在设计载荷下,夹芯结构面板的最小厚度对于承受设计应力应该是足够的,或选择面板的厚度必须满足:

$$\sigma_f < [\sigma]_f \tag{5.7}$$

其中,$[\sigma]_f$ 为面板许用应力。

为满足上述条件,上、下面板的材料可以为铝合金、高强度钢、钛及其合金等金属面板,也可采用各种复合材料层合板,如玻璃纤维、碳纤维增强的树脂基复合材料层合板等。层合板可由玻璃纤维布或碳纤维布铺层形成,典型铺层如$[0/45/0]$,$[0/45/90/45/0]$等。

GLARE (Glass-Reinforced Aluminum Laminates)是一种性能优良的纤维增强金属层板,并且在 A380 飞机的蒙皮上大面积采用,达到了很好的减重效果。GLARE 层板由 2024-T3 铝板和玻璃纤维(S 或 R 玻璃)经过高温层压而成,常见的包括两种结构形式,即 Al/Glass/Al(3 层)和 Al/Glass/Al/Glass/Al 形式。其中后者更比较普遍,国外目前将 GLARE 层板分为以下 6 种类别(见表 5-2)。

表 5-2 6 种 GLARE 层板介绍

Glare 类别	分支	铝板厚度/mm 种类	纤维层厚度 mm	铺层方向/(°)	优点
Glare1	/	0.3~0.4 7475-T761	0.25	0/0	抗疲劳、强度、屈服高
Glare2	Glare2A	0.2~0.5 2024-T3	0.25	0/0	抗疲劳、0°方向高强度
	Glare2B	同上	0.25	90/90	抗疲劳、90°方向高强度
Glare3	/	同上	0.25	0/90	抗冲击、耐疲劳
Glare4	Glare4A	同上	0.375	0/90/0	抗疲劳 0°强度
	Glare4B	同上	0.375	90/0/90	抗疲劳 90°方向强度
Glare5	/	同上	0.5	0/90/90/0	高强度、抗冲击
Glare6	Glare6A	同上	0.25	+45/−45	抗剪偏轴特性
	Glare6B	同上	0.25	−45/+45	抗剪偏轴特性

图 5-24 所示为 2024-T3 铝和 S2 玻璃纤维纵向的应力-应变曲线。一般说来,玻璃纤维在增强方向的拉伸极限强度远高于铝合金,而铝合金的极限应变却比玻璃纤维的要高很多,通过 GLARE 层板的有效组合,该层合板能够充分利用玻璃纤维及铝合金材料的优点,提高结构的承载能力和能量吸收能力。

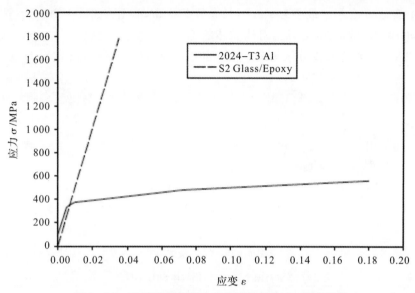

图 5-24 S2 玻璃纤维纵向与铝板拉伸应力-应变曲线

5.3 典型吸能结构的软体撞击数值分析及其试验验证

本节通过对机翼前缘结构、风挡夹层玻璃结构、风挡龙骨结构、不同面板与不同芯材夹层结构等的数值仿真计算及其相应结构的软体撞击试验,对比分析了多种典型吸能结构的吸能效果。

5.3.1 铝合金前缘结构的软体撞击数值模拟、参数分析及其试验验证

飞机机翼前缘是飞机上易受鸟撞的部位,为了增强机翼前缘的抗鸟撞能力,通常在机翼前缘加装防护性结构。本节研究了原型蒙皮结构、6 种带斜支板和 8 种带波纹板的前缘结构的软体撞击性能。单元全部选用 LS-DYNA 单元库中 4 节点 Shell 163 单元。肋板弯边、角材以及波纹板与蒙皮的铆接均简化为捆绑(TIE)接触模式;由于波纹板尺寸的限制,翼面结构和波纹板结构网格尺寸为 5 mm,翼肋、角材和撞击试验机安装板网格尺寸为 10 mm。

本节所完成的软体撞击分析及试验工作均是考察典型结构件的吸能特性,而不是实际工程构件的鸟撞性能考核,故以下各节所描述的结构件软体撞击分析均为西北工业大学动态冲击实验室所采用的规格化尺度,且用圆柱型明胶软体模拟鸟体的撞击力学性能。本节采用 ANSYS/LS-DYNA 分别对带支板结构和波纹板结构某型客机的机翼前缘结构进行鸟撞击仿真分析及试验研究,并从吸能角度分别分析了这两类吸能元件对机翼前缘受撞性能的影响效能。

5.3.1.1 材料及其本构参数

1.软体及其本构参数

本节中的软体采用长细比为 2:1,直径为 50 mm 的明胶圆柱体,初始密度 $\rho=$ 970 kg/m³。软体有限元模型如图 5-25 所示,软体的单元选用 LS-DYNA 单元库中的八节

点 SOLID164 单元,单元尺寸最小为 5 mm,最大为 10 mm,单元总数量为 768。在波纹板结构中,由于和翼面单元尺寸的匹配问题,对应软体的单元选用单元尺寸为 4.2 mm,单元数量为 2484 的软体模型。当软体速度分别为 200 m/s 和 230 m/s 时,软体离散为 SPH 粒子。

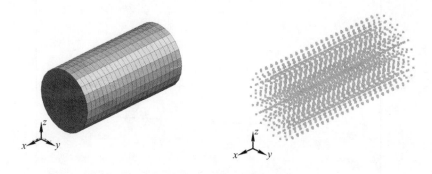

图 5 - 25 软体模型

(a)软体有限元模型; (b)软体 SPH 模型

当软体速度为 80 m/s 时,采用带失效模式的塑性随动强化模型的材料模型(见4.1.2.1 节),本构数据见表 5 - 3。

表 5 - 3 软体材料参数

材料参数	弹性模量 GPa	泊松比 ν	初始密度 kg·m^{-3}	屈服应力 MPa	塑性硬化模量 Pa	失效应变 ε_u	硬化参数
数值	10.0	0.3	950	1.0	5.0×10^6	1.25	1

当软体速度大于 150 m/s 时,采用状态方程(见 4.1.2.2 节),其本构参数为 $C_0 = C_2 = \cdots = C_6 = 0$;$C_1 = 2\ 250$ MPa 。

2. 铝合金材料

分析计算使用的结构材料为飞机结构工程常用的铝合金材料 2024 - T351,动态本构关系采用 Johnson - Cook 模型(见 4.2.2.3 节),模型参数见表 5 - 4 和表 5 - 5。

表 5 - 4 铝合金物理参数

材料参数	弹性模量 GPa	泊松比 ν	密度 kg·m^{-3}	比热容 C_v J·g^{-1}·K^{-1}	失效应变 ε_u
数 值	71.0	0.33	2 780	775	0.17

表 5 - 5 铝合金模型参数

材料参数	A	B	C	n	m	η	T_{melt}/K
数 值	345	462	0.001	0.25	2.75	1	775

表中各参数物理含义见第四章相关章节的具体描述。当软体速度较低时,采用有限元模型进行模拟;当软体速度为中高速时,采用 SPH 模型进行模拟。

3.支持连接框材料

前缘吸能构件的支持连接框为 15 mm 厚的钢框,用于固定前缘结构,如图 5-26 所示。因其在整个撞击过程中不会发生破坏,故选用线弹性材料。密度 $\rho = 7\,800$ kg/m³,弹性模量 $E = 200$ GPa,泊松比 $\nu = 0.3$。

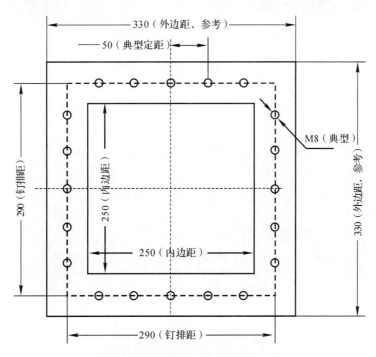

图 5-26　连接框外形尺寸(单位:mm)

5.3.1.2　斜支板前缘构型的软体正撞击性能及其参数影响

本节设计了单、双两类支板结构,安装角度分别为 30°/45°/60°三种前缘结构,为分析其抗冲击特性,建立了不同安装角的六种斜支板类前缘结构的有限元模型,如图 5-27,图 5-28 所示(以 45°为例)。表 5-6 给出了不含内部支板结构的前缘原型构型设计参数表(本小节未做计算分析,仅用于后期试验对比,见 5.3.1.5 节),表 5-7 给出了含斜支板内部构件的前缘吸能结构设计参数。两表参数不尽相同,结构质量变化在 5%以内。

表 5-6　无斜支板前缘构型结构参数

结构元件	蒙皮	与夹具连接角材	两侧隔板
厚度/mm	1.8	2.54	2.0

表 5-7　含斜支板前缘构型的结构参数

结构元件	蒙皮	与夹具连接角材	端部隔板	支板厚度
厚度/mm	1.5	2.54	2.0	0.5

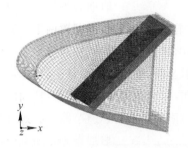

图 5-27 45°单斜板有限元模型

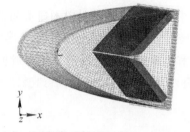

图 5-28 45°双斜板有限元模型

软体撞击采用 80 m/s,150 m/s,230 m/s 三个不同速度,正撞前缘正中位置,对 18 种不同构型参数的有限元模型进行了计算。

通过数值分析可以看出,在 200 m/s 以下,单支板各结构吸能特性基本相同,双支板结构吸能特性与单支板类似。分析其原因,是由于在 200 m/s 速度下,蒙皮未被完全击穿,未能体现斜支板结构抗鸟撞特性。为了体现斜支板的效果,提高软体速度到 230 m/s,软体选为 SPH 离散质量单元,继续数值分析。

单支板结构和双支板结构计算结果见表 5-8。

表 5-8　230 m/s 速度下斜支板结构抗冲击数据

撞击速度 $m \cdot s^{-1}$	类 型	软体初始 动能/J	撞击蒙皮后 剩余动能/J	撞击支板后 剩余动能/J	支板状态
230	30°	4.55×10^3	1.88×10^3	6.40×10^2	支板起效
	45°	4.55×10^3	1.97×10^3	1.24×10^3	支板击穿
	60°	4.55×10^3	2.42×10^3	1.99×10^3	支板击穿
	30°双	4.55×10^3	2.40×10^3	1.87×10^3	支板击穿
	45°双	4.55×10^3	2.41×10^3	1.93×10^3	支板击穿
	60°双	4.55×10^3	2.46×10^3	2.03×10^3	支板击穿

由上表结果可知,在所有吸能结构中,单支板 30°板抗冲击效果明显。双支板结构对软体动能的消耗量低于单支板结构,且随着角度的增加吸能效果变差。

为全面考虑斜支板角度对吸能效果的影响,将原有单支板结构中支板角度改变±5°,测试速度选择为 230 m/s 与 300 m/s。计算结果见表 5-9 及图 5-29。

表 5-9　单支板结构扩展数据

斜支板角度	击穿整个结构后软体剩余能量/J	
	230 m/s	300 m/s
25°	1.38×10^3	4.62×10^3
30°	643.446	2.26×10^3
35°	634.442	2.56×10^3

续表

斜支板角度	击穿整个结构后软体剩余能量/J	
	230 m/s	300 m/s
40°	556.901	4.67×10^3
45°	1.24×10^3	4.84×10^3
55°	2.05×10^3	5.16×10^3
60°	1.99×10^3	4.85×10^3

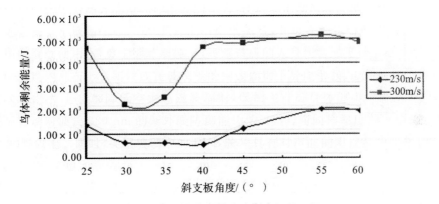

图 5 - 29 两速度下软体剩余动能比较

由表 5 - 9 及曲线图 5 - 29 可以看出:通过对扩展角度后的模型进行计算,可以发现最优值在 30°～40°,并随着速度的增大,曲线变化幅度也增大,因此确定测试构件斜支板安装角为 30°。

5.3.1.3 波纹板前缘构型的软体正撞击性能及其参数影响

为充分考察翼面前缘结构的典型吸能构型,本节设计了前缘蒙皮贴波纹板的吸能模型,波纹板构型参数如图 5 - 30 所示,其结构构型设计参数见表 5 - 10(与本表数据对应的波纹板几何截面示意图如图 5 - 31 所示)。

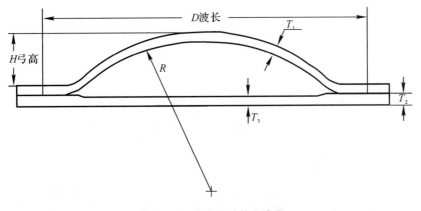

图 5 - 30 波纹板结构示意图

表 5－10　蒙皮＋波纹板结构参数

波纹板	厚度 T_1/mm	半径 R/mm	弓高 H/mm	波长 D/mm
Type1	0.5	20.637 5	8.737 6	50.8
Type2	0.8	17.272	12.7	50.8
Type3	0.8	19.1	9.5	43.2
Type4	0.8	7.874	3.048	34.29
Type5	0.5	10.318 75	4.368 8	25.4
Type6	0.8	8.636	6.35	25.4
Type7	0.8	9.55	4.75	21.6
Type8	0.8	3.937	1.524	17.145

蒙皮	与波纹板连接区域厚度 T_2/mm	有波纹板区域厚度 T_3/mm	无波纹板区域厚度/mm	
	1.52	1.0	1.8	

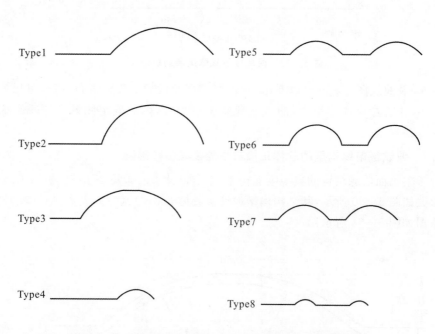

图 5－31　与表 5－10 数据对应的波纹板几何截面示意图

按照弓高波长的不同,本节设计了 8 种波纹板结构,建立了类似的 8 种波纹板结构的有限元模型,典型模型如图 5－32 所示。

为计算分析波纹板前缘结构的抗撞击性能及其参数影响,分别建立了 8 种波纹板结构和简单蒙皮结构在 4 个速度(80 m/s,150 m/s,200 m/s,230 m/s)共 36 种情况的有限元模型,表 5－11 给出了有限元数值计算结果的统计一览表。

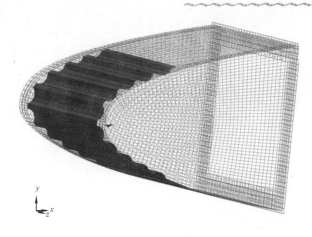

图 5 - 32　波纹结构为 Type8 的前缘结构有限元模型

表 5 - 11　八种波纹板在四个撞击速度下的计算结果

速度 m·s⁻¹	前缘结构		最大位移 mm	结构吸能量 J	总能量 J	是否撞破或击穿
80	简单蒙皮		31.680 5	261.721 73	590.108	否
	波纹板	Type1	14.076 6	85.820 211	590.108	否
		Type2	12.536 9	74.011 908	590.108	否
		Type3	14.063 2	111.499 1	590.108	否
		Type4	30.617 4	260.108 37	590.108	否
		Type5	25.799 5	216.278 75	590.108	否
		Type6	21.070 8	172.722 06	590.108	否
		Type7	25.564 1	210.918 24	590.108	否
		Type8	27.452 4	227.894 29	590.108	否
150	简单蒙皮		67.721 4	1 174.917 1	2 074.59	撞破
	波纹板	Type1	58.124 3	1 124.521 9	2 074.59	否
		Type2	56.289 4	1 096.447 5	2 074.59	否
		Type3	57.246 3	1 135.111 3	2 074.59	否
		Type4	64.789 6	1 187.582 2	2 074.59	否
		Type5	61.390 3	1 166.376 5	2 074.59	否
		Type6	57.556 4	1 137.699 6	2 074.59	否
		Type7	60.958 1	1 167.922 4	2 074.59	否
		Type8	58.647 1	1 143.148 5	2 074.59	否

续表

速度 $\mathrm{m \cdot s^{-1}}$	前缘结构		最大位移 mm	结构吸能量 J	总能量 J	是否撞破或击穿
200	简单蒙皮		87.593 1	2 291.147 5	3 688.16	撞破
	波纹板	Type1	95.695 7	2 042.570 4	3 688.16	撞破
		Type2	90.059 4	2 036.083 5	3 688.16	撞破
		Type3	88.932 9	2 053.794 2	3 688.16	撞破
		Type4	84.146 9	2 348.255 7	3 688.16	撞破
		Type5	88.378 4	2 285.525	3 688.16	撞破
		Type6	83.997 6	2 446.324 4	3 688.16	撞破
		Type7	89.018 6	2 294.366 1	3 688.16	撞破
		Type8	84.217 2	2 249.357 8	3 688.16	撞破
230	简单蒙皮		/	1 818.359 2	4 877.58	击穿
	波纹板	Type1	/	1 729.313 2	4 877.58	击穿
		Type2	/	1 951.298 5	4 877.58	击穿
		Type3	/	1 642.205 8	4 877.58	击穿
		Type4	104.812	2 940.338 9	4 877.58	撞破
		Type5	/	2 035.527 5	4 877.58	击穿
		Type6	/	2 237.165 6	4 877.58	击穿
		Type7	/	2 094.998 3	4 877.58	击穿
		Type8	102.881	2 900.966 2	4 877.58	撞破

波纹板前缘吸能结构蒙皮的吸能量是其吸能效果的重要标志。下面以结构的吸能量为依据,考察波纹板对前缘结构抗鸟撞性能的影响。

根据计算结果,绘制出了所有九种机翼前缘结构的吸能量与速度之间的关系,如图 5 - 33～图 5 - 35 所示。

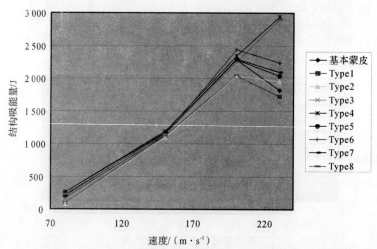

图 5 - 33　九种机翼前缘结构的吸能量与速度之间的关系图

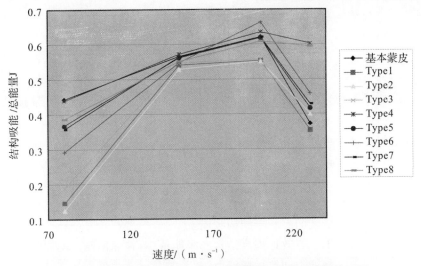

图 5-34 九种机翼前缘结构的相对吸能量与速度之间的关系图一

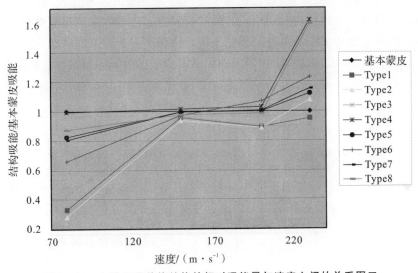

图 5-35 九种机翼前缘结构的相对吸能量与速度之间的关系图二

从图中大的曲线规律可以得到如下结论:

(1)80 m/s时,波纹板的波长越小,变形越大,吸能越大。

(2)150 m/s时,不同结构吸能大体相等,各波纹板吸能的最大差值仅92 J。

(3)200 m/s时,波长小,连接区域宽的结构吸能多,反之吸能少。

(4)230 m/s时,除Type4和Type8外其余结构均被击穿,结构吸能依然是波长小,连接区域宽的结构吸能多,反之吸能少。

综上所述,同简单蒙皮相比,波纹板机翼前缘结构在质量大致不变情况下(质量相差在5%以内),在不被击穿时可以保持较小的变形,在击穿后还可以吸收较多的软体能量,从而前缘结构加装波纹板后可以降低鸟撞对前缘结构的破坏。

5.3.1.4 铝合金前缘典型吸能结构设计建议

通过上述各小节的数值计算结构及其数据分析,可以给出如下工作建议:

（1）相同角度支板结构中，单支板结构防护性能较双支板好。

（2）通过数值模拟可知，单支板安装角度应在 $30°\sim40°$ 防护效果最好。

（3）支板安装应保证与机翼前缘有 $2\sim3$ cm 间隙，以保证前缘在受到冲击时有足够的变形空间。

（4）支板下缘应低于前缘曲率最大位置，以保证当软体撞击时，可与其尽量接触。并应使支板后缘贴近蒙皮，防止撞击梁缘条。

（5）波纹板的波弓结构可以提高整体构件的刚度和稳定性。波纹板结构在鸟撞击中起的作用因撞击速度不同而有所差异。软体速度较低时，波纹板可以使结构在受到鸟撞击后，不会发生大的变形；软体速度比较高时，波纹板可以通过波纹的变形吸收一部分能量。

（6）通过波纹板结构和简单蒙皮结构的对比分析，可知波纹板要铺设在被撞击区域才能较好地发挥作用，并且连接区域宽的有利于结构吸能。

（7）单纯的增加刚度并不能有效地提高结构的吸能特性，在保证刚度的前提下增加结构的柔性，反而会提高结构的吸能能力和抗鸟撞能力。

由于机翼结构抗鸟撞的复杂性，数值模拟中影响计算精度的因素比较多。应该进行适量的模型撞击试验，根据试验结果进一步改善、修正撞击结构力学模型，以提高数值分析的精度。

5.3.1.5 铝合金前缘典型吸能结构的软体撞击试验

前述各小节对单跨铝合金前缘典型吸能构型进行了数值计算分析，给出了构型及其参数对吸能特性的影响分析。在此分析工作基础之上，本小节结合数值分析工作，选取简单原构型、单支板构型和波纹板三种构型的三跨铝合金机翼前缘结构（构件参数见前述各表）进行了试件加工制作，并完成了软体撞击试验考核，同时建立这三类试件构型的有限元数值模型，与试验结果进行了对比计算分析。

1.试验概况

（1）试验件及模拟鸟弹。

三类前缘结构：简单结构、波纹板结构、单斜板结构。安装于试验系统的靶架上，如图 5-36所示。

模拟鸟弹：$\phi50$ mm$\times100$ mm 的圆柱明胶体，整体装入圆筒形泡沫弹托内，质量约 200 g，撞击速度为 80 m/s 和 150 m/s。

（2）试验装置。

鸟炮发射系统：通过释放压缩空气将塞入炮筒内的鸟弹向试验件发射，通过压缩空气的气压控制软体弹丸速度大小。

地轨式试验靶台：正对炮口并保持一定距离，用于固定试验件和位移测量系统。

激光测速系统：用于测量鸟弹接触试验件的瞬时鸟弹飞行速度。

激光位移测量系统：对试验件的某点位移进行测量。

动态应变测量系统：通过在试验件上贴应变花，并用连接导线接于动态应变仪，测量试验件点的应变值。

撞击力测量系统：动态力传感器，位于试验件安装背板与靶台连接的四角处，测量撞击过程中结构支反力的时间历程。

高速摄像系统：用于拍摄鸟弹撞击试验件的短暂过程，便于后续的观察和分析。

数据采集系统：通过数据线连接位移、应变、撞击反力动态测量装置，存储与显示各类物理量的时程数据。

2.试验过程

(1)根据撞击点的位置将试验件用螺栓固定在背板上,然后将背板用螺栓固定在地轨式试验靶台上,如图5-36所示。

图5-36 试验件安装图

(2)将鸟炮口对准试验件撞击点。

(3)连接各数据线,并检查信号传输是否正常。

(4)仔细检查各试验装置。

(5)准备就绪,向高压气罐充入空气,当气罐内气压达到预定值时,快速打开放气阀门,对试验件开炮。

(6)整理试验数据并拆下试验件。

3.数据采集

(1)载荷数据采集。靶台前端刚性连接板角点处安装载荷传感器(见图5-37),可以检测到结构撞击过程中支反力的时间历程(4个角点上)。

图5-37 载荷传感器安装图

(2)应变采集。对于简单结构及波纹板结构,将应变花贴在蒙皮前缘内部(见图5-38和

图 5-39)，测取其应变-时间曲线；然而对于单斜板结构，由于内部结构所限（见图 5-40），无法将应变花贴在蒙皮前缘内表面，应变花只能贴在蒙皮前缘外表面（见图 5-41），测取其应变程数据。

图 5-38　简单结构应变贴图

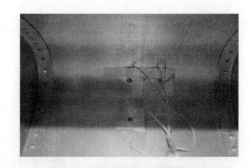

图 5-39　波纹板结构应变贴图

图 5-40　单斜板结构背视图

图 5-41　单斜板结构应变贴图

（3）位移采集。为避免红外位移采样器在撞击过程中遭到破坏，不可以将其直接安装在撞击点后方，否则一旦蒙皮被击穿后将直接打在测量仪器上，因此只能将其安装在另一个相邻的跨里，测量隔板上一点的位移随时间的变化情况，如图 5-42 所示。

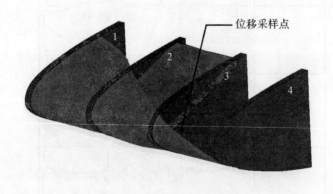

图 5-42　位移采样点位置

4. 试验件损伤情况

完成撞击试验后，对三类试验件的破损情况进行了表观检查，基本情况如表 5-12 所示。

表 5-12　各试验件试验结果

试验件		试验情况	破坏情况	损伤横向尺寸/mm	损伤纵向尺寸/mm	凹坑深度/mm
简单结构	A1	150m/s 正撞	凹坑	308	150	51
单斜板	B1	150m/s 偏撞（偏 26.5mm）	凹坑	302	175	—
	B2	150m/s 正撞	凹坑	304	178	59
波纹板	C1	80m/s 正撞	轻微凹坑	103	4	—
	C2	150m/s 正撞	完全穿透	260	130	—

图 5-43 由左至右依次为以 150 m/s 撞击速度下试验件 B1，A1 以及 B2 撞击后的变形图。具体的损伤情况可参见表 5-12。图 5-44 所示为波纹板结构试验件受到 80 m/s 以及 150 m/s 速度冲击下结构的变形情况。具体的损伤情况可参见表 5-12。

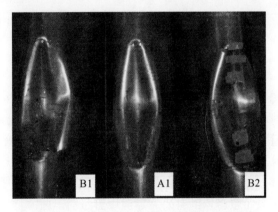

图 5-43　简单结构和单斜板结构撞击后变形图

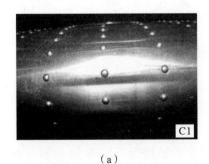

（a）　　　　　　　　　　　　（b）

图 5-44　波纹板结构撞击试验结果

(a)80 m/s 的结果图；　(b)150 m/s 的结果图

5.3.1.6 试验件软体撞击的数值模拟与试验对比分析

1.简单结构的应变-时间曲线对比

图 5-45 所示为简单结构在软体 150 m/s 速度下撞击试验中典型蒙皮测点的应变-时间历程与有限元数值模拟曲线的对比规律。可以看出，两条曲线具有相同的变化趋势，曲线先有小幅的上升，然后突然下降，在 1.6 ms 急剧上升到最大应变处，最大应变为 10 000 微应变，之后下降达到平稳值，试验平稳值约为 4 000 微应变，而数值模拟平稳值的大小为 6 000 微应变。虽然模拟结果在最终状态时有一定差异，但总体趋势相同。

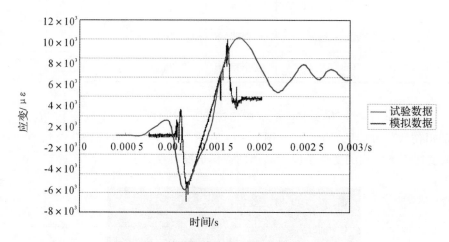

图 5-45　简单结构应变-时间曲线(150 m/s)

2.单斜板结构的位移-时程曲线对比

图 5-46 所示为单斜板结构在软体 150 m/s 速度下撞击试验中测点的位移-时间历程与有限元数值模拟曲线的对比规律。图中两条曲线具有相同的走势，波峰波谷几乎出现在同一时间点，分别位于 2.8 ms 和 3.1 ms 处，且波峰、波谷值大小近似相等。

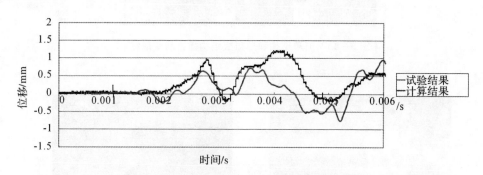

图 5-46　单斜板结构位移-时间曲线(150 m/s)

3.单斜板结构的应变-时程曲线对比

图 5-47 为单斜板结构前缘采样点处试验和数值模拟情况下的应变-时程曲线对比。由图可以看出数值模拟的应变与试验应变随时间的变化情况相同，在撞击后应变响应先有小幅的上升随后下降，在 2 ms 时升至最大值，约为 4 000 微应变，随后再次降低，最终保持平稳，平稳近似值为 -5 000 微应变。数值模拟结果与试验值近似且具有相同的趋势。

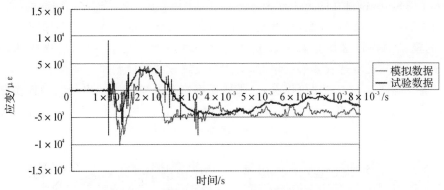

图 5-47 单斜板结构应变-时程曲线(150 m/s)

值得注意的是,在所获得的应变试验数据曲线中,斜支板结构获取的应变-时程曲线在最开始会有一个较大的突变值,经分析确定是由于弹体在未接触蒙皮之前空气的压缩过程被应变片所感知而测量出来的数据值。因为在数值模拟过程中没有考虑空气的压缩过程,所以这部分数据是失真的,可以忽略。

为避免红外位移采样器在撞击过程中遭到破坏,不可以将其直接安装在撞击点后方,防止蒙皮被击穿后打在仪器上,只能将其装在相邻的一个跨里,测量隔板上的位移随时间的变化情况。由隔板与机翼前缘撞击点的位移变化传递而造成的误差,隔板上所测得的位移误差相对来说较大。

由于单斜板结构内部斜板的安装方式所限,试验中无法将应变花贴在蒙皮后部,只能将其贴在蒙皮前面,即鸟弹与蒙皮的接触面上,这就致使在与鸟弹撞击过程中应变花被打坏,无法测得后续历程数据,但还是可以获取几毫秒的数据,且由于应变花的量程所限,导致一部分采集到的数据失效。

4.波纹板结构试验和数值计算对比

波纹板结构在 150 m/s 撞击速度下蒙皮被穿透,未达到抗鸟撞设计目的。从试验件的实际构造分析,其蒙皮与设计的波纹板加强结构是铆接在一起的,这会给结构引入严重的局部损伤与撞击破损,且由于蒙皮与波纹板的铆接导致波纹板在鸟弹撞击过程中无法展开,发挥不出它的优越性来吸收更多的能量,最终导致波纹板结构失效。这与初始模拟结果不符,初始模型及模拟结果如图 5-48 及图 5-49 所示,初始模型没有考虑结构铆接给结构带来的缺陷。在试验过后,需重新考虑模型的建立。

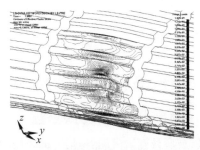

图 5-48 波纹板结构初始模型内部图　　图 5-49 波纹板结构初始模型塑性变形

重新建立的波纹板结构有限元模型,采用了含铆钉连接结构的建模方法,在波纹板及蒙皮结构上引入了铆钉孔,铆钉孔的大小设为 $\phi 4\text{mm}$,用以模拟由于铆钉连接而引起的损伤破坏。

计算结果如图 5-50 所示,蒙皮、波纹板完全被穿透,结构的塑性变形图如图 5-50(a)所示,改进后的模型的损伤区域与真实试验件的损伤区域大小几乎一致,均横跨两隔板。图 5-50(b)显示了蒙皮被穿透及其裂纹情况,蒙皮与波纹板的铆接点即为裂纹起始点,且裂纹沿铆痕方向扩展。与图 5-44 对比可以看出,添加了铆钉孔的模型模拟出的结构损伤已经可以较好地体现波纹板结构鸟撞后的损伤情况,说明蒙皮与波纹板的铆接可以由引入铆钉孔来模拟。

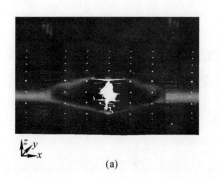 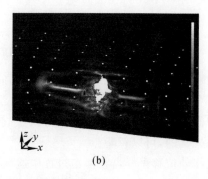

(a)   (b)

图 5-50　波纹板结构模型改进后的仿真结果

(a)波纹板结构塑性变形；　(b)蒙皮被穿透

图 5-51 所示为波纹板结构的位移-时间曲线,两条曲线的波峰与波谷值近似,且两条曲线的波峰波谷在时间轴上几乎同时出现,这说明修改后的波纹板结构模型的仿真结果与试验结果的位移-时间曲线有较好的吻合度,进一步说明了修改后的仿真模型的合理性。

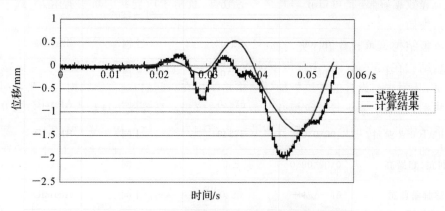

图 5-51　波纹板结构位移-时间曲线

5.3.2　风挡夹层玻璃的软体撞击数值模拟、参数分析及其试验验证

5.3.2.1　风挡夹层材料及力学参数

由于夹层玻璃具有诸多优点,是飞机风挡的首选材料。在进行鸟撞风挡数值分析中,把风挡夹层结构按横观各向同性材料处理。为了与试验对比,计算模型是一个 $330 \times 330~\text{mm}^2$ 的矩形夹层玻璃板,四边由两块尺寸相同、边宽为 40 mm 的"口"字型钢板夹具夹持固支,并在玻璃与钢板

之间垫有 3 mm 橡胶,夹层玻璃总厚度为 23 mm,分析了 3＋2 和 4＋3 两种夹层结构形式。

风挡玻璃材料性能见表 5－13。

表 5－13　风挡玻璃材料性能

名　称	Semi－tempered 玻璃	Solidion 玻璃	PU	PVB	橡胶	钢
密度/$(g \cdot cm^{-3})$	2.506	2.452	1.10	1.09	1.15	7.80
E/GPa	72	71	0.50	1.38	10.7	200
ν	0.22	0.21	0.3	0.46	—	0.28
屈服应力/ MPa	—	—		12		
破坏应力/ MPa	150	415		20.68		
$\sigma-\varepsilon$ 曲线	线性	线性	—	—	—	—

为了减少计算工作量,提高计算速度,根据风挡玻璃夹层结构和鸟体的对称性特点,分析中采用四分之一模型,风挡模型的简化形式如图 5－52 所示。

5.3.2.2　3＋2 夹层玻璃模型及其软体撞击数值计算结果

3＋2 风挡夹层是由三层玻璃和两层 PU,PVB 胶片组成,从撞击面开始各层厚度顺序依此为 4＋2.5＋4＋4.5＋8。网格划分如图 5－53 所示。

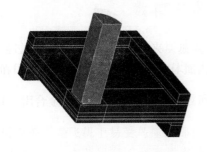

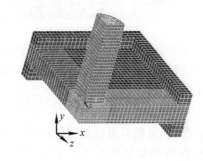

图 5－52　简化模型　　　　图 5－53　网格划分

分别进行了 80 m/s,150 m/s 和 200 m/s 的鸟速撞击计算,图 5－54 所示的是破坏模式,图 5－55 及图 5－56 所示的是 80 m/s 计算结果。

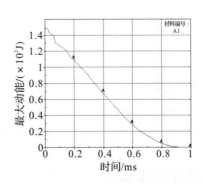

图 5－54　撞击时破坏模式　　　　图 5－55　鸟体动能变化

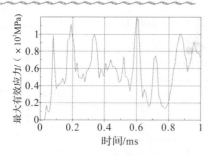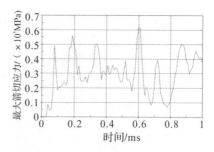

图 5-56 Von-Mises 应力和剪应力的时间历程

5.3.2.3 4＋3 夹层玻璃模型及其软体撞击数值计算结果

4＋3 风挡夹层是由四层玻璃和三层 PU,PVB 胶片组成,从撞击面开始各层厚度顺序依此为 6＋3＋4＋1.5＋4＋1.5＋3。网格划分与图 5-54 相同。

图 5-57～图 5-59 所示是鸟速 80 m/s 时的计算结果。

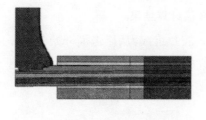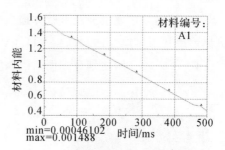

图 5-57 500 μs 时破坏图   图 5-58 鸟体动能

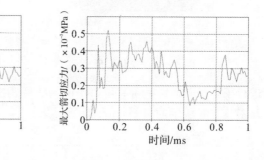

图 5-59 Von-Mises 应力和剪应力的时间历程

5.3.2.4 夹层风挡玻璃软体撞击试验及其数值计算对比

为了与数值计算进行比较,对夹层风挡玻璃进行了鸟撞地面试验。试验件结构形式为 3＋2,即由三层玻璃和两层聚乙烯薄膜组成,尺寸为 330 mm×330 mm×23 mm。周边夹持夹具宽度为 100 mm,比数值计算夹具边框大,主要是能够真实地模拟固支边界支持条件,在夹具四个角上用载荷传感器连接并固定于试验靶板台架上,用于测量冲击过程中夹层玻璃承受的最大冲击载荷,如图 5-60 所示。

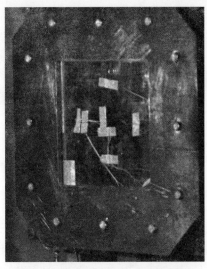

图 5-60　层风挡玻璃试验安装

　　试验所使用的模拟鸟弹、发炮装置、测量系统以及试验步骤与过程参见 5.3.1 节的详细描述。对于夹层玻璃所使用鸟弹的速度为 80 m/s。

　　图 5-61 所示为由高速摄影机拍摄的冲击试验过程,其中图 5-61(a)是鸟弹飞出炮口时的情形,图 5-61(b)是鸟弹接触风挡玻璃后的冲击过程。试验完毕后拆下风挡玻璃,可以看到当鸟弹以 84 m/s 出口速度撞击试验件时玻璃已经全部破碎,但尚未击穿,由于 PVB 胶片的作用,玻璃碎片仍被粘在一起,如图 5-62 所示。

（a）　　　　　　　　　　　　　　（b）

图 5-61　鸟弹冲击风挡过程

(a)鸟弹飞行状态；　(b)鸟弹冲击状态

图 5-62　夹层风挡玻璃破坏模式

采用应变计和激光位移传感器测量了风挡夹层玻璃的应变和中心点位移。图 5-63 所示是应变随冲击时间的变化历程曲线，可以看出，从 1 μs 后开始碰撞，在 1.5 μs 左右应变随即达到最大值，峰值约为 900 με，在 1.6 μs 后开始衰减，而且衰减速度很快，约在 1.5 μs 内应变迅速衰减到零，由于数据采集容量关系，后边的应变震荡过程没有采到，从开始碰撞到应变达到最大值并回零时间约为 2 μs。试验件上的 4 个应变测量点对称，应变变化趋势一致，只是幅度略有差别，如图 5-64 所示。

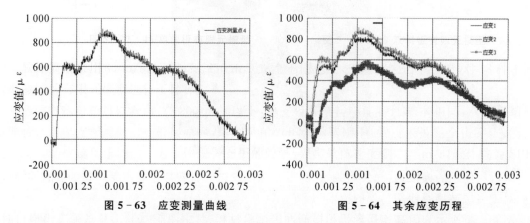

图 5-63　应变测量曲线　　　　　　图 5-64　其余应变历程

图 5-65 给出了试验中应变测量点附近的应变数值计算结果，与试验曲线比较，理论计算的应变峰值和撞击时间与试验值吻合，但应变值上升比较慢，没有试验值那么陡峭剧烈。这是因为试验时试验件两个夹持面橡胶垫的厚度不一致，实际厚度为 1.2 mm，理论计算时为 3 mm，使试验件支持刚度比计算模型支持刚度大；其次，玻璃为脆性材料，断裂延伸率很小，撞击过程中不会产生大变形更不可能出现塑性变形，故极易破坏，在数值计算中不断地对破坏单元进行删除，使原来的单元位置成为空穴，对应力波连续传播产生影响。当数值计算输出结果时间间隔足够小时可以发现，从鸟弹接触到夹层玻璃出现局部破坏时间极短，在 0.5 μs 内开始接触，下一个 0.5 μs 内就有单元破坏并被删除。图 5-66 所示是在 1 ms 内不同时刻的试验和数值计算撞击过程。

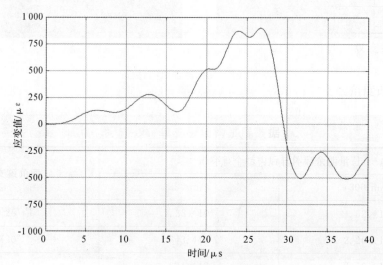

图 5-65　应变数值计算曲线

图 5－67 和图 5－68 所示分别是试验件中心点位移时间历程的试验值和理论值。显而易见,试验值和理论值趋势非常一致,在碰撞发生 2μs 左右变形达到最大,试验值约 1.4 cm,理论值约 1.45 cm。理论曲线时间历程仍然滞后于试验结果,由于测量位置是试验件的中心点,故滞后没有应变那么大。

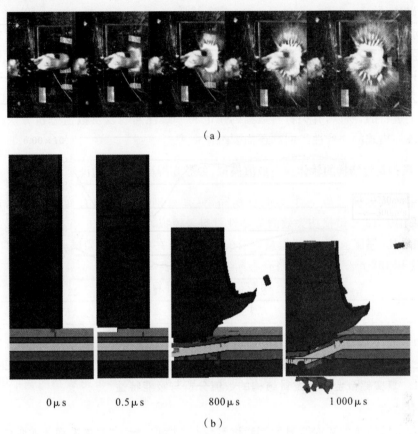

（a）

0μs　　0.5μs　　800μs　　1 000μs

（b）

图 5－66　撞击过程

（a）试验结果（0＜t＜1 ms）；　（b）数值计算结果

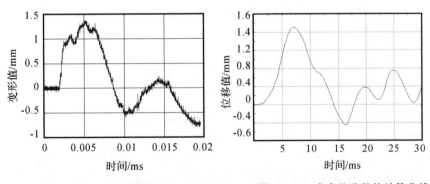

图 5－67　中点位移试验值　　　　**图 5－68　中点位移数值计算曲线**

5.3.2.5　结论及建议

通过对风挡夹层玻璃数值分析,可以得到如下几点结论:

（1）夹层结构的能量吸收及扩散主要由被撞击面的前几层承担,后面层相对要小;

（2）对不同鸟速,同种夹层玻璃表现出的抗撞击性能有所不同,一般前两层厚度应随鸟速的增加而增加;

（3）通过数值分析调整各玻璃和胶片层的厚度,使其具有相对合适的弯曲刚度,最大或最小都不是最好的。

首先,钢化玻璃是一种延伸率极小、硬度很大的脆性材料,试验结果表明夹层玻璃撞击后,整体试验件发生龟裂破坏,数值计算破坏是局部区域穿透破坏,因此,分析还不能取代试验,在风挡玻璃设计中应采用数值仿真结果指导设计,选取几种最佳设计模型(这主要是目前我国有关试验数据太少),最后由试验确定最佳结构形式。其次,目前的数值分析是在极其有限的材料数据基础上进行的,所以,有关材料数据的规范和一致性问题以及数值分析方法的完善、与试验结果和破坏模式的一致性等问题还需要继续研究。

5.3.3 风挡龙骨结构的软体撞击数值模拟、参数分析及其试验验证

此处所用的软体模型与5.3.1.1节相同,只是个别参数设置有变化。软体在PAM-CRASH中采用第16号带损伤失效的弹塑性材料来模拟,需要设置6个参数值,分别是密度、弹性模量、泊松比、屈服应力、切线模量以及失效应变。在金属工字梁试验中选用的两个冲击速度(76 m/s和158 m/s)下,参数略有不同,具体值见表5-14。

表5-14　明胶鸟弹在模拟计算中的参数

冲击速度/(m·s⁻¹)	ρ/(kg·m⁻³)	E/Pa	ν	σ_y/Pa	E_t/Pa	ε_f
76	1 080	1×10^{10}	0.3	1×10^6	5×10^6	1.05
158	1 080	1×10^{10}	0.3	5×10^5	6×10^6	1.05

5.3.3.1 真实铝合金风挡龙骨结构的数值分析与吸能特性

1. 铝合金结构

实际铝合金风挡龙骨结构如图5-12和图5-13所示。经过简化得到的龙骨的几何模型如图5-69所示,其中主风挡压板和龙骨的铆钉省略,采用共用节点的连接方式。由于风挡结构左右对称,所以在正撞龙骨的情况取一半的结构进行计算,鸟体也取一半,并在界面上加入对称边界条件。主龙骨下方的减重孔按等体积原则简化为方孔。

主龙骨截取732 mm长度的一段,高度为89.3 mm,下方有8个减重孔。主风挡压板的厚度为7.3 mm,宽度为70 mm(图中所示为一半即35 mm),主龙骨侧面中间的伸出部分的边缘厚度为8 mm,第一层凸椽内部分龙骨宽度为20 mm,第二层凸椽内部分龙骨宽度为45 mm,主龙骨侧面下边伸出的部分厚度为10.3 mm。

主风挡结构边缘一圈(最上层)与主风挡压板相连的厚度为7.3 mm。与主风挡压板相同,中间一层的厚度为5 mm,比主龙骨的侧面同层少3 mm由图5-13(a)所示,主风挡结构边框上侧(图中右上)边缘长度为664 mm,风挡结构边框下侧(图中左下侧)边缘长度为904 mm,风挡结构边框右侧(图中右下侧)边缘长度为676 mm。

在鸟体正撞龙骨的情况下,分别将龙骨横截面(宽度方向)减少6 mm和12 mm(图5-69所示为对称结构的一半,故图中的模型减少3 mm和6 mm),即将原来主龙骨最宽70 mm(压板宽度)、最窄20 mm(第一层凸椽)的截面整体减少6 mm和12 mm。减重孔按同样的宽度变

小,其中原始设计尺寸龙骨模型称为龙骨模型 1,龙骨中的腹板宽度减少 6 mm 时的模型称为龙骨模型 2,龙骨中的腹板宽度减少 12 mm 时的龙骨模型称为龙骨模型 3,如图 5－70 所示。

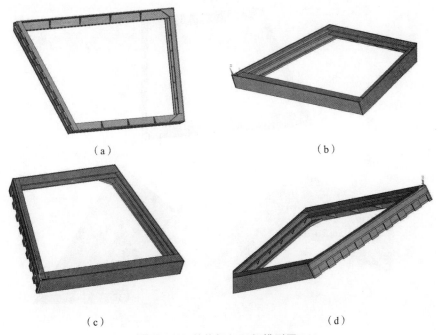

（a）　　　　　　　　　　　　　　　　　（b）

（c）　　　　　　　　　　　　　　　　　（d）

图 5－69　整体框架几何模型图

(a)组合后风挡几何模型俯视图；　(b)组合后风挡几何模型仰视图；
(c)组合后风挡几何模型侧视图；　(d)组合后风挡几何模型侧视图

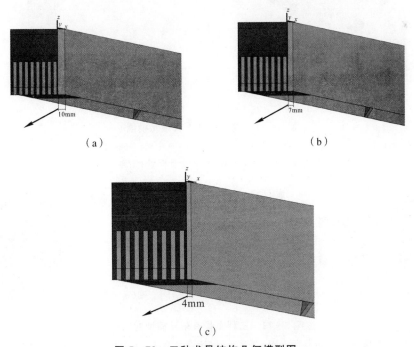

（a）　　　　　　　　　　　　　　　　　（b）

（c）

图 5－70　三种龙骨结构几何模型图

(a)龙骨模型 1；　(b)龙骨模型 2；　(c)龙骨模型 3

　　龙骨结构同样采用实体单元,龙骨模型1的有限元模型如图5-71所示,三种龙骨有限元模型对比如图5-72所示。

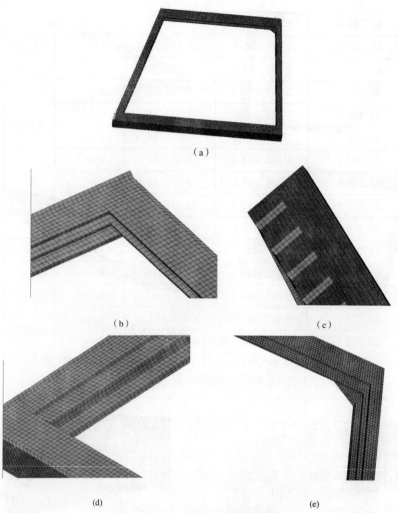

(a)

(b)　　　　　　　　　　　　(c)

(d)　　　　　　　　　　　　(e)

图 5-71　龙骨模型 1 有限元模型

(a)龙骨模型 1 有限元模型整体;　(b)龙骨模型 1 有限元模型左上侧;　(c)龙骨模型 1 有限元模型减重孔;

(d)龙骨模型 1 有限元模型左下侧;　(e)龙骨模型 1 有限元模型右上侧

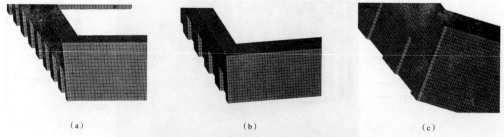

(a)　　　　　　　　　　(b)　　　　　　　　　　(c)

图 5-72　三种龙骨有限元模型对比

(a)龙骨模型 1 有限元模型;　(b)龙骨模型 2 有限元模型;　(c)龙骨模型 3 有限元模型

在三种龙骨结构下,龙骨划分的有限元网格数量见表 5-15。

表 5-15 三种龙骨模型的单元数量

	龙骨模型 1	龙骨模型 2	龙骨模型 3
总单元数量	26 689	26 682	77 593
最大单元尺寸/mm	6/6/6	6/6/6	4/4/4
最小单元尺寸/mm	4/4/2	4/4/2	4/2/1

龙骨结构采用的材料是铝合金 7050,其物理参数见表 5-16,材料模型采用线弹性与 Johnson-Cook 屈服模型的组合形式,线弹性模量 $E=70$ GPa,$\nu=0.33$,失效断裂应变为 11%。本构关系表达式及具体参数如下:

$$\sigma = \left[A + B\epsilon^n\right]\left[1 + C\ln\frac{\dot{\epsilon}}{\epsilon_0}\right]\left[1 - \left(\frac{T-T_r}{T_{melt}-T_r}\right)^m\right] \tag{5.8}$$

表 5-16 铝合金 7050 材料的物理参数

材料参数	$\rho/(g \cdot cm^{-3})$	$C_v/J \cdot (g \cdot K)^{-1}$	η	A	B	n
7050	2.83	0.86	1	500	240	0.22

2.橡胶结构有限元模型

主风挡玻璃和龙骨是通过一层橡胶垫连接的,橡胶包住玻璃的边缘卡入如图 5-73 所示的龙骨上边的凸椽内,在本指南中所做的是橡胶模型和玻璃共用节点,而橡胶和龙骨则是设置接触。橡胶的几何模型如图 5-73 所示,橡胶最下层厚度为 8 mm,下面的凸椽深 8 mm,中间一层厚度为 1.5 mm,上面的凸椽深 6 mm,凸椽的宽度为 16.2 mm。

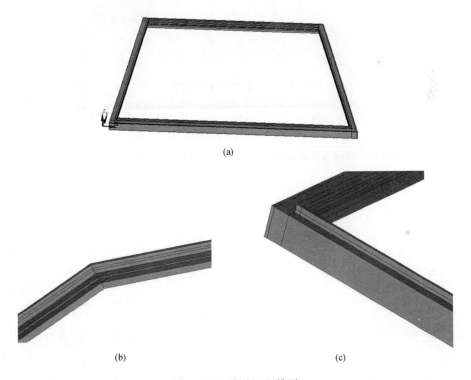

(a)

(b)　　　　　　　　　(c)

图 5-73 橡胶几何模型

(a)橡胶几何模型总体结构; (b)橡胶几何模型一角; (c)橡胶几何模型侧面

橡胶的有限元模型如图 5-74 所示,其中橡胶的单元数量和尺寸见表 5-17。

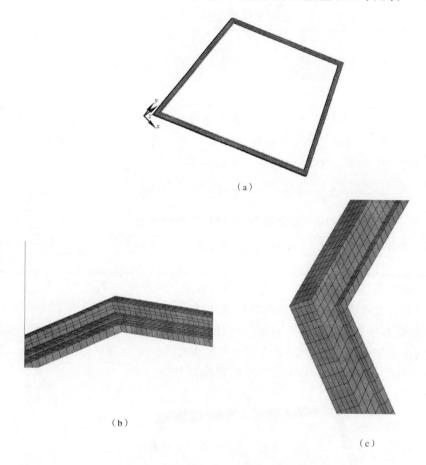

（a）

（b）

（c）

图 5-74 橡胶有限元模型

（a）橡胶有限元模型总体结构;（b）橡胶有限元模型一角;（c）橡胶有限元模型侧面

表 5-17 橡胶单元数量

材　料	划分单元总数	最大单元尺寸/mm	最小单元尺寸/mm
橡胶	6 146	8/6/4	6/4/1.5

橡胶采用的是不带失效的线弹性材料模型,其材料参数见表 5-18。

表 5-18 橡胶材料参数

材　料	密度/(kg·m⁻³)	泊松比	剪切模量/Pa
橡胶	1 040	0.3	$0.154×10^9$

3.玻璃结构有限元模型

风挡玻璃采用3+2结构形式,从上到下依次是钢化玻璃,PVB 软层,半钢化玻璃,PU 软层,钢化玻璃。其几何模型如图 5-75 所示,第一层钢化玻璃厚度为 3 mm,第二层 PVB 软层厚度为 4.5 mm,第三层钢化玻璃厚度为 8 mm,第四层 PV 软层厚度为 1.5 mm,第五层钢化玻璃厚度为 6 mm,5 层总厚度为 23 mm。5 层风挡玻璃采用共用节点的方式连接。

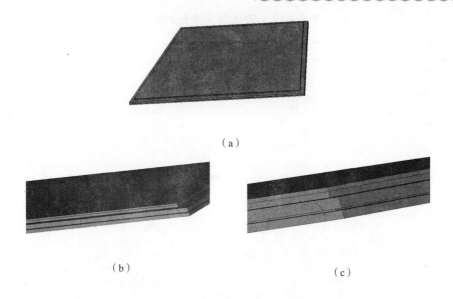

（a）

（b）　　　　　　　　（c）

图 5-75　风挡玻璃的几何模型

(a)风挡玻璃的几何模型总体结构；　(b)风挡玻璃的几何模型细节1；　(c)风挡玻璃的几何模型细节2

风档玻璃的有限元模型如图 5-76 所示，其中风档玻璃的单元数量和尺寸见表 5-19。

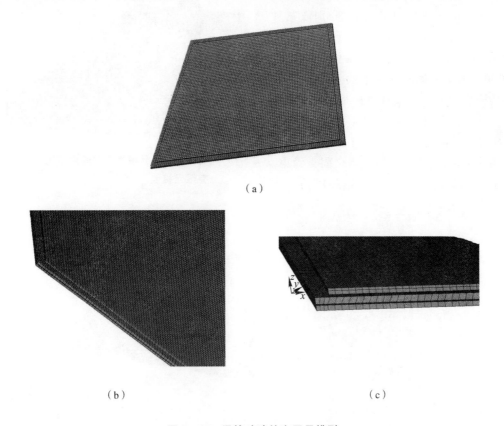

（a）

（b）　　　　　　　　（c）

图 5-76　风挡玻璃的有限元模型

(a)风挡玻璃的有限元模型总体图；　(b)风挡玻璃的有限元模型细节1；　(c)风挡玻璃的有限元模型细节2

表 5-19 风挡玻璃单元数量

材 料	划分单元总数	最大单元尺寸/mm	最小单元尺寸/mm
钢化玻璃	15 468	8/8/6	8/8/3
PVB 软层	7 104	8/8/4.5	8/8/4.5
半钢化玻璃	8 364	8/8/8	8/7/5
PU 软层	7 294	8/8/1.5	8/5/1.5

风挡玻璃采用的是不带失效的弹塑性材料模型,其材料参数见表 5-20。

表 5-20 玻璃的材料参数

材 料	体积模量/Pa	密度/(kg·m^{-3})	屈服应力/Pa	剪切模量/Pa
钢化玻璃	4.138×10^{10}	2 452	4.15×10^{8}	2.934×10^{10}
PVB	5.75×10^{10}	1 090	1.0×10^{8}	4.7×10^{8}
半钢化玻璃	4.286×10^{10}	2 506	1.5×10^{8}	2.95×10^{10}
PU	4.17×10^{10}	1 100	1.0×10^{8}	1.92×10^{8}

4.整体结构计算模型

在鸟体正撞龙骨的情况下,分别取三种结构各三种速度下(9 种模型)采用 PAM-CRASH 软件进行计算,其中鸟体对称取一半,即单元数量为原来的一半共 10 584 个单元。结构模型以及整体计算模型如图 5-77 所示。其边界条件如图 5-78 所示,左边龙骨处施加 x 方向的约束,上下框都施加的是 y 方向的约束,右边的框施加的是全固支约束。SPH 模型鸟体的约束如图 5-78(a)所示。

图 5-77 鸟体撞击龙骨模型 1 时的全结构有限元模型

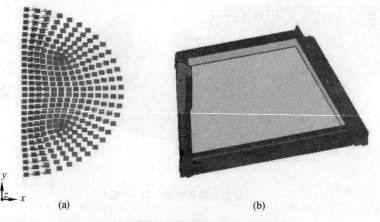

(a)   (b)

图 5-78 鸟体撞击龙骨模型 1 时的边界条件

(a)对称鸟体的 SPH 约束施加; (b)龙骨模型的边界条件

在鸟体撞击风挡玻璃的情况下,选取了玻璃的一角(为了与试验结果对比)和玻璃中心进行三种速度撞击测试,并且在撞击风挡玻璃一角的情况下对结构进行了改进,在两种速度(150 m/s以及200 m/s)下进行了撞击测试。

在鸟体撞击风挡玻璃一角和中心的情况下,中间一根龙骨取整段进行建模,龙骨几何模型如图5-79所示(在这里称之为龙骨模型4),有限元模型如图5-80所示,其边界条件如图5-81所示,左边龙骨处和右边的框都施加全固支约束,上、下风挡框施加y方向的约束。鸟体撞击风挡玻璃的结构的整体有限元模型如图5-82所示。

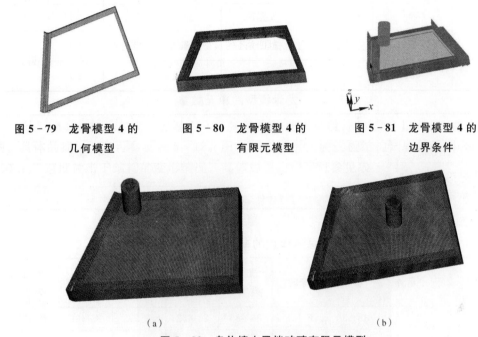

图5-79 龙骨模型4的　　图5-80 龙骨模型4的　　图5-81 龙骨模型4的
　　　　几何模型　　　　　　　　有限元模型　　　　　　　　边界条件

图5-82 鸟体撞击风挡玻璃有限元模型
(a)鸟体撞击风挡玻璃一角；　(b)鸟体撞击风挡玻璃中心

另外在鸟体撞击风挡玻璃一角情况下,对中间一根龙骨结构模型进行了改进(称之为龙骨模型5),将其中间一层厚度从8 mm增加为10 mm,将框的中间一层从5 mm增加为8 mm,龙骨模型5与龙骨模型4的几何模型和有限元模型对比如图5-83所示,其有限元划分数量见表5-21。

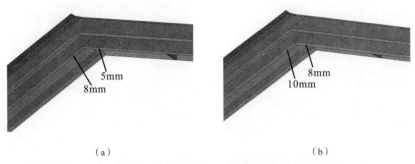

图5-83 龙骨模型4与龙骨模型5几何模型和有限元模型的对比
(a)龙骨模型4几何模型；　(b)龙骨模型5几何模型

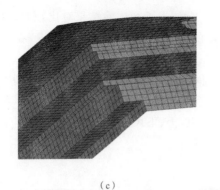 

（c）   （d）

续图 5－83　龙骨模型 4 与龙骨模型 5 几何模型和有限元模型的对比

（c）龙骨模型 4 有限元模型；（d）龙骨模型 5 有限元模型

表 5－21　龙骨模型的单元数量

项　　目	龙骨模型 4	龙骨模型 5
总单元数量	35 435	38 792
最大单元尺寸/mm	6/6/6	6/6/6
最小单元尺寸/mm	4/4/1	4/4/1

总体模型的单元数量汇总见表 5－22。

表 5－22　总体模型的单元数量汇总表

项　　目	鸟体	玻璃	橡胶	龙骨模型 1	龙骨模型 2	龙骨模型 3	龙骨模型 4	龙骨模型 5
总体单元数量	21 168	38 230	6 146	26 689	26 682	77 593	35 435	38 792
最大单元尺寸/mm	6/6/4	8/8/6	8/6/4	6/6/6	6/6/6	4/4/4	6/6/6	6/6/6
最小单元尺寸/mm	4/4/4	8/8/1.5	6/4/1.5	4/4/2	4/4/2	4/2/1	4/4/1	4/4/1

5.撞击速度为 80 m/s 的鸟体正撞龙骨的三种结构模型的计算结果

撞击速度为 80 m/s 情况下龙骨模型 1 最大位移发生在 129188 结点,其位移历程曲线如图 5－84 所示,最大位移值为 0.012 8 m;最大应力发生在 63341 单元,其应力历程曲线如图 5－85所示,最大应力值为 350.55 MPa、整个结构的动能变化历程曲线如图 5－86 所示,鸟体能量变化历程曲线如图 5－87 所示。

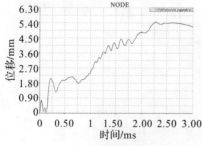 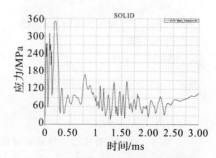

图 5－84　位移历程曲线　　　　图 5－85　应力历程曲线

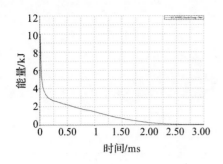

图 5-86 整个结构的动能历程曲线

图 5-87 鸟体内能变化历程曲线

撞击速度为 80 m/s 情况下龙骨模型 2 最大位移发生在 129225 结点,其位移历程曲线如图 5-88 所示,最大位移值为 0.005 6 m;最大应力发生在 63316 单元,其应力历程曲线如图 5-89 所示,最大应力值为 351.01 MPa、整个结构的动能变化历程曲线如图 5-90 所示,鸟体能量变化历程曲线如图 5-91 所示。

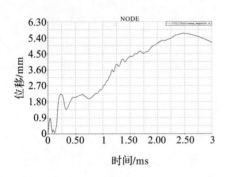

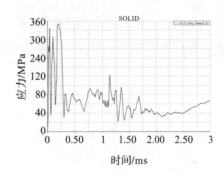

图 5-88 位移历程曲线

图 5-89 应力历程曲线

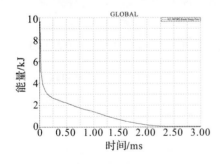

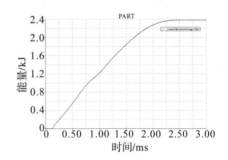

图 5-90 整个结构的动能历程曲线

图 5-91 鸟体能量变化历程曲线

撞击速度为 80 m/s 情况下龙骨模型 3 最大位移发生在 48084 结点,其位移历程曲线如图 5-92 所示,最大位移值为 0.005 1 m;最大应力发生在 19816 单元,其应力历程曲线如图 5-93 所示,最大应力值为 350.32 MPa,整个结构的动能变化历程曲线如图 5-94 所示,鸟体能量变化历程曲线如图 5-95 所示。

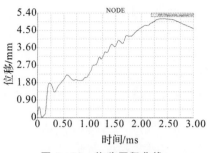

图 5-92 位移历程曲线

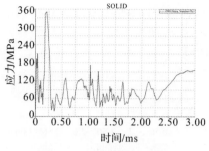

图 5-93 应力历程曲线

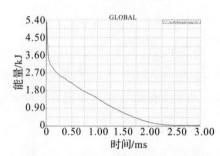

图 5-94 整个结构的动能历程曲线

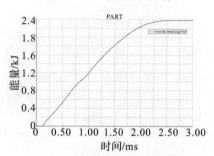

图 5-95 鸟体能量变化历程曲线

6. 撞击速度为 150 m/s 的鸟体正撞龙骨的三种结构模型的计算结果

撞击速度为 150 m/s 情况下龙骨模型 1 最大位移发生在 129187 结点,其位移历程曲线如图 5-96 所示,最大位移值为 0.012 8 m;最大应力发生在 63347 单元,其应力历程曲线如图 5-97 所示,最大应力值为 358.33 MPa,整个结构的动能变化历程曲线如图 5-98 所示,鸟体能量变化历程曲线如图 5-99 所示。

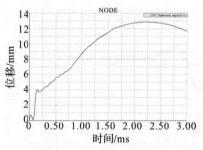

图 5-96 位移历程曲线

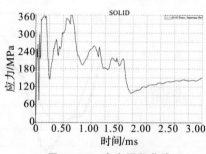

图 5-97 应力历程曲线

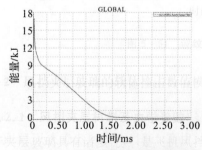

图 5-98 整个结构的动能历程曲线

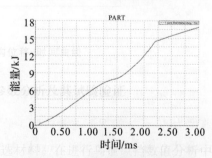

图 5-99 鸟体能量变化历程曲线

撞击速度为 150 m/s 情况下龙骨模型 2 最大位移发生在 129222 结点,其位移历程曲线如

图 5-100 所示,最大位移值为 0.013 2 m;最大应力发生在 63322 单元,其应力历程曲线如图 5-101 所示,最大应力值为 374.35 MPa,整个结构的动能变化历程曲线如图 5-102 所示,鸟体能量变化历程曲线如图 5-103 所示。

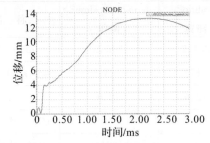

图 5-100 位移历程曲线

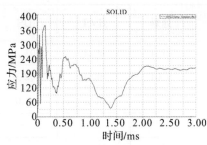

图 5-101 应力历程曲线

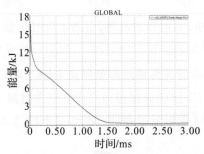

图 5-102 整个结构的动能历程曲线

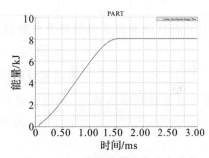

图 5-103 鸟体能量变化历程曲线

撞击速度为 150 m/s 情况下龙骨模型 3 最大位移发生在 48084 结点,其位移历程曲线如图 5-104 所示,最大位移值为 0.012 7 m;最大应力发生在 19815 单元,其应力历程曲线如图 5-105 所示,最大应力值为 386.72 MPa,整个结构的动能变化历程曲线如图 5-106 所示,鸟体能量变化历程曲线如图 5-107 所示。

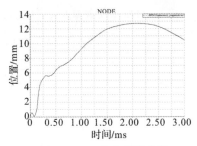

图 5-104 位移历程曲线

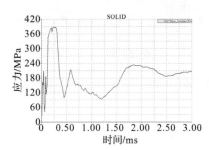

图 5-105 应力历程曲线

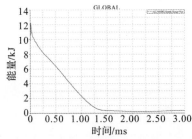

图 5-106 整个结构的动能历程曲线

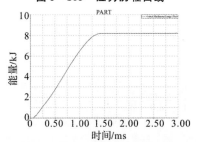

图 5-107 鸟体能量变化历程曲线

7. 撞击速度为 200 m/s 的鸟体正撞龙骨的三种结构模型的计算结果

撞击速度为 200 m/s 情况下龙骨模型 1 最大位移发生在 129188 结点,其位移历程曲线如图 5 - 108 所示,最大位移值为 0.017 m;最大应力发生在 63341 单元,其应力历程曲线如图 5 - 109 所示,最大应力值为 393.5 MPa,整个结构的动能变化历程曲线如图 5 - 110 所示,鸟体能量变化历程曲线如图 5 - 111 所示。

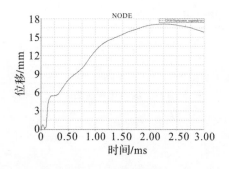

图 5 - 108　位移历程曲线

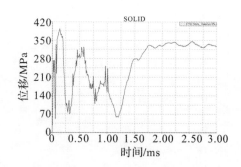

图 5 - 109　应力历程曲线

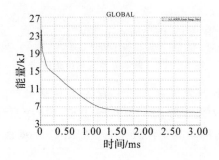

图 5 - 110　整个结构的动能历程曲线

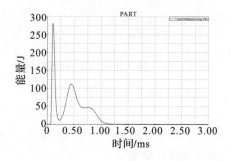

图 5 - 111　鸟体能量变化历程曲线

撞击速度为 200 m/s 情况下龙骨模型 2 最大位移发生在 129222 结点,其位移历程曲线如图 5 - 112 所示,最大位移值为 0.017 1 m;最大应力发生在 63322 单元,其应力历程曲线如图 5 - 113 所示,最大应力值为 396.53 MPa,整个结构的动能变化历程曲线如图 5 - 114 所示,鸟体能量变化历程曲线如图 5 - 115 所示。

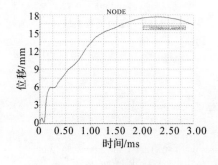

图 5 - 112　位移历程曲线

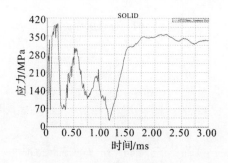

图 5 - 113　应力历程曲线

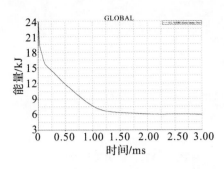

图 5-114 整个结构的动能历程曲线

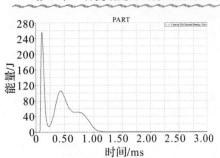

图 5-115 鸟体能量变化历程曲线

撞击速度为 200 m/s 情况下龙骨模型 3 最大位移发生在 109560 结点,其位移历程曲线如图 5-116 所示,最大位移值为 0.017 8 m;最大应力发生在 89348 单元,其应力历程曲线如图 5-117 所示,最大应力值为 413.6 MPa,整个结构的动能变化历程曲线如图 5-118 所示,鸟体能量变化历程曲线如图 5-119 所示。

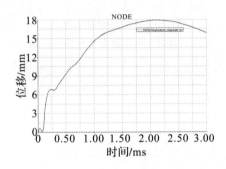

图 5-116 位移历程曲线

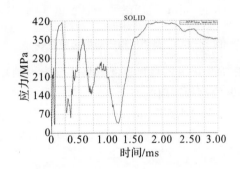

图 5-117 应力历程曲线

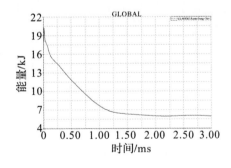

图 5-118 整个结构的动能历程曲线

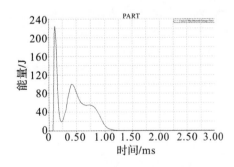

图 5-119 鸟体能量变化历程曲线

8.三种速度下鸟体撞击风挡玻璃一角时的计算结果

撞击速度在 80 m/s 的情况下鸟体撞击风挡玻璃一角时,风挡最大位移发生在 136648 结点,其位移历程曲线如图 5-120 所示,最大位移值为 0.009 6 m;最大应力发生在 69123 单元,其应力历程曲线如图 5-121 所示,最大应力值为 345.46 MPa。整个结构的动能变化历程曲线如图 5-122 所示,鸟体能量变化历程曲线如图 5-123 所示。

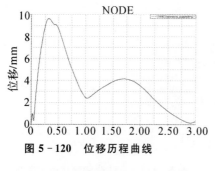

图 5-120　位移历程曲线

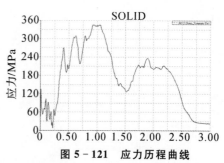

图 5-121　应力历程曲线

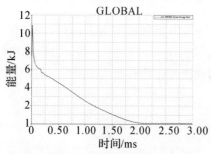

图 5-122　整个结构的动能历程曲线

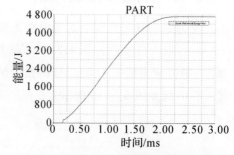

图 5-123　鸟体能量变化历程曲线

在 150 m/s 的鸟体速度下鸟体撞击风挡玻璃一角时龙骨模型 4 最大位移发生在 136647 结点,其位移历程曲线如图 5-124 所示,最大位移值为 0.02 m;最大应力发生在 69129 单元, 其应力历程曲线如图 5-125 所示,最大应力值为 421 MPa,整个结构的动能变化历程曲线如 图 5-126 所示,鸟体能量变化历程曲线如图 5-127 所示。

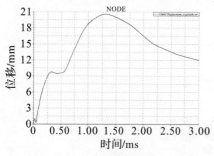

图 5-124　位移历程曲线

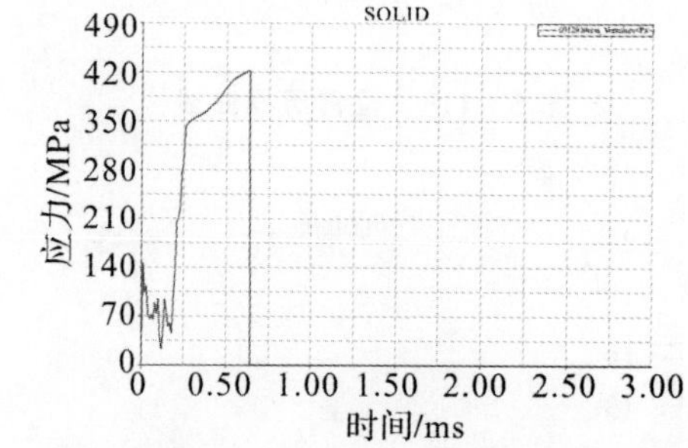

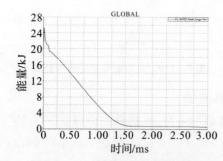

图 5-125　应力历程曲线

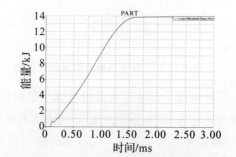

图 5-126　整个结构的动能历程曲线

图 5-127　鸟体能量变化历程曲线

在 200 m/s 的鸟体速度下鸟体撞击风挡玻璃一角时龙骨模型 4 最大位移发生在 146685

结点,其位移历程曲线如图 5-128 所示,最大位移值为 0.020 8 m;最大应力发生在 90328 单元,其应力历程曲线如图 5-129 所示,最大应力值为 419.01 MPa、整个结构的动能变化历程曲线如图 5-130 所示,鸟体能量变化历程曲线如图 5-131 所示。

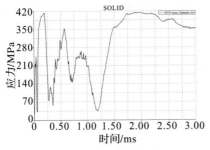

图 5-128　位移历程曲线

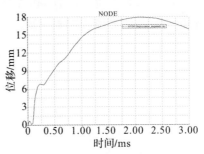

图 5-129　应力历程曲线

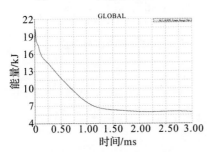

图 5-130　整个结构的动能历程曲线

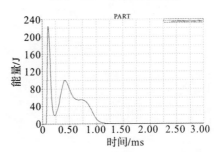

图 5-131　鸟体能量变化历程曲线

在鸟体撞击龙骨一角的情况下,龙骨模型 4 原始结构模型在 150 m/s 和 200 m/s 的情况下均有单元失效,单元失效情况如图 5-132 和图 5-133 所示。其中 150 m/s 的情况下,龙骨框架的上侧有少量单元失效;200 m/s 的情况下,骨框的上层有一些单元失效,而且框架中间一层变形较大。试验照片如图 5-134 所示,主龙骨中间一层受损,龙骨框上有一条裂纹。

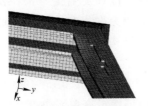

图 5-132　在 150 m/s 情况下龙骨失效单元

图 5-133　在 200 m/s 情况下龙骨失效单元

(a)

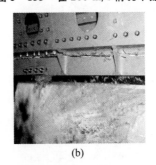

(b)

图 5-134　龙骨结构试验照片

(a)主龙骨侧面中间凸椽受损情况; (b)主龙骨侧面框受损情况

9.两种速度下的鸟体撞击结构改进后的风挡边缘的计算结果

改进后在 150 m/s 的鸟体速度下龙骨模型 4 的最大位移发生在 78899 结点,其位移历程曲线如图 5-135 所示,最大位移值为 0.007 6 m;最大应力发生在 91515 单元,其应力历程曲线如图 5-136 所示,最大应力值为 345 MPa,整个结构的动能变化历程曲线如图 5-137 所示,鸟体能量变化历程曲线如图 5-138 所示。

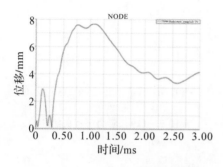

图 5-135　位移历程曲线

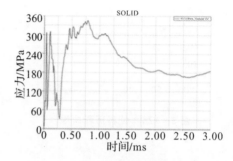

图 5-136　应力历程曲线

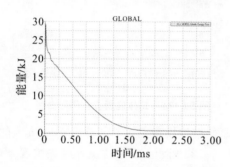

图 5-137　整个结构的动能历程曲线

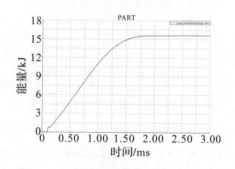

图 5-138　鸟体能量变化历程曲线

改进后在 200 m/s 的鸟体速度下龙骨模型 4 的最大位移发生在 86581 结点,其位移历程曲线如图 5-139 所示,最大位移值为 0.009 5 m;最大应力发生在 91742 单元,其应力历程曲线如图 5-140 所示,最大应力值为 354.89 MPa,整个结构的动能变化历程曲线如图 5-141 所示,鸟体能量变化历程曲线如图 5-142 所示。

结构经过改进后,从图 5-143 和图 5-144 中可以看出,在 150 m/s 的情况下龙骨结构没有单元失效,变形较小;在 200 m/s 的情况下龙骨结构仍然没有单元失效,结构有一定的变形不是很大,可以认为结构基本安全。

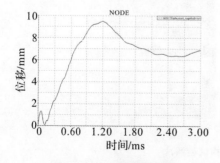

图 5-139　位移历程曲线

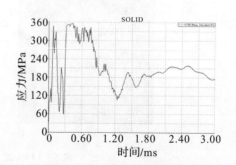

图 5-140　应力历程曲线

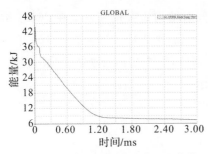

图 5-141　整个结构的动能历程曲线

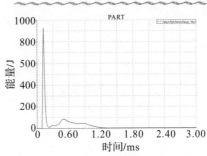

图 5-142　鸟体能量变化历程曲线

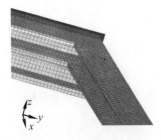

图 5-143　在 150 m/s 情况下
龙骨单元变形情况

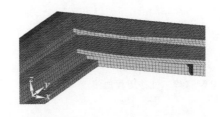

图 5-144　在 200 m/s 情况下
龙骨单元变形情况

10.三种速度下的鸟体撞击风挡中心的计算结果

在 80 m/s 的鸟体速度下鸟体撞击风挡玻璃中间时结构最大位移发生在 26486 结点,其位移历程曲线如图 5-145 所示,最大位移值为 0.013 8 m;最大应力发生在 43067 单元,其应力历程曲线如图 5-146 所示,最大应力值为 345.8 MPa,整个结构的动能变化历程曲线如图 5-147 所示,鸟体能量变化历程曲线如图 5-148 所示。

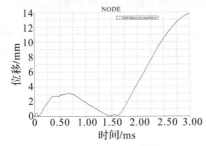

图 5-145　位移历程曲线

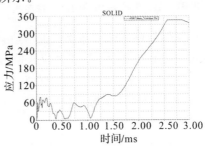

图 5-146　应力历程曲线

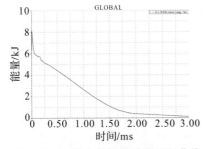

图 5-147　整个结构的动能历程曲线

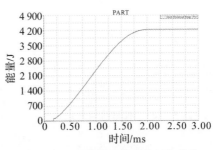

图 5-148　鸟体能量变化历程曲线

　　在 150 m/s 的鸟体速度下鸟体撞击风挡玻璃中间时结构最大位移发生在 26485 结点,其位移历程曲线如图 5-149 所示,最大位移值为 0.029 8 m;最大应力发生在 43163 单元,其应力历程曲线如图 5-150 所示,最大应力值为 348.41 MPa,整个结构的动能变化历程曲线如图 5-151 所示,鸟体能量变化历程曲线如图 5-152 所示。

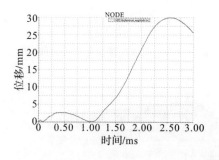

图 5-149　位移历程曲线

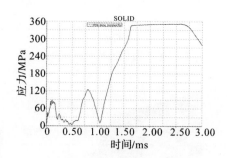

图 5-150　应力历程曲线

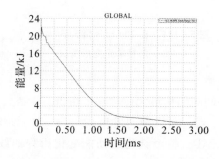

图 5-151　整个结构的动能历程曲线

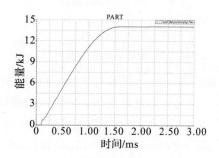

图 5-152　鸟体能量变化历程曲线

　　在 200 m/s 的鸟体速度下鸟体撞击风挡玻璃中间时结构最大位移发生在 34372 结点,其位移历程曲线如图 5-153 所示,最大位移值为 0.033 m;最大应力发生在 42713 单元,其应力历程曲线如图 5-154 所示,最大应力值为 350.15 MPa,整个结构的动能变化历程曲线如图 5-155所示,鸟体能量变化历程曲线如图 5-156 所示。

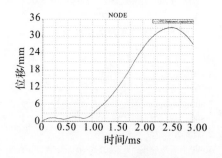

图 5-153　位移历程曲线

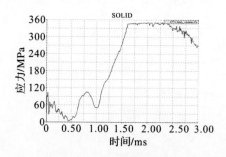

图 5-154　应力历程曲线

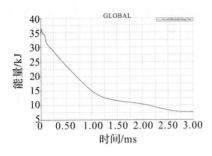

图 5-155 整个结构的动能历程曲线

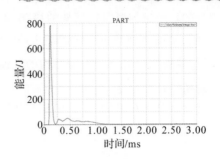

图 5-156 鸟体能量变化历程曲线

11. 计算结果对比

所有结构最大应力对比见表5-23,最大位移对比见表5-24。

表 5-23 所有结构最大应力列表对比 （单位:MPa）

冲击速度 m/s	模型1	模型2	模型3	模型4	模型5	模型6
80	350.55	351.01	350.32	345.46	—	345.46
150	358.33	374.35	386.72	421.00	345.00	348.41
200	393.58	396.53	413.60	419.01	354.89	350.15

表 5-24 所有结构最大位移列表对比 （单位:mm）

冲击速度 m/s	模型1	模型2	模型3	模型4	模型5	模型6
80	5.43	5.63	5.1	9.6	—	13.8
150	12.8	13.2	12.7	20.5	7.6	29.8
200	17.12	17.5	17.87	20.8	9.5	33.2

从模型1、模型2、模型3的计算结果中可以看出,对于正撞情况下减少龙骨的横截面厚度最大应力水平的增加不是非常明显,并且以上3种模型的计算结果表明这3种构形的龙骨对于80 m/s,150 m/s,200 m/s的鸟体撞击都是安全的。

当鸟体撞击风挡时候,龙骨侧面的框有部分单元失效,这表明结构是不安全的,而增加中凸椽的厚度则可以有效地降低龙骨结构的应力水平,使结构变成安全的。

12. 结论与改进

从所有的计算结果中可以看出,鸟体正撞龙骨的三种速度下,风挡龙骨都是安全的,所以可以得出结论:在满足鸟撞的条件下,可以适当地减小龙骨横剖面的尺寸来达到减少飞机风挡的结构质量。在撞击风挡玻璃的中间时,龙骨和框架从计算结果中显示是安全的,但风挡框架上的应力和变形比较大。当鸟体撞击风挡玻璃的一角时,在150 m/s的速度下,风挡框架上的一部分单元失效,说明在这个速度下风挡框架发生开裂或者断裂;在200 m/s的速度下,风挡框架和龙骨的中间凸椽都有单元失效,撞击点处的附近的风挡断开或者有了裂缝,这与试验结果是比较相符的。经过加厚风挡框架的橡条和龙骨的中间凸橡,风挡在 150 m/s 和 200 m/s 两种速度下都安全,证明加厚的风挡框架的橡条和龙骨的中间凸橡的尺寸比较合理。

5.3.3.2 典型铝合金风挡龙骨结构的数值分析与吸能特性

1.有限元模型几何尺寸

金属工字梁试验件在 PAM-CRASH 中所建的模型如图 5-157 所示。除了橡胶部分采用壳单元外,其他部件全部采用实体单元。

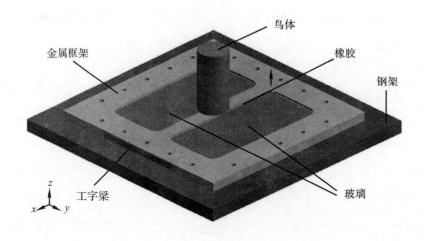

图 5-157 PAM-CRASH 中的计算模型

软体正撞击龙骨梁中央时,将结构简化为一个简单的窗框结构。窗框外围长和宽都为 330 mm,中间工字梁的宽度为 24 mm,两个窗的宽和高分别是 101 mm 和 226 mm。金属工字梁的几何尺寸如图 5-158(a)所示。结构中的工字梁和玻璃的材料均采用铝合金,即用一块铝板来模拟玻璃。工字梁和玻璃通过一层橡胶垫连接,橡胶包住玻璃的边缘,卡入如图 5-158(b)所示的工字梁上边的槽内,橡胶垫、玻璃分别和工字梁设置了力学接触条件。

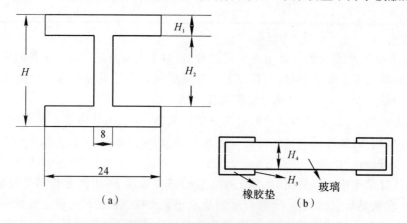

图 5-158 鸟体正撞工字梁时结构图

(a)工字梁截面尺寸图; (b)橡胶和玻璃组合图

表 5-25 列出了在不同厚度时结构各个部分的尺寸。

表 5－25 各种厚度情况下工字梁以及玻璃等结构尺寸 （单位:mm）

总厚度 H	上缘厚度 H_1	玻璃和橡胶总厚度 H_2	橡胶厚度 H_3	玻璃厚度 H_4
10	2	6	1	4
15	3	9	2	5
20	4	12	2	8

2. 材料参数的设置

铝合金也采用第 16 号带损伤和失效的弹塑性模型来模拟,设置的参数值与明胶体的一样,具体参数见表 5-26。

表 5－26 铝合金参数

速 度	$\rho/(kg \cdot m^{-3})$	E/Pa	ν	σ_y/Pa	E_t/Pa	ε_f
76 m/s	2 830	7.1×10^{10}	0.33	4.2×10^8	6.9×10^8	0.18
158 m/s	2 830	7.1×10^{10}	0.33	2.9×10^8	6.9×10^8	0.18

模拟计算中的橡胶采用第 102 号弹塑性壳单元,设置的参数有 4 个,分别是密度 ρ、弹性模量 E、屈服应力 σ_y 和泊松比 μ,具体设置见表 5-27。

表 5－27 橡胶参数设置

$\rho/(kg \cdot m^{-3})$	E/Pa	σ_y/Pa	ν
1 040	3×10^8	4.5×10^7	0.3

试验件底部的钢架选用第 1 号弹塑性体单元,需要的材料参数有密度、弹性模量、屈服应力以及切线模量,具体值如表 5-28 所示。

表 5－28 钢架参数设置

$\rho/(kg \cdot m^{-3})$	E/Pa	σ_y/Pa	E_t/Pa
7 850	2.1×10^{11}	4.0×10^8	2×10^9

3. 构件之间的接触条件

金属框架、玻璃、钢架、橡胶、金属工字梁之间在 PAM－CRASH 中的接触类型选用第 36 号接触类型,设置的参数有 3 个,分别是 HCONT,SLFACH 和 FRICT,具体值见表 5-29。

表 5－29 第 36 号接触类型参数设置

HCONT/m	SLFACH	FRICT
3.5×10^{-5}	0.1	0.1

明胶软体与金属工字梁、玻璃之间的冲击接触类型选用第 33 号接触类型,设置的参数是 HCONT,SLFACH 和 FRICT,其具体值见表 5-30。

表 5－30 第 33 号接触类型参数设置

HCONT/m	SLFACH	FRICT
0.002 7	0.1	0.1

4. 边界条件

试验件边界条件设置了三种约束。分别是钢架底层单元的固定约束(包括三个方向的滑

动约束 x,y,z 以及绕 x,y,z 三个轴的转动约束 u,v,w），金属框架和金属工字梁上所有螺孔内壁的约束（x,y 以及 u,v,w），以及所有螺孔周围局部区域的滑动约束 z。

5.数值模拟计算结果

对于总厚度为 15 mm 的模型，上下缘厚度 3 mm，在 80 m/s 的鸟体冲击速度下，基本上结构不产生大的变形，没有单元失效。中心点最大位移为 6 mm，最大位移节点编号为 22470，具体结果如图 5－159 所示。

在 150 m/s 的鸟体冲击速度下结构两端有部分单元失效，工字梁两端接近断裂。中心点最大位移为 21 mm，最大位移节点编号为 22470，具体结果如图 5－160 所示。

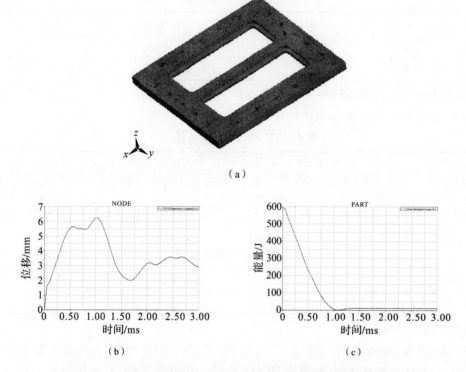

（a）

（b）　　　　　　　　　　　　　　（c）

图 5－159　总厚度为 15 mm 时 80 m/s 鸟体正撞结构结果

（a）80 m/s 撞击速度下的结构变形；　（b）80 m/s 撞击速度结构正中位移历程曲线；　（c）80 m/s 撞击鸟体动能图

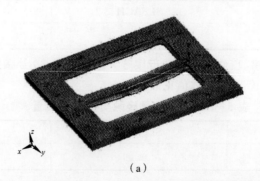

（a）

图 5－160　总厚度为 10 mm 时，150 m/s 鸟体正撞结构结果

（a）150 m/s 撞击速度下的结构变形

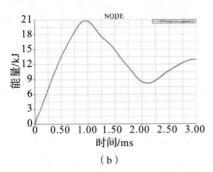 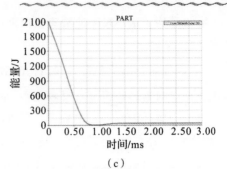

续图 5-160　总厚度为 10mm 时,150m/s 鸟体正撞结构结果

(b)150 m/s 撞击速度结构正中位移历程曲线；　(c) 150 m/s 撞击鸟体动能图

在 200 m/s 的鸟体冲击速度下结构两端基本上断开,工字梁两端有大量单元失效。中心点最大位移为 34 mm,最大位移节点编号为 22470,具体结果如图 5-161 所示。

(a)

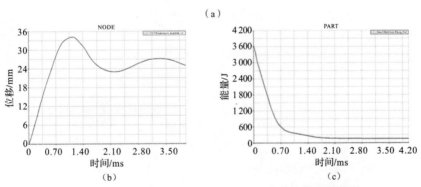

图 5-161　总厚度为 15 mm 时,200 m/s 鸟体正撞结构结果

(a)200 m/s 撞击速度下结构变形；　(b)200 m/s 撞击速度结构正中位移历程曲线；　(c)200 m/s 撞击鸟体动能图

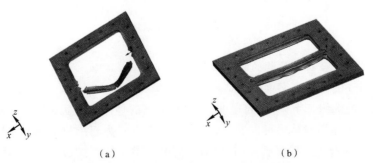

(a)　　　　　　　　　　　　　　(b)

图 5-162　正撞时金属风挡龙骨结构的失效模式

(a)工字梁两端部分单元失效；　(b)工字梁从两端断开

金属工字梁结构的破坏模式主要有梁的两端有部分单元失效,梁从两端断开。具体的失效模式如图 5-162 所示。

5.3.3.3　风挡龙骨编织复合材料结构的数值分析与吸能特性

三维编织复合材料是纺织复合材料之一,是由采用编织技术织造的纤维编织物所增强的复合材料。由于三维编织复合材料采用了三维编织技术,其纤维增强结构在空间上呈网状分布,可以定制增强体的形状,制成的材料浑然一体,不存在二次加工造成的损伤,因此这种材料不仅具备传统复合材料所具有的高比强度、高比模量等优点,还具有高损伤容限和高断裂韧性以及耐冲击、不分层、抗开裂和耐疲劳等特点。这些新优点完全克服了传统纤维增强复合材料层合板的缺点,又具有成本优势,因此迅速成为高性能合金的替代材料。

三维编织技术主要有三种,即二步法、四步法和实体编织。

对于三维编织复合材料,其研究大多是对被称作单胞的材料代表性结构单元进行细观分析,然后利用其分析结果再对结构进行宏观分析,有代表性的研究工作主要有:Whitney,Crane 等人的基于二维层合板理论分析模型[1],八田博志及梁军等的等效夹杂法[2],Ma 的弹性应变能方法[3],Yang 和 Chou 提出的纤维偏斜模型[4],高野直树的均匀化方法[5],吴德隆的三细胞模型[6]。陈利的偏轴模型[7]以及郑锡涛的正轴模型[8]。另外,还有弯曲纤维模型、刚度平均化方法等,这些研究大都是以模量分析为中心。由于编织复合材料结构的复杂性和多样性,使其损伤、强度和非线性的研究较之模量的研究成果差异甚大,还有许多工作有待于进一步深入探讨。

编织复合材料风挡结构中的工字梁的结构形式如图 5-163 所示。整个编织梁的结构可分为上缘、腹板和下缘三部分。

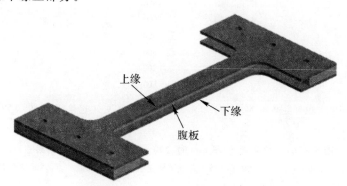

上缘

下缘

腹板

图 5-163　编织风挡工字梁结构

一、风挡龙骨编织复合材料结构的吸能曲线

1. 厚度为 20 mm 的编织工字梁计算结果

厚度为 20 mm 的编织工字梁,受到速度为 80 mm/s 的鸟体撞击后结构在 3 ms 时的变形如图 5-164 所示。从计算的结果可以看出,只有在编织方式为三维三向正交,且 $x:y:z=45:45:10$ 时,框边缘有 2 个单元破坏,其余编织情况下梁无任何损伤,中间位置的位移变形也很小。

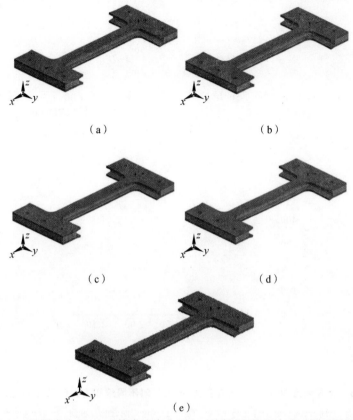

（a）　　　　　　　　　　　　　　（b）

（c）　　　　　　　　　　　　　　（d）

（e）

图 5 - 164　总厚度为 20 mm,撞击速度为 80 m/s 时不同编织方式时编织梁的变形图

（a）三维三向正交, $x : y : z = 45 : 45 : 10$; 　（b）三维三向正交, $x : y : z = 48 : 48 : 4$;
（c）三维六向,四向、五向、六向纱线细度比为 $1 : 1 : 1$; 　（d）三维六向,四向、五向、六向纱线细度比为 $1 : 4 : 4$;
（e）三维六向,四向、五向、六向纱线细度比为 $1 : 8 : 8$

　　图 5 - 165 所示是鸟体在撞击过程中的动能曲线,从图中看出,撞击后鸟体的动能几乎全部被吸收,且五种不同编织方式下鸟体的动能变化一致。

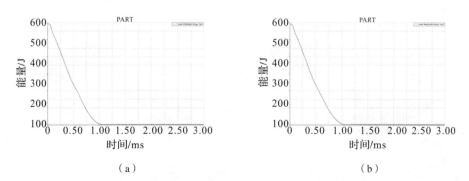

（a）　　　　　　　　　　　　　　（b）

图 5 - 165　总厚度为 20 mm,撞击速度为 80 m/s 时不同编织方式时鸟体的动能变化曲线

（a）三维三向正交, $x : y : z = 45 : 45 : 10$; 　（b）三维三向正交, $x : y : z = 48 : 48 : 4$

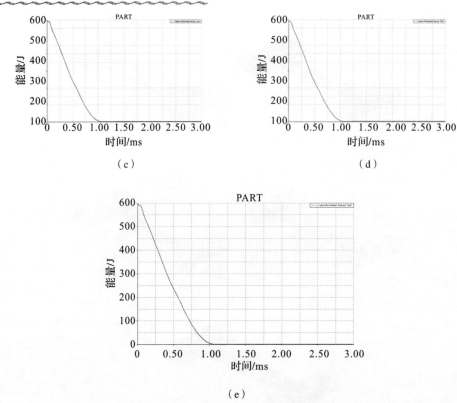

（c）　　　　　　　　　　　　　　（d）

（e）

续图 5 - 165　总厚度为 20 mm,撞击速度为 80 m/s 时不同编织方式时鸟体的动能变化曲线

(c)三维六向,四向、五向、六向纱线细度比为 1∶1∶1;　(d)三维六向,四向、五向、六向纱线细度比为 1∶4∶4;

(e)三维六向,四向、五向、六向纱线细度比为 1∶8∶8

图 5 - 166 所示是厚度为 20 mm 的工字梁,受到速度为 150 m/s 的鸟体撞击后 3 ms 时的梁结构变形图。从图中可以看出,三维三向正交编织的两种工字梁两端有一定的破坏,但工字梁仍然保持为一个整体。采用三维六向编织时,四向、五向、六向纱线细度比为 1∶8∶8 的工字梁两端有少量单元破坏,但破坏的单元数量比三维三向正交编织时破坏的单元数量少。四向、五向、六向纱线细度比为 1∶1∶1 时和 1∶4∶4 时工字梁没有损伤。

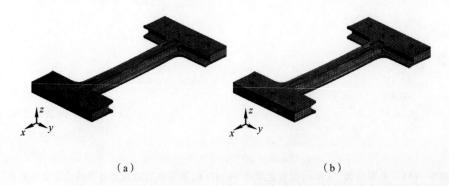

（a）　　　　　　　　　　　　　　（b）

图 5 - 166　总厚度为 20 mm,撞击速度为 150 m/s 时不同编织方式时鸟体的动能变化曲线

(a)三维三向正交,$x\colon y\colon z=45\colon 45\colon 10$;　(b)三维三向正交,$x\colon y\colon z=48\colon 48\colon 4$

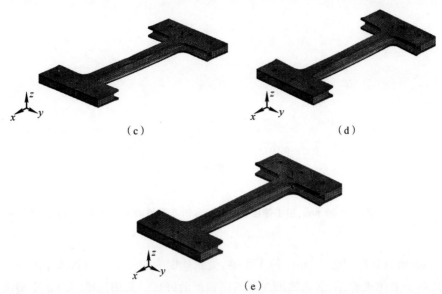

续图 5-166 总厚度为 20 mm,撞击速度为 150 m/s 时不同编织方式时鸟体的动能变化曲线

(c)三维六向,四向、五向、六向纱线细度比为 1:1:1; (d)三维六向,四向、五向、六向纱线细度比为 1:4:4;

(e)三维六向,四向、五向、六向纱线细度比为 1:8:8

图 5-167 所示是鸟体在撞击过程中的动能变化曲线,从图中可以看出,撞击后鸟体保留极小的一部分动能,撞击后鸟体沿撞击初始速度相反的方向运动。

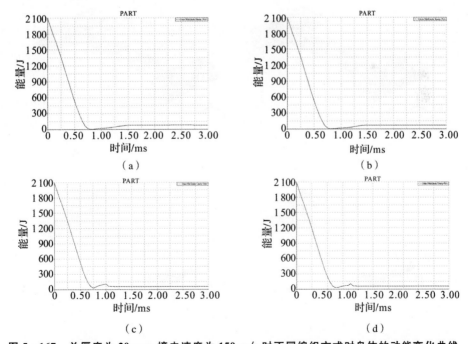

图 5-167 总厚度为 20 mm,撞击速度为 150 m/s 时不同编织方式时鸟体的动能变化曲线

(a)三维三向正交,$x:y:z=45:45:10$; (b)三维三向正交 $x:y:z=48:48:4$;

(c)三维六向,四向、五向、六向纱线细度比为 1:1:1; (d)三维六向,四向、五向、六向纱线细度比为 1:4:4

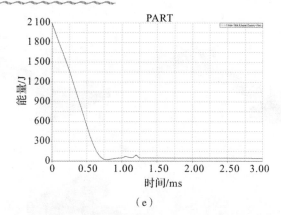

（e）

续图 5－167　总厚度为 20 mm，撞击速度为 150 m/s 时不同编织方式时鸟体的动能变化曲线

（e）三维六向，四向、五向、六向纱线细度比为 1∶8∶8

图 5－168 所示是厚度为 20 mm 的工字梁，受到速度为 200 m/s 的鸟体撞击后 4 ms 时的梁结构变形图。总体来看，工字梁均出现了不同程度的破坏。采用三维三向正交编织时，工字梁两端断裂。三维六向编织的工字梁，四向、五向、六向纱线细度比为 1∶1∶1 时，工字梁两端有 47 个，梁结构依然保持完整。四向、五向、六向纱线细度比为 1∶4∶4 和 1∶8∶8 时，工字梁一端断裂，另一端大量单元失效，但仍然连在框上。

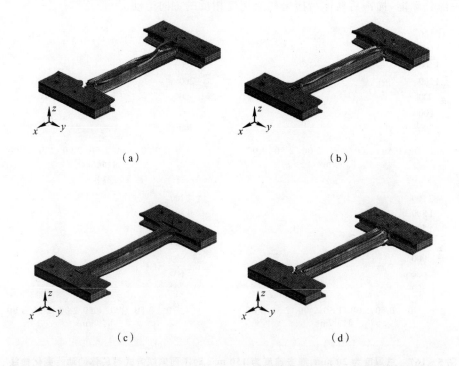

（a）　　　　　　　　　　　　　　　　　　（b）

（c）　　　　　　　　　　　　　　　　　　（d）

图 5－168　总厚度为 20 mm，撞击速度为 200 m/s 时不同编织方式时鸟体的动能变化曲线

（a）三维三向正交，$x∶y∶z=45∶45∶10$；　（b）三维三向正交，$x∶y∶z=48∶48∶4$；

（c）三维六向，四向、五向、六向纱线细度比为 1∶1∶1；　（d）三维六向，四向、五向、六向纱线细度比为 1∶4∶4

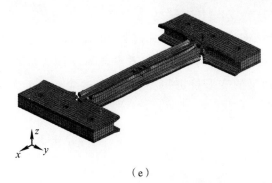

（e）

续图 5‐168　总厚度为 20 mm,撞击速度为 200 m/s 时不同编织方式时鸟体的动能变化曲线

（e）三维六向,四向、五向、六向纱线细度比为 1∶8∶8

　　图 5‐169 表示的是撞击过程中鸟体的动能曲线变化图,从图中看出,编织方式为四向、五向、六向纱线细度比为 1∶1∶1 是鸟体的最终动能最大。

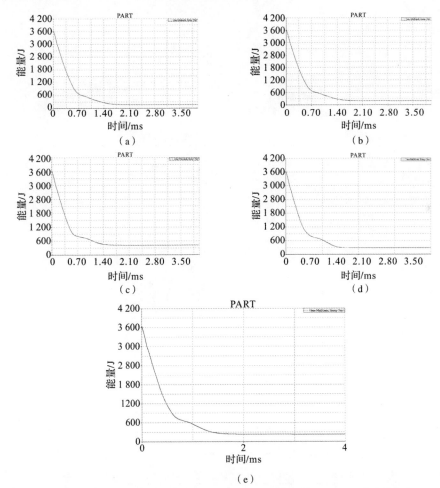

图 5‐169　总厚度为 20 mm,撞击速度为 200 m/s 时不同编织方式时鸟体的动能变化曲线

（a）三维三向正交,$x∶y∶z=45∶45∶10$;　　（b）三维三向正交,$x∶y∶z=48∶48∶4$;

（c）三维六向,四向、五向、六向纱线细度比为 1∶1∶1;　　（d）三维六向,四向、五向、六向纱线细度比为 1∶4∶4;

（e）三维六向,四向、五向、六向纱线细度比为 1∶8∶8

2.厚度为 15 mm 的编织工字梁计算结果

对于厚度为 15 mm 的编织工字梁,鸟体速度为 80 m/s 时,在撞击后 3 ms 时编织梁结构的变形图如图 5-170 所示。从分析的结果可以看出,5 种不同编织形式的工字梁受到撞击后梁中段没有损伤,冲击后的梁的变形量也很小,只有在三维三向正交编织($x:y:z=48:48:4$)时框边缘出现了极少量单元失效。

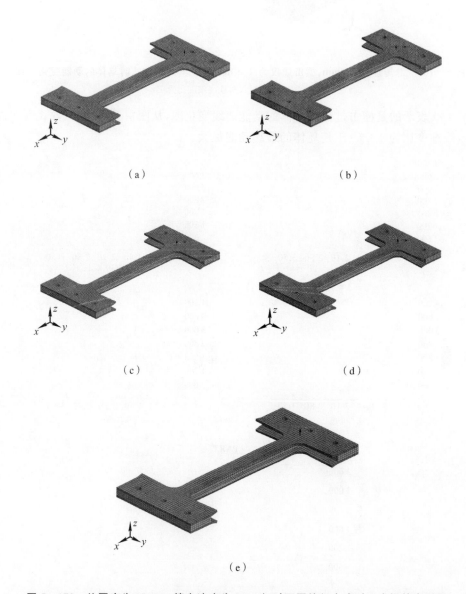

图 5-170　总厚度为 15 mm,撞击速度为 80 m/s 时不同编织方式时工字梁的变形图

(a)三维三向正交 $x:y:z=45:45:10$;　(b)三维三向正交, $x:y:z=48:48:4$;

(c)三维六向,四向、五向、六向纱线细度比为 1:1:1;

(d)三维六向,四向、五向、六向纱线细度比为 1:4:4;　(e)三维六向,四向、五向、六向纱线细度比为 1:8:8

撞击过程中,鸟体的动能变化曲线如图 5-171 所示。

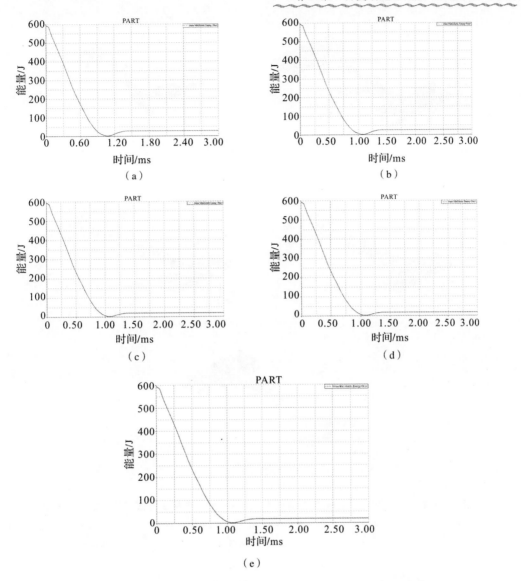

图 5 - 171 总厚度为 15 mm,撞击速度为 80 m/s 时不同编织方式时鸟体的动能变化曲线

(a)三维三向正交,$x : y : z = 45 : 45 : 10$; (b)三维三向正交,$x : y : z = 48 : 48 : 4$; (c)三维六向,四向、五向、六向纱线
细度比为 1:1:1; (d)三维六向,四向、五向、六向纱线细度比为 1:4:4; (e)三维六向,四向、五向、六向纱线
细度比为 1:8:8

从图 5 - 171 所示的鸟体冲击工字梁时的动能变化曲线可以看出,厚度为 15 mm,撞击速度为 80 m/s 时,鸟体的动能变化曲线基本相同。

鸟体速度为 150 m/s 时,在撞击后 3 ms 时编织梁的变形如图 5 - 172 所示。从撞击后的变形可以看出,在三种编织方式下编织梁完全破坏,分别为三维三向正交编织的两种纺织方式,以及三维六向编织时四向、五向、六向纱线细度比为 1:8:8。而采用三维六向编织,四向、五向、六向纱线细度比为 1:1:1 时梁没有任何损伤,只是梁中段出现了较大的变形;采用三维六向编织,四向、五向、六向纱线细度比为 1:4:4 时,梁的两端有少量单元失效,失效单元为 24 个,但梁的结构仍然保持完整。

图 5 - 172　总厚度为 15 mm,撞击速度为 150 m/s 时不同编织方式时编织梁的变形图

(a)三维三向正交,$x:y:z=45:45:10$;　(b)三维三向正交,$x:y:z=48:48:4$;　(c)三维六向,四向、五向、六向纱线
细度比为 $1:1:1$;　(d)三维六向,四向、五向、六向纱线细度比为 $1:4:4$;　(e)三维六向,四向、五向、六向纱线
细度比为 $1:8:8$

　　撞击过程中,鸟体的动能变化曲线如图 5 - 173 所示。

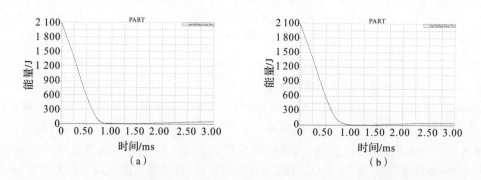

图 5 - 173　总厚度为 15 mm,撞击速度为 150 m/s 时不同编织方式时鸟体的动能变化曲线

(a)三维三向正交,$x:y:z=45:45:10$;　(b)三维三向正交,$x:y:z=48:48:4$

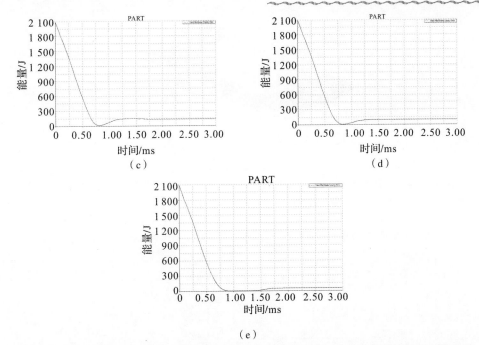

（e）

续图 5 - 173　总厚度为 15 mm,撞击速度为 150 m/s 时不同编织方式时鸟体的动能变化曲线

（c）为三维六向,四向、五向、六向纱线细度比为 1∶1∶1;

（d）三维六向,四向、五向、六向纱线细度比为 1∶4∶4;　（e）三维六向,四向、五向、六向纱线细度比为 1∶8∶8

　　从图 5-173 中鸟体撞击时过程中的动能变化曲线看出,当梁产生大的损伤时,鸟体的最终动能基本被工字梁全部吸收,而梁损伤很小或无损伤时,鸟体的最终动能稍大。

　　鸟体速度为 200 m/s 时,在撞击后 4 ms 时编织梁变形如图 5-174 所示。可以看到,在鸟的速度为 200 m/s 时,不同编织方式的工字梁均完全破坏。采用三维三向正交编织（$x∶y∶z＝45∶45∶10$）,三维六向编织（四向、五向、六向纱线细度比为 1∶4∶4）时,编织梁的腹板完全破坏,下缘产生很大的位移。采用其他编织方式时,编织梁中间和两端断裂。

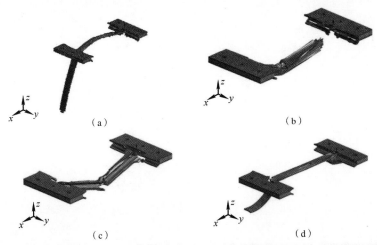

图 5 - 174　总厚度为 15 mm,撞击速度为 200 m/s 时不同编织方式时编织梁的变形图

（a）三维三向正交,$x∶y∶z＝45∶45∶10$;　（b）三维三向正交,$x∶y∶z＝48∶48∶4$;

（c）为三维六向,四向、五向、六向纱线细度比为 1∶1∶1;　（d）三维六向,四向、五向、六向纱线细度比为 1∶4∶4

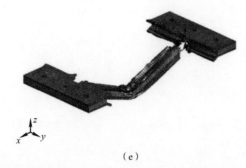

（e）

续图 5 - 174　总厚度为 15 mm,撞击速度为 200 m/s 时不同编织方式时编织梁的变形图

（e）三维六向,四向、五向、六向纱线细度比为 1 : 8 : 8

图 5 - 175 所示的是鸟体在撞击编织工字梁时的动能变化曲线。

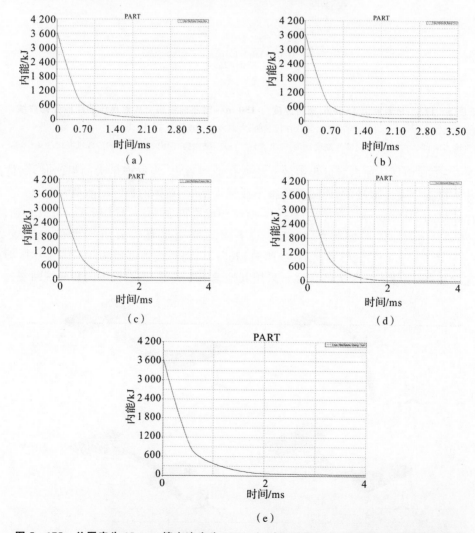

图 5 - 175　总厚度为 15 mm,撞击速度为 200 m/s 时不同编织方式时鸟体的动能变化曲线

（a）三维三向正交,$x : y : z = 45 : 45 : 10$;　（b）三维三向正交,$x : y : z = 48 : 48 : 4$;　（c）三维六向,四向、五向、六向纱线细度
比为 1 : 1 : 1;　（d）三维六向,四向、五向、六向纱线细度比为 1 : 4 : 4;　（e）三维六向,四向、五向、六向纱线细度比为 1 : 8 : 8

从图 5-175 中鸟体在撞击过程中的动能变化曲线可以看出,撞击后,鸟体的动能几乎全部被耗散。

3.厚度为 10 mm 的编织工字梁计算结果

图 5-176 所示的是厚度为 10 mm 的编织工字梁,受到速度为 80 m/s 的鸟体撞击后 3 ms 时的结构变形图。从图中可以看出,受到冲击后,三维三向正交编织的工字梁框边出现了少量单元的失效,梁中段的缘条出现了较大的变形。采用三维六向编织的方式时,四向、五向、六向纱线细度比为 1∶8∶8 的工字梁框边缘出现了少量单元的损伤,纱线细度比为 1∶1∶1 和 1∶4∶4 时工字梁没有损伤,三种不同纱线细度比的工字梁中段都出现了较大的变形。

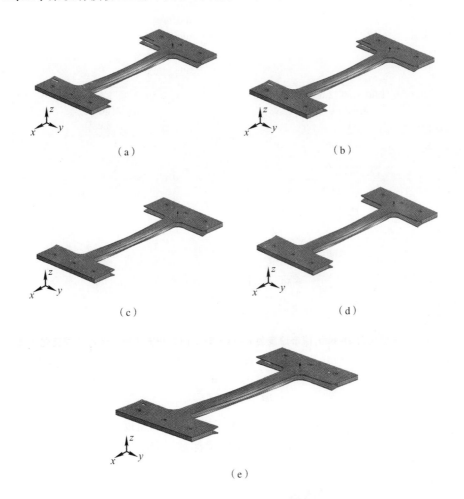

图 5-176　总厚度为 10 mm,撞击速度为 80 m/s 时不同编织方式时编织梁的变形图

(a)三维三向正交,$x∶y∶z＝45∶45∶10$;　(b)三维三向正交,$x∶y∶z＝48∶48∶4$;　(c)三维六向,四向、五向、六向纱线细度比为 1∶1∶1;　(d)三维六向,四向、五向、六向纱线细度比为 1∶4∶4;　(e)三维六向,四向、五向、六向纱线细度比为 1∶8∶8

图 5-177 所示的是鸟体在撞击过程中的动能变化曲线图,从图中可以看出,鸟体的动能几乎全部被工字梁吸收。

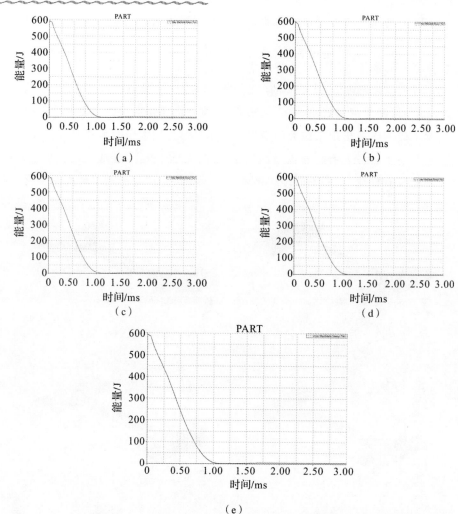

图 5-177　总厚度为 10 mm,撞击速度为 80 m/s 时不同编织方式时鸟体的动能变化曲线

(a)三维三向正交, $x:y:z=45:45:10$;　(b)三维三向正交 $x:y:z=48:48:4$;　(c)三维六向,四向、五向、六向纱线
细度比为 $1:1:1$;　(d)三维六向,四向、五向、六向纱线细度比为 $1:4:4$;　(e)三维六向,四向、五向、六向纱线
细度比为 $1:8:8$

　　图 5-178 所示的是总厚度为 10 mm 的编织工字梁,受到速度为 150 m/s 的鸟体冲击后 3 ms的结构变形图。从图中可以看出,冲击后工字梁都是一端断裂。

图 5-178　总厚度为 10 mm,撞击速度为 150 m/s 时不同编织方式时编织梁的变形图

(a)三维三向正交, $x:y:z=45:45:10$;　(b)三维三向正交 $x:y:z=48:48:4$

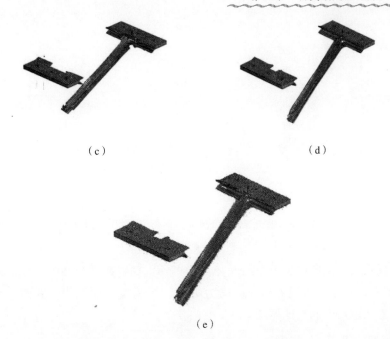

（c）　　　　　　　　　　　　　　　　　　（d）

（e）

续图 5-178　总厚度为 10 mm,撞击速度为 150 m/s 时不同编织方式时编织梁的变形图

(c)三维六向,四向、五向、六向纱线细度比为 1∶1∶1;　(d)三维六向,四向、五向、六向纱线细度比为 1∶4∶4;

(e)三维六向,四向、五向、六向纱线细度比为 1∶8∶8

图 5-179 显示了鸟体在撞击过程中的动能变化曲线,鸟体撞击工字梁后动能全部耗散掉。

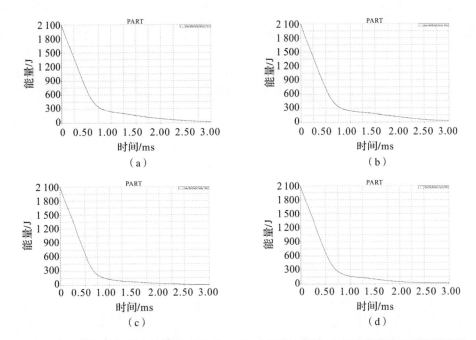

（a）　　　　　　　　　　　　　　　　　　（b）

（c）　　　　　　　　　　　　　　　　　　（d）

图 5-179　总厚度为 10 mm,撞击速度为 150 m/s 时不同编织方式时鸟体的动能变化曲线

(a)三维三向正交, $x∶y∶z=45∶45∶10$;　(b)三维三向正交 $x∶y∶z=48∶48∶4$;

(c)三维六向,四向、五向、六向纱线细度比为 1∶1∶1;　(d)三维六向,四向、五向、六向纱线细度比为 1∶4∶4

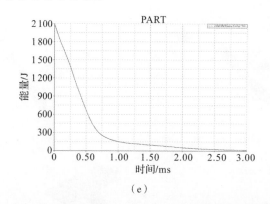

（e）

续图 5 - 179 总厚度为 10 mm,撞击速度为 150 m/s 时不同编织方式时鸟体的动能变化曲线

（e）三维六向,四向、五向、六向纱线细度比为 1∶8∶8

图 5 - 180 显示的是总厚度为 10 mm 的编织工字梁,受到速度为 200 m/s 的鸟体冲击后 1 ms 的结构变形图。从图中可以看出在时间为 1 ms 时,采用不同编织方式的工字梁已经全部破坏,破坏位置在撞击点和梁的两端。

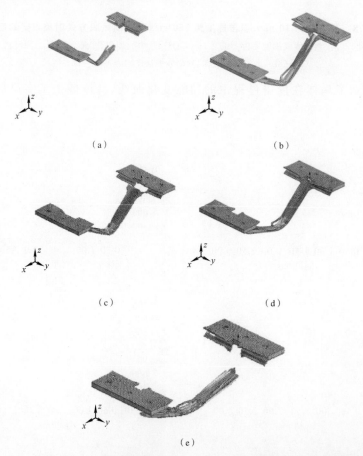

图 5 - 180 总厚度为 10 mm,撞击速度为 200 m/s 时不同编织方式时编织梁的变形图

（a）三维三向正交, $x \colon y \colon z = 45 \colon 45 \colon 10$; （b）三维三向正交 $x \colon y \colon z = 48 \colon 48 \colon 4$; （c）三维六向,四向、五向、六向纱线细度 比为 1∶1∶1∶1; （d）三维六向,四向、五向、六向纱线细度比为 1∶4∶4; （e）三维六向,四向、五向、六向纱线细度比为 1∶8∶8

4.工字梁受到鸟体撞击时的损伤情况统计

对于不同编织方式的工字梁在不同鸟体速度撞击下,结构的损伤情况统计见表 5 - 31。从计算的结果可以看出,采用三维六向编织,四向、五向、六向纱线细度比为 1 : 1 : 1 时编织工字梁承受鸟撞的能力最强,同等撞击速度和厚度下结构破坏的程度最小。梁的厚度为 15 mm 时,采用四向、五向、六向纱线细度比为 1 : 1 : 1 的编织方式,鸟体速度为 80 m/s 和 150 m/s 时编织梁没有破坏单元,鸟体的速度为 200 m/s 时编织梁两端断裂,撞击位置也有单元失效。

表 5 - 31　编织梁受到鸟撞时的损伤情况统计

材　料	厚度/mm	80 m/s	150 m/s	200 m/s
三维三向正交 $x : y : z = 45 : 45 : 10$	10	工字梁中段无损伤,上缘和下缘出现较大的变形。框边缘有单元失效,失效单元 23 个	工字梁两端断裂,鸟撞击的位置没有破坏。失效单元 113 个	工字梁两端断裂,上缘大量破坏,腹板中间单元破坏。失效单元 230 个
	15	工字梁无损伤,变形很小	工字梁两端断裂,上下缘开裂,腹板破坏。失效单元 291 个	工字梁一端断裂,腹板完全破坏。失效单元 215 个
	20	工字梁中段无损伤,变形很小。框边缘有单元失效,失效单元 2 个	上缘和腹板两端有少量单元破坏。失效单元 64 个	两端破坏,上缘裂开。失效单元 110 个
三维三向正交 $x : y : z = 48 : 48 : 4$	10	工字梁中段无损伤,上缘和下缘出现较大的变形。框边缘有单元失效,失效单元 24 个	工字梁的一端完全断开,另一端部分断裂,但仍然连在框上。失效单元 116 个	工字梁的一端完全断开,另一端部分断裂,但仍然连在框上;腹板大量单元失效。失效单元 223 个
	15	工字梁中段无损伤,变形很小。框边缘有单元失效,失效单元 4 个	工字梁的一端断裂,上缘断裂。失效单元 207 个	工字梁的一端断裂,腹板上有部分单元失效。失效单元 212 个
	20	工字梁无损伤,变形很小	梁的两端有部分单元破坏。失效单元 63 个	工字梁两端有大量单元破坏,上缘破坏。失效单元 128 个
三维六向 四向、五向、六向纱线细度比为 1 : 1 : 1	10	工字梁无损伤,上缘和下缘出现较大变形	工字梁的一端完全断开,另一端大部分单元失效,但仍然连在框上。失效单元 97 个	工字梁的两端断裂,撞击点处的单元部分失效。失效单元 141 个
	15	工字梁无损伤,变形很小	工字梁无损伤,梁的中段变形较大	工字梁的两端和撞击位置断裂,失效单元 152 个

续表

材　料	厚度/mm	80 m/s	150 m/s	200 m/s
三维六向 四向、五向、六向纱 线细度比为 1∶4∶4	20	工字梁无损伤，变形很小	工字梁无损伤，梁的上缘变形较大	工字梁两端有部分单元失效。失效单元 47 个
	10	工字梁无损伤，上缘和下缘出现较大变形	工字梁一端断裂，另一端大量单元失效。失效单元 83 个	工字梁两端断裂，撞击处部分单元失效。失效单元 130 个
	15	工字梁无损伤，变形很小	工字梁两端有少量单元损伤，梁中段变形较大，失效单元 24 个	工字梁两端断裂，上缘中间有单元破坏，下缘和腹板分开，并从中间位置断开，失效单元 210 个
	20	工字梁无损伤，变形很小	工字梁无损伤，上缘变形较大	工字梁一端断裂，另一端大梁单元破坏。失效单元 62 个
三维六向 四向、五向、六向纱 线细度比为 1∶8∶8	10	工字梁中段无损伤，上下缘出现较大变形。框边缘有单元失效，失效单元 6 个	工字梁一端断裂，另一端大量单元破坏。失效单元 93 个	工字梁两端断裂并从结构中脱离，梁中间的撞击位置单元破坏。失效单元 147 个
	15	工字梁无损伤，变形很小	工字梁两端断裂，失效单元 88 个	工字梁两端断裂，撞击位置单元大量破坏，失效单元 158 个
	20	工字梁无损伤，变形很小	工字梁一端有少量单元破坏，另一端无损伤。失效单元 14 个	工字梁一端断裂，另一端有部分单元失效，撞击位置有单元失效。失效单元 82 个
金属梁	10	工字梁无损伤，梁中段出现了较大的变形	工字梁一端断裂，另一端仍连接在框上，但大量单元失效，失效单元 61 个	工字梁从梁两端断裂，中段从结构中脱离，损失单元 99 个
	15	工字梁无损伤，变形很小	工字梁两端有少许单元失效，失效单元 39 个	工字梁从两端断裂，损失单元 78 个
	20	无损伤，结构无较大变形	无损伤，结构有一定变形	工字梁两端有少许单元失效，失效单元数 24 个

5.编织工字梁和金属工字梁的比较

下面比较厚度为 15 mm，三维六向编织，四向、五向、六向纱线细度比为 1∶1∶1 的工字梁和金属工字梁受鸟撞时的吸能效果。

在 80 m/s 的鸟体撞击下金属工字梁和复合材料编织梁的对比如图 5-181 所示,从图中看出,工字梁受到撞击后没有任何损伤。

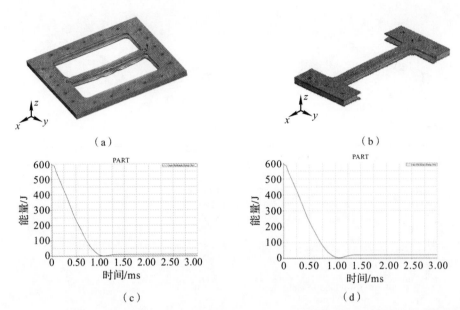

图 5-181　金属工字梁和编织工字梁受到速度为 80 m/s 的鸟体撞击后的变形和鸟体动能曲线

(a)金属梁结构变形图;　(b)编织工字梁结构变形图;　(c)撞击金属梁时鸟体动能曲线;　(d)撞击编织梁时鸟体动能曲线

在 150 m/s 的鸟体撞击下,金属工字梁和复合材料编织梁的对比如图 5-182 所示,从图中看出,受到撞击后金属工字梁两端出现了破坏,而编织工字梁没有受到任何损伤。

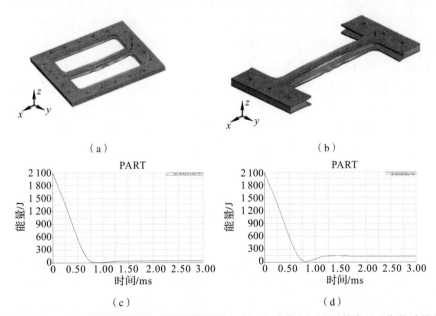

图 5-182　金属工字梁和编织工字梁受到速度为 150 m/s 的鸟体撞击后的变形和鸟体动能曲线

(a)金属梁结构变形图;　(b)编织工字梁结构变形图;　(c)撞击金属梁时鸟体动能曲线;　(d)撞击编织梁时鸟体动能曲线

在 200 m/s 的鸟体撞击下金属工字梁和复合材料编织梁的对比如图 5-183 所示,从图中可以看出,金属工字梁受到鸟体撞击之后梁的两端断裂,编织工字梁受到鸟体撞击后梁的两端和撞击位置断裂。

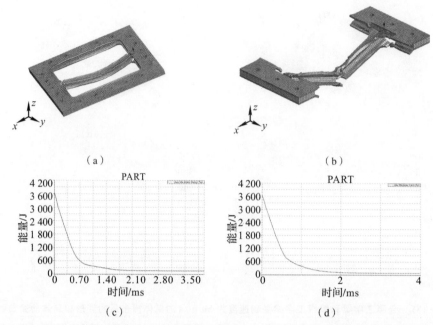

（a） （b）

（c） （d）

图 5-183　金属工字梁和编织工字梁受到速度为 200 m/s 的鸟体撞击后的变形和鸟体动能曲线

(a)金属梁结构变形图；　(b)编织工字梁结构变形图；　(c)撞击金属梁时鸟体动能曲线；　(d)撞击编织梁时鸟体动能曲线

撞击后的结果表明,梁厚度为 15 mm,鸟体速度为 80 m/s 时两种工字梁都没有损伤;鸟体速度为 150 m/s 时,金属工字梁两端有部分单元失效,而编织工字梁没有单元失效;鸟体速度为 200 m/s 时,金属工字梁两端基本断开,编织工字梁在两端和撞击位置断裂。

二、风挡龙骨编织复合材料结构的损伤分析

1.复合材料工字梁材料属性设置

在有限元软件 PAM-CRASH 中,金属工字梁试验件和复合材料工字梁试验件的有限元模型的几何尺寸完全一致。复合材料工字梁结构冲击试验中,除了工字梁部分替换成复合材料外,其他皆为相同的铝合金材料。复合材料模拟计算的是三维六向编织复合材料,其四向、五向、六向纱线细度比为 1:1:1,其包括 PAM-CRASH 中的 Ply Data Base Control Information 选项卡的设置,具体参数见表 5-32。而其边界条件的设置与金属工字梁结构件的设置相同。

表 5-32　三维六向编织复合材料基本设置

E_{11}/Pa	E_{22}/Pa	E_{33}/Pa	G_{12}/Pa	G_{23}/Pa	G_{13}/Pa	ν_{12}	ν_{23}	ν_{13}
6.228×10^{10}	4.196×10^{10}	1.395×10^{10}	1.327×10^{10}	8.542×10^{9}	1.256×10^{10}	0.14	0.38	0.59

2.编织工字梁计算模型

由于编织工字梁腹板和上下缘条材料主方向不相同,计算时将其分解为上缘、腹板和下缘三部分,各个部分之间采用共结点的方式建模。上缘沿工字梁的长度方向为材料的 1 方向,沿工字梁宽度方向定义为材料的 2 方向,沿工字梁的厚度方向定义为材料的 3 方向。对于腹板,沿工字梁的长度方向定义为材料的 1 方向,沿工字梁的厚度方向定义为材料的 2 方向,沿工字梁的宽度方向定义为材料的 3 方向。编织工字梁的有限元模型如图 5 - 184 所示。对于总厚度为 10 mm 的工字梁,腹板沿高度方向划分两个单元,单元沿高方向大小为 3 mm;沿厚度方向划分 2 个单元,尺寸为 4 mm。编织工字梁总共划分的单元数为 4 696 个。对于总厚度为 15 mm 的工字梁,腹板沿高度方向划分 3 个单元,单元沿高方向大小为 3 mm;沿腹板厚度方向划分两个单元,尺寸为 4 mm,编织工字梁总共划分的单元数为 5 626 个。对于总厚度为 20 mm的工字梁,腹板沿高度方向划分 3 个单元,单元沿高方向大小为 4 mm;沿腹板厚度方向划分两个单元,尺寸为 4 mm,编织工字梁总共划分的单元数为 5 571 个。

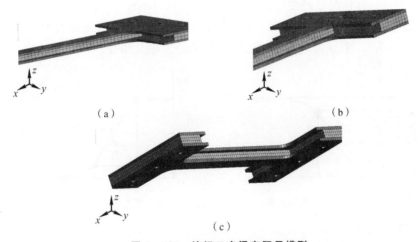

图 5 - 184　编织工字梁有限元模型

(a)厚度为 10 mm;　(b)厚度为 15 mm;　(c)厚度为 20 mm

　　分别计算了五种不同编织方式的工字梁软体撞击时的吸能效果。所采用的编织结构材料常数见表 5 - 33。

表 5 - 33　编织工字梁的材料属性

编织方式	$\dfrac{E_{11}}{\text{GPa}}$	$\dfrac{E_{22}}{\text{GPa}}$	$\dfrac{E_{33}}{\text{GPa}}$	$\dfrac{G_{12}}{\text{GPa}}$	$\dfrac{G_{23}}{\text{GPa}}$	$\dfrac{G_{13}}{\text{GPa}}$	ν_{12}	ν_{23}	ν_{31}
1	68.636	68.636	22.924	5.224	4.484	4.484	0.05	0.16	0.16
2	72.305	72.305	15.042	5.351	4.442	4.442	0.04	0.24	0.24
3	62.285	41.960	13.951	13.270	8.542	12.568	0.14	0.38	0.59
4	77.978	55.712	12.440	9.363	6.434	8.300	0.08	0.40	0.46
5	82.083	59.458	11.885	8.285	5.853	7.122	0.06	0.34	0.41

　　注:表 5 - 33 中的编织方式栏中,1 表示三维三向正交纤维复合材料:$x : y : z = 45 : 45 : 10$;2 表示三维三向正交纤维复合材料:$x : y : z = 48 : 48 : 4$;3 表示三维六向编织复合材料,四向、五向、六向纱线细度比为 1 : 1 : 1;4 表示三维六向编织复合材料,四向、五向、六向纱线细度比 1 : 4 : 4;5 表示三维六向编织复合材料,四向、五向、六向纱线细度比为 1 : 8 : 8。

　　对于复合材料体结构,软件提供了两种材料模型可供选择,分别是正交各向异性双相材料(纤维相和基体相)和非线性纤维相材料模型。

本指南在计算时将编织体等效成各向异性均质材料,选用正交各向异性弹脆性材料模型,在输入材料属性的时候将基体相的属性定义为编织材料的属性,所占体积分数为100%,纤维属性不输入。复合材料的损伤行为:复合材料在经过一段线性弹性阶段后单元的刚度系数会有所减小,具体折减方法如下:

$$C(d) = C_0(1-d) \tag{5.9}$$

式中,C 为应力-应变关系 $\sigma = C\varepsilon$ 中的刚度矩阵,C_0 为未损伤时的刚度矩阵,d 为表示损伤大小的标量,取决于应变的大小。决定损伤的应变参数有3个,即 ε_i,ε_1 和 ε_u,当单元的应变 $0 < \varepsilon < \varepsilon_i$ 时,损伤参数 d 为0;当单元的应变 $\varepsilon_i < \varepsilon < \varepsilon_1$ 时,损伤参数 d 从0线性增大到 d_1;当单元的应变 $\varepsilon_1 < \varepsilon < \varepsilon_u$ 时,损伤参数 d 从 d_1 线性增大到 d_u。d 的变化规律如图 5-185、图 5-186 所示,相应的对应的材料弹性模量的变化。

复合材料破坏准则采用了最大应变失效准则,取纤维发生断裂时的伸长率为2%,即编织材料的最大应变为0.02,且压缩和拉伸时所能承受的最大应变相等。

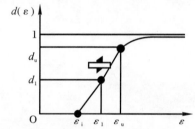

图 5-185　损伤参数 d 与应变的关系

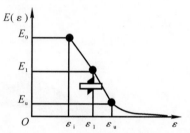

图 5-186　发生损伤后材料模量的变化

3.夹具的有限元模型

编织复合材料工字梁夹具的有限元模型如图 5-187 所示。夹具采用铝合金制造,铝合金的性能见表 5-27。

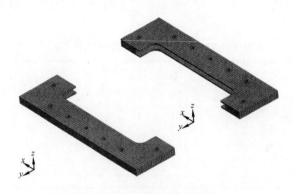

图 5-187　夹具有限元模型

4.有限元计算结果分析

对于不同编织方式的工字梁在不同鸟体速度撞击下结构的损伤情况统计见表 5-34。从计算的结果可以看出,采用三维六向编织,四向、五向、六向纱线细度比为 1∶1∶1 时编织工字梁承受鸟撞的能力最强,同等撞击速度和厚度下结构破坏的程度最小。梁的厚度为 15 mm 时,采用四向、五向、六向纱线细度比为 1∶1∶1 的编织方式,鸟体速度为 80 m/s 和 150 m/s 时编织梁没有破坏单元,鸟体的速度为 200 m/s 时编织梁两端断裂,撞击位置也有单元失效。

表 5-34　编织梁软体撞击损伤失效单元情况统计

编织方式	厚度/mm	80 m/s	150 m/s	200 m/s
三维三向正交 $x:y:z=45:45:10$	10	23	113	230
	15	0	291	215
	20	2	64	110
三维三向正交 $x:y:z=48:48:4$	10	24	116	223
	15	4	207	212
	20	0	63	128
三维六向,四向、五向、 六向纱线细度比为 1:1:1	10	0	97	141
	15	0	0	152
	20	0	0	47
三维六向,四向、五向、 六向纱线细度比为 1:4:4	10	0	83	130
	15	0	24	210
	20	0	0	62
三维六向,四向、五向、 六向纱线细度比为 1:8:8	10	6	93	147
	15	0	88	158
	20	0	14	82

5.三维编织结构的破坏模式

编织工字梁受到高速鸟体撞击后产生大的变形或破坏来吸收鸟体的动能。编织工字梁的破坏模式包括梁两端单元破坏、缘条破坏、腹板断裂并且两端单元失效、梁中间和两端断裂、梁一端断裂另一端大量单元破坏、梁两端断裂等,分别如图 5-188(a)~(f)所示。

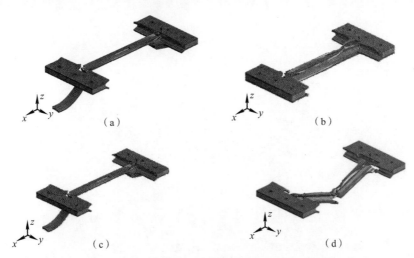

图 5-188　正撞时三维编织工字梁受到鸟体撞击时的破坏模式

(a)梁两端部分单元破坏；　(b)梁缘条破坏；　(c)梁腹板断裂,梁两端单元失效；　(d)梁中间和两端断裂

（e）　　　　　　　　　　　　　　（f）

续图 5 - 188　正撞时三维编织工字梁受到鸟体撞击时的破坏模式

（e）梁一端断裂，另一端有单元破坏；　（f）梁两端断裂

5.3.3.4　试验过程简介

试验件分两类，一类是金属工字梁试验件，如图 5 - 189(a)所示，另一类是复合材料工字梁试验件，如图 5 - 189(b)所示。它们的区别在于工字梁的材料的类型不同。以下对试验件的描述皆以金属工字梁结构为例。

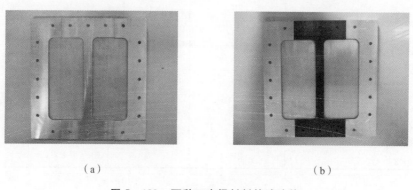

（a）　　　　　　　　　　　　　　（b）

图 5 - 189　两种工字梁材料的试验件

（a）金属工字梁试验件；　（b）复合材料工字梁试验件

试验件外围长和宽都为 330 mm，中间工字梁的宽度为 24 mm，两个开槽的宽和高分别是 101 mm 和 226 mm，如图 5 - 190 所示。试验件中间的工字梁和边框的厚度为 15 mm，通过橡胶嵌在槽内的玻璃厚度为 5 mm。明胶弹发射炮管以及试验件固定支座如图 5 - 191 所示。

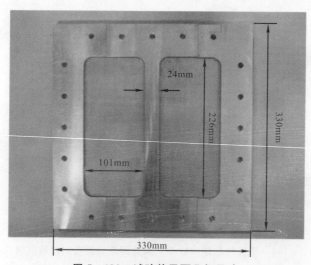

图 5 - 190　试验件平面几何尺寸

图 5 - 191 明胶弹发射炮管以及试验件固定支座

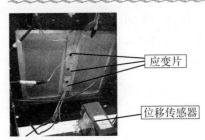

图 5 - 192 撞击面背面的应变片与位移传感器

每个试验件贴了三组应变片,位置如图 5 - 192 所示,每组皆由一个沿工字梁方向的应变片和一个垂直该方向的应变片组成。位移传感器记录的是撞击面背面中点的位移响应。

5.3.3.5 模拟计算与试验数据的对比

对于金属工字梁试验,实测冲击速度为 76 m/s 时,试验中所得的背面中点位移最大值为 3.75 mm,而模拟计算所得冲击背面中点的位移最大值为 3.77 mm。试验与模拟计算的位移响应对比曲线图如图 5 - 193 所示。

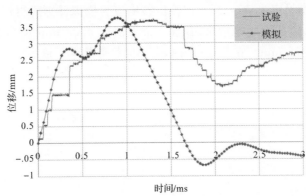

图 5 - 193 冲击速度为 76 m/s 时金属工字梁背面中点的位移响应对比

对于金属工字梁,冲击速度为 76 m/s 时,试验所得冲击面背面中点处沿工字梁方向的应变值变化历程如图 5 - 194 所示,其应变最大值为 5 606$\mu\varepsilon$,点线所示为模拟计算应变值的变化历程,其最大应变值为 6 162$\mu\varepsilon$。

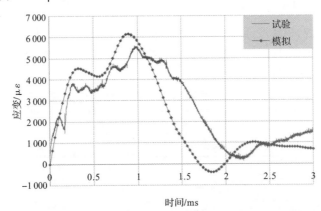

图 5 - 194 冲击速度为 76 m/s 时的金属工字梁背面中点沿梁方向的应变响应对比

冲击速度为 158 m/s 时,试验所得金属工字梁的背面中点位移最大值为 29.53 mm,而模拟计算所得冲击面背面中点的位移最大值为 23.82 mm。模拟计算值与试验值有明显的差距,试验与模拟计算的位移响应对比如图 5-195 所示。

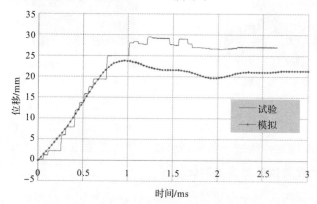

图 5-195 冲击速度为 158 m/s 时金属工字梁背面中点的位移响应对比

试验过程中记录了复合材料工字梁在经受速度为 75 m/s 的明胶鸟弹冲击的位移响应,模拟计算中也将鸟弹速度设定为 75 m/s。试验位移响应与模拟计算所得位移响应的对比如图 5-196 所示,细线所示为试验所得结果,其位移最大值为 4.83 mm,点线所示为模拟计算结果,其位移最大值为 4.75 mm。在前 2 ms 内,它们的趋势基本一致。

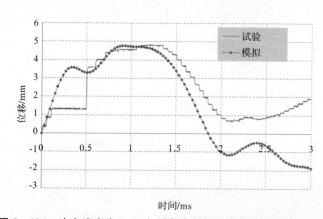

图 5-196 冲击速度为 75 m/s 时复合材料工字梁的位移响应对比

所记录的试验结果和模拟计算结果汇总于表 5-35。其中的位移最大值是指冲击面背面中点在整个冲击过程中位移出现的最大值。应变最大值是指冲击面背面中点在整个冲击过程中沿梁方向的应变出现的最大值。

表 5-35 试验结果与模拟结果汇总表

工字梁类型	冲击速度 $\mathrm{m \cdot s^{-1}}$	位移最大值/mm		应变最大值/$\mu\varepsilon$	
		试验值	计算值	试验值	计算值
金属	76	3.75	3.77	5 606	6 162
	158	23.82	29.53	—	—
复合材料	75	4.83	4.75		

5.3.3.6　分析结论与建议

通过数据分析可以得到如下结论和建议：

(1)当冲击速度为 75 m/s 左右时，明胶鸟体材料参数可以直接用所给数据进行模拟计算，所得结果与试验结果比较接近。

(2)当冲击速度为 75 m/s 左右时，金属工字梁和复合材料工字梁都没有发生破坏，也没有出现明显的变形，表明它们能承受该几何尺寸的明胶鸟弹在该速度下的冲击。

(3)当冲击速度为 158 m/s 时，需要考虑到材料应变率的影响，对明胶材料和铝合金材料的应变率效应需要更深入的了解，它们的变化直接影响有限元软件中材料参数的设置。

(4)金属工字梁在冲击速度为 158 m/s 的明胶鸟弹冲击后没有发生断裂，但发生了非常明显的塑性大变形。

5.3.4　铝合金面板与不同芯材的夹层结构软体撞击数值计算分析及试验验证

本节通过不同芯材的铝合金面板夹层结构在软体撞击下的数值分析过程，给出夹层结构软体撞击数值计算方法，并讨论夹层结构的抗鸟撞行为及其性能分析。

对夹层结构的数值分析可通过两种途径：将芯材用有限元直接建模，以及用体元建立芯材的均质化等效模型，其中体元可采用第四章给出的等效材料参数。一般地说，均质化等效模型可进行初步计算；而有限元建模的方法较为准确，但费机时。以下的讨论将采用第二种方法。

5.3.4.1　金属面板的夹层吸能结构

本节考虑的典型吸能结构为边长为 330 mm 的正方形夹层结构，如图 5-197 所示。在分析软体撞击(模拟鸟体撞击)时，将两个层合面板上再各加一个宽 40 mm、厚度为 15 mm 的夹具框板，框板采用 45# 钢材，$E=200$ GPa，$\nu=0.3$。两夹具框之间用 20 个螺钉连接，每边 5 个，均布在边框中心线上，螺栓间距 50 mm。整个结构如图 5-198 所示。

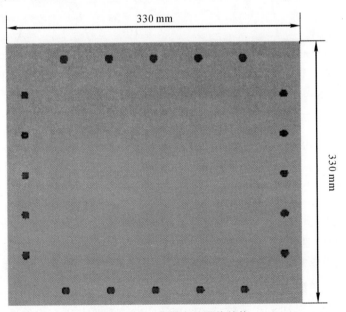

图 5-197　典型夹层吸能结构

图 5 - 198　夹层板结构图

层合板的面板材料为厚度 0.3 mm 的铝合金 LY12,用 Johnson - Cook 本构模型描述,失效断裂应变为 19%。本构关系表达式及具体参数见 5.3 小节。这里考虑以下三种芯材。

1. 蜂窝

蜂窝采用芳纶纸 NOMEX NH - 1 基材,蜂窝厚度为 10 mm,蜂窝孔格形状为近似正六边形,胞元边长 2.75 mm。蜂窝的密度为 64 kg/m³。

2. 波纹板

波纹板采用芳纶纸 NOMEX NH - 1 基材,厚度为 1.5 mm。锯齿波和正弦波如图 5 - 199 和图 5 - 200 所示。

3. 泡沫

本课题采用硬质聚甲基丙烯酰亚胺泡沫 ROHACELL 71HF。对于这种密度的泡沫,它们的物理、力学特性见表 5 - 36。

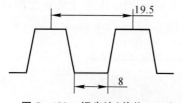

图 5 - 199　锯齿波(单位:mm)

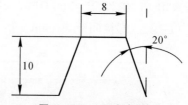

图 5 - 200　正弦波(单位:mm)

表 5 - 36　ROHACELL 71HF 泡沫的物理力学特性

材料类型	密度 kg・m⁻³	压缩强度 MPa	拉伸强度 MPa	剪切强度 MPa	杨氏模量 MPa	剪切模量 MPa	断裂应变 (%)
71HF	75	1.6	2.8	1.3	92	24	4.5

软体参数如下:

(1)软体模型采用 $\phi 50 \times 100$ mm³ 的明胶圆柱体模拟,初始密度 $\rho_0 = 950$ kg/m³;

(2)对 80 m/s 的鸟速度,采用带失效模式的塑性随动强化的材料模型;对大于 100 m/s 的鸟速度,采用黏性动力学本构关系,材料参数见 5.3.1 节。

5.3.4.2　有限元模型

本节研究用 ABAQUS/EXPLICIT 与 PAM - CRASH 动力分析软件进行建模和分析计算。动力分析软件对于分析大变形、低速、高速冲击,子弹穿透,波的传播等问题非常有效。

模型中软体和夹具框采用 8 结点实体单元,其中鸟体划分为 5 952 个单元,框划分为 12 180 个单元,共 18 132 个实体单元;面板、夹芯材料采用四结点壳单元,其中面板共划分为 8 712 个单元,夹芯材料不同,单元数也不同。两框之间共加 20 个弹簧连接,每边 5 个,均布在边框中心线上,模拟两夹具框之间的螺栓连接。螺栓法向刚度用圆截面的梁单元模拟。本节中,鸟撞速度分别取 80 m/s 和 150 m/s,有限元模型如图 5 - 201 所示。

图 5 - 201　有限元模型

5.3.4.3　铝合金面板夹层结构软体撞击数值计算及其试验验证

本课题对铝合金面板与不同芯材组成的三夹层典型吸能结构进行软体撞击的数值分析和试验验证,考察其吸能特性、比较不同的构型对吸能效果的影响、并验证数值建模及计算的可靠性。考虑到篇幅有限,这里仅以铝合金面板与蜂窝芯材组成的夹层结构为例,给出软体撞击夹层结构的建模与数值分析,以及试验验证。

1. 软体撞击蜂窝夹芯板的数值模拟

本节以胞元边长为 2.75 mm 的蜂窝夹芯板为例。在 80 m/s 冲击速度下,夹层板撞击过程如图 5 - 202 所示。在冲击过程中,夹层板首先在冲击点中心产生了变形,并向四周传播,夹层未被穿透。芯材以及面板产生了大变形,耗散了鸟体的冲击动能,如图 5 - 203 所示。

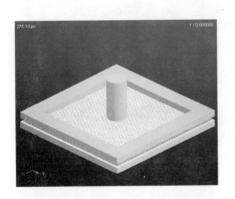
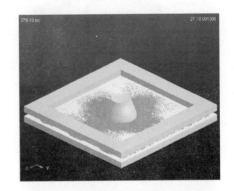
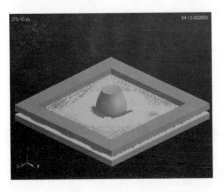
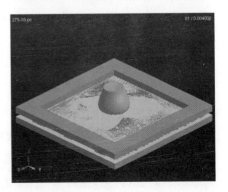

图 5 - 202　LY12 面板的蜂窝夹芯板在 80 m/s 鸟撞速度下的冲击过程(胞元边长 2.75 mm)

冲击过程中,鸟体的动能损失转化为结构内能。对于弹体没有打穿的情形,面板的变形耗散了的大部分冲击能量,如图5-204所示。蜂窝夹芯板的变形图如图5-205所示。

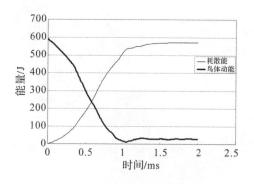

图5-203　系统内能与鸟体动能变化　　　　图5-204　能量耗散分配图

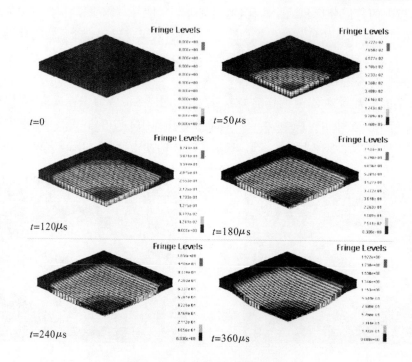

图5-205　蜂窝夹芯板的变形图

另外,总结其他芯材的情况应该指出,在80 m/s的撞击速度下各种芯材的夹芯板均没有被击穿,不同的吸能元件的变形模式、位移大小以及支反力大小各不相同,可见面板和芯材对夹芯板的抗冲击性能都有影响。

2.软体撞击蜂窝夹芯板的试验验证

鸟撞试验设备主要由鸟体发射系统和数据采集系统两部分组成。发射系统由高压气罐、空气压缩机和鸟炮组成,首先将鸟体填装到炮筒内,然后用空气压缩机给高压气罐加压;鸟弹的速度由气罐内部气压决定,达到所需压力并稳定后,停止加压;最后开启压力阀,高压气体突然释放,导致鸟体在炮管内加速滑行直至离开炮管,随后以一定速度撞击固定在试验平台上的试验件。鸟炮装置以及试验件如图 5-206 所示。

（a） （b）

图 5-206 鸟炮装置及试验件
(a)鸟撞试验发射装置； (b)试验夹具及压力传感装置

数据采集系统由激光测速仪、压力传感器、高速摄像仪、激光位移传感器和应变采集系统组成。鸟弹的速度由激光测速仪测出。夹芯板试验件为 $330 \times 330 \ mm^2$ 的方板，采用螺栓和夹具固定，每侧 5 个螺栓孔，共 20 个，螺栓间距为 50 mm。夹具采用钢材制造，上框大小为 $330 \times 330 \ mm^2$，下框大小为 $500 \times 500 \ mm^2$。本试验中，试验件材料及尺寸与本节计算模型一致。试验件由上下框采用螺栓固定，安装到试验平台上，并与平台上 4 个压力传感器用螺栓连接。

试验中鸟体模型采用 $\phi 50 \times 100 \ mm^3$ 的明胶圆柱体模拟，在鸟炮中利用弹托固定，在发射后鸟体冲出鸟炮，而弹托则卡在炮口附近脱离鸟弹。鸟弹及弹托如图 5-207 所示。

图 5-207 鸟弹及弹托

夹层板后面板中心点的位移由激光位移传感器测得，试验结果和数值模拟的对比如图5-208～图 5-210 所示。在 80 m/s 的软体速度冲击下，铝面板蜂窝夹芯板数值模拟和试验高速摄像的变形对比如图 5-208 所示。在整个过程撞击过程中,鸟体、蜂窝夹芯板都发生了较大的变形。在 0 ms 时刻,鸟体与夹芯板接触;到 2.5 ms 时刻,整个鸟体撞击成碎末,呈流体状飞溅;夹芯板由于冲击也发生了较大的变形,但未被鸟体击穿。在鸟撞过程中,后面板中心点的位移逐渐增大,在 1 ms 左右达到最大,随后弹性卸载,最终的塑性变形为 12 mm。测得的位移曲线和数值模拟变化趋势基本一致,只是试验的峰值(18 mm)略高于数值模拟(16.7 mm)的结果,数值模拟结果的误差为 7.2%。测得的支反力变化与数值模拟结果也基本一致,但其力的峰值有 20% 左右误差。

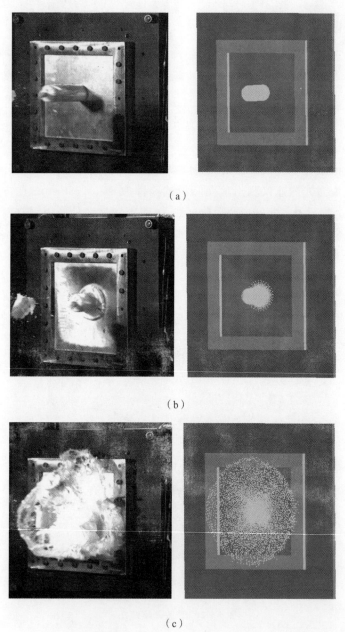

(a)

(b)

(c)

图 5-208　铝面板蜂窝夹芯板在 80 m/s 鸟体速度冲击下变形过程对比

(a)$t=0$ ms;　(b) $t=0.5$ ms;　(c) $t=2.5$ ms

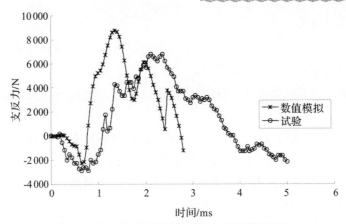

图 5-209 支反力的数值模拟和试验结果对比

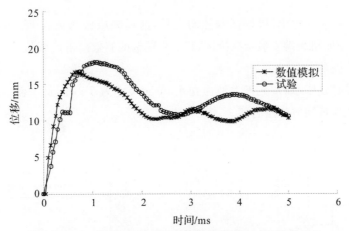

图 5-210 后面板中心点位移的数值模拟和试验结果对比

从试验结果也看到,对于其它芯材的夹芯板,在 80 m/s 撞击速度冲击下夹芯板均没有被击穿;不同的吸能元件的变形模式、位移大小以及支反力大小各不相同,也验证了面板和芯材对夹芯板的抗冲击性能都有影响。数值模拟和试验现象吻合得较好;支反力曲线趋势基本吻合,但峰值有一定误差;位移曲线吻合较好,板中心最大位移的误差最小为 0.6%,最大误差 19.5%,没有超出 20% 的范围。误差原因是因为试验中样品的尺寸、质量与数值模拟中略有差别,撞击点也不能恰好在正中心;此外,数值模拟中的网格大小,材料本构参数的输入也会对计算结果产生影响。具体的试验与数值计算比较见表 5-37。

表 5-37 各型号夹芯板试验与计算值比较情况

夹芯板型号	铝面板-蜂窝芯材	铝面板-锯齿芯材	铝面板-正弦芯材
试验位移峰值/mm	18.0	16.2	16.6
计算位移峰值/mm	16.7	16.1	15.1
最大位移误差/(%)	7.2	0.6	9.0

当为增大撞击速度时,板将会被击穿。可以看出,蜂窝夹芯板在 114 m/s 的鸟撞速度下,产生裂纹,但未被击穿,当鸟体速度增大到 130 m/s 时,蜂窝夹层板被击穿,因此蜂窝夹层板的击穿临界速度介于 114~130 m/s。芯材不同,击穿临界速度也将发生变化。

5.3.4.4 结论与讨论

(1)冲击过程中,鸟体的动能损失转化为结构内能。在80 m/s的撞击速度冲击下,板未被击穿,面板的变形耗散了的大部分冲击能量。

(2)不同的吸能元件的变形模式、位移大小以及支反力大小各不相同,可见面板和芯材对夹芯板的抗冲击性能都有影响。

(3)在撞击过程中,测得的位移曲线和数值模拟变化趋势基本一致,数值模拟结果的误差为7.2%。测得的支反力变化与数值模拟结果也基本一致,但其力的峰值有误差19.5%。验证了软体撞击夹层板建模过程与数值计算的有效性。误差原因是因为实际中样品的尺寸、质量和数值模拟中略有差别,撞击点也不能恰好在正中心。

5.3.5 复合材料面板与不同芯材的夹层结构软体撞击的数值计算及其试验验证

为了与试验结果进行对比,根据试验件的夹具,选择夹层板为边长330 mm的方板,四周40 mm宽的区域为试验机靶端安装板夹持区,其自由靶板的有效撞击区域为250 mm×250 mm,如图5-211所示。

建立面板的有限元模型时,元素类型为壳元,单元尺寸为5 mm,每个面板单元数为4 356个。材料为玻璃纤维布铺成的层合板。

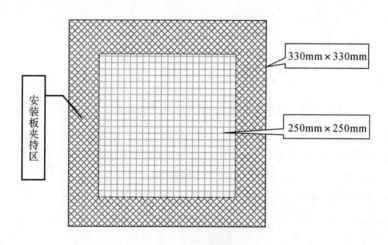

图 5 - 211 板的形状尺寸

在两个面板之外再各建立一个宽40 mm的夹具(安装)框板模型,如图5-212所示。框板厚度为15 mm,其中心面与夹芯板的面板中心面距离为两板的半厚度之和。安装框板采用45#钢材,将一面的夹具框板加固支约束,两框板之间共加20个弹簧连接,每边5个,均布在边框中心线上,螺栓间距50 mm,模拟两夹具框板之间的螺栓连接。当夹芯厚度为10 mm时,螺栓的轴向刚度可近似取为

$$\frac{EA}{L} = \frac{210\text{GPa} \times 16\pi \text{ mm}^2}{(2 \times 7.5 + 10)\text{ mm}} = 4.222 \times 10^8 \text{ N/m} \tag{5.10}$$

图 5 - 212　夹具框及螺栓连接

在另一面的夹具框板与每个弹簧的连接点上,再各加上相互垂直的 2 个弹簧(在平行于面板的平面内),刚度系数均取 80 000 N/mm,用于模拟螺栓的横向刚度。用壳元建立夹具框板的有限元模型,单元尺寸为 5 mm,每个框板单元数为 1 856 个,将模型中的下夹具框板的每个结点的线自由度约束住。框板材料为线弹性的,其弹性模量 $E=200$ GPa,波松比 $\nu=0.3$,密度 $\rho=7\,800$ kg/m³。软体的几何形状为圆柱体,长度为 100 mm,长径比为 2。取软体的撞击初速度为 80 m/s,150 m/s和 200 m/s 三种进行撞击数值分析。软体在不同撞击初速度下的材料性能见 5.3.1 节。

波纹板夹芯分 2 种:正弦波纹板和锯齿波纹板。用壳元建立波纹板的有限元模型,单元尺度平均取 5 mm,材料为纺纶纸。接触设置:①软体与夹芯板(包括 2 个面板和夹芯)的接触;②两面板与安装框板的接触;③两面板与夹芯之间的自接触。

5.3.5.1　正弦波纹板夹芯结构吸能特性

影响正弦波纹板夹芯结构吸能特性的因素包括波纹板的厚度(因素 A)、波长(因素 B)、波幅(两面板间的厚度,因素 C)以及面板层合板的层数、层厚、铺层角等(因素 D)。下面考察在夹芯厚度为 10 mm 下,其他各构型参数对吸能效果的影响,各因素的取值如下。

因素 A:A1=0.5 mm,A2=1.0 mm,A3=1.5 mm;

因素 B:B1=10 mm,B2=15 mm,B3=20 mm;

因素 C:C1=10 mm;

因素 D:D1=(3 层,0.25 mm,0°/45°/90°),D2=(5 层,0.15 mm,0°/30°/45°/60°/90°)。

图 5 - 213~图 5 - 215 给出了在构型组合 B2C1D1 下,因素 A 对吸能效果的影响(其他波长 B1,B3 下对应的情况相同)。可见,在 3 种鸟初速下,因素 A 对吸能效果的影响是一致的,即随波纹板厚度的增加,软体动能的损失增大,夹芯板的吸能效果增强。

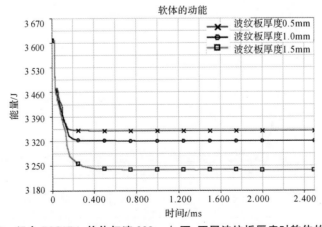

图 5 - 213　组合 B2C1D1,软体初速 200 m/s 下,不同波纹板厚度时软体的动能变化

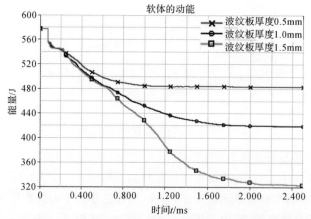

图 5-214　组合 B2C1D1,软体初速 150 m/s 下,不同波纹板厚度时软体的动能变化

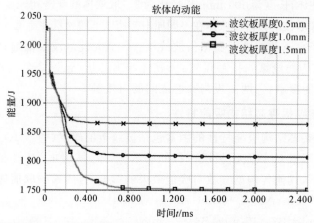

图 5-215　组合 B2C1D1,软体初速 80 m/s 下,不同波纹板厚度时软体的动能变化

　　图 5-216~图 5-218 给出了在构型组合 A2C1D1 下,因素 B 对吸能效果的影响(其他波纹板厚度 A1,A3 下对应的情况相似)。可见,在 3 种鸟初速下,因素 B 对吸能效果的影响基本上是一致的,即随波纹板波长的减小,软体动能的损失增大,夹芯板的吸能效果增强,且软体撞击初速度越低,规律越明显。

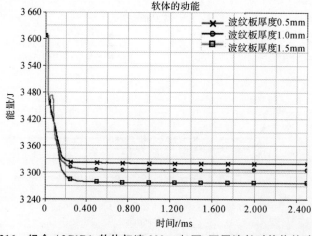

图 5-216　组合 A2C1D1,软体初速 200 m/s 下,不同波长时软体的动能变化

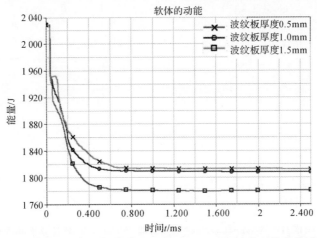

图 5－217　组合 A2C1D1，软体初速 150 m/s 下，不同波长时软体的动能变化

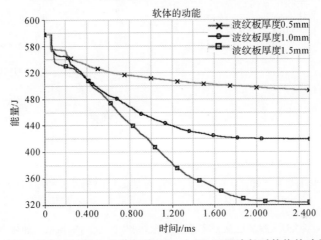

图 5－218　组合 A2C1D1，软体初速 80 m/s 下，不同波长时软体的动能变化

　　对于复合材料层合板构型参数，这里考察在总厚度不变（因而总质量亦不变）的条件下，增加铺层数同时减少铺层厚度时夹芯板对软体撞击的吸能效果的影响。

　　图 5－219～图 5－221 示出了两种构型组合 A1B1C1D1 与 A1B1C1D2 的吸能效果比较。可见，综合考虑软体动能的损失及面板总能量的增加，在软体撞击初速度较高（＞80 m/s）的情况下，因素 D2 较 D1 的吸能效果好。

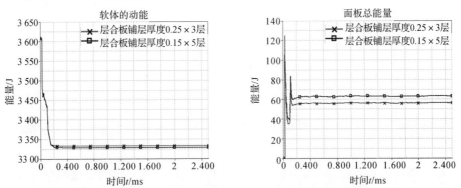

图 5－219　组合 A1B1C1D1 与 A1B1C1D2，在软体初速 200 m/s 下，软体动能和面板总能量的变化

215

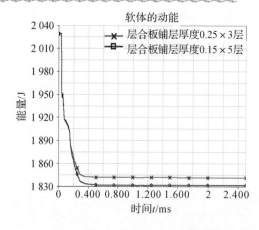 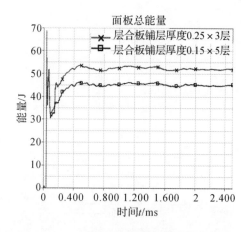

图 5 - 220 组合 A1B1C1D1 与 A1B1C1D2,在软体初速 150 m/s 下,软体动能和面板总能量的变化

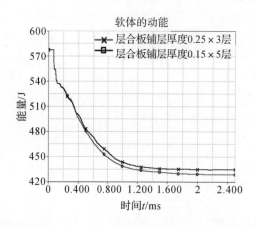 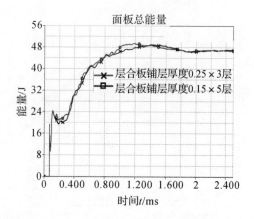

图 5 - 221 组合 A1B1C1D1 与 A1B1C1D2,在软体初速 80 m/s 下,软体动能和面板总能量的变化

5.3.5.2 锯齿波纹板夹芯结构吸能特性

影响锯齿波纹板夹芯结构吸能特性的因素包括波纹板的厚度(因素 A)、平台长(因素 B,波长 50 mm 不变)、波幅(两面板间的厚度,因素 C)以及面板层合板的层数、层厚、铺层角等(因素 D)。

下面考察在夹芯厚度为 10 mm 及层合板不变的条件下,因素 A 和 B 的变化对吸能效果的影响,各因素的取值如下。

因素 A:A1=0.5 mm,A2=1.0 mm,A3=1.5 mm;

因素 B:B1=10 mm,B2=15 mm,B3=20 mm;

因素 C:C1=10 mm;

因素 D:D1=(3 层,0.25 mm,0°/45°/90°)。

图 5 - 222~图 5 - 224 给出了在构型组合 B1C1D1 下,因素 A 对吸能效果的影响(其他平台长度 B2,B3 下对应的情况相同)。

可见,在 3 种鸟初速下,因素 A 对吸能效果的影响是一致的,即随波纹板厚度的增加,软体动能的损失增大,夹芯板的吸能效果增强。

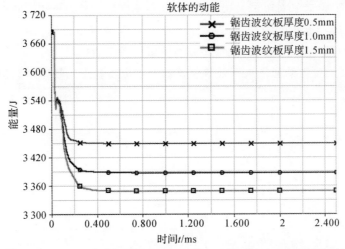

图 5-222　组合 B1C1D1 在软体初速 200 m/s 下,不同波纹板厚度时软体动能的变化

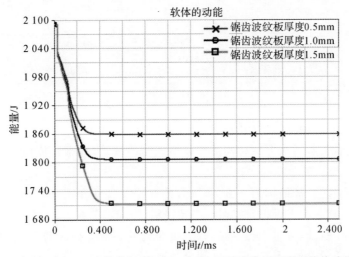

图 5-223　组合 B1C1D1 在软体初速 150 m/s 下,不同波纹板厚度时软体动能的变化

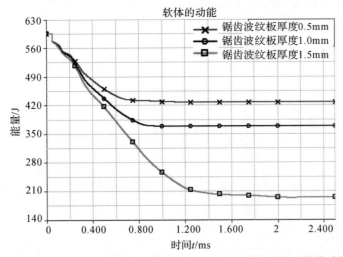

图 5-224　组合 B1C1D1 在软体初速 80 m/s 下,不同波纹板厚度时软体动能的变化

表 5－38 给出了因素 B 对吸能效果的影响,即在不同波纹板厚度下,不同平台长度时软体的动能损失相对软体初始动能的百分比(动能损失率),以及每单位锯齿波纹板质量下该百分比的大小。可见,总的说来,平台长为 20 mm 时的吸能效果最好。

表 5－38　软体动能损失率及单位锯齿波纹板质量下的软体动能损失率

软体初速度/初动能 $m^{-1} \cdot s^{-1} \cdot J^{-1}$	波纹板厚度 mm	软体动能损失率/单位锯齿波纹板质量下软体动能损失率 $(\%)/(\% \cdot g^{-1})$		
		平台长 10 mm	平台长 15 mm	平台长 20 mm
200/3684.1	0.5	6.406/0.145	6.488/0.133	6.379/0.128
	1.0	8.089/0.092	7.302/0.075	7.465/0.075
	1.5	9.121/0.069	8.795/0.060	10.179/0.068
150/2089.8	0.5	11.053/0.250	10.718/0.220	11.962/0.24
	1.0	13.541/0.153	13.780/0.141	15.885/0.16
	1.5	18.038/0.136	18.660/0.128	21.866/0.146
80/594.4	0.5	28.173/0.638	26.156/0.537	34.079/0.685
	1.0	38.003/0.431	34.894/0.358	79.709/0.801
	1.5	67.386/0.509	90.625/0.620	94.409/0.632

5.3.5.3　复合材料面板夹层结构软体撞击试验及其分析

这里通过对复合材料面板夹层结构进行软体撞击的试验,考察软体撞击仿真分析与试验的一致性。

复合材料面板夹芯吸能结构为一方板,方板的构型及尺寸如图 5－225 所示。上、下面板为复合材料层合板,材料为 EW200/LWR－2 预浸料,中间部分在上、下面板之间为蜂窝/波纹板/泡沫夹芯;为便于打孔、通过螺栓夹持,在方板四周安装板夹持区的上、下面板之间充填发泡胶 LWP(泡沫夹芯的除外,上、下面板之间全为泡沫)。

试验时,在上下面板之外各用一块宽分别为 40 mm 和 125 mm、中空(边长 250 mm 的方孔)的夹具(安装)框板安装到试验台架上,框板厚度分别为 10 mm 和 15 mm。安装框板采用 45# 钢材,$E＝200 \text{ GPa}$,$\nu＝0.3$。两框板之间共加 20 个螺栓连接,每边 5 个,均布在边框中心线上,螺栓间距 50 mm。在大框板的四角处对称安装四个力传感器,传感器对板的支持点距板的最近两边的距离为 20 mm。

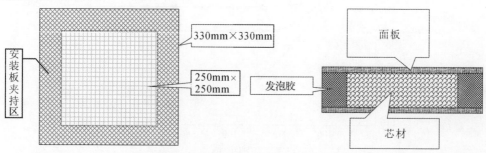

图 5－225　吸能件的构型尺寸

考虑3种夹芯：①芳纶纸蜂窝 NRH－4－64(0.10)，蜂窝形状为正六角形，边长为 $L=$ 4.0 mm，宏观密度为64 kg/m³，高度10 mm。②芳纶纸(Nomex－412)波纹板，波纹板形状为梯形波，波长 $\lambda=19.5$ mm，波幅10 mm，平台长度为8 mm，芳纶纸总厚度为1.5 mm，由0.05 mm 厚的纸(加浸胶)压制而成。③泡沫 Rohacell 71HF，其密度为75 kg/m³，压缩强度1.5 MPa，拉伸强度2.8 MPa，剪切强度1.3 MPa，杨氏模量92 MPa，剪切模量29 MPa，断裂应变4.5%，尺寸330 mm×330 mm×10 mm。

试验中测量板中心点的位移与应变，与中心点相距50 mm的4个点的应变，应变片粘贴情况如图5－226所示。试验后各板破坏情况总结见表5－39。

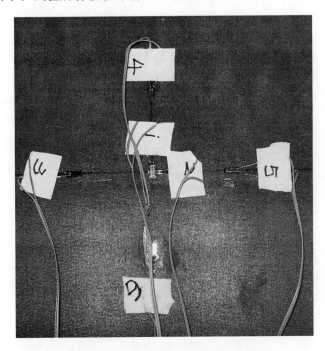

图 5－226　夹芯面板上的应变片布置

表 5－39　复材面板夹芯吸能件鸟撞试验概况

试验件	速度 m·s⁻¹	破坏、穿透情况
蜂窝1	88	
蜂窝2	85	未破坏，残余变形小
蜂窝3	82	
蜂窝4	120	
泡沫1	87	未穿透，在一夹持边中间撞击侧面板上有一条垂直夹持边的裂缝，长约60 mm
泡沫2	87	同上，裂缝下偏一个螺距
泡沫3	143	穿透，板在一对夹持边上大部分沿夹框边剪开，另一对夹持边上完好，穿洞形状近似长方形，撞击侧背面板沿夹持框内侧四周剪断、分离

续表

试验件	速度 $\dfrac{}{m \cdot s^{-1}}$	破坏、穿透情况
泡沫 4	126	未穿透,在一夹持边中间撞击侧面板上有一条垂直夹持边的裂缝,长约 80 mm,背面面板对应处剪开,一边沿夹框边剪开
锯齿波纹板 1	84	未破坏,残余变形小
锯齿波纹板 2	77	
锯齿波纹板 3	120	
锯齿波纹板 4	129	破坏,未穿透

下面以复材面板蜂窝夹芯吸能结构在 80 m/s 软体撞击速度下,以及复合材料面板泡沫夹芯吸能板在 120 m/s 软体撞击速度下的试验为例,验证仿真分析与试验的一致性。

复合材料面板蜂窝夹芯吸能板软体撞击初速度为 80 m/s 级别下的试验测量与计算结果对比曲线如图 5-227~图 5-230 所示,其中位移、应变和总支持力的峰值相对误差绝对值均在 20% 以下。

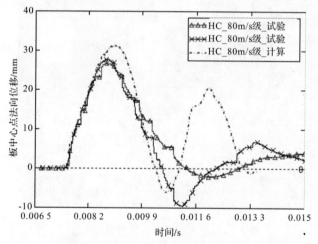

图 5-227　蜂窝夹芯板面板中心点法向位移试验与计算对比曲线
(峰值:计算/试验=31.4 mm/27.9 mm,相对误差=12.8%)

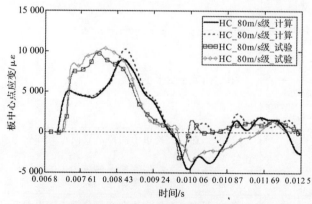

图 5-228　蜂窝夹芯板面板中心点应变试验与计算对比曲线
(峰值:计算/试验相对误差最大为-13.6%)

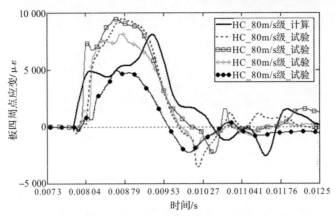

图 5-229 蜂窝夹芯板面板四周点应变试验与计算对比曲线
（峰值：计算/试验相对误差＝－14.5％，－13.9％，0.02％）

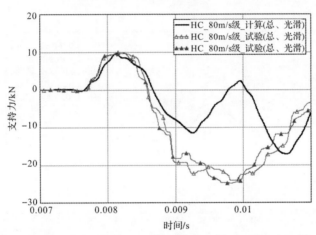

图 5-230 蜂窝夹芯板支持力试验与计算对比曲线（峰值：计算/试验相对误差＝－9.8％，－3.6％）

复合材料面板泡沫夹芯吸能板软体撞击初速度为 120 m/s 级别下的试验测量与计算结果对比曲线如图 5-231～图 5-234 所示，其中位移、应变和总支持力的峰值相对误差绝对值均达到 20％以下。

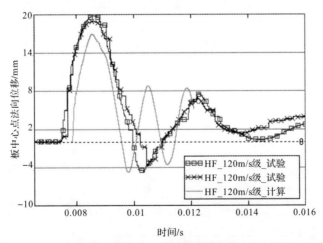

图 5-231 泡沫夹芯板面板中心点法向位移试验与计算对比曲线
（峰值：计算/试验相对误差＝－14.5％，－10.5％）

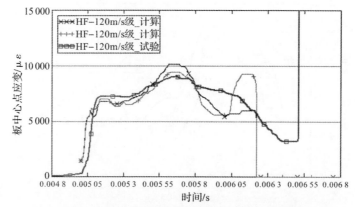

图 5-232　泡沫夹芯板面板中心点应变试验与计算对比曲线
（峰值:计算/试验相对误差＝4.2%,12.6%）

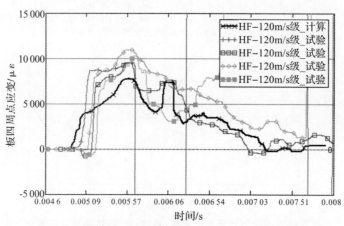

图 5-233　泡沫夹芯板面板四周点应变试验与计算对比曲线
（峰值:计算/试验相对误差＝－18.1%）

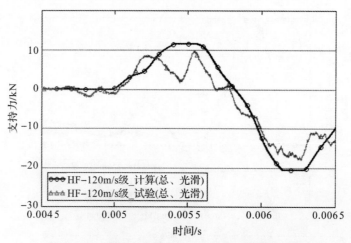

图 5-234　泡沫夹芯板支持力试验与计算对比曲线
（峰值:计算/试验相对误差＝18.1%）

第六章　鸟撞地面模拟试验及验证技术

结构鸟撞地面模拟试验是验证结构抗鸟撞设计性能的必要手段,也是确定鸟体力学本构模型参数以及检验结构鸟撞数值仿真计算的唯一有效技术途径。我国军用标准 GJB67.3—1985,GJB2464—1995 以及民用航行器适航条例 CCAR25 部对飞机鸟撞模拟试验均提出了具体要求。

本章主要论述鸟撞地面模拟试验方法、试验过程、试验中使用的仪器和设备,介绍试验数据处理方法以及如何对试验结果进行分析和处理,为抗鸟撞结构设计和评估提供试验依据。

6.1　鸟撞地面模拟试验原理及方法

鸟与飞机相撞,相向速度可达每小时数百公里,使撞击过程瞬间发生,时间之短足以在结构上产生很大的冲击压力导致结构破坏。地面模拟试验是根据实际发生的鸟撞现象和相对运动原理,以被撞结构为对象,取撞击部位真实结构为目标(靶板),以飞机飞行中常见的碰撞速度与接近真实的鸟体(鸟弹)进行撞击试验,测试结构在撞击过程中的动态响应以及破坏模式。

依据相对运动原理,在实验室进行鸟撞试验时常用的方法主要有:火箭滑车法和空气炮法。

1.火箭滑车法

火箭滑车法是将模拟鸟通过绳索悬挂于空间某一固定位置,把被撞结构件安装并固定在滑车上,发射火箭弹推动滑车运动,使结构撞击悬挂于空中的鸟体,如图 6-1 所示。

火箭滑车法的优点是鸟体自由悬空,被撞击的结构件以实际飞行速度运动,这样与真实情况比较接近。但由于火箭滑车、结构件和固定夹具等质量大,高速运动风阻大,加速困难,费用比空气炮方法高许多倍,目前应用较少。

2.空气炮法

由于火箭滑车法的局限性,鸟撞试验一般采用空气炮法,如中航工业飞机强度研究所、南昌洪都航空工业集团公司、中国建筑材料科学研究院鸟撞实验室以及美国 AEDC(Amold Engineering Development Center)等鸟撞试验均采用空气炮法。

空气炮法是高速冲击动力学试验最常用的方法,依据相对运动原理和气炮发射装置,把试验件固定在试验台架上,用压缩气体通过发射装置加速鸟弹,使鸟弹高速飞行并撞击装配于试验台架上的试验件或飞机结构部件。图 6-2 是空气炮法试验装置示意图。

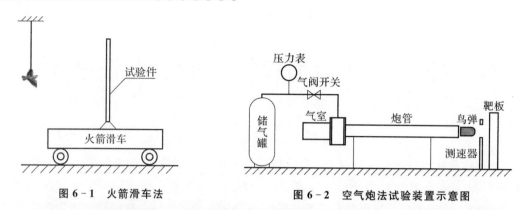

图 6-1　火箭滑车法　　　　　　　　图 6-2　空气炮法试验装置示意图

空气炮是鸟撞地面模拟试验系统的动力与发射装置,主要由压气机、高压储气罐、气阀开关、炮管、支架、弹托以及弹托回收装置等组成。压气机和储气罐是试验系统发射鸟弹的动力源,试验前由压气机把压缩空气鼓入储气罐存储,储气罐的容积和气体压力决定着鸟弹的初始飞行速度。

空气炮方法的工作原理是试验前将鸟弹装入弹托,再一并装入炮管内。当储气罐压力达到预定值并稳定后,打开气阀开关,高压气体突然释放,推动装有鸟弹的弹托在炮管内加速滑行直至鸟弹飞出炮口,以每秒数百米的速度飞向固定在试验台架上的试验件。在试验件的前面空间装有激光测速仪,用于测量鸟弹撞击试验件前的实际飞行速度,还可以在试验件的背面空间再安装一台激光测速仪,以测量鸟弹穿透试验件后的剩余速度,整个撞击过程可用高速摄像机进行记录。

在试验过程中用相关仪器测量试验件典型位置的位移、应变以及撞击力等参数,为结构的抗鸟撞设计和数值计算提供依据。

采用空气炮法进行高速碰撞的试验设备一般有两种类型。一种是小型气炮,炮管直径一般为 10～50 mm,主要用于测试材料的动态性能试验,如应变率、动态断裂韧性等,用于研究材料的动态特性、破坏机理和破坏准则,为动态理论分析提供必要的材料性能参数,典型试验设备是 Hopkins 杆试验系统;另一种是大型气炮,炮管直径在一百到几百毫米,主要用于飞机结构撞击验证试验,发射与实际飞鸟质量相当的鸟弹,用于验证理论分析和实际结构的抗鸟撞能力。

6.2　鸟撞试验台架与发射系统

6.2.1　空气炮发射机构设计

空气炮试验的核心机构是鸟弹发射装置,要求此装置操作简单可靠,重复性好。在打开气阀的发射瞬间,能使高压气室内的气体以同流量进入炮管,换句话说,从高压储气罐到炮管的气流管道直径至少应大于或等于炮管直径,保证进入炮管的气体有足够大的压力,推动鸟弹在炮管内加速运动以达到所需的出口飞行速度。对此,采用同源气体推进技术,其特点是操作简单方便,重复性好,具体设计原理和实物如图 6-3 所示。

图 6 - 3　实验室气炮试验系统

图 6 - 3 所示是在实验室进行材料和小元件鸟撞原理试验的小型气炮系统,炮筒直径一般为 30 mm 左右,可用于材料的应变率试验,如金属材料、复合材料等,也可用于小型结构的冲击试验。

西北工业大学鸟撞实验室具有多台小型空气炮试验设备,能够进行材料和小部件鸟撞试验。最大的高压气室容积达 0.22 m³,发射机构设计最高压力 10 MPa,炮管内径 77.6 mm,长度 8 m,容积 0.038 m³,高压气室容积是炮管内容积的 6 倍。

以此炮为例进行气炮设计,假定鸟弹在发射过程中气体为等温状态,同时认为气体做功的效率为 50%,则气体状态方程为

$$p_0 V_0 = p_1 V_1 \tag{6.1}$$

式中,p_0,V_0,p_1,V_1 分别是高压储气罐内的气体压力,高压储气罐的容积,鸟弹发射至炮管出口时的气体压力,储气罐的容积和整个炮管内容积之和。这样,由于储气罐的容积是炮管内容积的 6 倍,可以认为,鸟弹在整个炮管内所受的气压为

$$p_1 = \frac{V_0}{V_0 + 0.038} p_0 \approx p_0 \tag{6.2}$$

假定鸟弹质量为 m,在不同气体压力下鸟弹速度可用下列公式计算:

$$V_t^2 - V_0^2 = 2aL \tag{6.3}$$

$$F = ma \tag{6.4}$$

$$F = p_0 S \tag{6.5}$$

$$S = \frac{\pi \varphi^2}{4} = \frac{\pi \times 77^2}{4} \tag{6.6}$$

则

$$V_t = \sqrt{\frac{\pi}{4} \times (0.077)^2 \times \frac{2L}{m} \times 0.5 p_0} = \sqrt{\frac{\pi}{4} \times (0.077)^2 \times \frac{2 \times 8}{m} \times 0.5 p_0} \tag{6.7}$$

式(6.7)是鸟弹出口速度与质量、气体压力和炮管长度关系。

设鸟弹质量为 1 kg、弹托质量为 0.25 kg,炮管长度分别在 8 m 和 6 m 情况下,鸟弹出口速度与气体压力曲线如图 6 - 4(a)(b)所示。

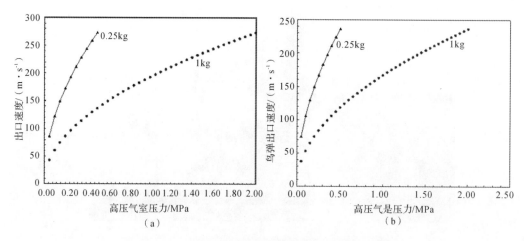

图 6-4 鸟弹出口速度与高压气室压力的关系曲线

(a)炮管长度 8 m; (b)炮管长度 6 m

6.2.2 鸟撞地面模拟试验台架

鸟撞飞机结构的不同部位,验证试验件就有不同的结构形式,一般分为模拟件和真实结构件。试验件不同,安装方式就不同,其固定夹具、支持方式也不尽相同。鸟与飞机相撞,撞击点大多为机头、风挡和机翼前缘等部位,下面是两种抗鸟撞试验中使用的试验台架。

6.2.2.1 风挡夹层玻璃试验台架

在飞机风挡夹层玻璃抗鸟撞试验中,经常取实际风挡四边龙骨中的一块玻璃进行试验,试验夹具由"口"字形压板和与夹层玻璃等厚度的垫板组成,把风挡玻璃安装于其中,如图6-5所示;在玻璃四周的夹持部分两边铺上橡胶垫,然后用螺栓固定,装配后的风挡夹层玻璃剖面如图6-6所示。最后,把试验夹具通过载荷传感器连接并固定在试验台架上,如图6-7所示。

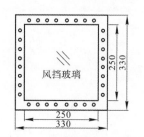
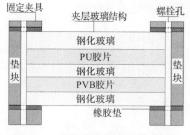

图 6-5 风挡玻璃试验夹具(mm)　图 6-6 风挡夹层玻璃安装剖面图　图 6-7 风挡玻璃试验台架

6.2.2.2 机翼盒段试验台架

机翼盒段试验台架需根据撞击部位进行设计。如果验证机翼前缘或缝翼的撞击过程,试验台架应适当模拟机翼前梁以及相应的支持刚度,通过夹具把试验件与试验台架固定。如果验证飞机在起飞、着陆过程中打开的后缘襟翼被撞击情况,试验台架可设计为简单的钢架形式,通过悬挂夹具把襟翼固定在试验台架上。

图 6-8 所示是机翼前缘鸟撞试验台架和试验件安装图,用于对机翼前缘进行抗鸟撞设计和验证试验,在此试验中试验台架基本可以看作是刚性支持。

图 6-9 所示是 Boeing-787 飞机鸟撞后缘襟翼部分盒段的试验台架分析模型,图 6-10 所示是整体襟翼的真实试验件在试验台架上的安装图。试验台架由地面固定梁、立柱、水平横梁以及斜支持杆等元件组成,最后把试验台架固定在承力地轨上,试验件由襟翼悬挂接头通过夹具固定在立柱上,试验时台架不产生刚体位移而仅产生微小的弹性变形。

图 6-8　鸟撞机翼前缘试验台架　　图 6-9　鸟撞襟翼局部盒　　图 6-10　鸟撞襟翼盒段试验安装图
　　　　　　　　　　　　　　　　　段试验台架

6.2.3　鸟弹与弹托回收器

一般用于鸟撞试验的鸟弹有两种形式,用明胶模拟的鸟弹和用实物模拟的鸟弹。明胶模拟的鸟弹多用于小型元件级试验,如风挡夹层玻璃、缩比结构件等;实物模拟的鸟弹多用于真实结构试验,如机翼、雷达罩等结构件。

明胶模拟鸟弹是用化工原料经化学方法在试验前配制而成的,用模具成型、封装并按照保存环境条件存放,以备试验时使用。实物鸟弹一般为家禽之类动物,在试验前将其窒息致死或现场宰杀,然后按设计质量取用。当质量超重时应剪除鸟体翅膀或腿爪,质量不足时可给鸟体适当注水,使鸟体质量满足试验要求,但注水增加的质量不应超过鸟体重量的 10%。

在高速飞行过程中为了防止鸟体肢解或发生流变,对鸟体应用聚乙烯薄膜、尼龙或棉纱线等包(封)装起来,包装材料重量不应超过鸟体重量的 10%。包装好的鸟弹应呈圆柱型,直径与长度比为 1:2,其值可按下式计算

$$L = 17.44 \times m^{\frac{1}{3}} \tag{6.8}$$
$$D = 0.5 \times 17.44 \times m^{\frac{1}{3}} \tag{6.9}$$

式中,L 为鸟弹长度,cm;D 为鸟弹直径,cm;m 是鸟弹质量,kg。

为了保持鸟体的柔软性,宰杀后的家禽一般应在一小时内使用,以免尸体结硬影响试验结果。图 6-11 所示是用宰杀的家禽制作的鸟弹。

试验前应将制作好的鸟弹装入弹托内,以便保持鸟弹的整体形状和便于加速。试验时打开高压气阀开关,弹托与鸟弹一并被高压气体在炮筒内加速运动,前进至炮口时由弹托回收装置阻止弹托运动,由于惯性力作用鸟弹便从炮筒飞出直奔靶板。图 6-12 所示是鸟弹、弹托以及回收器示意图。

弹托回收器的目的是将模拟鸟弹与泡沫弹托分离,保持鸟弹出口速度不变。此装置是模拟鸟弹试验装置的关键机构,实现难度较大,其原因往往是当弹托回收器阻挡弹托时,弹托的变形或破环直接导致模拟鸟弹速度锐减或破碎。对此可采用最先进的同轴定位、划刀破碎弹托的分离技术,具体实物如图 6-13 所示。

图 6-11　家禽制作的鸟弹

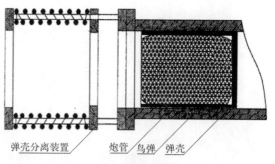

弹壳分离装置　炮管　鸟弹　弹壳

图 6-12　弹托与回收器

定位器

炮管

划刀

图 6-13　模拟鸟弹弹托阻挡分离与回收装置

6.3　鸟撞试验测量设备与方法

鸟撞试验属于高速冲击试验,具有成本高、难度大、测量参数多以及撞击过程短等特点。因此,使用的仪器设备必须具有超高速动态数据检测、采集和存储功能。鸟撞地面模拟试验系统原理如图 6-14 所示,试验系统应具有鸟弹发射速度控制,撞击力、被撞物体位移、应变、弹体入射速度和剩余速度测试,数据处理与再现等功能。

下面分别介绍鸟撞试验中常用的检测设备和测量仪器。

6.3.1　激光测速仪

激光测速仪是用于测量鸟弹撞击靶板前飞行速度的光学测量装置,分别由两个激光发射器和两个光电转换传感器组成,位于试验件(以下简称靶板)前面鸟弹飞行通道上某一位置,根据鸟弹通过固定距离的时间计算弹速。图 6-15 是鸟弹飞行速度测量原理图。在鸟弹未发射前,两个激光器发射的激光到达光电传感器,光电传感器输出连续信号波形如图 6-16(a)所示。当鸟弹发射后飞行到达靶板前,以不同时间穿过并阻断了两个激光光路,此时两个光电传感器输出波形,如图 6-16(b)所示,根据两个光电转换器输出波形上的时间差便可计算出鸟弹速度。

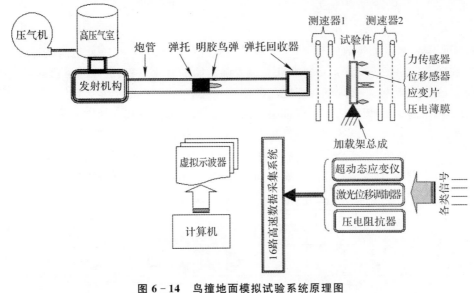

图 6‐14　鸟撞地面模拟试验系统原理图

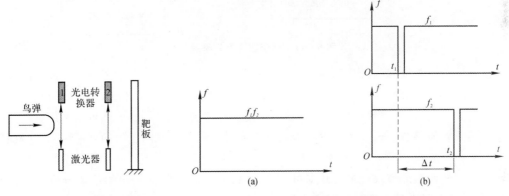

图 6‐15　激光测速仪原理图

图 6‐16　鸟弹穿过激光测速仪后脉冲波形图
(a)未发射鸟弹前光电转换器波形图；
(b)鸟弹通过激光测速区光电转换器波形图

设两个激光测速仪之间距离为 L，两个光电转换器输出脉冲波时间差为 $\Delta t = t_2 - t_1$，则鸟弹飞行速度为

$$v = \frac{L}{\Delta t} \tag{6.10}$$

激光测速仪中的光电传感器要有很高的动态响应，能够对鸟弹穿过光路做出快速反应，可选用频响为 1 MHz 或更高的光电转换器。激光器可选用 650 nm 的红外激光发射器。

两只激光测速仪之间的距离 L 可根据鸟弹长度、速度等参数确定。国家军用标准 GJB2464—1995 对鸟撞试验速度测量系统有明确规定，要求测量误差≤2%，与鸟弹一起发射可能出现的碎片不应触发测量系统而出现错误结果；同时，鸟弹速度测量系统要求有足够的准确性、重复性和抗干扰能力。

激光测速仪已有成熟产品可供使用，如 XGL‐VS 型激光测速仪，最大测量速度为 3 600 km/h，分辨率和测量误差分别为 0.1 km/h 和±0.1 km/h，最大测试时间达 99 999 μs，分辨率和测量误差分别为 1 μs 和±1 μs。

6.3.2 动态应变测量系统

鸟撞试验需要测量的参数比较多,其中被撞试验件的动态应变响应是鸟撞试验必须测量的重要参数之一。动态应变测量由于要获得应变随时间的变化过程,故在测量仪器系统中,除必要的超动态应变仪外,还必须配备相应的数据记录装置。由于被测应变的频率变动范围各异,而应变仪和记录器的频率适用范围都很有限,故必须根据测量频率的需求来选择合适的测量仪器系统。

图 6-17 所示是动态应变测量系统的组配方框图,并标出了有关仪器的使用频率范围。在仪器组配时,除了考虑各仪器的频率响应问题外,还要注意仪器之间的阻抗匹配问题。

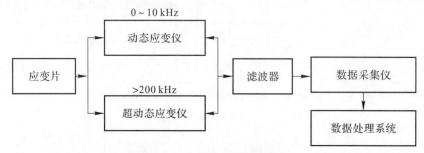

图 6-17　动态应变测量系统

滤波器的选用要根据测量目的而定。当仅需测量动态应变在某一频带中的谐波分量时,要选用相应通频带的带通滤波器;当只需测量低于某一频率的谐波分量时,可选用有相应截止频率的低通滤波器;在对记录应变波形的频率结构没有特定要求时,滤波器可以不用。现代高速数据采集系统能够快速记录从触发到撞击结束或设定的采集时间段内的全部应变与时间关系曲线。

在试验现场数据采集仪记录的数据可以进行后期数据处理,如输出给频谱分析仪进行频谱分析,或再现测量点的应变随时间变化过程。

动态应变测量的直接目的是获得应变随时间变化的曲线,即动态应变记录的波形图,其记录的内容可用图 6-18 所示的波形图来说明。

用动态应变仪测量应变时必须在相同测量条件下进行标定,其方法是在静态条件下用外接可调标准电阻箱进行的,根据应变与标准电阻对应关系,调节电阻箱上的电阻值,以获得动态应变仪上的对应输出值作为标准应变值,也就是说给一个已知应变值。标准电阻与应变关系为

$$R_c = \frac{1 - K\varepsilon_H \times 10^{-6}}{K\varepsilon_H \times 10^{-6}} R_g \times 0.001 \tag{6.11}$$

式中,R_c 为标准电阻值 $k\Omega$,K 为应变片灵敏度系数;R_g 应变片电阻值,Ω;ε_H 为应变片当前应变值,$\mu\varepsilon$。

幅标是在应变试验记录之前和记录完毕之后,在对测试仪器系统不做任何变动的条件下,给定一个已知的应变值并记录下来,如图 6-18 所示,H 应变记录曲线上幅高为 h 的应变值为

$$\varepsilon_h = \frac{h}{H}\varepsilon_H \tag{6.12}$$

如果前后两个正(或负)的幅标等高,则 H 取 H_1 和 H_3(或 H_2 和 H_4)的平均值;若正负幅标不等高,则表明仪器系统对正负信号的放大量不等。因此正应变应取正幅标计算,负应变取

负幅标计算。当仪器系统的线性较差时,则对幅标应做较密的步级标定。当应变记录曲线的前后零线不能保持在同一水平线上时,可用连接前后零点的斜线作量测 h 的基准线。

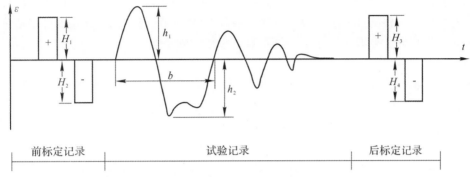

图 6-18　应变波形示意图

应变计是应变测量传感元件,可采用频响达 10^7 Hz 的 E120 标准应变计。

鸟撞结构试验应变信号测量通过超动态应变仪和瞬态数据记录仪来完成,频宽可选 10 Hz～1.5 MHz 的多通道超动态应变仪。动态应变仪与试验件上的应变片连接,采集的数据经放大、滤波送入数据记录仪存储。一般应变片输出为电压信号,该信号与应变成线性关系,即

$$E_{ij} = K_i U_{ij} + b_i \qquad (6.13)$$

式中,E_{ij} 为瞬态数据记录仪第 i 个通道在第 j 时刻的电压对应的应变值;K_i,b_i 分别为通道 i 对应的电压-应变直线的斜率与截距;U_{ij} 是第 i 个通道在第 j 时刻的电压值。

超动态应变仪由于频率响应范围大,输入阻抗高,在高速冲击动力学应变测量中经常使用。XGA-1M 型超动态应变仪是高速率下十六通道应变测量电路宽带的前置放大器,各放大器模块之间相互隔离、屏蔽,很好地抑制了各通道之间的串扰电磁场的干扰噪声。图 6-19 所示是常用的超动态应变仪。

在动态应变测量中应变片一般分布于试验件上可能出现的最大应变部位。图 6-20 所示是鸟撞风挡试验件的应变测量点示意图,试验件的中心位置是鸟弹撞击点,变形是最大的,在中心点布置一枚应变花,根据试验件的对称性,在两个方向对称线上各布置三枚单片。

试验中应变片布片的数量和位置应根据应变仪的通道数、试验件形状、可能的破坏模式以及受力等具体情况而确定。图 6-20 所示的是风挡夹层玻璃的一种布片情况。

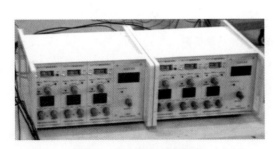

图 6-19　超动态应变仪

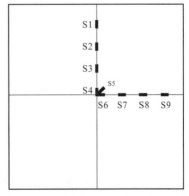

图 6-20　风挡试验件上的应变片位置

231

6.3.3 位移测量系统

鸟撞试验撞击力很大,大多数试验件出现断裂或穿透破坏,位移测量宜采用非接触式测量方法。目前常用的位移测量方法有激光位移传感器、电磁感应传感器等,其次也可用粘贴压电晶体薄膜或应变片方法来测量位移。一般要求位移测量精度≤5%。

1. 激光位移传感器

激光位移传感器的基本原理是依据光路的几何关系,由光学测量装置自动采集数据,分析软件自动计算,其光路和被测物体关系如图6-21所示。激光位移传感器的工作原理是由半导体激光器发出一束激光照射到被测物体表面,物体变形前和变形后的反射光经过聚焦透镜聚焦到线性CCD接收器上,根据激光器和CCD接收器以及照射光和反射光路的几何关系,信号处理器的软件便可计算出传感器与被测物体表面之间的位移量。

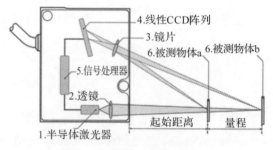

图6-21 激光位移传感器

激光位移传感器是一种非接触式测量方法,具有精度高,速度快等特点,是一种测量鸟撞试验被测物体变形的最佳仪器。

2. 电磁感应传感器

电磁感应传感器由导磁片、霍尔元件(感应器)、信号放大器、瞬态数据记录仪以及数据处理系统等组成。其测量原理是把导磁片粘贴在试验件背面(后表面)被测量点位置,在距离后表面一个适当位置安装霍尔感应器元件。当试验件受到撞击而在鸟弹飞行方向产生振动位移时,霍尔感应器元件便可输出与位移相关和随撞击响应时间变化的磁感应交变信号,经信号放大器放大和数据采集仪记录并处理后,得到测量点的位移随时间变化规律曲线。

在一定距离范围内,磁场强度与位移关系为

$$B = cx \tag{6.14}$$

当霍尔元件在位移方向移动时,若控制电流 I 保持不变,则霍尔电势为

$$U_H = K_H I B = K_H I c x = k x \tag{6.15}$$

式中,U_H 与位移成线性关系,其极性反映位移的方向。

图6-22所示是电磁感应位移测量系统,它由磁块、磁感应传感器、动态位移测量仪、瞬态记录仪和计算机等组成。

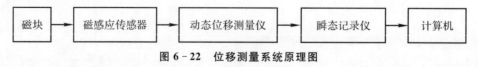

图6-22 位移测量系统原理图

电磁感应传感器存在两个缺点,一是导磁片与霍尔元件输出关系需要标定,二是霍尔元件在试验件正后方,不能太远,试验件破坏时容易被鸟弹损坏。

3. 压电晶体薄膜或应变片方法

用压电晶体薄膜或应变片方法测量位移,是把压电晶体或应变片粘贴在试验件后表面的测量点上,然后按照静态位移测量方法对测量元件进行位移标定,试验时再把测量元件与数据

采集系统连接,试验完成后对测量结果进数据处理即可得到测量点的位移值。

用压电晶体薄膜或应变片方法测量位移具有方法简单,成本低等优点,但试验前也必须进行标定。

不论采用何种测量方法,只要满足相关试验标准要求或者具有更高的测量精度即可。与应变测量一样,位移传感器的布置也可根据试验设备、试验条件、试验件以及实际需要而确定,可以测量一点也可以测量若干点。图 6-23 所示是风挡夹层玻璃位移测量点示意图。

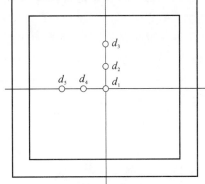

图 6-23 风挡夹层玻璃位移测量点

6.3.4 撞击力测量系统

撞击力是鸟撞试验测量的重要力学参数,它反映了鸟体对结构的撞击作用与过程,在时空上反映了结构受力过程与变化的规律。鸟撞试验速度高、能量大、撞击时间短,一般撞击力可达数吨到数十吨,载荷峰值难于确定,是测量参数中最大的问题。

与其他物理量一样,撞击力测量也是通过传感元件把力转换成电信号,通常是以弹性元件作为敏感器,将撞击力转换为应变(或位移),再用应变(位移)传感器把应变(位移)转换成电量,由此组成了各种载荷传感器。

由于鸟弹的特点,与结构的撞击是一种典型的软体与弹性耦合现象,直接测量鸟弹对靶板的撞击力是很难实现的,可以通过载荷传感器测量刚性支座与靶板固定夹具之间的支持反力来间接测量,这也给试验系统带来了一定的技术困难。首先,必须对固定靶板的夹具在三个方向通过传感器施加约束,然后再把传感器与刚性支座连接。图 6-24 是载荷传感器与试验夹具和试验件装配示意图,图中仅给出了鸟弹飞行方向撞击力测量传感器。显然,约束靶板的传感器只可能在轴线方向有一个约束,在垂直轴线的平面内可自由旋转,特别是垂直鸟弹飞行方向的侧向传感器。

一般载荷传感器的测量精度均优于 1‰,可满足试验要求。由于鸟撞试验成本高、难度大,在传感器量程选取以及测量系统的设定上应仔细考虑,尽量避免因传感器量程小或测量参数设置错误而导致试验失败。

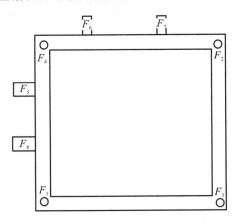

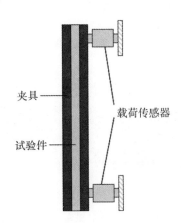

图 6-24 撞击力测量示意图

试验中撞击力测量也可采用压电薄膜作为载荷传感器,把压电薄膜粘贴在靶板中央位置,当鸟弹撞击靶板时压电晶体跟随靶板一起变形,产生与变形对应的电荷信号,经阻抗变换器、电荷放大器以及瞬态记录仪输入到计算机进行采集存储。撞击力测试系统框图如图 6-25 所示。

压电晶体的变形与电荷输出是一种线性关系,试验前应对压电晶体进行标定,可通过 Hopkinson 杆的撞击标准试验方法标定曲线,依据标定曲线把测量数据转换成撞击力。

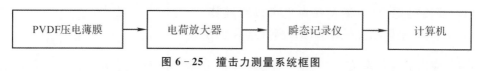

图 6-25　撞击力测量系统框图

6.3.5　高速摄影系统

鸟撞试验是一个高速冲击过程,鸟弹速度一般在每秒数十米到数百米,撞击时间约几毫秒,要观察鸟弹与靶板的撞击过程必须应用高速摄像机,现在高速摄像机每秒可拍摄上亿张图片,是鸟撞试验研究的有力工具。

高速摄像机主要用于拍摄鸟弹穿过速度测量仪区间后与目标靶板的撞击过程。撞击前鸟弹的形状、弹着点的位置以及不同时刻鸟弹与靶板的变形、破坏均可连续记录下来,为后续研究分析结构破坏过程提供依据。

图 6-26 是 Kirana-OSM 型高速摄像机,它是由激光测速仪中第一支光电转换器的波形下降沿触发启动摄影记录,可连续拍摄 8 张不同时刻图片,拍摄时间间隔可在 0～10ns 设定。

在鸟撞风挡夹层玻璃试验中用高速摄像机拍摄了撞击全过程,图 6-27 所示是鸟弹飞行撞击中不同时刻的两张图片。

图 6-26　Kirana-OSM 型高速摄像机

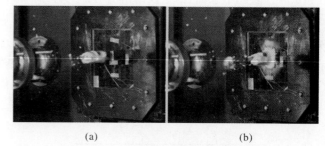

(a)　　　　　　　　　　(b)

图 6-27　鸟弹撞击风挡玻璃过程

(a)撞击前鸟弹飞行图;　(b)撞击时刻图

6.4　鸟撞地面模拟试验

6.4.1　试验准备和过程

6.4.1.1　试验准备及试验步骤

鸟撞试验是一项大型试验,耗资较大,试验前必须做好充分的准备工作。在试验件设计完成后,应根据试验件形式和测量参数需要,设计、制造试验台架、试验件安装夹具等辅助设备。

设计试验件装配夹具时要有合理的刚度和强度,应尽量与实际支持刚度一致或接近;另外,由于试验台架的刚度一般要比实际结构的支持刚度大很多,安装试验件夹具时应考虑弹性支持,避免因支持夹具原因而影响试验结果。

同时,由测量内容准备相关的测试设备和仪器,必要时需对测试仪器进行标定或检测,以保证测量结果的正确性。试验前应对试验件受到撞击后可能的最大变形、应变点进行分析,确定出测量传感器的具体位置,使测量结果能全面反映结构中的最大位移和应变值;另外,应对测试参数的峰谷值做出评估,以便设置合理有效的测试量程。

鸟撞试验是一次性试验,鸟弹和试验件不可二次使用。因此,在几毫秒内要测量多个参数,发射和数据采集系统的同步协调非常复杂,准备工作必须充分仔细,稍有不慎可能会造成试验失败。

鸟撞试验过程一般分为以下六个步骤:

(1)安装试验件;

(2)安装传感器并进行测量系统调试;

(3)安装鸟弹;

(4)高压气瓶充气;

(5)发射鸟弹并启动数据测量系统;

(6)试验数据处理。

6.4.1.2　试验过程

当试验件安装完成后,即可安装测量传感器并进行系统调试,检查触发、记录、波形显示等测试仪器工作是否正常。一般情况下鸟撞试验是用鸟弹飞行穿越激光测速区产生的脉冲信号触发测量系统,为此,在正式试验前可人为地给系统一个触发信号,启动测量系统并检查记录结果。例如,可用一块遮光板,模拟鸟弹快速穿过测速区使系统触发,检查测试系统的协调性和测量结果,这是正式试验前必须进行的工作。

测量系统调试完成后,即可安装鸟弹。如果是明胶鸟弹,从储存设备中取出直接装入弹托即可;若是实物鸟弹,则需现场宰杀、称重后用塑料袋封装,然后装入弹托,最后把弹托装入炮管。

当上述准备工作就绪,便可开启压缩机给储气罐充气,当罐内压力达到弹速所需压力值时关闭压气机,等待发射使用。

快速打开气阀开关,发射鸟弹,触发启动测量系统并自动记录撞击过程的相关试验数据。

6.4.2　试验数据处理

鸟撞试验完毕,计算机数据采集系统会自动记录并保存全部测量数据,高速摄像机也会记录整个撞击全过程。分析计算机采集记录的相关数据,由标定曲线和相关公式转换为相应物理测量参数。

试验数据处理主要包括测点应变、位移和撞击力等。

1.位移数据处理

激光位移传感器的采样频率为 10 MHz,当测量时电压范围为 ±20 V 时,对于十二位转换器,位移原始数据与位移量的转化关系为

$$d = x \cdot \frac{20}{2\,048} \cdot 4 = x/25.6 \quad \text{（对大传感器）}$$

对八位转换器，则有

$$d = x \cdot \frac{20}{2\,048}/(-2) = x/(-204.8) \quad \text{（对小传感器）}$$

其中，d 为位移；x 为原始数据。

2. 应变数据处理

动态应变仪的测量频率为 10 MHz，测量电压范围为 ±5V 时，先将原始数据按照公式 $\frac{x}{0.409\,6}$ 转化为电压量，则应变与电压量的转化关系为

$$\varepsilon = k \cdot V + b$$

式中，ε 为应变，V 为电压，每次试验的 k 值和 b 值不同，具体数值由每次试验原始数据确定。

3. 支反力数据处理

设支反力测量系统数据采集频率为 10 MHz，当测量电压范围分别为 ±5 V 和 ±10 V 时，先将原始数据按照公式 $\frac{x}{409.6}$（对于 5 V）和 $\frac{x}{204.8}$（对于 10 V）转化成电压量，则支反力与电压量转化关系为

$$F = k \cdot V + b$$

其中，K 值和 b 值与试验有关。表 6-1 是在 5 V 和 10 V 测量电压下支反力与 k,b 的关系。

表 6-1 支反动力与 k,b 的关系

(a) 测量电压为 ±5V

力	F_1	F_2	F_3	F_4	F_5	F_6	F_7	F_8
k	−148 538	−149 437	−148 285	−147 513	12 630.1	12 523.1	12 630.1	12 722.6
b	−2 244.3	−698.37	378.22	691.87	98.06	80.06	−216.39	−244.78

(b) 测量电压为 ±10V

力	F_1	F_2	F_3	F_4	F_5	F_6	F_7	F_8
k	76 610	74 264	84 985	83 850	6 232.1	7 246.1	6 308.8	6 311.1
b	−164.75	−179.47	1358.1	2168.9	72.867	−116.18	−43.775	102.91

必须注意，在不同参数测量中，如应变、冲击力，其 k 值和 b 值不是同一个参量。

6.5 鸟撞试验数据分析与评价

6.5.1 试验数据分析

动态试验数据是时间的函数，测量结果一般不能直接使用，常采用下列方法进行数据处理。

(1) 首先对鸟撞试验数据进行滤波处理，滤掉系统噪声并剔除干扰信号数据或不正常的试验数据信息，以获得真实、有用的物理信号及其信号变化规律；

（2）通过对各类传感器检测的试验数据进行处理，以获得传感器测量信号中电压量与物理量之间的数学关系，计算相应的物理量参数及变化规律；

（3）对离散型数字信号进行连续化数值拟合处理，获得对物理量及其变化规律的理论描述；

（4）对测量信号进行曲线或图形显示乃至三维动态演示，客观、生动地可视化再现撞击过程，以便对撞击过程的应力波传播、结构的动态响应等鸟撞物理现象进行细致分析。

对鸟撞试验数据进行深入分析，一方面需要借助现代高精尖测量仪器及计算机设备，例如，连续式激光测速装置可连续获得鸟体运动过程，同时还可以获得鸟体与结构在撞击时刻与撞击过程中的运动及变化形态；另一方面需要运用结构动力学理论的分析方法建立撞击过程的动力学模型，利用计算机-试验辅助建模方法，应用数值分析、反问题方法以及神经网络技术等获取鸟撞非线性动力学过程及参数识别，从而更精确、更深入地认识与研究鸟撞动力学的理论本质和碰撞规律。

6.5.2　鸟撞试验的适航性评价

为了保证民用航空器的飞行安全，世界各国适航管理部门相继建立了自己的适航标准，对飞机结构相关部件的抗鸟撞设计提出了具体要求，只有当规定的部件满足适航提出的抗鸟撞要求时，才可以认为这些部件在飞行中具备了抗鸟撞的能力。

所以，对鸟撞试验的适航符合性评价，应从试验件设计、边界支持条件、试验数据采集以及破坏模式等若干方面进行评估。

6.5.2.1　试验件设计与支持评估

飞机上任何结构部件的设计、生产和制造都是非常昂贵的，局部结构试验一般情况下均使用试验件代替。所以，设计合理与切合实际的试验件，对鸟撞试验也是至关重要的。

在设计鸟撞试验件时，撞击部位应是实际结构的一部分，才能保证试验结果的真实性。如果用实际结构有困难，至少要在材料选择、结构设计、几何形状与尺寸等方面尽可能一致，以提高试验结果的可信度和可比性。

从结构刚度方面来说，设计比实际结构刚度大的试验件，撞击力大，吸能效果差，试验结果往往偏于危险，但刚度小往往又会偏于保守，因此，应该避免过刚或过柔的设计方案。其次，还应注意试验件的结构形式和边界状况，尽可能的与实际结构一致。

鸟撞试验前，试验件是安装固定在试验台架上的。一般情况下，试验台架的刚度和强度比较大，系统静态变形小，因此自然地增大了撞击载荷，这对试验结果是不利的。但是，要使试验件与实际结构的支持刚度一致是件很困难的事情，但在试验结果中应予以充分的考虑，并对其影响做出评价。

如图 6-7、图 6-27 所示的风挡玻璃试验台架，直接安装风挡玻璃夹具于试验台架上，其支持刚度远远大于机头龙骨的支持刚度，风挡玻璃会受到比实际情况大的冲击载荷，使试验结果偏于危险。实际试验时采用弹簧垫圈或橡胶垫改善支持刚度，至少使其介于刚性支持与实际支持情况之间。

6.5.2.2　试验数据评估

试验完成后，应对所有测量结果进行分析和评估。动态试验测量获得的数据是时间的函数,首先应做出所有测量曲线。在撞击初期,鸟弹刚接触试验件时系统信号多为脉冲模式,接触以后测试量一般是随着时间连续变化的,尽管有剧烈的波动但曲线也仍然是光滑的,如果存在噪声或异常干扰信号,由于它们与结构响应存在频率上的差异,这些可疑信号数据是很容易从曲线上发现的,因此也是容易剔除的。

另外,还应结合材料的机械性能、相关的力学知识以及经验等,对试验结果的合理性进行分析和评价,以确定试验数据的可信度和准确性。就冲击载荷来说,分析测量值是否可用相关的力学原理予以解释,如强度理论、动量原理等。这种评价主要是评估测量值的值域是否合理与可信。

6.5.2.3 失效破坏模式评估

为了保证飞机发生鸟撞事故后能够持续飞行和安全着陆,我国适航部门对飞机风挡、机翼、尾翼、发动机等部件规定了鸟撞设计标准,要求在设计的飞行速度下,航空器前风挡及机翼与 1.8 kg 鸟相撞,尾翼与 3.6 kg 鸟相撞,均不应产生危及飞行安全的损伤与破坏。

依据适航条例,试验完成后必须对试验件的破坏模式做出准确评估。根据"试验结果应是被撞击结构不被穿透或撞击后结构的变形、破坏程度不影响结构安全,能使飞机安全着陆"这一原则,分析撞击后的结构形状或破坏程度是否仍可满足最低的气动外形设计要求,结构的变形、元件损伤或破坏程度等是否能够满足结构对强度、刚度的最低设计要求,最终对结构的抗鸟撞设计做出结论,确保撞击后该部件不影响飞行安全。

参 考 文 献

[1] Johnson A F,Holzapfel M. Modelling soft body impact on composite structures. Composite[J]. Structure,2003,61:103 – 113.

[2] Airoldi A,Cacchion B. Modelling of impact forces and pressures in Lagrangian bird strike analyses[J]. International Journal of Impact Engineering,2006,32:1651 – 1677.

[3] Meo M,Morris A J,Vignjevic R,et al. Numerical simulations of low-velocity impact on an aircraft sandwich panel[J]. Composite Structure,2003,62:353 – 360.

[4] HanssenA G,Girard Y,Olovsson,et al. A numerical model for bird strike of aluminium foam – based sandwich panels[J]. International Journal of Impact Engineering,2006,32:1127 – 1144.

[5] Kim Michael,Vahdati Mehdi,Imregun Mehmet. Aeroelastic stability analysis of a bird-damaged aeroengine fan assembly[J]. Aerosp Sci Technol,2001,5:469 – 482.

[6] 王爱俊,乔新.飞机层合风挡鸟撞击有限元数值模拟 [J]. 航空学报,1998,19(4):446 – 450.

[7] 彭迎风,滕春明.飞机风挡鸟撞动响应分析方法研究[J].南昌航空工业学院学报,2003,17(4):27 – 31.

[8] 谢宗蕻,卞文杰,昂海松,等.蜂窝夹芯结构雷达罩鸟撞有限元分析与模拟[J].爆炸与冲击,1999,19(3):235 – 241.

第七章　缝翼结构抗鸟撞设计、分析与试验验证

飞机飞行阶段遭受的鸟体撞击一般发生在飞机的迎风面,其中机翼前缘是容易发生鸟撞的典型区域。机翼前缘通常指固定前缘结构,但对于有前缘缝翼结构的飞机,通常还包括前缘缝翼。对于可操纵前伸缝翼,当其收起时在固定前缘的前面构成机翼的前缘外形;而在其完全放下后,固定前缘就在缝翼后面形成露出的另一个前缘剖面(见图7-1)。

前缘内部通常安装有控制活动面运动的操作系统、液压管路以及相关设备等,前缘缝翼内部主要安装防冰管。因此,飞鸟与机翼前缘的撞击会产生可能危及飞行安全的损伤。所以,FAA对飞机的适航性验证中对机翼前缘结构在满足空气动力学设计要求外,对其抗鸟撞性能还有着特殊要求。通常,机翼结构上抗鸟撞设计的适航审查更多的是注重是否会对机翼主翼盒主承力构件、整体油箱以及操纵系统造成损害。也就是说,对于有油箱的区域,撞击不得使机翼前梁腹板产生任何裂纹;另外,在非油箱区允许机翼前梁腹板穿透,但机翼结构破坏和变形的程度必须满足降低飞行品质的承载设计要求;对于机翼上操纵系统和液压管路部位,不允许穿

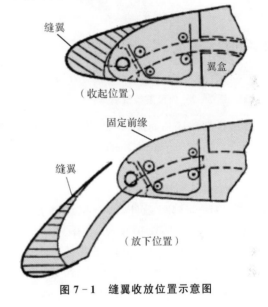

图7-1　缝翼收放位置示意图

透,防止失去控制,保证飞机撞后能够成功安全着陆。

由图7-1可看出,在飞机起飞、着陆过程中,无论缝翼为收起或滑出阶段,机翼前缘的迎风面均被缝翼覆盖,鸟撞发生的可能性很小。缝翼结构在飞行过程中有很大的鸟撞风险。因此,本章选取缝翼而非前缘作为分析对象,通过数值模拟方法分析前缘缝翼结构在1.8kg鸟体撞击下的破坏特征,讨论鸟体撞击能量的耗散途径,提出缝翼结构抗鸟撞优化设计方案,并通过地面鸟撞试验验证数值模拟方法的有效性,验证缝翼结构抗鸟撞优化设计方案的有效性。另外,本章也就数值模拟建模中的参数敏感性问题开展讨论。

7.1　缝翼结构构型及抗鸟撞结构设计途径

7.1.1　缝翼结构构型

本节针对某飞机缝翼结构进行抗鸟撞性能分析。机翼前缘内段缝翼外侧两个滑轨之间的

结构,如图 7-2 所示。结构由加强肋、普通隔板、缝翼梁、连接角材、滑轨以及上下蒙皮组成。

7.1.2 抗鸟撞设计途径

单纯增加结构尺寸可以提高结构的抗鸟撞能力,但势必会增加结构质量,影响飞机性能。基于这个原因,飞机抗鸟撞能力的提高往往通过使用新型材料、设计新型结构来满足。

抗鸟撞设计中可使用多种新型材料,如蜂窝夹芯板、泡沫夹芯板、GLARE 层板等,这些在第五章中有详细的介绍。图 7-3 给出了一个 GLARE 层板的示意图,可以看出它是由三层铝板中间夹两层玻璃。

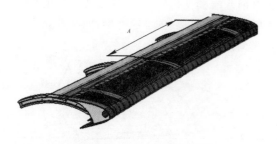

图 7-2 内段前缘缝翼结构

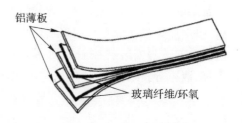

图 7-3 GLARE 层板示意图

纤维经高温压和而成,它比铝合金有更高的强度,比碳纤维复合材料有更好的抗疲劳特性。而且其质量小于同体积的铝合金,可以大大减少飞机质量。A380 飞机机身段蒙皮大面积采用 GLARE 层板,使得该飞机质量减少近 800 kg。

缝翼结构抗鸟撞设计的一个重要技术途径是采用吸能构型设计,即在机翼缝翼缘适当部位采用一些保护装置,这样,当前缘部位遭受飞鸟撞击时,保护装置就可以吸收部分鸟撞动能,或在结构设计时,采用适当的结构设计来增加抗鸟撞能力。也有

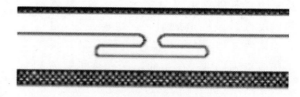

图 7-4 可伸张蒙皮示意图

文献采用可伸张蒙皮设计,如图 7-4 所示。改进缝翼结构抗鸟撞性能的技术方法是对缝翼结构直接进行布局优化,如适当减少隔板数量、缝翼蒙皮改为蜂窝夹芯层板、改为 GLARE 层板等。通过类似的设计,可在不增加结构质量同时,提高结构抗鸟撞能力。详细讨论见 7.3 节。

7.2 缝翼结构的抗鸟撞数值分析及其参数敏感性

7.2.1 缝翼结构的有限元模型

参照适航条例,鸟体质量为 1.8 kg,考虑鸟体与飞机的相对速度为 150 m/s。鸟体撞击速度方向沿飞机航向,与缝翼夹角为后掠角 $\theta=28°$,如图 7-5 所示。

鸟体采用 SPH 粒子来模拟,其构型采用长径比为 2:1 的两端半球体,如图 7-6 所示。缝翼结构使用四节点带减缩积分的壳单元 S4R 来模拟,沿厚度方向选取 3 个积分点,共划分 82 076 个单元。整个缝翼模型的材料均为 2024 铝合金,其本构关系用 JOHNSON - COOK

模型描述。材料参数见 5.3.1 节。

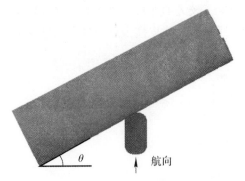

图 7-5 鸟体撞击方向

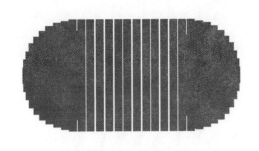

图 7-6 鸟体 SPH 模型

材料的失效方式为最大等效应变失效,即当 $\varepsilon \geqslant \varepsilon_f$ 时认为材料发生失效,且单元被删除。缝翼模型的连接部分采用了铆钉连接,在 PAM-CRASH 中用 PLINK 来模拟。整个系统的有限元模型如图 7-7 所示。数值模拟采用 PAM-CRASH 2G 有限元动力分析软件进行。

7.2.2 数值计算结果及分析

1. 鸟撞后结构的破坏分析

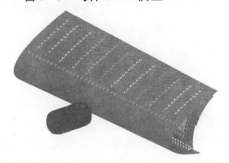

图 7-7 有限元模型示意图

计算分析表明,鸟体以 150 m/s 的速度撞击缝翼结构时,前蒙皮未被穿透,但发生了很大的塑性变形。图 7-8 给出了鸟体动能随时间变化的曲线。鸟体初始动能为 20 kJ,撞击结束时鸟体的动能为 4.32 kJ,速度为 69.3 m/s。鸟体撞击分为两个阶段,第一阶段为从撞击开始到 3 ms 左右,这一阶段为鸟体撞击阶段,鸟体动能迅速衰减;第二阶段为鸟体沿蒙皮滑行阶段,这一阶段鸟体沿蒙皮向翼梢方向滑出翼面。

鸟体撞击开始时,蒙皮便撞击出现凹陷,并迅速向四周扩展。凹陷向翼梢和翼根方向扩展的程度大于其他两个方向,这是由于其余两个方向有角材、铆钉约束的作用。图 7-9 所示为蒙皮的最终变形图,撞击结束时,蒙皮上形成了约为 987 mm×182 mm 的塑性变形区。

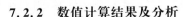

图 7-8 鸟体动能时程曲线

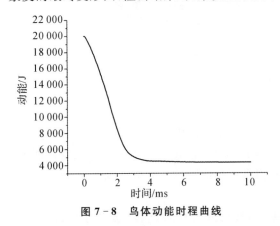

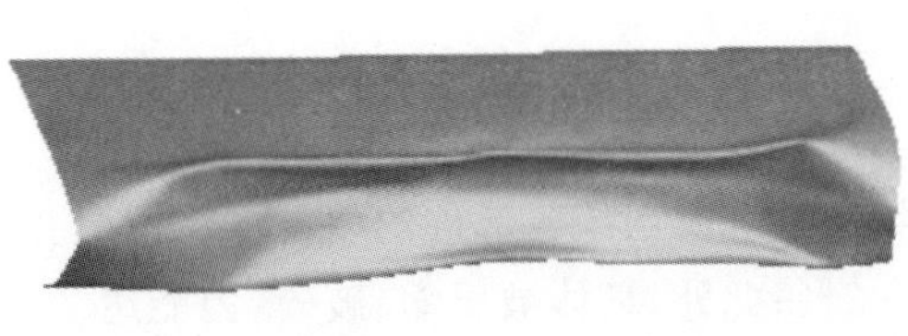

图 7-9 蒙皮变形

图 7-10 给出了隔板、角材、梁变形图,撞击过程中鸟体撞击区域部分隔板发生了较大的

塑性变形。其中有 5 个隔板(图 7-10 左 3 至左 8)与梁连接的铆钉全部发生失效,角材从隔板以及梁上完全脱落。撞击中,梁没有发生单元失效,但产生了较大的变形。梁在撞击进行到大约 4.5 ms 时位移最大。图 7-11 所示为撞击点的位移时程曲线,蒙皮撞击点的最大位移发生在 4.05 ms,位移值为 164.01 mm。

图 7-10　隔板、角材、梁变形图

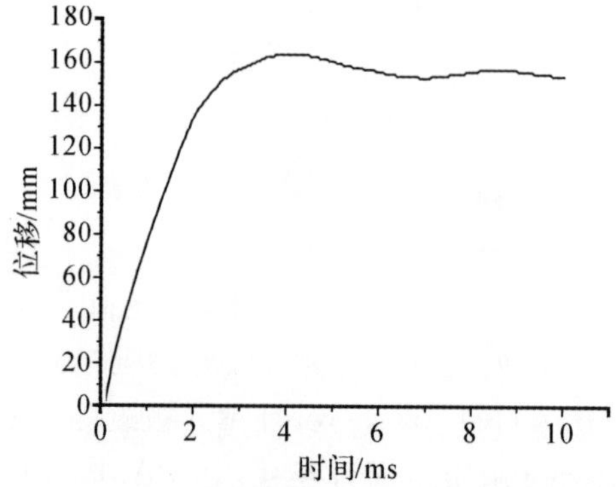

图 7-11　蒙皮典型点位移时程曲线

由图 7-12 可以看出鸟体在撞击过程中速度方向的变化。撞击结束时,鸟体从沿翼梢方向贴着缝翼结构前蒙皮滑出,此时鸟体仍具有一定的速度;鸟体损失掉的动能转化为系统的内能。鸟体飞出结构时,已经偏离初始撞击方向,不会对缝翼进行二次撞击,所以已经不对结构构成威胁。在本节的分析中,鸟体在撞击过程中未穿透蒙皮,故在后续的分析中用结构吸收能量的多少来评判结构的抗鸟撞、能量吸收能力。

2.5 ms

5.0 ms

7.5 ms

10.0 ms

图 7-12　鸟体速度方向变化

2.缝翼结构的能量吸收

鸟体撞击过程中,鸟体损失掉的动能绝大多数转化为结构的内能。表 7-1 给出了鸟体撞击结束后缝翼系统各部件的内能增加情况。可看出,前蒙皮在撞击后内能占系统最终内能的 70.02%;此外,鸟体被压缩、破碎,内能达 2.36 kJ,占系统总内能的 17.56%,即鸟体自身受撞同样耗散掉部分动能。

由以上分析可见,在 150 m/s 的鸟体撞击速度下,缝翼蒙皮有部分单元发生了失效,变形的蒙皮与梁接触,使梁发生变形。

表 7-1　各部件内能及百分比

	鸟体	前蒙皮	梁	肋	下缘条	后蒙皮	其他
内能/J	2363.34	9422.74	516.82	506.1	142.36	196.14	309.00
占总内能百分比/(%)	17.56	70.02	3.84	3.76	1.06	1.46	2.30

7.2.3　不同结构构形参数的影响敏感性分析

不同结构构形参数的影响敏感性分析工作是在原飞机缝翼结构基础上,通过对后梁、主盒段肋等不同支持刚度的取舍与简化,实施鸟撞数值计算,分析边界条件对鸟撞结果的影响和敏感性。

使用 PAM-CRASH 有限元动力学分析软件进行建模与计算。选择缝翼的一段结构如图 7-2 所示,考虑缝翼两端不同的边界支撑条件共设计了 13 种模型状态,见表 7-2。本节计算选取的模型长度分别为 L,$1.2L$,$1.4L$,$1.8L$,以此来考察模型长度对分析结果的影响;同时,在此模型的基础上改变了边界支撑条件,共考虑了固支、简支和弹性支撑三种情况,以此来讨论不同的边界支撑条件对分析结果的影响。本节建立的数值仿真模型的材料参数、网格划分、接触条件等均与 7.2.1 节相同。

对于固支和简支边界支撑条件的情况,经验证从变形模式、鸟体动能损失量及历程、蒙皮典型点位移等方面考虑均非常类似,因此以下仅分析两侧边固定支撑的情况。

表 7-2　缝翼的一段结构模型

序号	鸟撞速度/(m·s⁻¹)	模型长度	边界条件
1		L	
2		$1.2L$	
3		$1.4L$	固支
4		$1.8L$	
5		L	
6		$1.2L$	
7	150	$1.4L$	简支
8		$1.8L$	
9			弹性支撑,弹簧刚度 1k
10			弹性支撑,弹簧刚度 10k
11		$1.2L$	弹性支撑,弹簧刚度 100k
12			弹性支撑,弹簧刚度 1 000k
13			弹性支撑,弹簧刚度 10 000k

7.2.3.1 模型长度的影响

表 7 - 3 给出了 150 m/s 撞击速度下缝翼横截面四种长度模型的变形模式。由此可以看出,在 150 m/s 的撞击速度下,4 种模型的变形模式很类似,缝翼蒙皮均未被穿透,但模型 1,2,3 的蒙皮在撞击过程中有部分单元失效,如图 7 - 13 所示。蒙皮在撞击过程中产生了很大的变形,并与梁接触,对梁造成了撞击,梁的变形如图 7 - 14 所示。

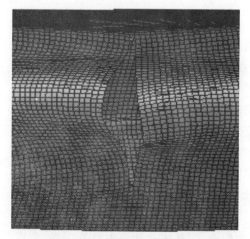

图 7 - 13　蒙皮部分单元失效

图 7 - 14　变形后的梁

表 7 - 3　150 m/s 撞击速度下,缝翼横截面 4 种长度模型的变形模式

	模型 1	模型 2	模型 3	模型 4
0.9 ms				
1.8 ms				
2.7 ms				
3.6 ms				

以下从几方面分析比较这四种模型:

1.鸟体动能随时间变化曲线

图 7－15 所示为鸟体动能随时间变化曲线。

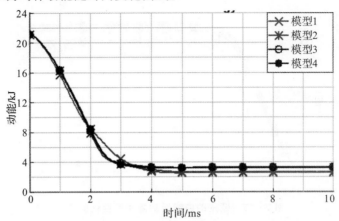

图 7－15　鸟体动能随时间变化曲线

2.蒙皮受冲击点的位移随时间变化曲线

图 7－16 所示为蒙皮的受撞击点位移随时间变化的曲线。可以看出,4 种模型典型点的位移随着撞击过程的持续而增大,3,4 两种模型在 3 ms 的时候位移达到最大,1,2 两种模型在 4 ms 的时候位移达到最大。模型 1 的典型点位移值与模型 2,3,4 的相比偏差较大,模型 2,3,4 的典型点位移曲线比较吻合。

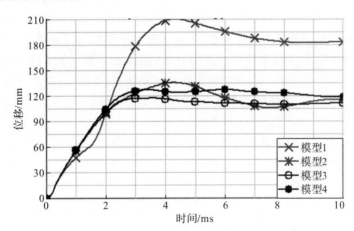

图 7－16　蒙皮受冲击点的位移随时间变化曲线

3.蒙皮的内能增加随时间变化曲线

由图 7－17 可以看出,蒙皮在撞击过程中吸收了较多的鸟体动能,表现为蒙皮内能的增加。冲击开始的时候蒙皮的内能为 0;随着撞击的进行,蒙皮的变形越来越大,内能也逐渐增加,到 3 ms 左右蒙皮内能趋于稳定。对于 2,3,4 三种模型,蒙皮内能随时间变化曲线非常吻合,而对于模型 1 蒙皮的内能增加相对较少,偏差较大。

4.梁上沿厚度方向最大等效应力值

表 7－4 给出了鸟撞过程中梁上最大等效应力,可看出模型 2,3,4 梁上的应力值比较接近,而模型 1 偏差较大。

由以上分析可知,模型的长度对结果有比较大的影响,因此模型不能取的太短,模型 9～13 既对原有模型进行了简化,缩小了计算规模,又能保证计算结果在工程上可接受的范围内。

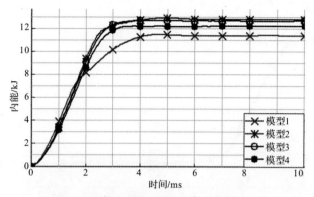

图 7 - 17　蒙皮的内能增加随时间变化曲线

表 7 - 4　梁上最大等效应力　　　　　　　　　　　　　（单位:MPa）

模型 1	模型 2	模型 3	模型 4
687	646	634	636

7.2.3.2　边界设置的影响

1.固支与简支边界的比较

对于固支简支两种边界,经过分析,在结构的变形模式、鸟体动能损失、结构各部分的能量吸收方面,分析结果差异较小,可以认为这是由于结构的边界条件施加部位为蒙皮左右两侧,而两侧蒙皮具有曲度;对于两侧边每个节点,约束了平动位移的同时也限制了其余点的转动位移,这样就使得模型中简支与固支具有相近的效果,即绝大多数点的 6 个方向自由度均被约束。图 7-18～图 7-21 给出了一个典型模型的鸟体动能、鸟体内能、蒙皮内能、典型点位移随时间变化曲线,可以看出,几条曲线几乎重合,数值模拟的计算结果也说明了这一点。

2.弹性支撑

本指南只取了缝翼的一段来进行分析,而实际飞机结构中,这时所取蒙皮的两端边界既不是固定支撑,也不是简支或者自由端,而应是弹性支撑。因此,本指南又选取了长度为927.424 mm 的模型来进行分析,将缝翼两侧的边界条件改为弹性支撑。具体方法为在缝翼左右两侧的 248 个节点处分别设置了 6 自由度弹簧,并改变弹簧的刚度,以此来模拟真实飞机结构中的弹性支撑边界条件。图 7-22 为有限元模型。鸟撞速度取 150 m/s,弹簧刚度分别取 $k,10k,100k,1\,000k$, $10\,000k$ 五个数量级。计算中认为弹簧不发生失效,且约束了弹簧的最大伸长量。

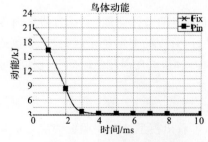

图 7 - 18　鸟体动能时程曲线

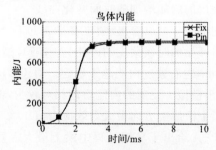

图 7 - 19　鸟体内能时程曲线

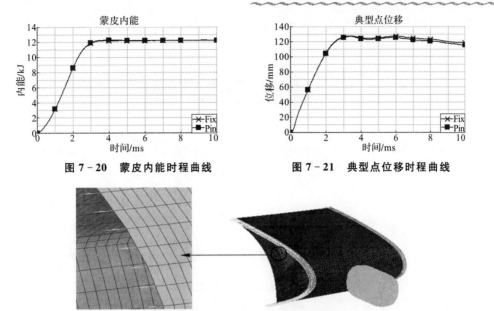

图 7-20　蒙皮内能时程曲线

图 7-21　典型点位移时程曲线

图 7-22　弹性支撑模型细节图

　　首先比较不同弹簧刚度的弹性支撑边界对计算结果的影响。图 7-23～图 7-25 分别给出了 5 种不同的弹簧刚度下鸟体动能、鸟体内能以及蒙皮内能随时间变化的曲线。可以看出，5 条曲线趋势一致，数值上也非常接近，而本指南中弹簧刚度的取值范围从 $1k\sim10^4k$，这说明弹簧刚度对计算结果的影响不大。因此在后续分析中，只取弹簧刚度为 1×10^4k 的模型进行分析。

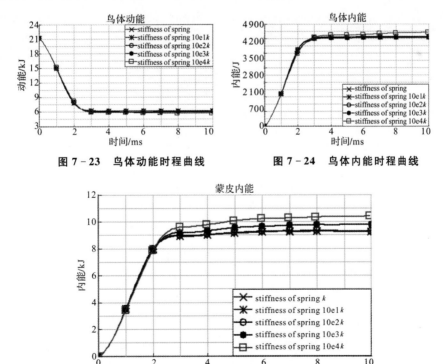

图 7-23　鸟体动能时程曲线

图 7-24　鸟体内能时程曲线

图 7-25　蒙皮内能时程曲线

表7-5给出了固支和弹性支撑两种不同的边界条件下结构的变形模式。可以看出,改为弹性支撑后,蒙皮两端在冲击过程中有了一定的位移,对鸟体的撞击起到了一定的缓冲作用,这显然更符合实际。

表7-5　固支和弹性支撑边界条件缝翼横截面变形模式

	0.9 ms	1.8 ms	2.7 ms	3.6 ms
固支				
弹性支撑				

图7-26~图7-29给出了边界固定支撑以及弹性支撑情况下模型长度为927.424mm的鸟体动能、鸟体内能和蒙皮内能以及典型点位移时程曲线。可看出,与两端固支边界条件相比,弹性支撑边界条件模型鸟体冲击结束时具有更高的动能,而这部分的能量是鸟体撞击结束从缝翼蒙皮表面滑出时具有的能量,显然这部分能量越大,则系统遭受的破坏越小;鸟体的内能与固支相比变得更小了,这说明鸟体在撞击过程中的变形相对较小;而与固支边界条件相比,弹性支撑模型前蒙皮吸收的能量也减小了。

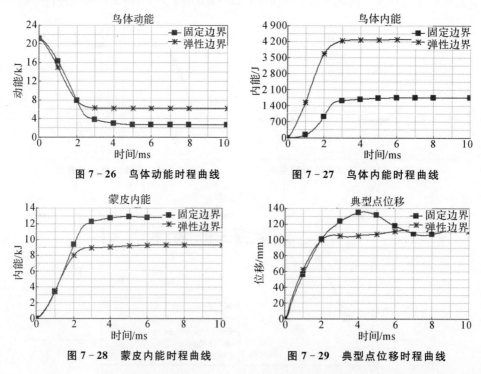

图7-26　鸟体动能时程曲线　　　　图7-27　鸟体内能时程曲线

图7-28　蒙皮内能时程曲线　　　　图7-29　典型点位移时程曲线

以上分析说明,对于本节的结构模型,边界采用固支和简支限制了蒙皮两边单元的位移,使得鸟体在冲击过程没有得到有效的缓冲,鸟体对结构造成的损伤偏大,方法偏保守;而弹性支撑边界条件有效地模拟了缝翼受撞击过程中蒙皮两边单元的运动状态,同时对鸟体起到了一定的缓冲作用,更加接近实际情况。

从以上分析可以得出,对于固支简支两种边界,本指南的模型区别非常小,工程上可以忽略,而弹性支撑更加符合实际情况。

7.3　缝翼结构构型优选及其地面鸟撞试验验证

7.3.1　前缘缝翼结构的优选方案

针对 7.2 节讨论的前缘缝翼结构可以看到鸟撞后结构吸收了大部分鸟体能量,缝翼未被打穿,吸能效果已经比较理想。因此,这里在不明显降低结构强度和抗鸟撞能力的前提下,进行缝翼结构抗鸟撞减重优化设计,即目标是优化后结构质量减少 5% 以上,但结构的抗鸟撞性能不能有明显的降低。

可以有多种优选方案。从上节分析可看出,前蒙皮在结构抗鸟撞过程中起着至关重要的作用,但同时蒙皮的质量达到了 3.779 kg,占整个结构质量的 44%。因此,改进方案之一是尝试减少蒙皮厚度,即在改进前缘缝翼抗鸟撞能力的情况下,降低结构质量。为此,本节将减少缝翼上蒙皮及/或下蒙皮厚度,或改用 1.4 mm 的 GLARE 层板,模型其余部分不变。GLARE 层板兼有金属与复合材料的性质,有着良好的抗冲击性能,其质量更轻。本次选用的工程规格为 GLARE3,其中铝板为 2024 - T3 铝合金,铝合金层厚度为 0.3 mm;玻璃纤维一般采用 R 或 S 高强度玻璃纤维,其中玻璃复合材料采用 0/90°的铺层方向,每层厚度 0.125 mm。还可尝试将隔板优化,本节将原有的 14 个隔板改为 8 个。本节选用的具体改进方案见表 7-6。经改进后,模型的质量以及减轻的质量见表 7-7。

表 7-6　改进方案

序　号	改进方案	参　数
1	减小前蒙皮厚度	蒙皮厚度 1.4 mm
2	对隔板优化	将隔板数目改为 8 个,去掉相应的铆钉及角材
3	前蒙皮改为 GLARE 板	GLARE3 层板,0/90°铺层
4	仅减小后蒙皮厚度	蒙皮厚度 1.4 mm

表 7-7　改进模型减重效果

编　号	改进方案	质量/kg	减　重
0	原模型	8.546	0.00%
1	前蒙皮厚度变为 1.4 mm	8.073	5.53%
2	隔板优化设计	8.231	3.69%
3	前蒙皮换为 GLARE 层板	7.721	9.65%
4	后蒙皮厚度变为 1.4 mm	8.027	6.07%

7.3.2 缝翼吸能特性的改进

图 7-30 所示为 150 m/s 撞击速度下原模型以及改进模型的鸟体动能时程曲线。可以看出,原模型与改进模型的鸟体动能历程曲线的趋势相同,只是在数值上略有差别。撞击都均分为两个阶段,从撞击开始到 3.5 ms 左右为鸟体撞击阶段,这一阶段鸟体动能迅速衰减;3.5 ms 以后,鸟体质量以近乎常速度向翼梢方向滑出。

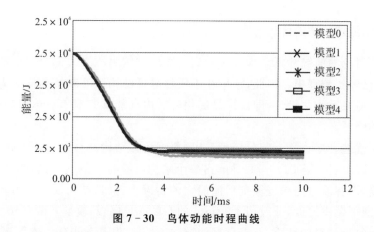

图 7-30 鸟体动能时程曲线

图 7-31 给出了原模型以及改进模型前蒙皮典型点的位移时程曲线。可以看出,原模型与改进模型典型点位移的变化趋势一致,也分两个阶段,第一阶段里鸟体撞击使蒙皮典型点位移迅速增大;第二阶段蒙皮典型点做衰减振动,最后稳定于平衡位置。图 7-32 给出了原模型以及改进模型蒙皮的内能时程曲线。可以看出,几种模型蒙皮内能变化趋势相同,数值上也很接近,蒙皮在能量吸收中起到了关键的作用。

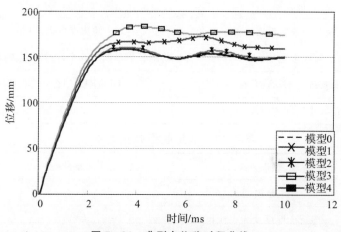

图 7-31 典型点位移时程曲线

为比较各改进方案的优劣,可用单位质量的能量吸收作为评判指标。图 7-33 及表 7-8 给出了原模型及改进模型的单位质量的能量吸收。由此可以看出,改进后的几种缝翼结构单位吸能效果均好于原模型,吸能效率得到一定的提高。以单位质量吸收能量来衡量,方案 3 最优,方案1次优,然后是模型4,最后是模型2,即将前蒙皮改为1.4 mm以及将前蒙皮改为GLARE层板两种方案效果最为明显。

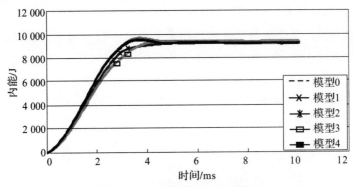

图7-32　蒙皮内能时程曲线

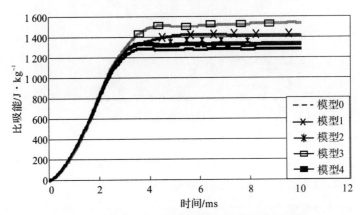

图7-33　原模型及改进模型单位重量吸收的能量

表7-8　改进模型与原模型吸能效果对比

模型	改进方案	质量 kg	减重	鸟体损失动能 J	典型点位移 mm	蒙皮内能 J	结构内能 J	单位质量吸收能量 J·kg⁻¹
0	原模型	8.546	0.00%	15 583	150	9 260	11 007	1 288
1	前蒙皮厚度变为1.4 mm	8.073	5.53%	16 098	159	9 233	11 458	1 419
2	隔板的优化设计	8.231	3.69%	16 037	157	9 374	11 084	1 347
3	前蒙皮换为GLARE层板	7.721	9.65%	16 426	174	9 244	11 914	1 543
4	后蒙皮厚度变为1.4mm	8.027	6.07%	15 581	149	9 224	10 996	1 370

7.3.3 缝翼抗鸟撞结构地面鸟撞试验验证

7.3.3.1 试验系统简介

鸟撞试验设备主要由鸟体发射系统和数据采集系统两部分组成。发射系统由高压气罐、空气压缩机和鸟炮组成。使用时首先将鸟体填装到炮筒内，然后用空气压缩机给高压气罐加压，鸟弹的速度由气罐内部气压决定，达到所需压力并稳定后，停止加压，最后开启压力阀，高压气体瞬间释放，导致鸟体在炮管内加速滑行直至离开炮管，随后以一定速度撞击固定在实验平台上的试验件。鸟炮装置如图 7-34 所示。

图 7-34 鸟炮装置

数据采集系统由激光测速仪、压力传感器、高速摄像仪、激光位移传感器和应变采集系统组成。鸟弹的速度由激光测速仪测出，原理是测出鸟弹经过两束平行的激光间的时间差，再根据两束平行光的距离，就可以测出鸟体发射出炮口后的速度。

7.3.3.2 试验件及鸟体

试验件共两种，一种前缘蒙皮为全铝合金，材料为 2024-T3 铝合金；另一种为 GLARE 层板，几何尺寸及其余材料均相同。试验件有 12 个普通肋等间距分布，两端有加强肋与支座相连。全铝合金件的前缘蒙皮厚 1.6 mm，前、后蒙皮与翼肋及横梁以单排铆钉连接。试验件几何尺寸与数值模型相同。

从 7.2 节分析可看出，前蒙皮在结构抗鸟撞过程中起着至关重要的作用，但同时蒙皮的质量达到了 3.779 kg，占整个结构质量的 44%。因此，改进方案之一是尝试减少蒙皮厚度，即在改进前缘缝翼抗鸟撞能力的情况下，降低结构质量。GLARE 层板兼有金属与复合材料的性质，有着良好的抗冲击性能，其质量更轻。本次选用的工程规格为 GLARE3，其中铝板用 2024-T3 铝合金，铝合金层厚度为 0.3 mm；玻璃纤维一般采用 R 或 S 高强度玻璃纤维，其中玻璃复合材料采用 0/90°的铺层方向，每层厚度 0.125 mm。鸟弹质量为 1.8 kg，将活鸡宰杀并切割称重包裹后制成。试验件在两端加强肋处通过螺栓与夹具连接，图 7-35 所示为试验件及其安装现场。

7.3.3.3 试验结果及与数值模拟结果的比较

缝翼结构鸟撞后的最终变形图如图 7-36 所示。试验结果与数值模拟结果相类似，鸟体以撞击缝翼结构后，前蒙皮未被穿透，但发生了很大的塑性变形。鸟体撞击开始时，蒙皮便撞击出现凹陷，并迅速向四周扩展，凹陷向翼梢和翼根方向扩展的程度大于其他两个方向，随后鸟体动能迅速衰减,沿蒙皮向翼梢方向滑行,速度趋于稳定。

图 7-35　试验件

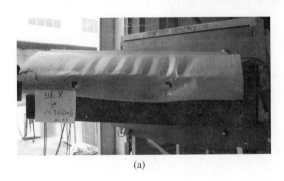

(a)

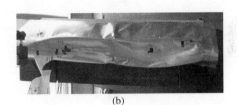

(b)

图 7-36　缝翼结构鸟撞后的最终变形图

(a)　前蒙皮为铝合金的缝翼结构;　(b)前蒙皮为 GLARE 板的缝翼结构

支反力数值模拟与试验对比如图 7-37 所示。可见数值模拟和试验获得的支反力曲线趋势基本吻合,但峰值有一定误差,比较结果见表 7-9。传感器 1 支反力峰值试验值与计算值间的误差较大,为 16.5%;传感器 2 支反力峰值试验值与计算值间的误差为 6.8%。

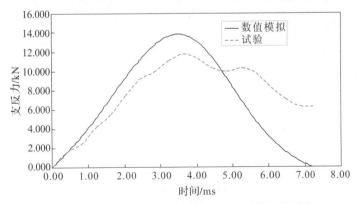

图 7-37　传感器支反力数值模拟与试验数据的对比

表 7-9 支反力试验值与计算值比较情况

	传感器 1 峰值	传感器 2 峰值
试验值/kN	11.86	12.95

253

续表

	传感器1峰值	传感器2峰值
计算值/kN	13.82	13.83
误差	16.5%	6.8%

铝合金蒙皮试样实验与数值模拟的参考点位移对比曲线如图7-38所示,其中图7-38(a)和图7-38(b)所描述的参考点分别距离端部200 mm和400 mm。由图可见,数值模拟和试验结果吻合较好,参考点位移峰值的误差最小为2.50%,最大5.43%。

误差产生的原因:①因为实际中样品的尺寸、质量和数值模拟中的数值会有差别;②撞击点也不能恰好在正中心的正前方。此外,数值模拟中的网格大小以及材料本构参数也会对计算结果产生一定的影响。

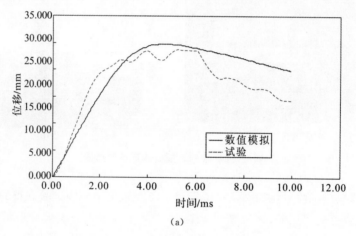

(a)

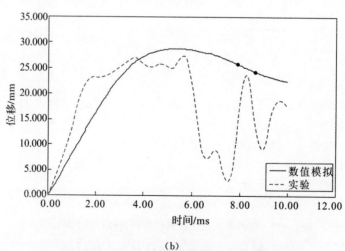

(b)

图7-38 参考点位移数值模拟与试验结果对比

(a)距离端部200 mm处参考点; (b)距离端部400 mm处参考点

铝合金蒙皮撞击实验中,梢部的应变片在撞击过程中受到鸟体流质撞击,实验数据较难采集形成,得到的只有很多突跃的矩形波。

7.4 工作结论

本章选取缝翼作为研究对象,通过数值模拟方法分析了前缘缝翼结构在 1.8 kg 鸟体 150 m/s 速度撞击下的破坏特征,讨论了鸟体撞击能量的耗散途径,提出了缝翼结构抗鸟撞优化设计方案,并通过地面鸟撞试验验证了数值模拟方法的正确性,验证了缝翼结构抗鸟撞优化设计方案的有效性。另外,本章也就数值模拟建模中的参数敏感性问题开展讨论。所得结论如下:

(1)鸟体以 150 m/s 的速度撞击缝翼结构,前蒙皮未被穿透,缝翼蒙皮有部分单元发生了失效,变形的蒙皮与梁接触,对梁形成了较强的冲击,需要进一步改进。鸟体撞击分为两个阶段,第一阶段鸟体动能迅速衰减;第二阶段为鸟体沿蒙皮滑行阶段向翼梢方向滑出翼面。从能量耗散途径来看,前蒙皮在撞击后吸收总撞击能量的 70.02%;鸟体自身由于被压缩、破碎,耗散部分撞击能量,内能占系统总内能的 17.56%。其余被梁、肋、缘条等其他部件及途径吸收。

(2)在原有模型的基础上,提出 4 种进行模型优化的方法。将前蒙皮换为 GLARE 层板的方案在提高结构抗鸟撞性能的同时,质量减轻达 9.65%。

(3)缝翼结构的数值模拟结果与试验结果吻合较好。变形过程的模拟与试验观察非常相似,计算得到支反力与位移的数值也与试验结果接近。参考点位移峰值的误差最小为 2.50%,最大为 5.43%。在误差允许范围之内。支反力峰值试验值与计算值间的误差最大为 16.5%。

(4)模型的长度对结果有比较大的影响,因此模型不能取得太短,模型长 1.2L 既对原有模型进行了简化,缩小了计算规模,又能保证计算结果在工程上可接受的范围内。

(5)对于模型边界的处理,弹性支撑更加符合实际情况;固支、简支两种边界对缝翼在鸟撞下的模拟结果影响较小。

第八章　风挡结构抗鸟撞设计、分析与试验验证

　　飞机风挡结构是需要进行抗鸟撞设计的关键部位，其抗鸟撞性能的优劣对于飞行安全有着至关重要的影响。CCAR-25(25.775b)中关于风挡结构的抗鸟撞性能有明确的要求：位于正常执行职责的驾驶员正前方的风挡玻璃及其支承结构，必须能经受住 1.8kg(4lb) 的飞鸟撞击而不被击穿，此时飞机的速度(沿飞机航迹相对于飞鸟)等于按 25.335(a) 选定的海平面 v_c 值。符合此条款须满足下列两个条件：

　　(1)风挡玻璃经飞鸟撞击后不能被击穿并且破裂的碎片不能造成飞行员的伤害；

　　(2)飞鸟击中风挡后，支承结构(即天窗骨架)不能被击穿破坏，如出现裂纹或损伤，则须满足剩余强度要求。

　　本章介绍依据某型民机的风挡结构所开展的抗鸟撞结构设计选型的数值分析结果。

8.1　风挡抗鸟撞结构设计选型及其构型参数

　　民用飞机的风挡玻璃结构形式有无机夹层、有机夹层、有机和无机夹层 3 种类型，图 8-1 和图 8-2 列举了 A300 与 B747 两种机型的风挡玻璃结构形式。无机夹层玻璃有寿命长、耐划伤、工艺成熟等优点，缺点是质量较大。有机夹层玻璃的优点是质量小，缺点是寿命短、抗划伤能力差。有机无机层合玻璃综合了有机和无机的优点，但应用较少，因为有机和无机材料的热膨胀系数相差较大，在使用中容易分层失效。近几年比较常用的结构形式是钢化硅酸盐玻璃层合结构形式，某型飞机风挡玻璃即采用了这种结构形式，从外至内依次为半钢化玻璃层/PVB 胶片层/钢化玻璃层/PU 胶片层/钢化玻璃层。同时，为了减小鸟撞载荷对支承结构的冲击作用，风挡周边还采用了硅橡胶包边作为吸能材料。

　　对于这类层合风挡，其构型设计参数通常包括夹层结构形式，如 2+1,3+2,4+3 等，即 2 层玻璃夹 1 层胶垫，3 层玻璃夹 2 层胶垫(见图 8-2,图 8-3),4 层玻璃夹 3 层胶垫(见图 8-1)。

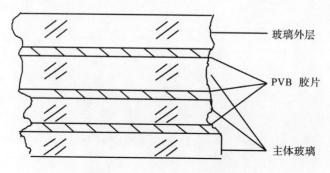

玻璃外层

PVB 胶片

主体玻璃

图 8-1　A300 飞机主风挡结构

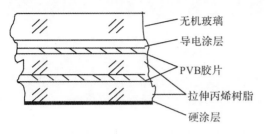

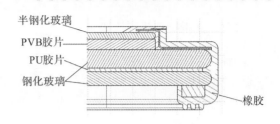

图 8 - 2 B747 飞机主风挡结构　　　　　**图 8 - 3 某型飞机主风挡结构**

为了获得更好的抗鸟撞性能,最直接的方法就是增加风挡玻璃总厚度,但这势必会带来比较严重的重量问题,往往不能被设计所采纳。因此,风挡玻璃的抗鸟撞设计问题即在满足总体、结构以及静强度专业对风挡玻璃总厚度要求的前提下寻找夹层结构形式与单层厚度的最佳组合,使得风挡玻璃的抗鸟撞性能最好。

本指南以某型飞机主风挡结构为原型,对这种典型结构进行了风挡夹层玻璃仿真分析与优选设计,详见第五章(具体见 5.3.2 节)。最终得到了该型飞机风挡玻璃的最优夹层结构形式为 3+2,具体结构形式为:3 mm 半钢化玻璃/4.5 mm PU/8 mm 钢化玻璃/1.5 mm PVB/6 mm 钢化玻璃(总厚度 23 mm)。在优化设计分析工作基础上,完成了夹层风挡玻璃的鸟撞性能验证性试验。

8.2 风挡结构的鸟撞动力学有限元数值分析

8.2.1 结构模型简介

结构模型来源于某型飞机平面风挡。该平面风挡为 5 层层合结构,总厚度为 23 mm,其沿厚度方向分布如图 8-3 所示,三维结构如图 8-4 所示。第 1 层为 3 mm 半钢化玻璃层,在鸟撞过程中被鸟体直接冲击接触;第 2 层与第 4 层分别为 4.5 mm 的 PU(聚氨酯)柔性中间层黏接材料和 1.5 mm 的 PVB 柔性中间层黏接材料;第 3 层与第 5 层分别为 8 mm 与 6 mm 钢化玻璃层,强度较高,不易碎裂,能防止破碎的材料碎片进入座舱,安全性较好;风挡周边为橡胶包边材料,主要作用是密封以及缓冲玻璃在鸟撞时的载荷。

图 8 - 4 某型飞机平面风挡几何模型

8.2.2 分析模型及计算状态

1. 鸟体质量及鸟撞速度

按照 CCAR – 25 – R3 中§25.775(b)的规定,结合某型飞机设计速度包线,最后确定其平面风挡抗鸟撞分析的鸟体质量为 1.8 kg,鸟撞速度为 151 m/s。

2. 有限元模型

依据该风挡玻璃的几何模型建立其鸟撞动力学分析模型,如图 8-5 所示。分析模型中,风挡玻璃及橡胶垫采用体单元来模拟,鸟体采用 SPH 单元来模拟,整个有限元模型共有 34 208 个节点,25 819 个体单元,1 856 个 SPH 单元。

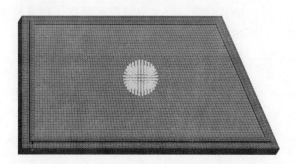

图 8 – 5 某型飞机平面风挡鸟撞分析模型

3. 材料模型

分析模型中涉及的材料参数见表 8-1,其中,PVB,PU 以及橡胶为高应变聚合物材料,其力学性能非线性复杂,但在通常结构变形范围内(应变在 100% 范围)可认为是线弹性无损伤变形阶段,故可取线弹性材料,无需考虑失效问题。玻璃材料为弹脆性破坏的力学性能,PAM – CRASH 软件中没有现成的材料模型,在求解时可采用如下方法进行近似模拟,将其强度极限当作屈服应力,然后设置很小的塑性应变作为失效应变。以钢化玻璃为例,设置如下:$\sigma_s = 415$ MPa,$\varepsilon_f = 1 \times 10^{-5}$。鸟体的材料模型详见 5.3.1 节。

表 8 – 1 材料参数

材料名称	$\dfrac{\rho}{kg \cdot m^{-3}}$	$\dfrac{E}{GPa}$	ν	$\dfrac{\sigma_s}{Pa}$	$\dfrac{\sigma_b}{MPa}$	ε_f
半钢化玻璃	2 506	72	0.22		150	
钢化玻璃	2 452	71	0.21		415	
PU	1 100	0.5	0.3			
PVB	1 090	1.38	0.46			
橡胶	1 040	0.3	0.3			
材料名称	$\dfrac{\rho}{kg \cdot m^{-3}}$	$\dfrac{B}{MPa}$	γ			
鸟体材料	962	128	7.98			

4.边界条件

风挡玻璃在飞机上采用压板与风挡龙骨进行夹持的安装方式,在分析模型中采用橡胶包边上、下两个自由表面的所有节点简支进行模拟,如图 8-6 所示。

图 8-6　风挡玻璃边界条件示意图(局部)

8.2.3　抗鸟撞性能分析

风挡玻璃鸟撞分析结果如图 8-7～图 8-15 所示,通过分析可以得到以下结论。

风挡玻璃在鸟撞过程中的最大挠度位移为 20 mm;外层玻璃在鸟撞过程中会失效破碎,其余各层均不会发生破坏,这说明该风挡玻璃在鸟撞过程中不会被击穿,也不会有伤害驾驶员的玻璃碎片飞出。该风挡玻璃的设计方案可以承受 1.8 kg 鸟体,151 m/s 速度的撞击,满足设计要求,可以在此设计方案的基础上进行风挡玻璃抗鸟撞性能验证试验。

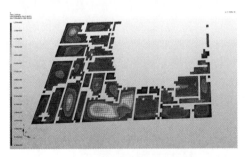

图 8-7　平面风挡外层玻璃破坏形式

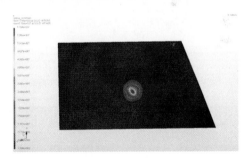

图 8-8　平面风挡 PU 软层最大应力云图

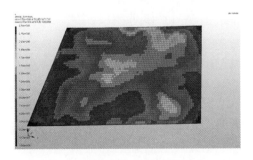

图 8-9　平面风挡中间层玻璃最大应力云图

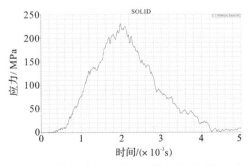

图 8-10　平面风挡中间层玻璃最大应力时间历程

259

图 8 - 11　平面风挡 PVB 软层最大应力云图

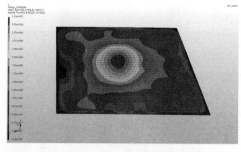

图 8 - 12　平面风挡内层玻璃最大应力云图

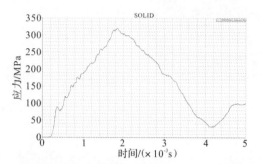

图 8 - 13　平面风挡内层玻璃最大应力时间历程

图 8 - 14　平面风挡最大位移云图

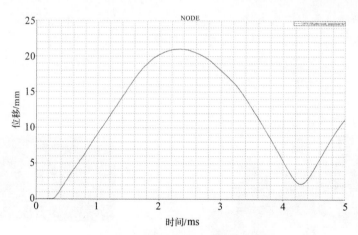

图 8 - 15　平面风挡最大位移时间历程

8.3　风挡结构抗鸟撞性能验证试验

8.3.1　试验件

风挡玻璃左右各一块。

8.3.2　试验件安装

试验件通过试验夹具安装在试验台上,如图 8 - 16 所示。

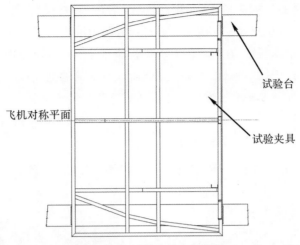

图 8-16 试验夹具安装简图

飞机对称平面

试验台

试验夹具

8.3.3 试验状态

选择前部顶角和中间两个位置进行抗鸟撞性能验证试验,如图 8-17 所示,每块玻璃上各撞击一次。鸟体质量为 1.8 kg,鸟撞速度为 151 m/s。

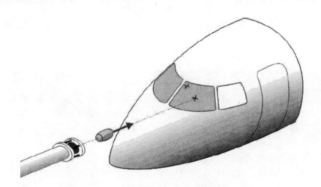

图 8-17 风挡玻璃抗鸟撞性能验证试验点

8.3.4 试验设备

试验设备如图 8-18 所示,主要组成如下:①压力罐;②发射台;③管闩;④空气输送管;⑤炮筒;⑥垫板制动器;⑦速度测量门;⑧试验台;⑨试验夹具。

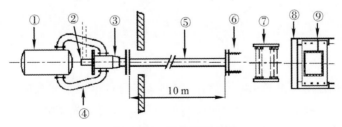

10 m

图 8-18 试验设备简图

试验所用的鸟弹是一只刚杀完的鸡,为了防止发射过程中巨大的加速度可能会将畜体肢解,将鸡装在尼龙袋子里,如图 8-19 所示。通过释放压力罐内的压缩空气来获得试验所要求的速度,压缩空气体积迅速膨胀,在炮筒内对鸟进行加速。用一台压缩机来提供试验需要的压缩空气,并且空气要经过干燥剂干燥,防止在膨胀阶段有任何的潮气冷凝。通过移动位于舱室内的活塞,使活塞进入准通孔来完成发射。这样压缩空气就能突然释放,进入发射管驱动铝垫板,包裹好的鸟弹就放置在铝垫板上。有一个垫板制动器附加在炮筒的管口上,如图 8-20 所示,以保证包裹的鸟弹朝试验样本方向运动。

图 8-19 装入尼龙袋内的鸟

图 8-20 垫板制动器

由光电池发出的两束光线和计时器相连,鸟在撞击行程中要经过这两束光线,如图 8-21 所示。

图 8-21 炮筒和速度测量门

计时器在鸟弹经过第一束光束时开始计时,到鸟弹经过第二束光束时停止。这样计时器就可以准确地记录下鸟弹经过此段距离时所用的时间。在两个光束之间有一个精确的仪表,这个仪表能够给出鸟弹的速度的相对值,以 m/s 为单位。这就是测量得到的鸟弹的运动速度,这个速度是用距离(两个光电池之间的固定距离)除以时间(计时器测量)得到的。

气炮是固定在一个特定的位置上的,故不能再改变鸟弹的运动路径,因此撞击点的位置只能通过移动试验件进行调整。利用从炮筒发出的中心光束对准所需要撞击的位置来确定撞击点,因而撞击点的公差主要是放置在光束前的试验设备的误差。

8.3.5　试验步骤

(1)将装有风挡玻璃的驾驶舱结构夹具安装在速度测量仪的后面,气炮的轴线要与驾驶舱的 x 轴(即飞机航向)平行;

(2)测量撞击位置并在风挡玻璃上做记号;

(3)打开激光束,并使光束沿着大炮的轴线;试验夹具沿着与光束垂直的方向移动直到激光束指向玻璃上所做的记号位置,移走光束;

(4)把鸡杀死,称完质量以后装进尼龙袋子里;

(5)将包裹好的鸟弹放在管闩处的铝垫板上;

(6)给压力罐充气;

(7)打开光电池(使用高速摄像机);

(8)当开关发出活塞运动的命令时发射台加速;

(9)记录计时器数值;

(10)检验玻璃窗和结构夹具;

(11)新一轮撞击试验从第(2)步开始。

8.3.6　试验结果

8.3.6.1　前部顶角

风挡玻璃表面外层破碎,其余各层没有失效、没有发生窗户密封破坏。支承结构 $0^\#$ 支柱和上窗框玻璃支承件部分损坏,在窗和结构之间有部分鸟肉渗入驾驶舱。试验照片如图 8-22～图 8-24 所示。

图 8-22　前部顶角鸟撞试验结果

图 8 - 23　前部顶角鸟撞后 0# 支柱破坏情况　　　　图 8 - 24　前部顶角鸟撞后上窗框破坏情况

8.3.6.2　中间位置

主风挡和支承结构没有发生损坏,没有鸟肉渗进驾驶舱。试验照片如图 8 - 25～图 8 - 26。

从试验现象结果看,由于撞击载荷集中在窗框拐角部位,拐角处结构对玻璃的支持刚度相对较强,撞击后结构变形挠度小,所以冲击载荷很大,冲击载荷集中在拐角处,造成结构局部区域要承受载荷的冲击,使得在冲击载荷较集中的区域造成支承结构的剪切或撕裂破坏。初步分析破坏的过程,破坏应该首先发生在拐角处,然后将 0# 支柱和上窗框玻璃支承结构撕裂。此处正好是 0# 支柱和上窗框对接部位,对接接头的对接强度较弱,有可能在传递冲击载荷的过程中,在此处因传递冲击载荷时有载荷集中现象,造成局部首先失效然后扩散。

图 8 - 25　中间位置鸟撞试验结果(外部)　　　　图 8 - 26　中间位置鸟撞试验结果(内部)

8.3.7　试验结论

通过以上两项试验可以得到以下结论:

(1)鸟撞风挡玻璃两个位置均没有发生穿透性破坏,也没有伤害驾驶员的玻璃碎片飞出,验证了上节的分析结果,说明该风挡玻璃能够承受 1.8 kg 鸟体以 151 m/s 速度的撞击,即风挡玻璃的设计方案能够满足鸟撞设计要求;

(2)鸟撞前部顶角时风挡玻璃支撑结构发生了破坏现象,需要对结构进行优化设计,以确保满足鸟撞设计要求。

8.4　风挡玻璃及支承结构抗鸟撞性能分析与优化

依据鸟撞试验结论,本节对风挡玻璃及支承结构进行鸟撞数值分析与优化设计。

8.4.1　支承结构几何模型

某型飞机平面风挡支承结构由 0# 立柱、主风挡上窗框、主风挡下窗框、6# 面立柱 4 个机加件、风挡玻璃压板及一些小的连接部件组成,窗框结构如图 8-27 所示。

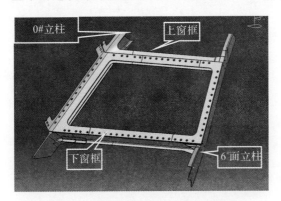

图 8-27　某型飞机平面风挡边缘连接部件

8.4.2　分析模型及计算状态

1. 有限元模型

依据风挡玻璃支承结构的几何模型建立各部件的动力学分析模型,如图 8-28 和图 8-29 所示。其中所有部件均采用体单元来模拟,各部件之间的连接用刚性元来模拟。将支承结构的动力学模型与前面建立的风挡玻璃鸟撞分析模型进行组装形成整个系统的鸟撞分析模型,如图 8-30 所示,其中风挡玻璃与支承结构之间的作用采用接触算法来处理。整个分析系统概况见表 8-2,共包含 75 804 节点,47 885 个体单元,1 856 个 SPH 单元。

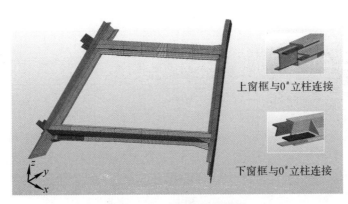

图 8-28　窗框有限元模型

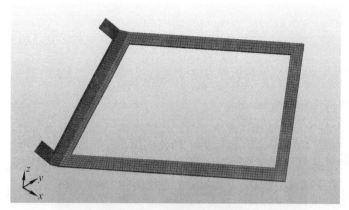

图 8 - 29　压板有限元模型

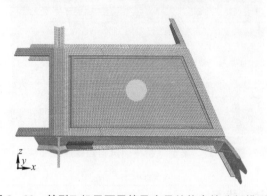

图 8 - 30　某型飞机平面风挡及支承结构鸟撞分析模型

表 8 - 2　某型飞机平面风挡及支承结构鸟撞分析模型概况

部 件		单元类型	材料名称
风挡玻璃（数字为从外至内的层数）	1	SOLID	半钢化玻璃
	2	SOLID	PU
	3	SOLID	钢化玻璃
	4	SOLID	PVB
	5	SOLID	钢化玻璃
0# 立柱		SOLID	7050 - T7451
上窗框		SOLID	7050 - T7451
下窗框		SOLID	钢板
6# 面立柱		SOLID	7050 - T7451
压板		SOLID	7050 - T7451
连结件		SOLID	钢板
鸟体		SPH	

2.材料模型

分析模型中涉及的材料参数见表8-3,其中风挡玻璃用到的材料在8.2.2节的3中已经进行了说明,在此不再重复。对于7050-T7451,采用 MIL-HDBK-5J 中的真应力-应变曲线来定义其本构关系,如图8-31所示;对于钢板,采用理想弹塑性本构关系,即屈服之后材料产生塑性应变,而应力维持不变,始终为屈服应力,如图8-32所示。

表 8-3 材料参数

材料名称	$\dfrac{\rho}{kg \cdot m^{-3}}$	$\dfrac{E}{GPa}$	ν	$\dfrac{\sigma_s}{MPa}$	$\dfrac{\sigma_b}{MPa}$	ε_f
7 050-T7451	2 823	71	0.33	441		0.09
钢板	7 833	200	0.3	861		0.15
半钢化玻璃	2 506	72	0.22		150	
钢化玻璃	2 452	71	0.21		415	
PU	1 100	0.5	0.3			
PVB	1 090	1.38	0.46			
橡胶	1 040	0.3	0.3			

材料名称	$\dfrac{\rho}{km \cdot m^{-3}}$	$\dfrac{B}{MPa}$	γ
鸟体材料	962	128	7.98

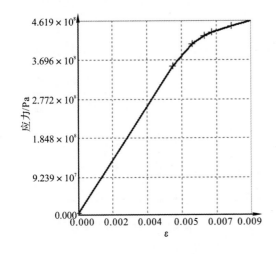

图 8-31 7050-T7451 应力-应变曲线应变

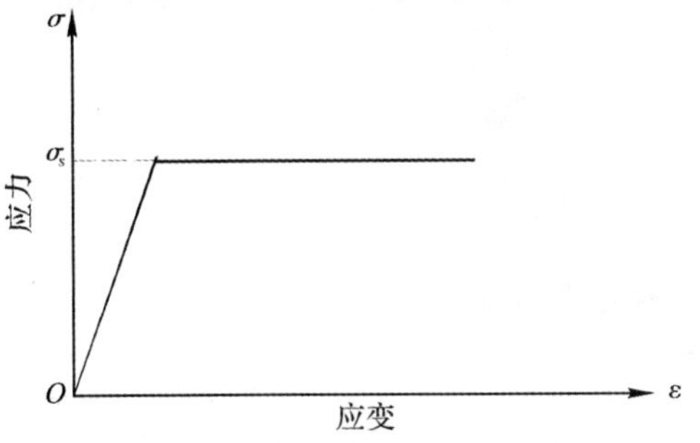

图 8-32 理想弹塑性本构关系示意图

3.边界条件

分析模型的边界条件为,窗框与机头连接部位所有节点简支。

4.计算状态

与风挡玻璃鸟撞试验对应,在风挡玻璃上选取前部顶角以及中间共计两个位置进行鸟撞分析,如图 8-33 所示。

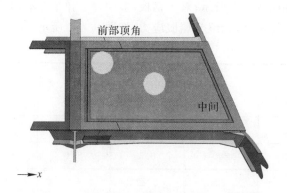

图 8-33　风挡玻璃及支承结构鸟撞分析位置

8.4.3　分析结果

8.4.3.1　前部顶角

经过分析前部顶角的鸟撞结果,可以得到以下结论:

(1)0#立柱以及上窗框已经出现局部失效,如图 8-34 所示,其余各支承部件完好。该分析结果与 8.3.6.1 节中的试验结果一致;

(2)平面风挡外层玻璃破碎,如图 8-35 所示,其余各层完好。该分析结果也与 8.3.6.1 节中的试验结果一致。

图 8-34　鸟撞前部顶角0#柱、上窗框破坏形式　图 8-35　鸟撞前部顶角平面风挡外层玻璃破坏形式

8.4.3.2　中间位置

经过分析中间位置的鸟撞结果,可以得到以下结论:

(1)该位置鸟撞之后各支承部件完好,该分析结果与 8.3.6.2 节中的试验结果一致;

(2)平面风挡外层玻璃破碎,如图 8-36 所示,其余各层完好。

图 8 - 36　鸟撞中间位置平面风挡外层玻璃应力云图及破坏形式

8.4.3.3　结论

将上述分析结果与 8.3.6 节中的风挡玻璃试验结果进行对比(见表 8 - 4)。由图 8 - 37 和图 8 - 38 可以得仿真结果与试验结果基本一致,说明该分析模型可靠,可以在此分析模型的基础上开展风挡玻璃及支承结构的抗鸟撞优化设计工作。

表 8 - 4　平面风挡及支承结构鸟撞结果

位　置		前部顶角		中间	
		分析结果	试验结果	分析结果	试验结果
风挡玻璃位移/mm		14.1	—	21	—
风挡玻璃最大应力及破坏情况/MPa	外层玻璃	失效	失效	失效	完好
	PU	50.2	完好	57.8	完好
	中间层玻璃	342	完好	230	完好
	PVB	151	完好	96.1	完好
	内层玻璃	335	完好	321	完好
支承结构最大应力及破坏情况/MPa	0#立柱	局部失效	破坏	413	完好
	上窗框	局部失效	破坏	462	完好
	下窗框	861	完好	861	完好
	6#面立柱	462	完好	462	完好

图 8 - 37　0#立柱破坏情况分析结果与试验对比　**图 8 - 38　上窗框破坏情况分析结果与试验对比**

269

8.4.4 结构抗鸟撞性能优化设计

本节在上述分析模型的基础上对支承结构进行了改进,并对造成支承结构破坏的前部顶角位置重新进行了鸟撞分析。

8.4.4.1 结构改进说明

针对支承结构在鸟撞中暴露的问题,选择将窗框结构玻璃支承部分进行加厚 2 mm,即由原来的 4 mm 变为 6 mm,如图 8-39 所示,结构改进前后窗框的质量变化见表 8-5。

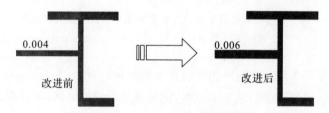

图 8-39 支承结构改进示意图

表 8-5 结构改进前后窗框质量变化

	更改前	更改后	质量增加/(%)
质量/kg	16.34	17.31	5.9

8.4.4.2 改进结构的抗鸟撞分析

结构改进后风挡玻璃及支承结构的抗鸟撞性能分析结果如图 8-40 及图 8-41 所示,由分析结果可以看出:

(1)改进后支承结构没有发生破坏,只是产生了塑性变形,其最大塑性应变仅为 0.033,这说明支承结构满足抗鸟撞设计要求;

(2)改进后风挡玻璃外层发生了破坏,与改进前相比没有变化,说明风挡玻璃也满足抗鸟撞设计要求。

图 8-40 改进结构鸟撞前部顶角窗框最大塑性应变云图　图 8-41 改进结构鸟撞前部顶角外层玻璃破坏情况

8.4.4.3 结论

通过以上工作可以得到以下结论:

(1)本指南提出的结构更改方案,在结构增重 5.9% 的情况下,使风挡玻璃及支承结果能够满足抗鸟撞设计要求;

(2)在进行风挡玻璃的抗鸟撞性能设计时,仅考虑风挡玻璃本身是不够的,因为支承结构也可能是一个薄弱环节,必须给予足够的重视。

第九章 雷达罩蜂窝夹层结构的抗鸟撞设计及数值分析

雷达罩结构的主要功能在于保护内部的雷达天线,以免受到外部物理环境的影响。与此同时,雷达罩结构外形还必须与飞机整体的气动外形相匹配。雷达罩的设计要满足雷达天线对其电磁性能的要求,航空雷达罩结构材料需要有低的介电常数,并要求具有较高的力学强度性能。

雷达罩结构设计主要取决于雷达探测功能所要求的结构、材料和结构厚度,使其必须满足电磁性能、结构强度、热稳定性和抗雨水侵蚀以及重量轻的技术要求。雷达罩的尺寸随飞机的尺寸而定,在飞机外形、结构许可的情况下,尽可能使用较大的尺寸,以求使用较大尺寸的天线,从而减小雷达的探测误差。

运输类飞机适航标准 25.571(e)中明确规定:"对可能引起灾难性破坏的每一结构部分,在海平面至 2 450 m(8 000 ft)的各种高度上,v_c 速度下,受到 1.80 kg(4lb)的鸟的撞击,飞机必须能够成功地完成该次飞行"。依照适航标准的要求,必须要对雷达罩结构进行鸟撞试验以及损伤的评估。有针对性的飞机结构鸟撞数值模拟可以为试验设计提供有益的参考数据,从而提高鸟撞试验的试验效能。

最为典型的安装于飞机机头部位的雷达罩具有较大的迎风面积,故与飞鸟相撞的机率相应也较大。本章内容主要针对于位于飞机机头部位的雷达罩结构分析讨论其抗鸟撞结构性能问题。

9.1 雷达罩蜂窝夹层结构设计选型及其构型参数

9.1.1 雷达罩蜂窝夹层结构的电磁透波特性

雷达罩结构材料要求满足一定力学性能的同时必须有很好的介电性能,这就要求雷达罩结构必须使用透波材料,通常为有机材料面层与蜂窝夹芯的夹层结构。面层最常用的是透波性能好的树脂基纤维增强层合材料,如 E-玻璃纤维和芳纶纤维,而导电的碳纤维与硼纤维不能应用于雷达罩结构。其夹芯厚度、面板厚度通常按如下方法确定[1]。

1. 夹芯厚度的确定

辐射波垂直入射时,无损耗夹层结构厚度按下式计算

$$h_{c,N} = \frac{\lambda_0}{2\pi\sqrt{\alpha_c - \sin^2\theta}} \left\{ N\pi - \tan^{-1}\left[\frac{2(\alpha_f' - 1)\sqrt{\alpha_f'\alpha_c'}\sin2\varphi_f}{(\alpha_f' - 1)(\alpha_f' + \alpha_c')\cos2\varphi_f + (\alpha_f' + 1)(\alpha_c' - \alpha_f')} \right] \right\} \quad (9.1)$$

式中,N 为整数,称为蜂窝夹层结构的级数,常取 1 或 2;$h_{c,N}$ 为 N 级夹层结构的夹芯厚度;λ_0

为自由空间的辐射波波长;θ 为入射角,即从天线辐射出来的电磁波,射到雷达罩壁上,与该点法线的夹角;α_c 为夹芯材料相对介电常数,有

$$\alpha_c = \frac{\varepsilon_c}{\varepsilon_0}$$

α_f 为面板材料相对介电常数,取值为

$$\alpha_f = \frac{\varepsilon_f}{\varepsilon_0}$$

式中,ε_c,ε_f 为夹芯和面板材料介电常数;ε_0 为空气介电常数;δ_f 为面板厚度;$\alpha_c{}'$,$\alpha_f{}'$ 为夹芯和面板材料等效介电常数。

式(9.1)中,仅 $h_{c,N}$、λ_0 和 δ_f 有量纲,其他参数均无量纲,计算时三者单位应取一致。φ_f 取值如下:

$$\varphi_f = \frac{2\pi\delta_f}{\lambda_0}\sqrt{\alpha_f - \sin^2\theta}$$

2.等效介电常数的计算

一般辐射波的极化平面与入射平面成任意角度。对垂直极化辐射波而言,就是电场矢量垂直于入射平面,应使用等效介电常数:

$$\alpha_f{}' = 1 + \frac{\alpha_f - 1}{\cos^2\theta} \tag{9.2}$$

$$\alpha_c{}' = 1 + \frac{\alpha_c - 1}{\cos^2\theta} \tag{9.3}$$

将式(9.2)和式(9.3)代入式(9.1),即得到垂直极化时的无损耗对称夹层结构夹芯厚度。

对平行极化波而言,就是电场矢量在入射平面内,同样使用相应的等效介电常数:

$$\alpha_f{}' = \frac{\alpha_f{}^2}{1 + \dfrac{\alpha_f - 1}{\cos^2\theta}} \tag{9.4}$$

$$\alpha_c{}' = \frac{\alpha_c{}^2}{1 + \dfrac{\alpha_c - 1}{\cos^2\theta}} \tag{9.5}$$

将式(9.4)和式(9.5)代入式(9.1),即得到平行极化时的无损耗对称夹层结构夹芯厚度。

3.面板厚度的确定

对于电性能而言,面板厚度 δ_f 越小越好。因此应在满足强度的要求下,确定面板最小厚度,代入式(9.1),计算夹芯厚度。

夹芯的最佳厚度取决于辐射波入射角的范围和在入射角范围两端的容许反射系数或透过系数值。当面板厚度一定时,反射系数随夹芯厚度的变化而很快变化。为了保证所需的功率透过性能,功率反射系数就要控制在一定范围内,即必须使夹芯厚度尺寸控制在一定范围内。

面板厚度是为了保证足够的机械强度,如果要求垂直极化的辐射波从较大的角度范围入射,则面板厚度又不能太大。

在计算夹芯厚度时,应采用考虑了胶黏剂影响的面板等效厚度,它比面板实际厚度要大0.1~0.3 mm。

9.1.2 雷达罩结构设计选型及其构形参数

雷达罩结构的设计造型及构型参数设计,不仅需要考虑其主要的电磁性能,还必须考虑其

强度承载问题,也需要对抗鸟撞的动力学强度做设计校核与试验研究。

9.1.2.1 雷达罩壁板几何构型选择

雷达罩壁板的几何构型主要有两种选择:实心结构和夹芯结构。图9-1给出了主要的雷达罩结构壁板几何构型。不同几何构型的雷达罩结构特点如下:

1.实心结构

1)使用广泛;

2)电磁透波特性设计简单;

3)对不同的辐射波入射角有较好的透波性;

4)工作带宽范围窄;

5)适用于高速飞行载荷大的透波结构构形。

2.夹芯结构

(1)单层夹芯结构:

1)低密度、低介电常数夹芯材料和相对高的介电常数的面层材料;

2)相对较宽的工作带宽;

3)设计参数灵活;

4)适用于飞行速度偏低(无大机动)的透波结构构形。

(2)多层夹芯结构:

1)雷达罩壁板具有多层结构,可以满足宽频段工作以及低刚度重量比的结构设计要求;

2)适用于飞行速度偏低(无大机动)的透波结构构形。

运输类飞机一般属于低速飞机,对该类飞机的雷达罩几何构型,可选择简单的夹芯结构(见图9-1(b)(c))。

图9-1 雷达罩壁板几何结构

(a)实心结构壁; (b)单层夹芯结构壁; (c)多层夹芯结构

9.1.2.2 雷达罩结构材料的特性

雷达罩结构要求材料具有很好的介电性能的同时,又具有较好的力学性能,介电性能要求雷达罩结构使用透波材料。供选用的透波材料可分为两类。

1.无机材料

1)高温下具有耐热性;

2)用于高超音速导弹。

2.有机材料

1)用于绝大多数雷达罩结构;

2)材料性能在高温下会劣化。

部分材料的介电性能对比见表9-1。

表 9 - 1　雷达罩结构材料介电性能对比

纤维/基体材料	相对介电常数	损耗因子
E-玻璃/环氧树脂	4.4	0.016
E-玻璃/聚酯	4.15	0.015
E-玻璃/聚氰酸酯	3.45	0.009
Kevlar/聚酯	3.5	0.012
石英/环氧树脂	3.12	0.011
陶瓷/氧化铝	9.6	0.000 1

3.结构参数的选择范围

玻璃布蜂窝夹层结构用于雷达天线罩时,主要突出电性能,同时也需考虑强度和刚度的要求。常见的构型参数如下:

(1)面板常用厚 0.1～0.29 mm 的无碱玻璃布,总厚为 0.3～2.0 mm。如超声速飞机雷达罩面板厚度一般不小于 1 mm,1.2 mm 厚为宜;亚声速飞机雷达罩面板厚度不小于 0.3 mm;旅客机雷达罩面层厚度一般为 0.6～1.0 mm。

(2)夹芯都是用一层无碱玻璃布,厚 0.1 mm。蜂窝格子边长以 4 mm,4.5 mm 和 5 mm 的正六角形应用最多。夹芯厚度一般为 5～10 mm。

总之,上述参数均需经过强度、刚度和电性能计算和试验以后才能设计定型。要想设计一个性能优良,质量又小、工艺性又好的蜂窝夹层结构件,事先均应经过元件和结构件试验。

9.2　雷达罩蜂窝夹层结构的鸟撞数值分析及其参数敏感性

鸟撞飞机事故的严重程度主要是由撞击的飞机部位、鸟的质量和鸟与飞机的相对撞击速度等因素决定的。针对某型飞机的雷达罩结构在不同部位受到飞鸟撞击的情况,本节使用有限元方法对撞击过程进行数值模拟,预测其结构的破坏模式,并给出结构损伤吸能随飞鸟撞击部位变化的规律。

9.2.1　结构离散化模型、本构模型及其边界条件的选择

本节数值分析使用的雷达罩结构底部宽约 1 440 mm、长约 1 600 mm,雷达罩高度约为 760 mm。

本节计算分析的雷达罩使用的是"2＋1"的蜂窝夹芯结构,即在两层复合材料层合面板中间夹入蜂窝结构。这种夹芯结构具有很高的比刚度,但强度偏差,容易受到损伤。雷达罩结构鸟撞的数值模型一共包括三个部分:鸟体、复合材料面板和蜂窝夹芯,如图 9 - 2 所示。有限元数值分析使用 PAM-CRASH 完成。

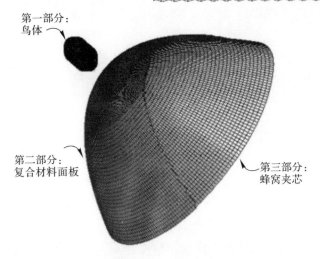

第一部分：
鸟体

第二部分：
复合材料面板

第三部分：
蜂窝夹芯

图 9-2　有限元模型

1. 鸟体有限元模型

确定合适的鸟体模型是数值模拟鸟撞问题的关键。通常数值计算中使用两端带有两个半球的圆柱体来模拟真实鸟体，模拟鸟体的密度在 900 kg/m³ 到 1 100 kg/m³ 之间。根据适航标准 25.571(e) 的要求，这里使用 1.8 kg(4 lb) 的鸟撞击雷达罩，详细的鸟体尺寸如图 9-3(a) 所示，鸟体密度为 990 kg/m³。

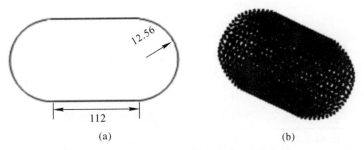

12.56

112

(a)　　　　　　　　　　　　(b)

图 9-3　SPH 鸟体模型及其尺寸(单位:cm)

在本节的鸟撞数值分析工作中，鸟体撞击速度为 150 m/s，鸟体本构模型使用 SPH 模型[2-4]，如图 9-3(b) 所示，本构模型及其具体参数描述见第 5.3 节。SPH 模型中光滑长度 h 的取值与粒子半径有关，这里取 $h=1.5r \sim 2.5r$，粒子的平均半径 $r=5$ mm，鸟体模型中光滑粒子的总数 $N=6\,900$。

2. 复合材料面板

雷达罩的面层使用的是编织玻璃纤维层压板，本节使用壳单元对其进行有限元划分，为了与鸟体光滑粒子尺寸相匹配，单元边长控制在 5~10 mm。复合材料面板部分壳单元的总数为 32 604。

在材料本构模型方面，PAM-CRASH 有限元对编织复合材料层压板提供了一种基于连续损伤力学的材料模型。该模型假设材料性能的下降是由纤维和基体的损伤引起的，并且纤维方向(经向和纬向)的损伤演化关系相同；平面剪切变形主要取决于基体材料的性能，基体的裂纹或塑性会引起材料的非弹性变形。

应力-应变关系表示为

$$\boldsymbol{\varepsilon}^e = \boldsymbol{S\sigma} \tag{9.6}$$

$$\boldsymbol{S} = \begin{bmatrix} \dfrac{1}{E_{11}^0(1-d_{11})} & \dfrac{-\nu_{12}^0}{E_{11}^0} & 0 & 0 & 0 \\[3mm] \dfrac{-\nu_{21}^0}{E_{22}^0} & \dfrac{1}{E_{22}^0(1-d_{22})} & 0 & 0 & 0 \\[3mm] 0 & 0 & \dfrac{1}{G_{12}^0(1-d_{12})} & 0 & 0 \\[3mm] 0 & 0 & 0 & \dfrac{1}{G_{13}^0} & 0 \\[3mm] 0 & 0 & 0 & 0 & \dfrac{1}{G_{23}^0} \end{bmatrix} \tag{9.7}$$

其中,E_{11}^0,E_{22}^0,G_{12}^0,G_{13}^0,G_{23}^0 是材料未损伤时的初始模量;ν_{12} 是波松比;损伤变量 d_{11},d_{22},d_{12} 分别对应纤维在经向、纬向以及基体在剪切方向的损伤,它们的产生和发展演化与损伤能量释放率有关,详细内容可参见文献[5]。

铺层板的总应变可分为

$$\boldsymbol{\varepsilon}^t = \boldsymbol{\varepsilon}^e + \boldsymbol{\varepsilon}^p \tag{9.8}$$

其中,塑性应变只与平面剪切有关,即 $\varepsilon_{11}^p = \varepsilon_{22}^p = 0$,$\varepsilon_{12}^p \neq 0$。

屈服面方程为

$$f(\tilde{\sigma}, R) = \left| \frac{\sigma_{12}}{1-d_{12}} \right| - R(\varepsilon^p)$$
$$R(\varepsilon^p) = R_0 + \beta(\varepsilon^p)^m \tag{9.9}$$

式中,R_0 是屈服应力;β,m 分别为硬化参数。

本指南的模型中,面板材料使用 Hexcel 公司的编织玻璃纤维复合材料 7781。室温情况下,该材料的基本性能在表 9 - 2 中给出。

表 9 - 2　7781 层压板力学性能及物理参数

拉伸模量 GPa	压缩模量 GPa	面内剪切模量 GPa	拉伸强度 MPa	压缩强度 MPa	层间剪切强度 MPa	面内剪切强度 MPa	经向泊松比	纬向波松比	密度 kg·m⁻³
20.6	23.4	7.30	372	413	24.1	111	0.118	0.118	1 700

由表中列出的材料力学性能,参照文献[5],可以得到有限元分析模型中所需的必要材料参数。

蜂窝材料自身具有规律的细观结构构形,在细观有限元计算中,蜂窝胞元的胞壁作为板单元进行有限元网格划分。但这种方法不适用于大规模的结构计算,只是在计算小结构或是预测蜂窝材料等效宏观性能时使用。这里蜂窝夹芯部分使用均质正交各向异性体单元模拟,体单元尺寸与面板的壳单元相匹配,体单元总数为 16 302。

在有限元计算中常使用等效各向异性材料来代替蜂窝材料。由于蜂窝材料(如图 9 - 4 所示)在 T,L,W 方向上的力学性能差异较大,拉伸与压缩的性能也不同,等效材料的力学行为需要有大量的参数来描述,并且有些参数即便是通过试验也很难得到。PAM - CRASH 材料库中的 41# 材料用于描述蜂窝材料,对材料性能描述的参数主要为 3 个方向的压缩性能参数。根据文献[6]提供的密度为 48 kg/m³ 的六角形 Nomex 蜂窝在 T,L,W 方向的压缩试验数据,以及蜂窝材料生产厂家提供材料的一些基本力学性能,如平压强度、剪切强度、剪切模量等,可以得到完整的参数输入。雷达罩的蜂窝夹芯材料为 Hexcel 公司的 HRH‑10 蜂窝,平压强度为 3.27 MPa,密度为 48.3 kg/m³。

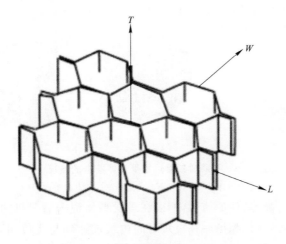

图 9‑4　蜂窝夹芯材料的力学方向

3.边界条件选取

实际的雷达罩结构通过铆钉、螺钉与机身框连接。在数值分析中雷达罩的边界条件设置为沿结构边缘的一圈简支。

9.2.2　有限元分数值计算分析

鸟体以 150 m/s 的速度撞击雷达罩。取雷达罩顶端为原点建立坐标系,分别沿 0°,±45°,±90°线方向等间距选取 4 个撞击点位置,在图 9‑5 中用"+"标出,共有 21 个撞击点;计算分析中分两种情况:一种是考虑面层材料率强化,一种是未考虑面层材料率强化。

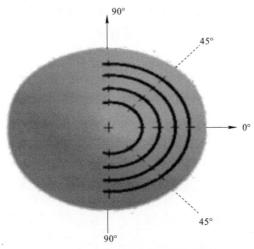

图 9‑5　雷达罩鸟撞位置示意图

在动力学数值分析中，冲击过程中接触单元间相互作用需通过设置接触厚度来实现。接触厚度选取对计算结果会有较大影响[3]，不合适的接触厚度可能会导致结构提前穿透，甚至导致计算无法继续。一般推荐选取相互接触单元厚度的一半，在此基础上可做微量的数值调整。

图 9-6(a) 给出顶点撞击在 $t=2.4$ ms 时的图片，图 9-6(b) 给出在 0°线上由内向外第三个点撞击在 $t=3.6$ ms 时的图片，用以说明不同位置受撞击的雷达罩结构的损伤差异。鸟体对雷达罩上 21 个位置的撞击计算结果显示，1.8 kg 鸟体以 150 m/s 的速度撞击，雷达罩均被穿透。

(a)   (b)

图 9-6　不同时刻雷达罩受鸟体撞击的情况

(a) 顶点撞击 $t=2.4$ ms 时的图片；　(b) 0°线上由内向外第三个点撞击在 $t=3.6$ ms 时的图片

因为飞机的质量远远大于鸟体的质量，所以在遭受鸟体撞击后飞机的飞行速度和方向不会改变。这就意味着鸟体与飞机相撞后在极短时间内被加速到与飞机相同的速度，或是被飞机推开。鸟体的动能一部分被鸟体自身内能及破坏所耗散，一部分被飞溅出去的部分带走，其余的动能被结构的变形和破坏所耗散。

鸟体高速冲击雷达罩结构，如果雷达罩被穿透，穿透后鸟体剩余的冲击能量将被后面的结构吸收。在雷达罩吸收的冲击能量不容易直接计算的情况下，可以使用鸟体的动能变化来确定结构破坏的吸能效果。撞击前鸟体的动能为 $\frac{1}{2}mv^2=20\ 250$ J。

通过对雷达罩上 21 个不同位置的鸟体冲击计算，沿五个不同方向(0°，±45°，±90°方向)，图 9-7 中给出了距雷达罩结构中心线不同距离 d 撞击后的鸟体动能下降曲线。

从图 9-7 显示的鸟体动能的变化规律表明，冲击点距离雷达罩中心越远，鸟体动能下降越多，也就是说冲击点在正中心时，雷达罩结构所吸收的冲击能量最少。从鸟体与结构的相对运动方向以及雷达罩的结构特点来分析，可以看出结构吸收能量的多少与鸟体和结构间的冲击接触面积大小有关，接触面积越大，即在冲击过程中雷达罩的冲击损伤区域越大(见图 9-6)，结构吸收的冲击能量就越多。

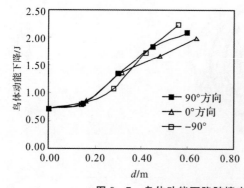
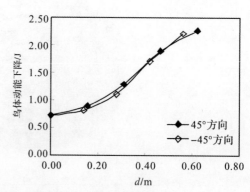

图 9-7　鸟体动能下降随撞击点距雷达罩结构中心线距离的变化

9.2.3 不同材料参数的影响分析

9.2.3.1 材料性能的应变率相关性以及破坏判据

对结构进行冲击性能分析时,应当考虑加载速率对材料性能的影响是非常必要的。玻璃纤维增强复合材料在高速加载时,材料的强度和刚度与准静态加载时的性能相比都有明显的提高。使用有限元方法对结构进行冲击性能分析时,如果忽略材料的应变率相关特性,通常会得到与试验不相符的保守结果。文献[7]的实验数据表明,E 玻璃纤维织物增强树脂基复合材料力学性能具有明显的应变率相关特性,应变率为 1 000/s 时的强度以及模量值与准静态的试验结果相比提高超过 60%。

与面板材料相比,蜂窝夹芯材料的应变率相关特性较弱,其高速冲击下的平压强度与准静态试验相比约有 10% 的提高。因为蜂窝夹芯材料本身的强度比面板材料强度低很多,计算表明,蜂窝材料性能有百分之十几的改变对结构吸能结果的影响不大,所以计算中可以忽略蜂窝夹芯材料的应变率相关特性。但对面板材料则必须考虑其应变率的强化作用。

文献[10]的实验结果表明,玻璃纤维织物增强树脂基复合材料的强度以及模量与应变率之间近似成对数线性关系,这里使用下式描述 E 玻璃布面板的应变率强化作用:

$$S = S_0 \left[1 + D \lg \left(\frac{\dot{\varepsilon}}{\dot{\varepsilon}_0} \right) \right] \tag{9.10}$$

其中,S,S_0 分别对应高应变率 $\dot{\varepsilon}$ 和准静态应变率 $\dot{\varepsilon}_0$ 时材料的强度或刚度;D 为应变率强化参数。

根据参考文献中编织玻璃纤维增强树脂基复合材料在不同应变率情况下的试验结果[9],本指南计算使用应变率为 1 000 s^{-1} 时的模量值与准静态的模量值相比提高 60% 为面板材料应变率强化数值。以 0.000 1 s^{-1} 为准静态应变率,结合式(9.10)得到材料应变率强化参数 $D = 0.085$ 7。

根据文献[7]、[8]提供的数据可以看出,尽管材料的强度和模量与应变率有很明显的相关性,但材料的破坏应变值对应变率的依赖性却不明显。为简单起见,本节计算中选择最大应变判据作为材料的破坏判据,从而可以忽略应变率对破坏判据参数的影响。雷达罩结构面层材料的试验数据表明,7781 材料在经、纬两个方向的力学性能差异不大,压缩破坏应变略高于拉伸破坏应变,这里计算使用 19 000 $\mu\varepsilon$ 作为最大破坏应变。

9.2.3.2 考虑面板材料应变率强化的数值计算分析

为了与未考虑材料应变率强化情况下的数值分析进行对比,这里选取了顶点撞击、在 0°线上由内向外第三个点撞击以及略偏离顶点撞击进行分析。

在顶点撞击的情况下,雷达罩被击穿,但其损伤区域明显大于未考虑面板材料应变率强化的计算结果,如图 9-8(a)所示。图 9-8(b)给出在 0°线上由内向外第三个点撞击在 $t = 3.6$ ms时的图片,此时雷达罩未被击穿,而是产生了很大的变形。

通过改变撞击点位置,多次的计算结果表明,当撞击点位置偏离顶点距离近似满足 $d \geqslant 2$ cm时,雷达罩将不再被击穿,同时雷达罩会产生大面积变形。这里给出撞击点沿 45°方向偏离顶点 2 cm 的计算结果,如图 9 - 8(c)所示。

在考虑面板材料应变率强化的情况下,只有在顶点撞击时雷达罩被击穿,此时结构破坏吸收的鸟体动能为 1.97 kJ,这个值明显高于不考虑材料应变率强化的计算结果(见图 9 - 7)。雷达罩未被击穿的结果可大致分为两种情况:

(1)如图 9 - 8(b)所示的撞击点较靠近雷达罩边缘,鸟体使雷达罩结构产生较大变形,并破坏了雷达罩与机身的连接,而后滑过雷达罩撞向后面的机身结构。此时结构吸收能量的多少与鸟体在雷达罩上滑过的距离有关,距离越大雷达罩吸收的能量越多,如图 9 - 5 中 0°线上由内向外第三个点的撞击。当鸟体滑出时,雷达罩约吸收了 12 kJ 的鸟体动能。

(2)如图 9 - 8(c)所示的撞击点较靠近雷达罩中心,此时外层面板与蜂窝夹芯材料破坏,内层面板局部破裂,但雷达罩未被击穿,并产生很大的变形直至鸟体动能降为零,图中沿 45°方向偏离顶点 2 cm 位置撞击在 $t=10$ ms 时,雷达罩约吸收了 19 kJ 的鸟体动能。

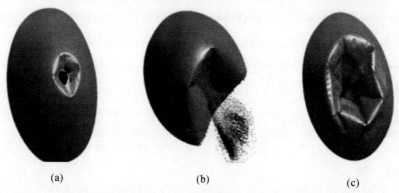

(a)   (b)   (c)

图 9 - 8   不同时刻雷达罩受鸟体撞击的情况(考虑材料应变率强化作用)
(a)顶点撞击 $t=2.4$ ms 时的图片; (b)0°线上由内向外第三点 $t=10$ ms 撞击的图片;
(c)沿 45°方向偏离顶点 2 cm 位置 $t=10$ ms 撞击的图片

通过对雷达罩结构其他位置进行同样的鸟撞数值分析后,在鸟体动能耗散方面可有以下规律:

(1)当鸟体撞击点处于雷达罩顶点位置时,雷达罩被击穿。雷达罩结构仅产生较小的局部变形与破坏,耗散较少的鸟体冲击动能,穿透雷达罩的鸟体仍然具有很高的动能。

(2)当鸟体撞击点由雷达罩顶点位置移向雷达罩边缘位置时,雷达罩结构会产生较大的局部变形与破坏,结构破坏与变形耗散的鸟体冲击动能大幅增加。

(3)当鸟体撞击点靠近雷达罩顶点位置时,在雷达罩结构不被击穿的情况下,大的结构局部变形与破坏将耗散几乎全部的鸟体动能。

(4)当鸟体撞击点靠近雷达罩边缘位置时,雷达罩结构不被击穿。雷达罩结构的破坏与变形耗散部分的鸟体冲击动能,其余动能由侧向飞出的鸟体带走。

(5)当鸟体撞击点非常靠近雷达罩边缘时,雷达罩结构不被击穿。雷达罩结构边缘将产生较小的局部破坏与变形,耗散较少的鸟体冲击动能,而绝大部分的冲击动能由侧向飞出的鸟体带走。

本节使用 PAM - CRASH 有限元软件对鸟撞击雷达罩结构的问题进行了计算分析。通过对比鸟体穿透前后动能的变化,计算分析了雷达罩的吸能规律。

从鸟体撞击位置与雷达罩结构吸能的规律来看,鸟体对雷达罩中心的撞击最为危险,该种情况下,鸟体穿透雷达罩后的剩余动能最大,雷达罩后面的结构受到的冲击能量也最大。在雷达罩结构的鸟撞试验中,这种情况应该首先考虑。

玻璃纤维复合材料具有明显的应变率强化现象,如果不考虑该作用,计算的结果会比真实结构吸收的冲击能量少很多,在结构设计分析时会得到过于保守的结论。本节的计算结果也证明了在考虑面板材料应变率强化作用的情况下,结构吸收的冲击动能有显著的提高。

9.3　雷达罩结构抗鸟撞设计

雷达罩结构由于气动外形的和透波性能的要求,不同于一般的结构设计,雷达罩结构外形及壁板结构的设计范围较窄。雷达罩结构的设计问题是在有限的设计可能范围内得到最优的构形和壁板厚度。

需要指出的是,雷达罩结构具有形状不规则性、结构材料各向异性等特点;同一雷达罩结构的材料物理性能也是多变的,并且结构存在不可预料的飞鸟撞击问题。所以雷达罩结构设计需要结合细致的结构分析。

结构分析一般包括两个部分:刚度分析用于确定雷达罩在气动载荷作用下变形后的雷达可用空间;强度分析主要取决于材料的强度和弹性稳定性。

考虑到雷达罩结构的抗鸟撞问题,本章工作可以给出如下有益结论:

(1)雷达罩结构的设计主要取决于结构气动外形的要求和电磁波透波性的要求。

(2)在满足气动外形和透波性能的基础上,要对结构的强度和刚度进行校核。

(3)在飞鸟撞击过程中,主要的受力和吸能构件是结构的面板,加强面板材料的强度特性可以提高雷达罩的抗鸟撞能力。

(4)不同的撞击点对雷达罩会有不同程度的损伤,最大的损伤撞击为顶端正面撞击,在一般飞机巡航速度下均会造成雷达罩被击穿。较高的面板材料拉伸强度可以提高雷达罩的冲击损伤吸能。

参 考 文 献

[1]　飞机设计手册总编委会.飞机设计手册:结构设计[M].北京:航空工业出版社,2000.

[2]　Vuyst T De,Vignjevic R,Campbell J C. Coupling between meshless and finite element methods[J]. International Journal of Impact Engineering,2005,31(3):1054 - 1064.

[3]　Johnson A F,Holzapfel M. Modelling soft body impact on composite structures[J]. Composite Structures,2003,61(1):103 - 113.

[4]　Kermanidis Th,Labeas G,Sunaric M. Bird strike simulation on a novel composite lead-

ing edge design[J]. International Journal of Crash,2006,11(3):189 - 203.

[5]　Johnson A F. Modelling fabric reinforced composites under impact loads[J]. Composites:Part A, 2001,32(9):1197 - 1206.

[6]　Naik N K,Kavala V R. High strain rate behavior of woven fabric composites under compressive loading[J]. Materials Science and Engineering A,2008,474(1): 301 - 311.

[7]　Guden M,Yildirima U,Hall I W. Effect of strain rate on the compression behavior of a woven glass fiber/SC - 15 composite[J]. Polymer Testing,2004,23(6):719 - 725.

第十章 尾翼前缘结构抗鸟撞设计、
分析与试验验证

根据适航标准的要求,当尾翼前缘或翼盒内装有液压、操纵等系统元件而无有效保护装置使得前缘和前梁设计必须保证飞机以选定的海平面巡航速度飞行时,飞机与 3.6 kg(8 lb)鸟相撞,前缘或前梁不得穿透。当尾翼前缘或翼盒内不含液压、操纵系统的元件时,允许前缘的穿透速度低于海平面巡航速度,但由于鸟撞击引起的结构变形、凹陷以及穿透应不会导致飞行性能严重变坏且不影响结构总体强度,从而保证飞机继续安全飞行和着陆。

本章主要针对某型飞机平尾前缘原型结构的抗鸟撞性能进行分析与优化改进,在此基础上,运用地面模拟试验验证平尾前缘结构的抗鸟撞性能。

10.1 尾翼前缘结构设计构型及其分析建模

按照尾翼结构的抗鸟撞适航要求,该结构需承受质量为 3.6 kg 的鸟体撞击。本节根据原平尾前缘结构,提出三种抗鸟撞结构改进方案,并分别建立有限元模型。

10.1.1 原平尾前缘结构及其有限元建模

10.1.1.1 主要部件的描述

尾翼前缘结构采用某型飞机铝合金平尾前缘中段 5 跨(0.82 m)结构(含前梁)。

根据某型民机水平尾翼前缘结构 CATIA 数模以及鸟撞设计分析要求,该结构的主要部件包括蒙皮、翼肋及梁,其中梁包括有梁腹板及梁缘条,结构总重量为 12.18 kg。表 10 - 1 给出了平尾前缘原型结构的主要零部件图及其材质和质量。

表 10 - 1 平尾前缘结构

结构主要部件	示意图	材料	质量/kg
蒙皮		2024 铝合金	5.42

续表

结构主要部件	示意图	材料	质量/kg
翼肋		2024 铝合金	1.12
梁		2024 铝合金	4.28（梁缘条）
			1.02（梁腹板）

10.1.1.2 有限元模型

1.蒙皮

平尾前缘蒙皮采用 2024 铝合金化铣结构，为变厚度蒙皮。与翼肋相连处的蒙皮厚度较厚，为 2.0 mm，其余蒙皮厚度为 1.016 mm，如图 10-1 所示。

蒙皮的有限元模型以壳单元进行建模，并在鸟体撞击区域进行局部加密，单元数量为 145 700，最小单元尺寸为 2.2 mm。选用含损伤失效的 JOHNSON-COOK 本构关系模拟蒙皮的动力学性能，失效应变为 0.17。

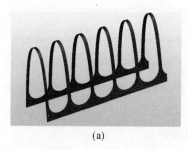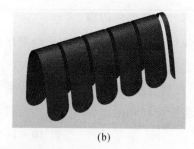

(a)   (b)

图 10-1 蒙皮结构示意图

(a)2.0 mm 厚度； (b)1.016 mm 厚度

2.翼肋

尾翼前缘盒段为五跨六翼肋 2 024 铝合金结构，如图 10-2 所示，翼肋厚度为 1.3 mm。

六个翼肋上均存在弯边以及减轻孔，考虑到弯边对于结构稳定性的影响，在翼肋有限元模型中均予以保留。翼肋采用壳单元建模，与蒙皮连接的弯边进行局部网格加密，单元数量为 36 180 个，最小单元尺寸为 3.2 mm。同样采用 JOHNSON-COOK 本构关系进行数值模拟。

图 10 - 2　翼肋结构

3. 梁

梁结构分为梁缘条与梁腹板两部分,如图 10 - 3 所示,缘条厚度为 3 mm,腹板厚度为 1.3 mm,材料为 2024 铝合金。

在模型建立过程中,考虑到两部分的尺寸差异较大,因此采用分别建模后利用结点耦合的方式进行组装。由于梁缘条的厚度较大,采用实体单元进行建模。对上、下缘条与蒙皮连接处进行局部网格加密,其单元数量为 3 300,最小单元尺寸为 4.25 mm。而梁腹板由于较薄,采用壳元进行建模,其单元数为 640,最小单元尺寸为 6.4 mm。以上两部分结构的材料本构关系均采用 JOHNSON - COOK 本构关系进行模拟。

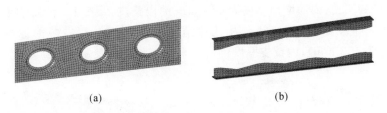

(a)　　　　　　　　　　　　　　　(b)

图 10 - 3　梁腹板及梁筋条
(a)梁腹板;　(b)梁筋条

4. 边界约束条件

由于该尾翼前缘结构取自整体尾翼结构的一部分,考虑到整体结构对该尾翼前缘结构的影响,将梁筋条边沿及蒙皮侧边沿设立对称约束,由于梁腹板与角材的连接固定,故对梁腹板上与角材接触部位设立固支约束,整体情况如图 10 - 4 所示。

在不影响计算结果的前提下,模型中省略了加强角片,各个零部件之间的铆钉连接通过捆绑(TIE)协调模式进行模拟。其中设立 TIE 连接的构件对包括蒙皮与翼肋、蒙皮与梁缘条以及梁缘条与梁腹板。

由于蒙皮变厚度增加了建模的复杂程度同时增加了计算时间,故采用等厚度蒙皮结构进行模拟计算。为保证仿真结果的安全性,在两个蒙皮厚度 2.0 mm 与 1.016 mm 中选取较为薄弱的蒙皮厚度即 1.016 mm 对整体蒙皮进行模拟。图 10 - 5 所示为原始平尾前缘结构的整体有限元模型。

图 10-4　尾翼前缘结构的约束情况　　　　图 10-5　尾翼前缘结构有限元模型

10.1.2　铝合金尾翼前缘结构改进方案及模型

为了改进原尾翼前缘结构的抗鸟撞性能,本指南提出以下 3 种铝合金尾翼前缘结构改进设计方案。

1.波纹板增强方案

如图 10-6 所示,该方案是在蒙皮前缘部分区域内部布置一段铝合金波纹板结构,其思路是在低速条件下通过增加蒙皮的局部刚度,使得蒙皮在承受冲击时变形量减小;而在高速条件下,波纹板受冲击载荷后逐渐展开,增加了与鸟体的接触时间和蒙皮位移行程,使得应力峰值下降,同时增加了能量吸收率,以保护后部结构。波纹板采用弓高 9 mm 的铝合金波纹板,根部与蒙皮内部相连。波纹板厚度为 0.5 mm,总质量为 550 g,蒙皮局部厚度减至 1 mm。相比原结构,质量增加 4.5%。

2.双层蒙皮增强方案

如图 10-7 所示,该方案是在蒙皮前缘部分区域内部布置一层内蒙皮结构,使前缘局部形成双层中空蒙皮,用于抵抗鸟体冲击并吸收鸟体在击穿第一层蒙皮后的动能,该增强方案又分为两种方案:原结构不变,内部增加厚度为 0.5 mm 的内蒙皮,蒙皮上、下缘与翼肋连接,与外蒙皮间留有一定空隙,质量为 0.5 kg,相比原结构质量增加 4.1%;减薄原外蒙皮局部至 0.8 mm(原尺寸为 1.2 mm),内蒙皮厚度仍为 0.5 mm,结构质量基本保持不变。

图 10-6　尾翼前缘波纹板蒙皮增强方案　　　图 10-7　尾翼前缘双层蒙皮增强方案
　　　　　有限元模型(消隐外蒙皮)　　　　　　　　　有限元模型(消隐外蒙皮)

3.双支板增强方案

根据对斜支板吸能的性能分析,双支板结构可以有效提高结构的整体刚度和稳定性,并在低速与高速条件下都可以提高结构的抗鸟撞能力。在该尾翼结构中,考虑到翼肋包含面积较大的减轻孔,为提高支板结构与翼肋的连接强度,采用了双支板结构进行抗鸟撞仿真,如图 10-8所示。双支板结构上下角度分别取 30°与 40°,面内厚度为 1 mm,后续计算过程中调节斜支板结构与蒙皮间的距离以增强吸能效果,单块斜板结构质量不超过 130 g,全结构(五跨)安装后,结构质量增加不超过原盒段总质量的 5.3%。

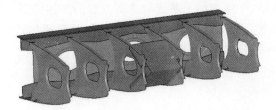

图 10 - 8　尾翼前缘双支板结构有限元模型（消隐蒙皮）

与原结构相同，3 种改进方案有限元模型均省略了加强角片，铆钉连接均通过 TIE 接触模式进行模拟。其中 3 种方案设立 TIE 接触的接触对分别在原结构的基础上增加了波纹板结构的波纹板与蒙皮、双层蒙皮结构的内、外蒙皮以及双支板结构的支板与翼肋。

10.2　尾翼前缘结构鸟撞性能数值计算

本节选取 80 m/s，130 m/s，150 m/s，170 m/s 这 4 种鸟体速度，同时考虑典型飞机铝合金尾翼前缘后掠角对入射角度的影响，分别采用弹塑性本构（低速）以及含状态方程（高速）对原构型及抗鸟撞改进方案进行鸟撞性能分析。

10.2.1　模型力学参数

1. 鸟体

鸟体采用中间正圆柱体、两端半球体的模型。鸟体质量 3.6 kg，密度取 950 kg/m³，鸟体尺寸为 $\phi142.5$ mm×285 mm，如图 10 - 9 所示。

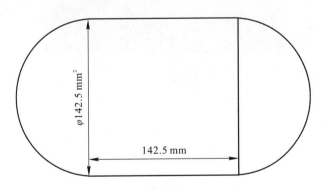

图 10 - 9　鸟体模型的形状尺寸

当鸟体的速度较低时，通过体元建立鸟体有限元模型，采用含损伤失效的弹塑性力学本构模型模拟鸟体的材料特性，该本构关系的优点在于计算耗时少，鸟体参数见表 10 - 2。

表 10 - 2　鸟体材料参数

材料参数	弹性模量 GPa	泊松比	初始密度 kg·m⁻³	屈服应力 MPa	塑性硬化模量 MPa	失效应变	硬化参数
数值	10.0	0.3	950	1.0	5.0	1.25	1

当鸟体速度为中高速时，为了更为准确地模拟鸟体在该速度范围的变形状态，采用 SPH

鸟体模型，如图 10-10 所示，鸟体本构关系选取状态方程的本构模型，鸟体密度为 950 kg/m³，黏性系数为 0.001。状态方程采用线性多项式状态方程，关系式如式（10.1）所示。其参数为 $C_0 = C_2 = \cdots = C_6 = 0$，$C_1 = 2\ 250$ MPa。静水压力 P 为

$$P = C_0 + C_1\mu + C_2\mu^2 + C_3\mu^3 + (C_4 + C_5\mu + C_6\mu^2)E \tag{10.1}$$

图 10-10 鸟体实体模型（左）及 SPH 模型（右）

本章中除 80 m/s 时的模拟采用弹塑性动力学本构模型进行模拟外，其余各个速度，即 130 m/s，150 m/s，170 m/s 时的鸟体本构模型均采用状态本构模型进行模拟。

鸟弹以上述各速度打到 3 跨正中位置，即撞击点选在 3 跨两翼肋中间。鸟弹的撞击方向为负航向，如图 10-11 所示，尾翼前缘后掠角为 35.5°，鸟弹的中轴线指向撞击点。

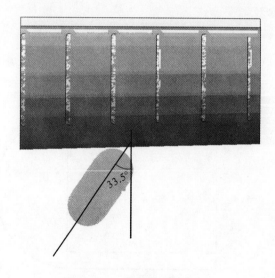

图 10-11 鸟体的入射角度

2.铝合金

分析计算使用飞机结构材料常用的 2024 铝合金材料，动力学本构采用 JOHNSON-COOK 关系，模型参数见表 10-3 及表 10-4。表中各参数含义见第四章的具体描述。

表 10-3 铝合金物理参数

材料参数	弹性模量 GPa	泊松比 μ	密度 kg·m⁻³	比热容 J·g⁻¹·K⁻¹	失效应变 ε_u
数　值	71.0	0.33	2780	775	0.17

表 10 − 4　铝合金 JOHNSON − COOK 模型参数

材料参数	A	B	C	n	m	η	T_{melt}/K
数　值	345	462	0.001	0.25	2.75	1	775

10.2.2　数值仿真结果及分析

10.2.2.1　80 m/s 速度下三类改进方案的数值仿真结果

由图 10 − 12 可以看出，当鸟体以 80 m/s 速度撞击飞机尾翼结构时，原型结构完全失效，结构被鸟体击穿，而三类改进结构在一定程度上提高了抵抗冲击的能力，见表 10 − 5。其他结构仿真结果见图 10 − 13～图 10 − 16。

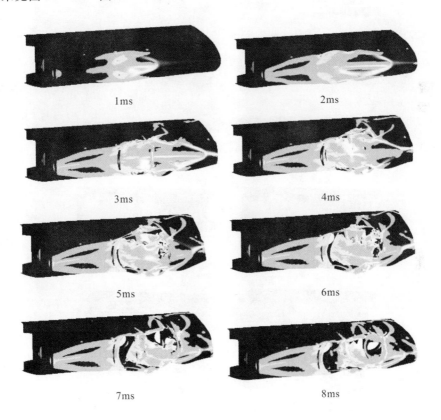

1ms　　　　　　　　　2ms

3ms　　　　　　　　　4ms

5ms　　　　　　　　　6ms

7ms　　　　　　　　　8ms

图 10 − 12　80 m/s 速度下原型结构的塑性变形图

表 10 − 5　低速条件下尾翼前缘结构抗冲击计算结果

类　型	质量/kg	质量增加/（%）	结构吸能/kJ	结构状态
原型结构	12.18	—	8.42	结构击穿
波纹板结构	12.24	4.50	9.55	蒙皮击穿
双层加厚结构	12.71	4.40	8.34	蒙皮未击穿
40°双支板结构	12.72	4.40	9.95	蒙皮击穿

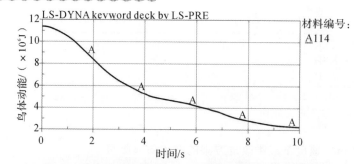

图 10－13　原型结构鸟撞过程中的鸟体动能衰减曲线（80 m/s）

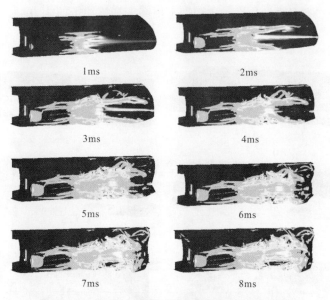

图 10－14　80 m/s 速度下波纹结构的塑性变形图

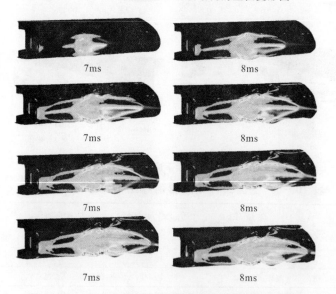

图 10－15　80 m/s 速度下双层蒙皮结构的塑性变形图

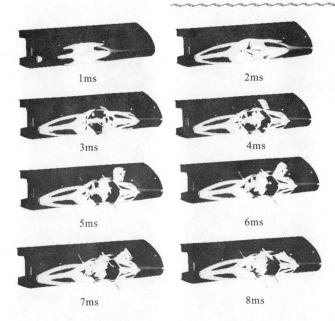

图 10-16　80 m/s 速度下双支板结构的塑性变形图

10.2.2.2　130 m/s 速度下三类改进方案的数值仿真结果

80 m/s 速度撞击原型结构整体已完全破坏。图 10-17 为原型结构受到 130 m/s 鸟体撞击速度下的塑性变形图。由图中可以看出结构已被完全击穿，故后续不再展示原型结构的变形应变结果图。

由图 10-18 可以看出，波纹板结构在 130 m/s 的速度下结构完全被击穿失去抗撞击的能力。而双层蒙皮结构只是蒙皮有所破坏而结构未被击穿。双支板结构的蒙皮及内部支板结构被击穿，损伤程度较双层蒙皮结构严重。其他结构仿真结果见图 10-19 和图 10-20。

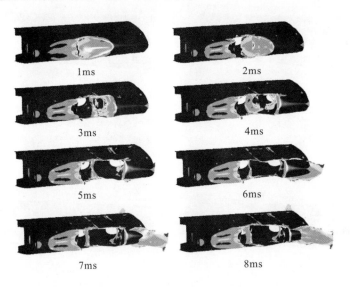

图 10-17　130 m/s 速度下原型结构的塑性变形图

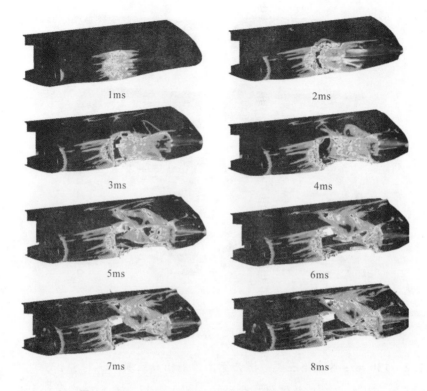

1ms 2ms

3ms 4ms

5ms 6ms

7ms 8ms

图 10 - 18　130 m/s 速度下波纹结构的塑性变形图

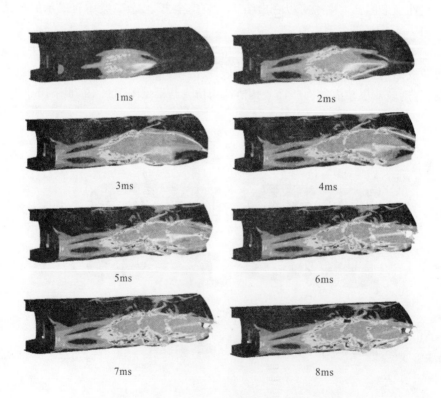

1ms 2ms

3ms 4ms

5ms 6ms

7ms 8ms

图 10 - 19　130 m/s 速度下双层蒙皮结构的塑性变形图

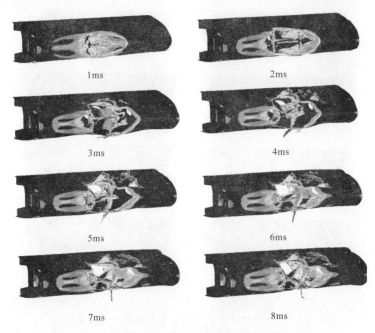

图 10-20 130m/s 速度下双支板结构的塑性变形图

10.2.2.3 150 m/s 速度下三类改进方案的数值仿真结果

150 m/s 的鸟撞速度下,波纹板结构及双层蒙皮结构的结构被击穿,由图 10-21~图 10-23 的损伤程度可以看出双层蒙皮结构在该速度下的损伤情况要略优于波纹结构。双支板结构在 150 m/s 下的蒙皮及支板损伤破坏而结构未被穿透。

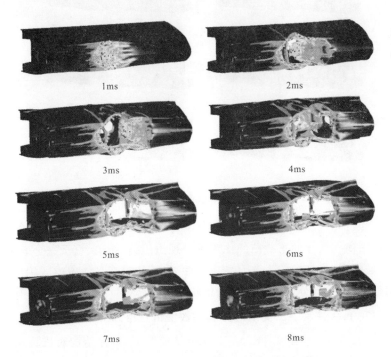

图 10-21 150 m/s 速度下波纹结构的塑性变形图

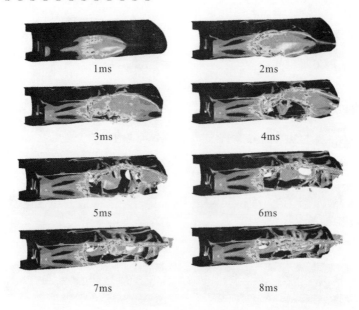

图 10 - 22　150 m/s 速度下双层蒙皮结构的塑性变形图

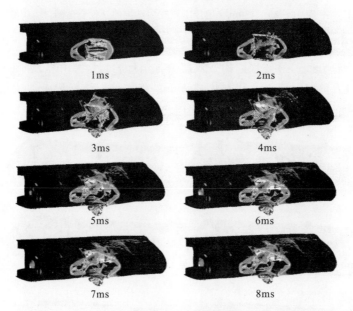

图 10 - 23　150 m/s 速度下双支板结构的塑性变形图

在 80 m/s 与 150 m/s 两速度下,前缘结构在鸟体撞击下呈现出两种完全不同的破坏形式。低速条件下,结构在鸟体冲击载荷的作用下呈现出压缩、塌陷、直至完全破坏的过程,结构产生大应变的区域较多,变形量较大。而高速条件下,结构只在鸟体碰撞区域局部发生断裂破坏,应变区域明显偏小,大部分区域均保持初始状态。

10.2.2.4　170 m/s 速度下三类改进方案的数值仿真结果

由图 10 - 24～图 10 - 26 可以看出,在 170 m/s 速度下,增强结构对机翼原结构防护效果不大,结构前缘未产生较大开口。

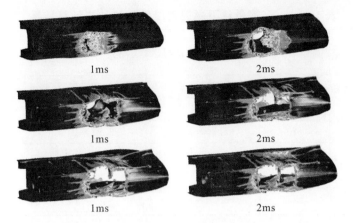

图 10 - 24　170 m/s 速度下波纹板结构的塑性变形图

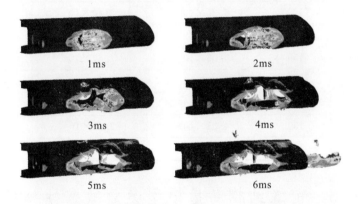

图 10 - 25　170 m/s 速度下双层蒙皮结构的塑性变形图

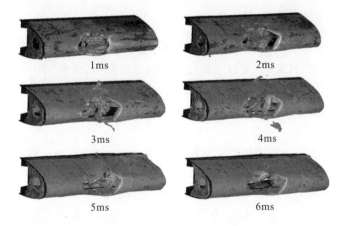

图 10 - 26　170 m/s 速度下双支板结构的塑性变形图

10.2.2.5　鸟撞速度 130～170 m/s 计算结果对比

在该速度范围内,蒙皮会被迅速击穿,因此采用鸟体剩余动能作为结构抗鸟撞性能的评判标准。表 10 - 6 给出各速度下,鸟体击穿前缘结构后剩余动能的计算值。

表 10 - 6 高速条件下尾翼前缘结构抗冲击计算结果

类型	速度 $\dfrac{}{m \cdot s^{-1}}$	鸟体初始动能/J	鸟体剩余动能/J	结构状态
原始结构	130	3.04×10^4	2.02×10^4	结构击穿
	150	4.05×10^4	2.90×10^4	结构击穿
	170	5.20×10^4	3.91×10^4	结构击穿
波纹板结构	130	3.04×10^4	1.39×10^4	结构击穿
	150	4.05×10^4	2.38×10^4	结构击穿
	170	5.20×10^4	3.65×10^4	结构击穿
双层加厚结构	130	3.04×10^4	1.42×10^4	蒙皮未击穿
	150	4.05×10^4	2.45×10^4	结构击穿
	170	5.20×10^4	3.44×10^4	结构击穿
40°双支板结构	130	3.04×10^4	1.32×10^4	蒙皮击穿
	150	4.05×10^4	1.67×10^4	蒙皮击穿
	170	5.20×10^4	2.32×10^4	结构击穿
30°双支板结构	130	3.04×10^4	1.60×10^4	蒙皮击穿
	150	4.05×10^4	2.26×10^4	蒙皮击穿
	170	5.20×10^4	2.78×10^4	结构击穿

10.3 前缘结构鸟撞模型参数敏感性分析

10.3.1 低速撞击结果分析

由低速下计算结果可知,仅双层蒙皮结构的蒙皮未发生穿透破坏。在该条件下,如能将鸟体动能大量转化为结构的内能,即可有效提高结构抗鸟撞能力,因此关注各结构件吸收能量的效率非常重要。

(1)原始结构吸能主要依靠蒙皮与翼肋结构的塑性变形,在低速撞击条件下结构已完全击穿。

(2)波纹板结构由于波纹作用使得蒙皮刚度增强,位移较原始结构减小,但波纹板并未展开,因此影响到整体吸能量。其次,对于波纹板结构,由于其仅布置在前缘部分,且仅与前缘蒙皮相连,在撞击过程中随前缘一同变形,对能量吸收的贡献偏弱。

(3)双层结构由于在局部进行增强,鸟体接触、挤压、压溃双圆弧的时间明显增长,接触时间的增长导致了接触力峰值的下降,使得双层蒙皮加厚结构能量吸收量减小。

(4)双支板结构的吸能过程较为特殊,对于 40°双支板结构,蒙皮在受到鸟体冲击过程中,出现弯曲,塌陷、局部断裂破坏。此时鸟体开始与双支板接触,并在斜板角度作用下被切割,如图 10 - 27 所示。同时斜板在挤压作用下,其角度逐渐变小,由斜支板、两侧翼肋以及一部分蒙皮组成的结构对鸟体的切割作用愈发明显;而 30°双支板结构,由于其布置位置相对靠前,与前缘蒙皮距离较近,因此当鸟体冲击到蒙皮后,在鸟体与后部斜板结构作用下,蒙皮未进入大变形段即被切开,如图 10-28 所示,影响了其抗鸟撞的能力。因此在后续工作中,考虑对该结构的斜板布置位置进行一定的改变,以提高其抗冲击效果。

图 10-27　40°双支板结构对鸟体的切割作用(消隐蒙皮)　　**图 10-28　30°双支板对蒙皮的切割作用**

10.3.2　高速撞击结果分析

在高速条件下,鸟体在撞击蒙皮后仅会在蒙皮局部造成破坏,蒙皮被击穿。在该条件下,上述抗鸟撞结构的吸能能力得到明显体现。采用鸟体剩余动能作为结构抗鸟撞性能的评判标准。

由图 10-29～图 10-31 所示,与原型结构相比,三种改进方案下的尾翼前缘结构的抗撞击性能都得到了一定程度的提高。130 m/s 速度下双层蒙皮结构以及双支板结构的性能较好,随着速度的提高,双支板结构尤其是 40°双支板结构抵抗撞击的能力更强。

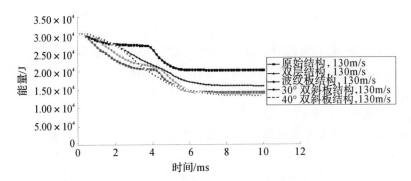

图 10-29　130 m/s 速度下各结构鸟体动能耗散曲线

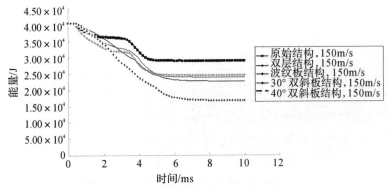

图 10-30　150 m/s 速度下各结构鸟体动能耗散曲线

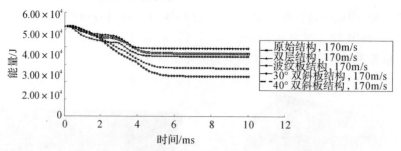

图 10-31　170 m/s 速度下各结构鸟体动能耗散曲线

1.波纹板结构

130 m/s 速度下,波纹板结构在前缘蒙皮被击穿后,波纹结构继续承载,并在鸟体冲击载荷作用下展开波纹,增加了接触时间与接触行程,使得鸟体动能较原始结构有了一个较大的降幅,因此波纹板结构在质量增加不大的情况下,结构吸能提高较多。而当鸟体速度提高到150～170 m/s 时,鸟体在击穿蒙皮后剩余动能仍然较大,与波纹接触后导致波纹局部瞬间失效,因此会将波纹板局部击穿,导致波纹部分无法打开,使波纹结构吸能效果大大降低。

2.双层蒙皮结构

双层蒙皮加厚结构的吸能量较为稳定,相较于原始结构,双层蒙皮在前缘局部强度较大,且由于蒙皮圆弧使得局部刚度也有所提高,在鸟体作用下,经过两次变形、压溃、破坏过程,吸能量也达到较高水平。

3.双支板结构

30°双支板结构由于所安装的斜板在鸟体冲击载荷作用时会将蒙皮切割开,因此在鸟体速度为 130 m/s 的状态下,其对鸟体的抵抗能力相对偏弱。而当鸟体速度提高到150～170 m/s 时,蒙皮对鸟体冲击的抵抗能力降低,斜板的切割作用明显体现,由时间历程可观察到鸟体明显被双支板结构切开,此时斜板结构的抗鸟撞效果体现最为明显。下一步考虑对该结构中斜板与蒙皮间的位置进行一定修改,以增强结构吸能特性。

40°双支板结构在各速度下对鸟体动能的吸收耗散能力均较好,鸟体能量耗散曲线平滑,未出现台阶区域,其在低速条件下可有效抵抗鸟体冲击,并将鸟体分割,使其不能撞击到后部结构。高速条件下,斜板结构又通过自身的变形破坏吸收了大量鸟体能量,因此其抗鸟撞效果较好。但由于 40°双支板结构与翼肋相连的区域较小,在 170 m/s 速度下,斜板结构会因鸟体冲击发生破坏脱落现象,因此考虑进行一定的修正。

10.3.3　双支板结构参数分析

对于斜板结构,其主要设计参数为斜板的角度及斜板与前缘蒙皮间的距离。斜板角度的变化对鸟体的切割作用及斜板与鸟体的接触面积有明显的影响,而斜板与前缘蒙皮的间距又影响着蒙皮变形及整体结构的吸能效果。因此重点考虑以上两点因素。

选定分析的结构分为两部分,分别是蒙皮与斜板间距固定为 3 mm,斜板角度分别为 30°,35°,40°三组;斜板角度固定为 30°,蒙皮与斜板间距离调整为 3 cm,5 cm,7 cm 三组。上述结构均在 130 m/s,150 m/s,170 m/s 三个速度下进行测试。计算结果见表 10-7 和表 10-8。

由计算数据可知:当斜支板角度由 30°提高至 40°时,其抗鸟撞特性有所提高。各速度下,40°斜板能量吸收率较 30°板高 5%左右;而 35°板与 40°斜板的能量吸收率相差不超过 2%;特别是在高速条件下,两者差别不大。而当考虑斜板与前缘间距时,可以发现当斜板与前缘距离控制在 5 cm 时,斜板吸能效果最好,这时蒙皮刚好处于大变形完成阶段,局部破坏基本完成,鸟体可以顺滑过度到斜板结构上继续其变形过程;而当斜板与前缘距离超过 5 cm 时,结构整体吸能并未继续增加,也是因为蒙皮吸能效果已经达到极限,无法再通过自身变形增大吸能量。

表 10 - 7　三种角度下鸟体的剩余动能　　　　　　　　（单位:J）

角度＼速度	130 m/s	150 m/s	170 m/s
30°	1.52×10^4	2.14×10^4	2.58×10^4
35°	1.43×10^4	1.82×10^4	2.31×10^4
40°	1.32×10^4	1.67×10^4	2.32×10^4

表 10 - 8　三种间距下鸟体的剩余动能　　　　　　　　（单位:J）

距离＼速度	130 m/s	150 m/s	170 m/s
3 cm	1.52×10^4	2.14×10^4	2.58×10^4
5 cm	1.32×10^4	1.72×10^4	2.33×10^4
7 cm	1.38×10^4	1.82×10^4	2.38×10^4

　　考虑到双支板结构的抗鸟撞能力较强,因此采用上述分析数据,在原有双支板前缘结构设计基础上进行了局部修正,以防止斜板结构对于蒙皮的切割,以及斜板结构结构在高速冲击下与翼肋脱离。其修改方案如下:

　　(1)调整双支板角度至 35°,以利于斜板结构对鸟体切割;

　　(2)斜板结构前缘与蒙皮间隙调整到 5 cm,尽量避免蒙皮在小变形阶段即被斜板切开;

　　(3)增加斜板结构弯边面积至原结构两倍,以加强连接效果,防止斜板脱落。

　　结构按照修改方案建立起来的结构如图 10 - 32 所示。

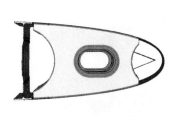

图 10 - 32　结构修改方案　　　　**图 10 - 33　修改方案与原 40°方案鸟体剩余能量对比**

　　调整后该结构总质量为 12.75 kg,质量较原型前缘结构增加 4.8%。仍然采用 130 m/s,150 m/s,170 m/s 三个速度测试其抗鸟撞性能,其计算结果如图 10 - 33 所示。由图中数据可以看出,相对于原 40°方案,修改方案在低速条件下的抗鸟撞能力与其基本持平;而在高速条件下,由于修改方案加大了蒙皮与斜板的间距,使蒙皮产生较大塑性变形后才与斜板结构相接触,因此结构对鸟体的动能耗散效果得到增强。

10.4　鸟撞地面模拟试验验证

通过对三类平尾前缘结构加强方案模型仿真结果的对比与分析,最终确定将双层蒙皮加强结构方案作为试验验证方案。本节将根据试验件结构的真实形态进一步确定双层蒙皮加强结构模型参数,同时将数值仿真结果与试验结果进行对比。

10.4.1　双蒙皮加强结构地面鸟撞实验

图 10-34 所示为原型结构在试验前的状态,图 10-36 所示为双层蒙皮加强结构在试验前的状态。两个试验件的实验条件相同。结构都是通过背板脚架固定起来的,同时设立了初始入射角度,即鸟体正撞情况下飞机平尾前缘后掠角为 35.5°,试验中的鸟体采用 3.8 kg (8 lb)的活鸡。图 10-35 所示为 439 km/h 即 120 m/s 鸟体撞击速度下原型结构最终的损伤状态。可以看出,鸟体撞击部位完全被穿透。由于鸟体的斜撞,结构一端受损严重。由图中可以看出蒙皮完全被撕裂且一端的翼肋完全被破坏,损伤情况严重。图 10-37 所示为相同撞击速度下即 439 km/h(122 m/s)的鸟体撞击速度下结构最终的损伤状态。结构的一端同样受损严重,蒙皮完全被撕裂且一端的翼肋也完全被破坏,损伤情况相当严重。

图 10-34　原型结构试验前状态

图 10-35　原型结构试验后状态

图 10-36　双层蒙皮加强结构试验前状态

图 10-37　双层蒙皮加强结构试验后状态

由图 10-38 可以看出,试验中两类结构的损伤情况都很严重。由图中损伤情况的对比可以发现双层蒙皮加强结构的损伤情况更为严重,一端的结构完全被破坏,蒙皮撕裂脱落。试验结果与试验前的仿真模拟结果不一致,考虑到结果的差异需要对模型结构重新进行修改。

图 10-38　两个结构撞击后的损伤状态

10.4.2　双蒙皮加强结构模型参数修改以及数值仿真

10.4.2.1　双层蒙皮加强结构数值仿真模型

双层蒙皮加强结构需要考虑的参数包括外层蒙皮厚度,内层蒙皮厚度,内、外蒙皮的连接方式,内、外蒙皮间的最大间距以及材料参数。

1.内层蒙皮及外层蒙皮厚度

外层蒙皮厚度为 $H_o = 1.016$ mm,内层蒙皮厚度为 $H_i = 1$ mm。其中外层蒙皮厚度与原始结构蒙皮厚度相同,故结构质量有所增加。

2.内、外蒙皮的连接方式

起初在考虑到不给优化结构带来初始损伤以达到其抗冲击性能的情况下,将内外蒙皮用胶粘的形式连接到一起。然而这里需要根据真实试验件情况进行更改。主要出现的问题是由于工艺性较难实现,实际上内、外蒙皮是靠铆钉连接到一起的。如图 10-39 所示,两排铆钉交错排列,钉孔直径为 $\phi2.5$ mm,钉孔间距为 12 mm。

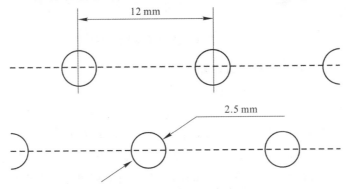

图 10-39　铆钉连接示意图

改用捆绑断裂模式模拟其余零件之间埋头铆钉的连接,埋头铆钉是否失效通过其承受的拉应力及剪应力是否满足其失效判据进行确定,所采用的失效判据如下:

$$\left(\frac{N}{5\,100}\right)^{1.5} + \left(\frac{T}{3\,200}\right)^{2.1} = 1 \tag{10.2}$$

3. 内、外蒙皮间的最大间距

通过多次模拟结果对比,将两者间距设立为 11.27 mm,如图 10-40 所示。

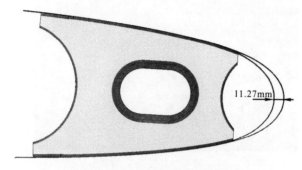

11.27mm

图 10-40　内外蒙皮间的最大间距

4. 材料参数

双层蒙皮加强结构仍然使用 2024 铝合金材料,故数值仿真模型的材料参数与之前的材料参数相同。鸟体的材料参数也不做改变。

如前所述,鸟体及平尾结构材料参数都不做更改。鸟体质量为 3.6 kg,密度取 950 kg/m³,鸟体尺寸为 ϕ142.5×285 mm。鸟体撞击结构时的速度选为 120 m/s。

更改后的加强结构模型与初始模型的最大区别在于前者是对含有铆钉孔的双层蒙皮加强结构模型的仿真,如图 10-41 所示。考虑的撞击部位为平尾前缘结构正中,为简化模型,减少计算时间,仅在结构的中跨(见图 10-41(a)圈内位置)附近建立了铆钉孔,图 10-41(b)为铆钉孔的有限元模型图。建立了铆钉孔的模型再用捆绑断裂接触算法模拟内、外蒙皮的连接。

　　　　　　　　(a)　　　　　　　　　　　　　　　　(b)

图 10-41　双层蒙皮加强结构铆钉孔

10.4.2.2　双层蒙皮加强结构数值仿真结果及试验对比分析

1. 试验与仿真模型外在损伤形态对比

将图 10-42~图 10-45 分别与图 10-35、图 10-37 及图 10-38 对比可以看出,原型结构模型的损伤形式与试验件的试验结果相同,蒙皮被鸟弹击穿,隔板被击落。而双层蒙皮结构模型的破坏程度要比原型结构的严重。结构的破坏形式及破坏程度基本与地面试验结果一致,双层蒙皮加强结构前缘蒙皮完全被鸟弹击穿,同时内外蒙皮铆接处沿铆钉方向产生裂纹并且整块被撕掉,部分隔板被鸟弹打掉。

为了更好地判断原型结构与含铆钉双层蒙皮加强结构的抗撞击能力的好坏,进一步做了数值仿真分析。图 10-46~图 10-48 为改变后的优化模型受到 120 m/s 的撞击速度后的仿真结果图。可以看出,双层蒙皮结构在用铆钉连接以后其抗鸟撞能力减弱,未实现预期的优化目的。由图 10-46 及图 10-47 所示,在 2 ms 左右均出现两条曲线相交的情况,即在 2 ms 时为内蒙皮完全失效的时间,2 ms 之前结构具有较好的抗冲击性能,当内蒙皮失效后,即由于铆钉连接的作用,内蒙皮与外蒙皮的铆接区域开始撕裂,这一损伤导致优化结构的抗鸟撞性能的急剧下降。

图 10-42 原型结构在 120 m/s 的撞击速度

图 10-43 原形结构内部隔板的损伤状态

图 10-44 双蒙皮结构在 120m/s 的撞击速度

图 10-45 双蒙皮结构内部隔板的损伤状态

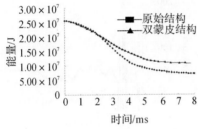

图 10-46 鸟体动能随时间的变化图

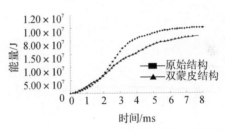

图 10-47 平尾前缘结构吸收的能量

图 10-48 所示为平尾前缘结构蒙皮所吸收的能量,由图所示与原始结构蒙皮所吸收的能量相比,双层蒙皮结构蒙皮所吸收的能量要远远低于原始结构蒙皮所吸收的能量。同时可以看出,由于增加了铆钉使得外蒙皮的承载能力急剧下降。

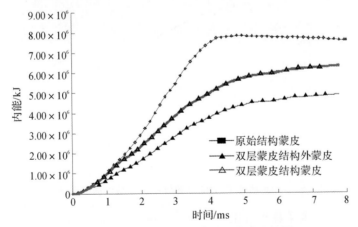

图 10-48 平尾前缘结构蒙皮所吸收的能量

2.试验与仿真模型位移采样点对比

图 10-49 为蒙皮上位移采样点所布置的位置。由图 10-50 可以看出,当结构受到撞击载荷时,开始是 D1,D2 两点随着蒙皮前后振动,待结构完全静止以后即为两点的最终位移大小。由图中的试验曲线可以看出 D1 点最终的纵向位移趋于 10 mm,而靠近撞击点的 D2 点最

终的纵向位移为 50 mm,即此处的蒙皮向内凹陷 50 mm。

由图 10-51 可以看出,仿真模型 D1 处的位移为 30 mm,D2 处的位移为 70 mm,由此可见仿真模型采样点处的位移值要比试验件的位移多 20 mm。引起这一差别的因素有很多,包括模型边界条件的细微差别、模型材料上的细微差别以及撞击位置以及撞击角度上的细微差别都会引起结果的差距。

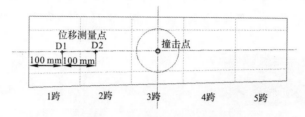

图 10-49　蒙皮上的位移采样点

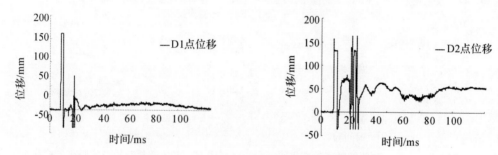

图 10-50　D1,D2 点的纵向位移实验曲线图

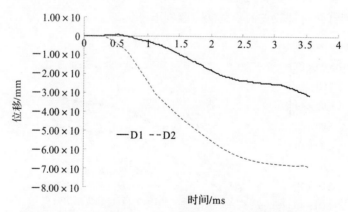

图 10-51　计算所得 D1,D2 点的纵向位移随时间变化曲线图

3.实验与仿真模型应变采样点对比

图 10-52 所示为蒙皮上所布置的应变花所在的位置。分别在 S1 及 S3 处采集了蒙皮上撞击点左右两边的应变-时间数据。图 10-53 及图 10-54 所示为应变采样点处试验数据曲线以及仿真数据曲线对比图。可以看出,在仿真结果蒙皮上,应变随时间的变化曲线与真实试验结果的一致性较好。其余应变片由于试验过程中的破损严重无法读取有效数据,因而未对其进行对比分析。

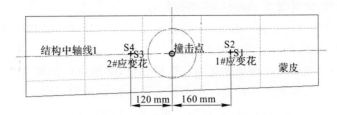

图 10 - 52　蒙皮上的应变采样点

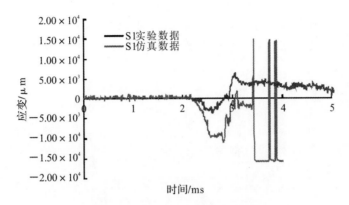

图 10 - 53　S1 点处的应变-时间曲线

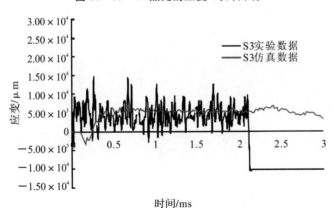

图 10 - 54　S3 点处的应变-时间曲线

10.5　结论与建议

通过试验及数值仿真的综合分析,可以得到如下结论:

(1)通过仿真模型的模拟验证,双支板加强结构以及双蒙皮加强结构在同等条件下抵御鸟体撞击的能力较强。

(2)铆钉连接无法简单通过 TIE 接触算法模拟,根据双蒙皮结构模型更改前后结果的对比可以得出如下结论:通过建立铆钉孔以及 TIEBREAK 接触算法可以有效模拟结构的铆钉连接状态。

(3)铆钉连接情况下双层蒙皮加强结构无法达到预期的抵御鸟体撞击的能力,需要通过改进连接方式以达到抗鸟撞的目的,如结构间的焊接等。

(4)由于与真实试验情况存在一些不同,仿真模型的结果与试验结果有所差距,但对于试验前设计阶段结构的验证具有一定的预期作用。

如采用双层蒙皮加强结构以增加平尾的抗鸟撞性能,必须对该加强方案的连接方式做调整。由于铆接对原有双层蒙皮结构的设计模型植入了铆钉孔初始损伤,大大降低了该加强结构的抗鸟撞性能,因而无法达到原有设计目的。可以通过以下方案对双层蒙皮加强结构进行改进,以提高其抗撞击性能。

(1)将铆钉连接改为焊接。

(2)将内层蒙皮铆接到隔板与外层蒙皮之间,适当加大铆接面积。

(3)采用 GLARE 板代替原有铝合金材料蒙皮,再用胶接的方式连接内、外蒙皮。

第十一章 抗鸟撞结构设计分析综合软件系统及其应用

目前国内的飞机结构抗鸟撞设计技术及其效能分析主要采用事后评估与试验验证的方法来解决。这种技术势必缺少设计阶段的预测性,不恰当的设计将导致大量的人财物力浪费以及研制成本的增加与研制周期的延长。显然,通过在大量优选、分析与试验验证基础上的典型抗鸟撞结构结构单元的吸能原理设计与预先研究,并运用智能数据库技术,建立一个软件系统,预先开展抗鸟撞结构设计与分析评估,是解决这一问题的有效途径。通过该软件系统的设计开发与应用,建立起有良好用户接口与界面,以完成各类典型结构设计与综合评估分析的平台;还可完成与积累民用固定翼飞机抗鸟撞结构的定量设计经验,并逐步形成符合自身设计体系的民用固定翼飞机抗鸟撞设计规范。

民机抗鸟撞设计与分析综合软件系统的设计思想及设计指标旨在满足民用飞机抗鸟撞设计的总体技术要求,即中国民用航空总局《运输类飞机适航标准》(CCAR - 25 - R3)中关于飞机抗鸟撞击设计适航要求,所开发的抗鸟撞结构设计与数值分析综合软件在技术功能上需要满足两个方面:其一,满足工程中对民用飞机易受鸟撞部位的撞击后内力、变形及能量的精细定量分析评估的实用技术要求;其二,满足工程中开展抗鸟撞设计中结构吸能特性的实用技术要求。抗鸟撞结构设计与数值分析综合软件在软件质量工程上需满足 GJB39－1988 等对软件系统开发及文档资料所规定的技术质量要求。具体技术性能与质量要求分见以下各节。

11.1 抗鸟撞结构设计分析综合软件总体设计与技术框架

目前在鸟撞分析领域,多采用 LS - DYNA 或 PAM - CRASH 等通用软件,这类软件经过长年的积累和版本的更新,在材料模型、图形技术以及分析模型的规范化、通用化方面已经做得相当完备,故此得到了广泛应用。

但作为民用飞机抗鸟撞分析的专用平台,除了具备通用有限元软件的一般特性以外,在软件性质和工作特点方面,应该针对民机鸟撞问题提供更便利的工程应用工具,本节内容将在设计原理与特点、技术框架以及功能模块几个方面说明该软件系统的特点。

11.1.1 综合软件系统的总体设计原理及特点

民机抗鸟撞结构设计分析综合软件系统采用自行开发以及在 CAD\CAE 软件系统上的

二次开发相结合的形式,建立对民用飞机抗鸟撞分析\设计\评估的一体化技术平台,达到简化工程分析设计技术流程、提高分析精度的目的。

该设计仿真软件系统在 PAM‐CRASH 通用软件平台上,通过鸟体本构模型用户子程序、民机典型结构用户子程序、用户视窗界面程序以及智能数据库等二次系统开发,应用 C++等高级语言混合编程系统及 python 脚本语言技术建立起功能完备、适用性强的民用飞机结构抗鸟撞设计分析软件系统。

该软件系统可以对典型吸能结构、机翼前缘典型结构、尾翼典型结构、雷达罩、典型风挡结构等进行数值计算研究,并开展设计参数调参的优化设计研究,为本项目研究提供科学、实用的数值分析数据,并用于试验对比。

该分析系统与通用软件相比,具备以下特点:

(1)通用有限元软件往往体现材料与结构单元的共性,不针对具体的结构提供分析工具。而专业的抗鸟撞软件分析系统则体现工程中针对飞机结构的鸟撞研究工作特点,将分析工作中总结出的经验体现在程序中。

(2)材料数据作为有限元计算中必不可少的组成部分,一直是设计师进行分析验证时非常关注的问题。通用有限元软件只提供针对不同材料特性的本构关系模型供用户选用。本分析系统的前期工作中,对大量的试验研究数据进行了分析,针对鸟撞分析中的不同材料,包括鸟体、金属材料、复合材料、蜂窝、泡沫等材料给出了在相应本构关系下的材料性能数据。用户在使用过程中只需将其添加到当前模型中便可直接使用,为提高工程分析的效率提供了便利。

(3)在完成现有设计的鸟撞分析后,如何提高其抗鸟撞性能,是作为专业的鸟撞分析软件应该给出的答案。软件系统总结了易受鸟撞击部位的改良办法,并在新模型的建立上提供一定程度的便利,使用户在初步分析得出不利结论后在更短的时间内找到解决思路,大大缩短了研究周期。

(4)本系统以组装鸟撞分析的关键字文件(PC 文件)为基本思路,不以有限元前处理建模为关键技术,系统提供了多种通用有限元软件的接口可以将模型导入,并在本系统中组装为适于鸟撞分析的有限元模型。

11.1.2 开发环境与工具

本软件系统主控界面使用 Borland 的公司的货架产品 C++Builder 工具开发,这是一个面向对象的可视化开发环境,提供了具有高度安全性、可靠性、快速性的编译优化方法,完全编译出原始机器码而非中间码,软件执行速度大大提高。其适用于 32 位 windows 应用程序的快速开发,是最先进的开发应用程序的组件思想和面向对象的高效语言 C++融合的产物。C++Builder 充分利用了已经发展成熟的 Delphi 的可视化组件库(Visual Component Library,VCL),吸收了 Borland C++ 5.0 编译器的诸多优点。C++Builder 结合了先进的基于组件的程序设计技术,成熟的可视化组件库和优秀编译器及调试器。C++Builder 已经成为一个非常成熟的可视化应用程序开发工具,功能强大而且效率高。

11.1.3　软件系统的逻辑框架组织结构

抗鸟撞结构设计分析综合软件系统的技术框架集中反映了本软件的组织结构、算法系统的基本构成及其逻辑关系，反映了整个算法思路的框架与主要联系，同时也表明了算法系统中主要模块的技术功能与逻辑调用的接口关系。

在算法程序设计技术实施中，数据管理或数据接口的设计具有同等的重要性。抗鸟撞结构设计分析综合软件系统以建立 PAM-CRASH 求解器需要的关键字文件（PC 文件）为基本思路，详细设计了用于存储 PC 文件各关键字字段的数据结构，建立各部分关键字数据的相互索引，并以可视化的形式在界面中提供便捷的输入和输出方式，以 OpenGL 图形库为支持在主窗体中绘制当前模型的有限元网格。系统中设计了大量的类，对数据进行良好封装，确保数据不被无意修改。为了提高系统中数据处理效率，在程序设计中大量采用了标准模板库（STL）技术，充分利用了该技术的优点，使得本系统数据的安全性和可靠性得到保障，同时大大提高了存取速度，降低了对内存的占用。

数据接口描述了各模块之间的数据传递关系，由于各关键字字段之间存在着相互调用和相互索引，而且构造成的 PC 文件传递给求解器模块、后处理模块调用结果文件等过程，都需要定义明确的数据接口才能使数据一致化。

功能模块描述部分更加详细地介绍了本软件系统中主要模块的名称、工作原理以及主要技术特点等，充分反映了本软件系统的计算能力，满足"民用固定翼飞机抗鸟撞设计、分析验证"课题与需求规格说明规定的技术要求。

软件总体框架中包括前处理、模型求解以及后处理等模块，其技术关系如图 11-1 所示。

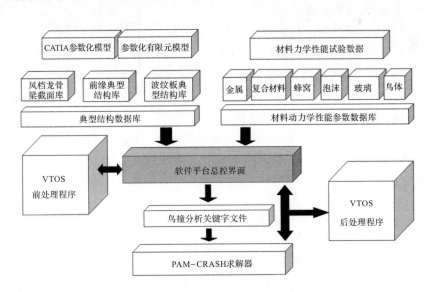

图 11-1　抗鸟撞结构设计分析综合软件系统技术关系图

图 11-1 所示为软件系统各模块之间的技术关系图，按照这个技术关系，采用模块化编程思想，对软件进行需求分析，得到软件的系统结构图。图 11-2 说明了各模块在应用中的逻辑

顺序。

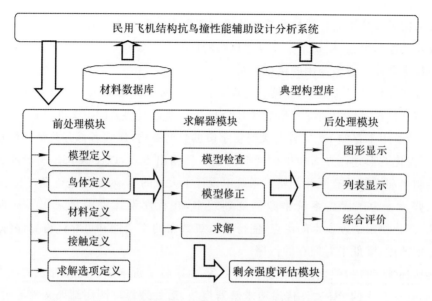

图 11-2　抗鸟撞结构设计分析综合软件系统逻辑结构图

11.1.3.1　前处理各类模块及逻辑关系

前处理过程主要用于形成求解需要的 PC 关键字文件,此文件中定义了模型的几何信息与物理信息以及求解所需要的接触等选项。主要用到节点类、单元类、材料类和求解控制类。

节点类是用于描述模型几何信息最基础的类,用于定义有限元模型的节点坐标值、节点的局部坐标系、节点的集中质量特性、节点组速度、加速度以及边界条件等,如图 11-3 所示。

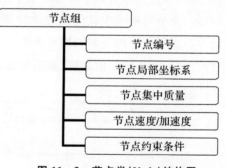

图 11-3　节点类(Node)结构图

单元类主要描述建模过程中使用的各种单元,包括 shell,beam,solid 及其不同类型,如 solid 单元可以有 4 节点、6 节点和 8 节点。该类使用节点类定义的节点库作为输入,其数据结构可以用于存储从其他模型(如 Ls-Dyna)输入的单元信息,并为 OpenGL 绘制网格做准备。该库中还定义了每个单元所从属的部件(part),目的是为其分配材料和定义接触等,如图 11-4 所示。

求解选项控制 Control 类主要描述求解关键字 PC 文件的控制信息,比如单位制的选择、求解器版本以及需要输出的结果格式等等,如图 11-5 所示。

材料模型库主要用于定义模型各部分的力学属性,为每个部件分配对应的本构关系及材料参数。用户为当前部件选择某种本构关系后,可以根据交互窗口填入对应的力学属性。本构关系分为 solid,shell,beam 和复合材料中使用的 ply 四大类。每种材料的本构关系描述详见第五章,在本章 11.2.5 节中对复合材料的本构关系以及输入的参数提供了介绍。本软件中综合课题研究的成果,将常用航空材料的材料参数整理,作为支持数据库,已经添加至系统中,用户可以根据需求调用材料添加至当前项目。材料类描述如图 11-6 所示。

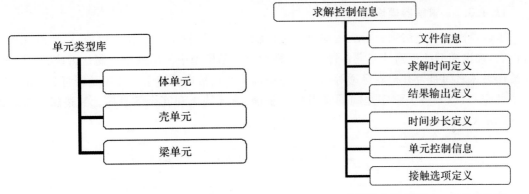

图 11-4 单元类（Element）结构图

图 11-5 求解选项控制类（Control）结构图

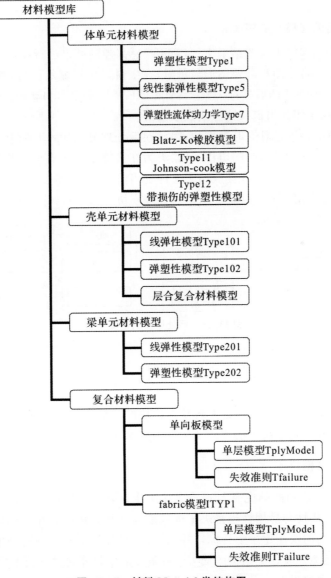

图 11-6 材料 Material 类结构图

11.1.3.2 求解器模块逻辑关系

求解器模块将当前项目形成的关键字文件输送给求解器求解。在求解前,需要对文件进行检查,确定模型的正确性与完备性。正确性检查包括模型中使用的单位制是否统一、接触体和被接触体之间是否有初始穿透等信息。完备性检查包括在关键字文件中是否将必备的关键字全部定义,以及各关键字之间的索引是否正确、有无缺失和冗余信息等。其逻辑关系如图11-7所示。

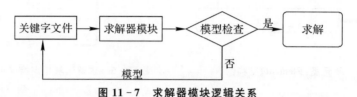

图 11-7 求解器模块逻辑关系

11.1.3.3 后处理模块逻辑关系

后处理模块调用求解生成的结果文件,对用户感兴趣的结果进行显示,主要包括图形显示和曲线显示两部分内容。用户需要图形显示时,在主窗口选择显示内容(如应力、位移等),主程序调用 PAM - CRASH 的后处理工具 PAM - VIEW 展示云图和动画。曲线显示则由有主程序读取结果文件,采用弹出窗口的方式显示曲线。

由于显式求解的特点是具有时序性的,因此在后处理显示中,应该包括两类结果:第一类为某物理量在整个求解时段的时间历程;第二类为在某特定时间点整个模型上某物理量的分布。为了完成两种结果的显示,在读取结果文件到当前项目后,即按两类不同结果对其进行整理并存储,以迅速完成用户的后处理要求。后处理模块逻辑关系如图11-8所示。

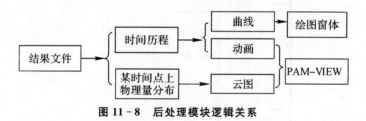

图 11-8 后处理模块逻辑关系

11.2 功能模块及数据库

在上节中给出了整个软件系统以及各功能模块的逻辑关系,以及数据的管理和传递方式,在本节中则对每个模块在系统中的功能及实现的技术细节做描述。

11.2.1 前处理模块

有限元分析前处理功能的完备与否将直接决定该软件系统能否满足设计以及计算的要求,前处理功能的适用性与易用性也将决定抗鸟撞设计与分析的效率。软件系统的前处理应以满足各类吸能结构的快速建模为目标,并同时具备与各类结构元件特征所匹配的各类力学分析单元,同时满足能开展各类结构的动力学有限元数值计算建模的技术功能要求。

本软件系统在主控界面中采用参数化、流程管理的设计思想,整合了民用飞机鸟撞分析与设计的各种关键部件和鸟体的几何模型、有限元模型和材料模型与数据,用户可以在界面中按照软件平台中设置的流程步骤,输入控制参数以方便地生成自己所需的模型。参数化建模过程生成 PAM-CRASH 格式的求解输入数据,在求解过程采用显示求解器 PAM-CRASH 得到分析结果。采用参数化、流程管理的设计思想可以大大提高模型生成的准确性和效率。

　　由于目前在有限元前处理领域,MSC 公司的 Patran、安世公司的 Ansys 以及 Altair 公司的 Hypermesh 占有大部分用户,设计师在本软件系统使用过程中可能会有直接将这几种软件中生成的模型输入平台的需求,因此必须采用各种接口程序以满足这种需求。软件系统中采用后台数据转换的方法,将每种格式的前处理数据转变为 PAM-CRASH 格式,在转变过程中对用户提出适于鸟撞分析的相应要求,以顺利完成各种后续过程。

11.2.2　求解器模块

　　本软件系统中采用了法国 ESI 公司的 PAM-CRASH 作为求解器,该求解器是基于显式有限元算法的计算机三维碰撞冲击仿真模拟系统,能够对大位移、大变形、大旋转、大应变、接触碰撞等问题进行十分精确的模拟。该求解器主要有以下显著特点:

　　(1)能够简便地处理异常复杂的边界约束;

　　(2)支持多 CPU 并行计算(DMP 和 SMP),运算效率高;

　　(3)灵活控制计算的时间步长;

　　(4)动态分配内存,无须用户设置;

　　(5)自动消除初始穿透;

　　(6)灵活搜寻接触区间;

　　(7)针对大变形材料可采用特有的 Adaptive Mesh,Frozen Matric,Non-linear Contact Stiffness 等措施来保证求解的稳定性和精确性;

　　(8)可设定材料的断裂失效条件;

　　(9)简便地定义焊点、铆钉等约束以及断裂条件;

　　(10)可设置阻尼以加快求解弹性接触时的收敛。

　　该求解器的以上各种特性除了满足本软件系统求解的精度要求外,也大大减少了用户的参与程度,可以使用户更多地关注于设计本身而不是复杂的求解过程,提高了分析与设计的工作效率。

11.2.3　后处理模块

　　作为一个鸟撞评估软件系统,后处理是分析过程中的一个重要步骤,后处理环节将直接给出分析结果,是设计师判断一个设计合理与否的关键步骤。本软件系统在主控界面中可以显示后处理过程所关心的一般结果,如应力解、应变解、位移解等,更加重要的是,软件系统整合了本项目的研究成果,将不同类型吸能结构的破坏判据应用到后处理过程,使用户可以在后处理阶段直接得到关于所研究内容的评估结果甚至设计建议,这对分析工作是非常有意义的。

　　主控界面的后处理程序采用的方式是直接读取 PAM-CRASH 求解器的结果文件,并将各种结果整理以提取用户关心的内容。相对于数据结果,用户可能在后处理过程中希望得到某种过程更加直观的结果显示。主控程序可以根据用户的要求,启动 PAM-CRASH 的后处理工具 Open-Vtos(Virtual Try-out Space 即虚拟试验空间,是 ESI 集团推出的工程模拟环境)来显示用户关心的内容。

具体来说,后处理程序显示的结果包括两大类。第一类为在某一(或某段)时刻整个结构上的鸟撞冲击响应,内容包括应力、应变和位移等的分布。这类结果的显示是运用 PAM - CRASH 的二次开发技术,在主控界面上调用后处理工具 Vtos,来实现上述结果的云图显示以及在一段时间内的动画显示。第二类为单个节点或单个 part 在整个时间历程上的某个参数变化,参数可以为位移、应力以及能量,程序读取分析结果文件,并调用 C++的绘图功能,将这类结果以曲线的形式表现在后处理程序中。

11.2.4 剩余强度评估模块

在受到鸟体撞击后,结构会产生永久的塑性变形甚至造成局部损伤,其强度会比原始结构有所降低。撞击后的结构能否承受预定的载荷(气动载荷、集中载荷等),关系着飞机的安全性,是适航考核的技术重点。因此开展对撞击后结构的剩余强度的评估十分重要。

剩余强度评估仍然基于鸟撞击的计算结果,采用有限元素法进行分析。具体来说,在采用本系统建立模型并采用 PAM - CRASH 求解器进行显示动力学求解后,进入剩余强度评估模块。该模块中采用 PAM - CRASH 的二次开发技术,对动力学求解的计算结果进行提取,并将其施加在原始模型中,得到带有鸟撞损伤的新结构。通过这样的过程得到的新模型,用户可以输出为不同的静力求解格式,并采用 Nastran 等软件进行静力求解,取得该结构在受到鸟撞击后的静力学响应。

对于那些产生了塑性变形的单元,将其在几个自由度下的塑性变形直接作用在原始的节点坐标上;而对于那些受撞击后破坏的单元,在原始结构中将该单元直接删除。以上思路用图 11 - 9 描述。

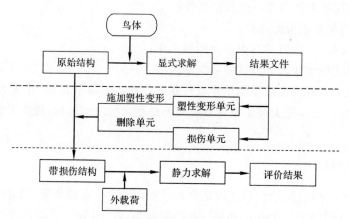

图 11 - 9 剩余强度评估组织结构框图

11.2.5 支持数据库

作为民用航空领域的专用软件,抗鸟撞结构设计分析综合软件系统除了在建模过程、分析过程中具备定制化特点外,还提供了一般工程通用软件不具备的数据库支持。系统中的数据库主要分为材料数据库和典型吸能构型数据库两类,以材料试验和大量工程实践为基础,为用户提供准确、详尽、适用于动力学分析的数据,以达到在控制精度内迅速完成分析任务的目的。

11.2.5.1 材料性能数据库

材料性能数据作为有限元数值计算中必不可少的组成部分,一直是设计师进行分析验证时非常关注的问题。尤其是目前国内的抗鸟撞设计验证体系不完善,缺少必要的数据支持,很多常用的材料其动力学性能还没有被熟悉。本课题中采取了大量的试验研究对这些性能数据进行了分析,然而如何有效地组织这些试验数据以获得对鸟撞击分析的数据支持是一个非常重要的环节。

本系统中根据 PAM – CRASH 提供的本构关系类型,挑选了航空结构常用的材料,共分四大类(体单元、壳单元、两单元、复合材料板 ply)13 种本构关系,编写了材料性能数据输入的数据结构,除复合材料(ply)的本构关系以外,其他各类型都在本指南第四章中详细介绍了其本构关系。本节仅对含损伤的两种复合材料本构关系进行描述。

1. 复合材料板本构关系模型

复合材料板(ply)模型主要用来描述纤维增强复合材料的力学行为,系统中包含两种板模型,分别为复合材料单向板的 bi – phase 模型(unidirectional composite bi – phase ply model),用以模拟单向板;织物复合材料模型(fabric composite global ply model),用以编织板(布)。

(1)复合材料单向板的 bi – phase 模型。这种模型又称为 Ladevèze 模型,专门用于对纤维增强复合材料各向异性特性的处理。在这种模型中,每个单层的材料都可以被赋予带应变率行为和损伤行为的弹塑性力学行为,以反映以下实际情况:

1)横向拉伸载荷下出现的基体裂纹;

2)剪切载荷作用下的纤维与基体脱胶。

模型中也考虑了拉伸和压缩载荷作用下的纤维断裂,其本构关系可以用下式描述:

$$
\begin{bmatrix} \varepsilon_{11}^{e} \\ \varepsilon_{22}^{e} \\ 2\varepsilon_{12}^{e} \\ 2\varepsilon_{23}^{e} \\ 2\varepsilon_{13}^{e} \end{bmatrix} = \begin{bmatrix} \dfrac{1}{E_1} & -\dfrac{\nu_{12}^{0}}{E_1} & 0 & 0 & 0 \\[2mm] -\dfrac{\nu_{12}^{0}}{E_1} & \dfrac{1}{E_2} & 0 & 0 & 0 \\[2mm] 0 & 0 & \dfrac{1}{G_{12}} & 0 & 0 \\[2mm] 0 & 0 & 0 & \dfrac{1}{G_{23}} & 0 \\[2mm] 0 & 0 & 0 & 0 & \dfrac{1}{G_{13}} \end{bmatrix} \begin{bmatrix} \sigma_{11} \\ \sigma_{22} \\ \sigma_{12} \\ \sigma_{23} \\ \sigma_{13} \end{bmatrix} \tag{11.1}
$$

其中,在纤维方向(1 方向)有

$$E_1 = E_1^t, \quad 如果\ \varepsilon_{11} \geqslant 0 \quad (拉伸)$$
$$E_1^t = E_1^{0t}(1 - d^{ft}), \quad 如果\ \varepsilon_{11} \geqslant \varepsilon_i^{ft}$$

否则 $E_1^t = E_1^{0t}$。其中,E_1^t 为纤维在 1 方向的拉伸模量;E_1^{0t} 为 E_1^t 的初始值;d^{ft} 为纤维方向的拉伸损伤值。

$$E_1 = E_1^c, \quad 如果\ \varepsilon_{11} \leqslant 0 \quad (压缩)$$
$$E_1^c = E_1^{\gamma}(1 - d^{fc}), \quad 如果\ |\varepsilon_{11}| \geqslant \varepsilon_i^{fc}$$

否则, $E_1^c = E_1^{\gamma}$。

$$E_1^{\gamma} = E_1^{0c}(1 - \gamma E_1^{0c}|\varepsilon_{11}|)$$

其中，E_1^c 为纤维在 1 方向的压缩模量；E_1^γ 为非线性压缩模量，且有 E_1^{0c} 为 E_1^c 的初始值；γ 为非线性压缩模量因子；d^{ft} 为纤维方向的拉伸损伤值。

在横向（2 方向）有

$$E_2 = E_2^0(1-d'), \quad 如果 \varepsilon_{22} \geqslant 0 \quad （拉伸）$$

否则，$E_2 = E_2^0$。其中，E_2^0 为纤维的横向模量 E_2 的初始值；d' 为基体的横向损伤的损伤值。

在剪切方向有

$$G_{12} = G_{12}^0(1-d) \tag{11.2}$$

其中，G_{12}^0 为层板的剪切模量的初始值；d 为基体的剪切损伤；G_{23}^0 为层板的 23 方向剪切模量。

（2）基体的横向和剪切方向损伤演化，损伤公式中，Z_d 和 $Z_{d'}$ 分别和损伤变量 d 和 d' 相关联，并且由下式定义：

$$\frac{\partial E_D}{\partial d} = Z_d = \frac{1}{2} \frac{\sigma_{12}^2 + \sigma_{13}^2}{G_{12}^0 (1-d)^2} \quad （剪切损伤） \tag{11.3}$$

$$\frac{\partial E_D}{\partial d'} = Z_{d'} = \frac{1}{2} \frac{\langle \sigma_{22}^2 \rangle_+}{E_2^0 (1-d')^2} \quad （横向损伤） \tag{11.4}$$

T 时刻的损伤演化公式定义为

$$Y(t) = \mathrm{Sup}_{\tau \leqslant t} \sqrt{Z_d(\tau) + bZ_{d'}(\tau)} \quad （剪切损伤） \tag{11.5}$$

$$Y'(t) = \mathrm{Sup}_{\tau \leqslant t} \sqrt{Z_{d'}(\tau)} \quad （横向损伤） \tag{11.6}$$

损伤量 d 和 d' 由下式计算。

$$d = \begin{cases} \dfrac{\langle Y(t) - Y_0 \rangle_+}{Y_C}, 若 d < d_{\max}, Y'(t) < Y'_S 且 Y(t) < Y_R & （剪切损伤） \\ d_{\max}, 若其他情况 \end{cases} \tag{11.7}$$

$$d' = \begin{cases} \dfrac{\langle Y(t) - Y'_0 \rangle_+}{Y'_C}, 若 d' < d_{\max}, Y'(t) < Y'_S 且 Y(t) < Y_R & （横向损伤） \\ d_{\max}, 若其他情况 \end{cases} \tag{11.8}$$

其中，Y_C 为临界剪切损伤值；Y_0 为剪切损伤初始值；Y'_C 为临界横向损伤值；Y'_0 为横向损伤初始值；Y'_S 为纤维与基体界面的脆性横向损伤极限；Y_R 为初始剪切损伤的断裂极限；$d_{\max}$ 为最大允许的损伤值。

（3）纤维的拉伸损伤。本构模型中，当 $\varepsilon^{11} < \varepsilon_i^{ft}$ 的时候，ε_i^{ft} 对应的是纤维拉伸方向的初始破坏应变；而在纤维拉伸方向损伤变量 d^{ft} 在达到拉伸破坏应变之前线性变化，达到后则按照图 5-1 的规律延渐近线变化。

长度方向的拉伸模量计算遵循以下规律：

屈服前：

$$E_1 = E_1^{0t} \quad （如果 \varepsilon_{11} < \varepsilon_i^{ft}）$$

屈服过程：

$$E_1 = E_1^{0t}(1-d^{ft}), d^{ft} = d_u^{ft} \frac{\varepsilon_{11} - \varepsilon_i^{ft}}{\varepsilon_u^{ft} - \varepsilon_i^{ft}} \quad （如果 \varepsilon_i^{ft} \leqslant \varepsilon_{11} < \varepsilon_u^{ft}）$$

屈服后：

$$E_1 = E_1^{0t}(1-d^{ft}), d^{ft} = 1 - (1-d_u^{ft}) \frac{\varepsilon_{11}}{\varepsilon_u^{ft}} \quad （如果 \varepsilon_u^{ft} \leqslant \varepsilon_{11} < \infty）$$

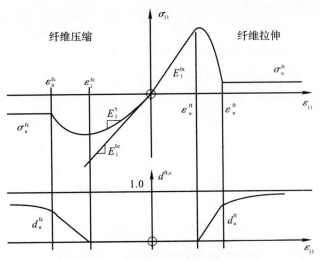

图 11 - 10　纤维方向的拉伸和压缩损伤

（4）纤维的压缩损伤。同理，纤维长度方向的压缩模量可以由下式计算：

屈服前：

$$E_1^C = E_1^\gamma \quad (\text{如果 } |\varepsilon_{11}| < \varepsilon_i^{fc})$$

屈服过程：

$$E_1^C = E_1^\gamma (1 - d^{fc}), d^{fc} = d_u^{fc} \frac{|\varepsilon_{11}| - \varepsilon_i^{fc}}{\varepsilon_u^{fc} - \varepsilon_i^{fc}} \quad (\text{如果 } \varepsilon_i^{fc} \leqslant |\varepsilon_{11}| < \varepsilon_u^{fc})$$

屈服后：

$$E_1^C = E_1^\gamma (1 - d^{fc}), d^{fc} = 1 - (1 - d_u^{fc}) \frac{|\varepsilon_{11}|}{\varepsilon_u^{fc}} (\text{如果 } \varepsilon_u^{fc} \leqslant |\varepsilon_{11}| < \infty)$$

2. 织物复合材料模型

这种模型用来描述玻璃纤维与 Kevlar 等织物的力学行为，与 Ladevèze 模型的不同点是认为纤维两个方向（经向和纬向）的损伤演化关系相同。

（1）应力应变关系。

$$\boldsymbol{\varepsilon}^e = \boldsymbol{S\sigma}$$

其中

$$\boldsymbol{S} = \begin{bmatrix} \dfrac{1}{E_{11}^0(1-d_{11})} & -\dfrac{\nu_{12}^0}{E_{11}^0} & 0 & 0 & 0 \\[3mm] -\dfrac{\nu_{12}^0}{E_{22}^0} & \dfrac{1}{E_{22}^0(1-d_{22})} & 0 & 0 & 0 \\[3mm] 0 & 0 & \dfrac{1}{G_{12}(1-d_{12})} & 0 & 0 \\[3mm] 0 & 0 & 0 & \dfrac{1}{G_{13}} & 0 \\[3mm] 0 & 0 & 0 & 0 & \dfrac{1}{G_{23}} \end{bmatrix} \tag{11.9}$$

式中，ν_{12} 为波松比；损伤变量与损伤能量释放率 Y_{11}, Y_{22}, Y_{12} 有关，即

317

$$Y_{11} = \frac{\sigma_{11}^2}{2E_{11}^0 (1-d_{11})^2}, \quad Y_{22} = \frac{\sigma_{22}^2}{2E_{22}^0 (1-d_{22})^2}, \quad Y_{12} = \frac{\sigma_{12}^2}{2G_{12}^0 (1-d_{12})^2}$$

在一段时间历程 t 中，损伤驱动力取这段时间中达到的最大的值：

$$\underline{Y}_{11}(t) = \max_{\tau \leqslant t}\{\sqrt{Y_{11}(\tau)}\}, \quad \underline{Y}_{22}(t) = \max_{\tau \leqslant t}\{\sqrt{Y_{22}(\tau)}\}, \quad \underline{Y}_{12}(t) = \max_{\tau \leqslant t}\{\sqrt{Y_{12}(\tau)}\}$$

损伤演化关系可表达如下：

$$\begin{cases} d_{11}=0, 若 \underline{Y}_{11} < Y_{11O} 或 d_{11} = (\underline{Y}_{11} - Y_{11O})/Y_{11C}, 对于 Y_{11O} < \underline{Y}_{11} < Y_{11R} 或 d_{11} = d_{11max} \\ d_{22}=0, 若 \underline{Y}_{22} < Y_{11O} 或 d_{22} = (\underline{Y}_{22} - Y_{11O})/Y_{11C}, 对于 Y_{11O} < \underline{Y}_{22} < Y_{11R} 或 d_{22} = d_{11max} \\ d_{12}=0, 若 \underline{Y}_{12} < Y_{12O} 或 d_{12} = (\mathrm{Ln}\,\underline{Y}_{12} - \mathrm{Ln}Y_{12O})/Y_{12C}, 对于 Y_{12O} < \underline{Y}_{12} < Y_{12R} 或 d_{12} = d_{12max} \end{cases}$$

注意，纤维方向的拉伸、压缩模量以及损伤演化表达式相同，但是具体数值有差别，在上面的表达中未明确写出。

（2）弹塑性模型。平面剪切变形主要取决于基体材料的性能，由于基体的裂纹或塑性会引起材料的非弹性变形。

1）铺层板的总应变可分为

$$\varepsilon^t = \varepsilon^e + \varepsilon^p \tag{11.10}$$

2）塑性应变只与平面剪切有关（$\varepsilon_{11}^p = \varepsilon_{22}^p = 0, \varepsilon_{12}^p \neq 0$）。屈服面方程为

$$\left. \begin{array}{l} f(\tilde{\sigma}, R) = \left| \dfrac{\sigma_{12}}{1-d_{12}} \right| - R(\varepsilon^p) \\ R(\varepsilon^p) = R_0 + \beta(\varepsilon^p)m \end{array} \right\} \tag{11.11}$$

其中，R_0 是屈服应力；β, m 分别为硬化参数。

（3）应变率相关性。在加载方向，如 $0°, 45°$ 方向，应变率会使弹性模量增加，根据分析，应变率对弹性模量的影响由下面三个黏性方程给出：

$$\begin{cases} E_{11} = E_{11}^0 [1 + F_{11}(\dot{\varepsilon})] \\ E_{22} = E_{22}^0 [1 + F_{11}(\dot{\varepsilon})] \end{cases} \quad （应变率对纤维方向的影响）$$

$$G_{12} = G_{12}^0 [1 + F_{12}(\dot{\varepsilon})] \quad （应变率对平面剪切方向的影响）$$

$$R_0 = R_0^0 [1 + F_R(\dot{\varepsilon})] \quad （应变率对初始屈服应力的影响）$$

应变率对损伤演化参数的影响如下：

$$d_{12} = (\ln \underline{Y}_{12} - \ln Y_{12O})/Y_{12C} \quad （如果 d_{12} < 1, \underline{Y}_{12} < Y_{12R}）$$

否则，$d_{12} = 1$。

其中

$$Y_{12C} = (Y_{12C})^0 \sqrt{(1 + F_{12}(\dot{\varepsilon})}$$

$$Y_{12O} = (Y_{12O})^0 \sqrt{(1 + F_{12}(\dot{\varepsilon})}$$

纤维方向损伤演化参数为

$$\underline{Y}_{11} = (\underline{Y}_{11})^0 \sqrt{(1 + F_{11}(\dot{\varepsilon})}$$

$$\underline{Y}_{22} = (\underline{Y}_{22})^0 \sqrt{(1 + F_{11}(\dot{\varepsilon})}$$

$$Y_{11C} = (Y_{11C})^0 \sqrt{(1 + F_{11}(\dot{\varepsilon})}$$

$$Y_{11O} = (Y_{11O})^0 \sqrt{(1 + F_{11}(\dot{\varepsilon})}$$

上式中的函数 F_{11}, F_{12}, F_R 需要有三个参数来确定,参考应变率 $\dot{\varepsilon}_{ij}^{\text{ref}}, D_{ij}, n_{ij}$。在函数拟合中有三重典型关系:

指数关系:

$$F_{ij}(\dot{\varepsilon}) = 1 + D_{ij}\left(\frac{\dot{\varepsilon}}{\dot{\varepsilon}_{ij}^{\text{ref}}}\right)^{n_{ij}}$$

线性关系:

$$F_{ij}(\dot{\varepsilon}) = 1 + D_{ij}\left(\frac{\dot{\varepsilon}}{\dot{\varepsilon}_{ij}^{\text{ref}}}\right) + n_{ij}$$

对数关系:

$$F_{ij}(\dot{\varepsilon}) = 1 + D_{ij}\lg\left(\frac{\dot{\varepsilon}}{\dot{\varepsilon}_{ij}^{\text{ref}}}\right) + \lg(n_{ij})$$

本软件系统提供的材料数据库中,对应 PAM - CRASH 提供的本构关系类型,提供了常用的航空材料,如铝合金、钢材以及复合材料的性能数据,各材料性能参数如表 11-1~表 11-5 所示。此外,在用户的使用过程中,也可以依据软件中提供的本构关系类型,在库中添加新的数据项,以满足更多的使用要求。

表 11-1　钢材材料参数（type1）

密度 ρ	$7\,782\ \text{kg/m}^3$
剪切模量 G	$7.894 \times 10^{10}\ \text{Pa}$
体积模量 E_t	$2.058 \times 10^{11}\ \text{Pa}$
初始屈服应力 σ_i	$1.179 \times 10^9\ \text{Pa}$

表 11-2　三种铝合金的 Johnson - Cook 材料数据（type12）

材　料	A	B	C	n	m
2024 - T351	345	462	0.001	0.25	2.75
7050 - T7451	500	240	0.003	0.22	2.55
LY12 - CZ	325	555	−0.001	0.28	2.2

表 11-3　CCF - 1/5228 国产碳纤维性能（ply type1）

ply type	I type＝1
密度	$1\,700\ \text{kg/m}^3$
0° 方向弹性模量 E_1^{0t}	146 GPa
90° 方向弹性模量 E_2^0	8.53 GPa
面内剪切模量 G_{12}^0	4.22 GPa
层间剪切模量 G_{23}^0	9 GPa
面内泊松比 ν_{12}^0	0.3
临界剪切破坏极限 Y_C	4.29

续表

ply type	I type＝1
初始剪切破坏极限 Y_0	1 000
临界层间断裂极限 Y'_C	1 294.717
初始层间断裂极限 Y'_0	1 000
纤维-树脂界面脆性破坏极限 Y'_S	500
单元剪切破坏极限 Y_R	1 000
剪切和层间最大破坏值 d_{max}	0.97
纤维拉伸初始应变 ε_i^{ft}	0.001
纤维拉伸极限应变 ε_u^{ft}	0.005
纤维拉伸最大破坏值 d_u^{ft}（最大值为1）	0.97
0°方向压缩模量 E^{0C}	23.4 GPa
初始屈服应力 R_0	0.5 GPa

表 11－4　5228/SW－100 玻璃布材料（ply type2）

ply type	I type＝7
密度	1 700 kg/m³
0°方向弹性模量 E_1^0	20.6 GPa
90°方向弹性模量 E_2^0	20.6 GPa
面内剪切模量 G_{12}^0	7.3 GPa
层间剪切模量 G_{23}^0	9 GPa
面内泊松比 ν_{12}^0	0.118
临界剪切破坏极限 Y_{12C}^0	4.29 GPa
初始剪切破坏极限 Y_{12O}^0	85.5
剪切断裂极限 Y_{12R}^0	1 294.717
最大允许剪切破坏值 d_{12max}^0（默认值1.0）	0.633
临界拉伸破坏极限 Y_{11C}^0	8 761.168
初始拉伸破坏极限 Y_{11O}^0	344.904 5
拉伸断裂极限 Y_{11R}^0	2 621.015
最大允许拉伸破坏值 d_{11max}^0	0.26
0°方向压缩模量 E_1^{0-C}	23.4 GPa
90°方向压缩模量 E_2^{0-C}	23.4 GPa
压缩泊松比 ν_{12}^{0-C}	0.118

续表

ply type	I type＝7
临界压缩破坏极限 Y_{11C}^C	876.168
初始压缩破坏极限 Y_{11O}^C	344.904
压缩破坏断裂极限 Y_{11R}^C	2 621.01
最大允许压缩破坏值 d_{11max}^C	0.26
初始屈服应力 R_0	0.5 GPa

表 11－5　KEVLAR49/5228 层板性能(ply type2)

ply type	I type＝7
密度	1 440 kg/m³
0°方向弹性模量 E_1^0	23.9 GPa
90°方向弹性模量 E_2^0	24.2 GPa
面内剪切模量 G_{12}^0	4.9 GPa
层间剪切模量 G_{23}^0	4.9 GPa
面内泊松比 ν_{12}^0	0.16
临界剪切破坏极限 Y_{12C}^0	4.1 GPa
初始剪切破坏极限 Y_{12O}^0	140.931
剪切断裂极限 Y_{12R}^0	3 740
最大允许剪切破坏值 d_{12max}^0(默认值 1.0)	0.8
临界拉伸破坏极限 Y_{11C}^0	10 228
初始拉伸破坏极限 Y_{11O}^0	443.5
拉伸断裂极限 Y_{11R}^0	2 015.32
最大允许拉伸破坏值 d_{11max}^0	1
0°方向压缩模量 E_1^{0-C}	26.5 GPa
90°方向压缩模量 E_2^{0-C}	25.7 GPa
压缩泊松比 ν_{12}^{0-C}	0.153
临界压缩破坏极限 Y_{11C}^C	41 224.2
初始压缩破坏极限 Y_{11O}^C	216.8
压缩破坏断裂极限 Y_{11R}^C	2 069.5
最大允许压缩破坏值 d_{11max}^C	1
初始屈服应力 R_0	0.4 GPa

11.2.5.2 典型吸能构型数据库

1.技术路线

典型吸能结构单元及其吸能原理设计是一个需要依据民用飞机易受鸟撞部位的典型结构特征以及软体撞击动力学原理进行创新性设计思维的过程。将创新性设计概念细化成多种典型吸能结构形式,同时运用力学与工程观点进行综合对比分析,获得各种吸能结构单元在不同参数和使用约束下的吸能效果,是抗鸟撞设计与分析软件系统中结构库设计的基础。通过对各种典型结构的数值模拟结果的分析,使用数学方法得到各相关参数的影响规律,并采用图形等方式显示出来,给用户以直观的选择模板,可以使用户或设计者在设计和使用过程中有针对性地改进结构设计,以达到技术性能要求。

鉴于上述技术分析以及作为本课题的主要设计目标,抗鸟撞吸能典型构型结构设计的智能化设计方法研究势必成为本软件系统的关键技术之一。针对该项关键技术在本项目中采用了以下技术解决途径:

(1)针对民用固定翼飞机的易受鸟撞的不同结构部位,归纳总结各种典型吸能结构形式的数值模拟结果。针对雷达罩结构用材及其蜂窝结构形态,以蜂窝夹芯结构面板厚度及其蜂窝的细观构型尺度,分析吸能结构单元的构型参数对吸能效果的影响;针对尾翼前缘的结构形态,分析泡沫填充型夹芯吸能结构形式中泡沫密度对吸能效果的影响;针对机翼前缘的结构形态及其功能性要求,进行波纹板以及"斜板"保护型吸能结构构型中不同斜板角度及搭界方式等参数的特性分析;结合风挡复合玻璃与龙骨夹边结构进行软硬连接的优选方案设计,同时针对龙骨骨架进行异型编织物增强的吸能方案优选设计。

(2)在初步吸能结构单元优选方案的基础上,结合结构动力学有限元的细致建模及其数值仿真技术,进行结构参数的优化设计分析与计算。运用数值分析结果,综合工艺性、连接复杂程度等技术要求,综合对比分析并最终确定不同飞机结构部位的典型吸能结构构型下各构型参数的影响范围及程度,以作为智能结构库中参数选择的依据。

(3)结合重量约束等要求,针对每种构型的重要影响参数,对数值模拟得到的分析结果(应变、强度、能量损失等)采用数学方法进行参数拟合,得到关键参数的影响规律。

(4)运用参数化建模方法,建立起这些典型吸能结构单元的参数化建构数模及其数值分析模型,运用试验测试数据进行进行数值分析模型的修正,使之达到工程精度要求,形成完善的吸能结构单元智能数据库。工程使用中通过参数化调用可直接提供于工程抗鸟撞结构方案选型。

2.智能化数据库构造方法

按照以上技术路线提供的总体思路,综合分析各种吸能单元的数值模拟结果,采用响应面方法构造了智能化数据库。下面以蜂窝夹芯型吸能结构为例进行说明。

响应面法通过近似构造一个具有明确表达形式的多项式来表达隐式功能函数。本质上来说,响应面法是一套统计方法,用于研究响应 Y 与多因素 $x_1, x_2, \cdots, x_k$ 的关系,并考察函数 $f(x_1, x_2, \cdots, x_k)$ 的性状。具体到蜂窝夹芯结构来说,对于不同的结构参数如蜂窝厚度、胞元边长、面板厚度等参数在发生变化后,其刚度与强度的变化必然会带来重量的变化以及能量吸收能力的变化。这些几何参数即为构造响应面的变量,各种计算结果(结构应力应变水平、变形量、鸟体剩余动能、结构损伤量等)即为需要考察的函数。通过以往有限样本数的数值模拟结果拟合得到显式的表达,即可以在将来的设计过程中利用得到的关系式来推算参数变化时的各种结构响应,并可以完成最优化工作。这样在保证一定精度的基础上大大节省了计算时间,为在设计中快速做出决策提供必要的帮助。

由于鸟撞击这一物理过程的复杂性,往往很难得到那些计算结果针对某个几何参数的解析表达式或其表达式非常复杂,而且进行试验也会消耗相当的资源和时间。响应面法的引入却能够很好地解决这类问题,该方法的基本思想是:在局部用低次多项式(一次或二次多项式)逼近函数 $f(x_1,x_2,\cdots,x_k)$,从几何的观点看,就是用平面或二次曲面来局部拟合复杂曲面 $f(x_1,x_2,\cdots,x_k)$,拟合的效果可以用统计方法进行检验。如果需要在大范围内进行优化搜索,则可沿着拟合的平面或二次曲面移动,逼近一个最优点。低次多项式逼近的优点在于计算量少,其简单的数学形式将使分析响应与因素的关系变得容易。

通常,研究目的是最大化或最小化响应或达到想要的响应值。由于 f 是未知的,而且对 f 的观测带有随机误差,因此需要进行试验得到 f 的数据,研究的成功与否依赖于对 f 的逼近程度,响应面法就是为达到这个目标的一个策略,它包括试验、建模、数据分析和最优化。该方法的实现一般包含以下几个步骤:

(1)筛选试验:为了保持严密性,研究的初始阶段很可能要把所有可能的因素纳入考虑的范围,如果因素很多,那么需要进行筛选试验,来分辨这些因素的重要性,以剔除不重要的因素。如果研究初始阶段的因素个数已经比较少,就不必实施筛选试验。筛选试验可以通过诸如析因设计(2^{k-p},3^{k-p} 设计)、Plackett-Burman 设计以及非正规正交表等试验设计实现。

在蜂窝夹芯型吸能结构的分析过程中,几何参数的数目不多,并且通过观察数值模拟得到的结果可以发现,每个几何参数都会对结构刚度和强度产生影响,进而影响鸟撞冲击后的结构响应。

(2)根据所选参数和对应的数值模拟结果,局部拟合一次模型:首先确定当前的试验条件或输入因素的水平是接近响应曲面的最优(即最大或最小)位置还是远离这一位置。当试验部位远离曲面的最优部位时,宜采用曲面的一次逼近,应使用如下的一次模型:

$$y=\beta_0+\sum_{i=1}^k\beta_ix_i+\varepsilon \tag{11.12}$$

其中,β_0 表示 x_i 的线性效应。

进行一阶设计估计出式(11.12)的系数。拟合一阶模型主要采用的是正交的一阶设计,正交的一阶设计包括了主效应不能互为别名的 2^k 全因素设计和 2^{k-p} 部分因素设计,以及单纯形设计等方法。

(3)在各输入变量 $x_1,x_2,\cdots,x_k$ 的区域上采用最速下降法搜索以决定是继续进行一阶设计还是由于曲度的出现而更换用二阶设计。搜索的方法采用最速上升(下降)法和方格搜索法。

(4)当试验区域接近最优区域或位于最优区域中时,进入第二阶段。这一阶段的主要目的是获得对响应面在最优值附近某个小范围内的一个精确逼近并识别出最优过程条件。在响应面的最优点附近,曲度效应是主导项,用二阶模型来逼近响应面:

$$y=\beta_0+\sum_{i=1}^k\beta_ix_i+\sum_{i=1}^k\beta_{ii}x_i^2+\sum_{i<j}\beta_{ij}x_ix_j+\varepsilon \tag{11.13}$$

其中,β_i 表示 x_i 的线性效应,β_{ij} 表示 x_i 与 x_j 之间的线性交互效应,β_{ii} 表示 x_i 的二次效应。

进行二阶设计估计出式(11.13)的系数。二阶设计有很多种,中心复合设计(CCD)和 Box-Behnken 设计(BBD)是经典的二阶设计,对小规模试验还可以采用 Koshal 设计和 Hybrid 设计,此外,还可以采用 A-优化准则、D-优化准则、G-优化准则系列的设计方法。目前,CCD 是用得最为广泛的试验设计,这是因为 CCD 具有一些良好的性质:①恰当地选择 CCD 的轴点坐标可以使 CCD 是可旋转设计,为设计在各个方向上提供等精确度的估计;②恰当地选择 CCD 的中心点试验次数可以使 CCD 是正交的或者是一致精度的设计。然后进一步确定最优点的位置。

3. 智能化数据库软件实现

典型吸能结构数据库中包括飞机机翼前缘内部构型、风挡龙骨构型、风挡玻璃夹层、以及蜂窝夹芯型与波纹板型吸能结构的参数化模型、用户可以通过典型参数的输入,得到具体需要分析问题的有限元模型。按照上节中描述的方法,本系统采用响应面方法来拟合不同参数的分析结果,按照有限的计算结果样本,构造了用于评价典型吸能结构参数变化时鸟撞击结构响应的数据库。以蜂窝结构为例,其具体构造和实施方法如下:

对不同典型构件提取描述吸能结构的结构参数;根据对蜂窝夹芯型吸能构型的数值模拟结果的观察,发现蜂窝厚度、胞元边长、面板厚度这三种参数对系统内能和鸟体在鸟撞后的动能结果影响较大,即吸能效果对这组参数敏感。因此对于蜂窝夹芯型吸能构型,选取蜂窝厚度、胞元边长、面板厚度为结构参数进行进一步的拟合计算;每种典型构型的参数选择都按照重量和工艺等约束条件选取合理的上下限,初步确定的蜂窝夹芯型吸能构型的参数上、下限见表 11-6。

表 11-6 蜂窝夹芯型吸能构型参数上下限

参数	上限/mm	下限/mm	步长/mm
蜂窝厚度	8	11	1
胞元边长	3.5	5	0.5
面板厚度	1.1	1.7	0.2

(1)按照正交试验设计的原则来确定参数组的数目并进行数值模拟;正交试验设计(Orthogonal experimental design)是研究多因素多水平的又一种设计方法,它是根据正交性从全面试验中挑选出部分有代表性的点进行试验,这些有代表性的点具备了"均匀分散,齐整可比"的特点。为了解决多因子全面实施试验次数过多,条件难以控制的问题,有必要选出部分代表性很强的处理组合来做试验,这些具有代表性的部分处理组合,一般可通过正交表来确定。

具体来说,在步骤(1)中选择了每种典型构型的影响参数及参数的上下限以后,为了能在后续的响应面分析中有足够的输入数据形成满足精度的响应面,需要事先对数值模拟的实施进行规划,按照每种构型的影响因素数目和水平数目列出正交表,以此正交表的试样项目作为指导进行数值模拟工作。根据表 11-6 确定的上下限列出三因素四水平正交表见表 11-7。

表 11-7 三因素四水平正交表(简表,后略)

	蜂窝厚度	胞元边长	面板厚度
试验 1	8	3.5	1.1
试验 2	8	3.5	1.3
试验 3	8	3.5	1.5
试验 4	8	3.5	1.7
……	……	……	……

(2)对步骤(2)中确定的多组输入数据分别进行鸟撞动力学分析;由于数值模拟中各种物

理模型(材料数据、鸟体本构等)都已经通过试验验证为满足精度要求,因此这些模拟的结果就可以用于构造响应面,并用于指导设计;

(3)应用 PAM-CRASH 的二次开发技术,于后处理程序中动态提取计算结果,输入编制的响应面程序模块进行多参数拟合;输入结果和拟合的多项式系数存储于数据库中,以供调用,这样就形成了一个动态的智能化的数据库。界面中也提供了数据输入的借口,为今后的试验和数值模拟计算结果输入提供可能,这样做可以增加响应面的输入,提高拟合精度。

(4)用户根据工程需要,选择相应的吸能构型,输入结构参数,按照步骤(4)中拟合出的响应面,可以得到用户关心的分析结果。

以上工作的技术组织框图如图 11-11 所示。

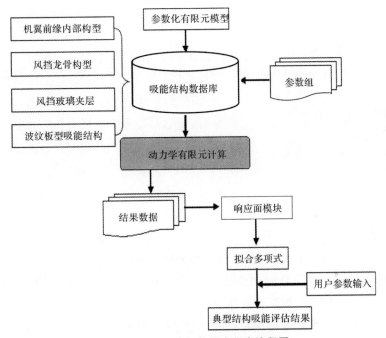

图 11-11 智能化数据库程序流程图

11.3 抗鸟撞结构设计分析综合软件系统应用

民机抗鸟撞结构设计分析综合软件系统的应用特点,是将民机结构部(组)件的有限元模型和已经定义好的鸟体的有限元数据按照本系统的计算要求进行重定义,同时在结构体的适当部位加入抗鸟撞结构,通过 PAM-CRASH 软件的计算结果来对比得出不同的结构体适用的抗鸟撞结构的形式及其几何参数。通过应用本分析系统,评估民用飞机结构部件的抗鸟撞适应性。

本系统开发的技术思路是,对于民机的结构模型利用现有比较流行的有限元软件进行建模,例如:PAM-CRASH,MSC/Patran,ANSYS 等,这些模型数据经过统一的接口处理为 PAM-CRASH 格式,然后再将鸟体的模型通过类似的方法处理为 PAM-CRASH 格式,并同结构模型一起组织成为 PAM-CRASH 软件求解碰撞问题的数据部分,再通过提供较为简单易行的方法,实现材料定义、接触定义、控制定义等。从而建立一个完整的 PAM-CRASH

格式数据文件,通过模型检查和修正,使得这个文件能自动提交 PAM - CRASH 软件进行求解。

求解完成的结果文件可以利用本系统的后置处理进行结果显示。利用典型构型库里提供的吸能结构,根据需要添加到相应的机体结构中,再进行求解,将两次求解结果进行对比,得到吸能效果评价,对用户的设计工作提供一定的参考。本系统的基本框架结构和主要功能:

(1)数据库功能:各类数据的输入、存储、读出包括材料数据库和典型构型库;

(2)模型文件读入:软件的读入文件有 PAM - CRASH 标准格式,MSC 标准格式;

(3)前置处理功能:模型定义、材料定义、鸟体定义等等;

(4)后置处理功能:模型运算求解,显示输出及评价分析。

11.3.1 软件安装及运行

1. 系统对硬件配置要求:

本系统采用 OpenGL 图像技术来表达图形界面,采用的版本为 1.0 版,因此系统的运行环境:

WindowsXP 32 位操作系统;

硬盘剩余空间:10G 以上;

需要预装 PAM - CRASH 及相关软件。

2. 系统的安装

打开安装包运行 Setup. exe 文件后,系统会安装到用户指定的位置。打击 Start. exe 文件本系统即可运行。首先出现如图 11 - 12 的欢迎界面。

3. 主界面与系统配置

单击欢迎界面,或者在 5 秒之后,系统自动切入到主界面。

在第一次登陆本系统或者启动一个新的分析项目时,应当对系统进行简单的配置,主要是配置 PAM - CRASH 软件的安装路径,CATIA 软件的安装路径,以及系统进行求解时所使用的单位制。由于每个导入的模型不一定使用相同的单位,因此事先统一模型的单位制式是很重要的准备工作,配置后在前处理模块中将使用统一的单位制。配置方法是:文件→系统配置选项,弹出如图 11 - 13 所示界面。

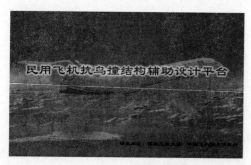

图 11 - 12　系统欢迎界面

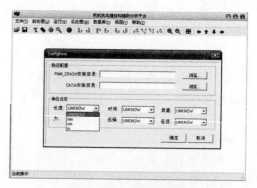

图 11 - 13　系统配置界面

11.3.2　前处理

1.模型导入

通过操作：文件→打开，可以读入民机结构模型，系统可以自动识别 MSC/PATRAN 格式的数据文件，PAM-CRASH 格式文件。在数据文件读入系统之后，将统一转换为 PAM-CRASH 格式。该功能主要任务是将读入的有限元模型数据加以存储，并利用 OpenGL 软件将模型显示出来。具体界面如图 11-14 所示。

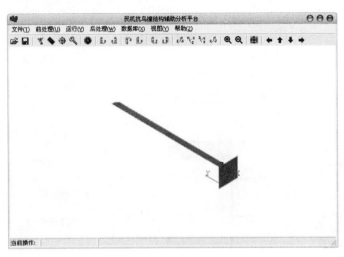

图 11-14　模型导入界面

2.鸟体定义

读入结构模型后，需要继续加入鸟体的模型，单击"前处理→鸟体定义"选项，弹出鸟体定义的窗口界面，在这个界面下，可以定义鸟体的属性、格式、速度、材料等等信息，其中鸟体材料定义是在预先定义好材料数据库的基础上操作的，材料数据库定义好以后，在系统运行时会自动加载。通过对"鸟体材料"下拉菜单的操作，选择相应的材料名称，该材料的相应参数会显示出来，提供给用户进行参考，并且允许对材料的参数进行必要的修改，点击"确定"按钮，所有的信息数据会以 PAM-CRASH 格式自动存储到数据文件中，如图 11-15 所示。

3.接触定义

接触定义是前处理中的重要环节，单击"前处理→接触定义"选项，会弹出图 11-16 所示窗口，用于定义鸟体与民机结构碰撞接触的具体形式，窗口中提供了接触类型选项定义、接触体和目标体的定义、接触厚度定义、摩擦因数以及惩罚因子等等。系统对接触厚度定义了默认值 0.95，对于其他参数由用户自己定义。

4.材料定义

材料定义是对民机的结构模型的材料性质进行选定，由于 PAM-CRASH 文件中，允许结构进行分组，每个组件可以进行单独的材料定义，因此，在本系统中对于材料的定义我们在系统同按照 PAM-CRASH 的要求提供了这个功能，单击"前处理→材料定义"，弹出如图 11-17所示窗口，根据民机结构模型的分组，对每个组件进行独立材料定义，由于 PAM-CRASH 格式文件中，对复合材料和一般材料的定义有很大区别，因此本系统中设定了"材料种类"下拉菜单并提供两个选项,一般材料和复合材料,将一般材料和复合材料统一到一个界面中分别设置;在"材料名称"下拉菜单中选择材料名称,在"材料参数"中会给出相关参数的具体数值,与鸟体定义界面中的材料定义一样,材料的名称、参数均是由程序启动时从预先定义好的材料数据库中加载,提供给用户选择使用,如果某个材料的某个参数需要修改,可以在"材料参数"栏里直接修改;"组件名称"是对民机结构模型中的各个组件进行选择,在选定好材料和组件之后。单击"组件与材料关联"按钮,可以将组件的材料定义信息写入到数据文件中。

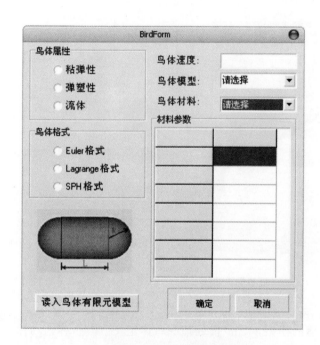

图 11 – 15　鸟体定义界面

图 11 – 16　接触定义窗口

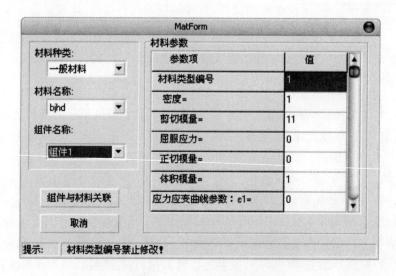

图 11 – 17　材料定义窗口

5.求解选项定义

求解选项的定义是 PAM-CRASH 文件中关于碰撞过程中的一些控制信息的定义,其中包含了众多信息(见图 11-18)。在本系统中,由于只针对鸟体和机体结构的接触,因此,对无关的信息进行了简化处理,有针对性的选择了部分控制信息。其中的绝大部分控制参数设置了默认的初始值,例如接触面初始穿透检查中的最大迭代次数设置为 100,等等。这些值一般不需要更改,但是如果用户所要解决的问题存在特殊性,那么系统提供了相应的修改功能。参数设定完成后,单击"确定",可以将相关控制信息写入到数据文件中。

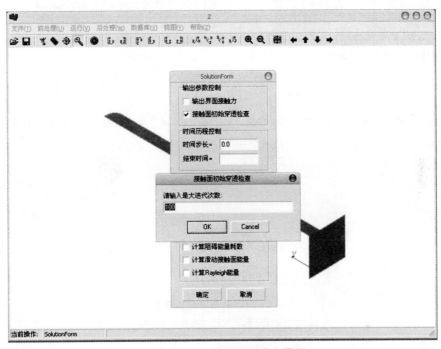

图 11-18　求解选项定义界面

6.数据库定义

数据库定义有两个方面的内容,一个是材料数据库,一个是典型构型数据库。这是两个事先定义好的数据结构。其中存放的数据以文件形式保存在系统安装目录中,在系统启动时自动载入,当用户需要进行材料定义或者典型构型定义时,可以通过下拉列表来选取。

根据 PAM-CRASH 数据文件的格式要求,一般材料和复合材料有着截然不同的组织格式,在材料数据库中,一般材料的定义,我们将材料按照其本构属性和单元类型分类存放,主索引为材料编号(见图 11-19)。对于复合材料,系统提供的材料数据库中存储的是复合材料单层结构信息。在"前处理"的材料定义中,根据需要定义材料的铺层信息(见图 11-20)。

在实际使用中,所涉及的常见的抗鸟撞吸能结构的主要形式有 4 种,其中每种吸能结构又有多种形式。本系统中,软件设置了其中典型的几种结构形式,包括前缘斜搭板结构、蜂窝夹层架构、波纹板结构以及风挡龙骨结构。在使用时,用户可以自己设置吸能结构的形式和几何参数,系统根据用户定义生成相应的数据,以文件形式保存以下时其中的两个界面(见图 11-21)。

图 11-19　材料数据库中普通材料定义界面

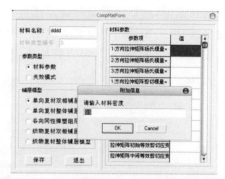

图 11-20　材料数据库中复合材料的定义界面

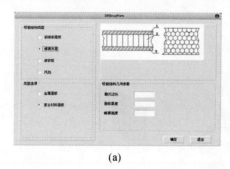

(a)

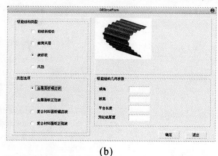

(b)

图 11-21　典型吸能构型库

(a)蜂窝夹层结构；　(b)波纹板吸能结构

11.3.3　后处理

1.结果文件数据读入

民机抗鸟撞结构设计分析综合软件系统的后置处理要求将 PAM-CARSH 软件的计算结果加以直观显示。本软件系统的结果显示分为图形显示和列表显示两部分。

2.评价和分析功能

评价和分析功能的主要任务是从不同吸能结构对民机抗鸟撞的有益影响情况加以对比，从中选择最佳吸能结构设计方案，最终完成辅助设计。后处理程序显示的结果包括两大类。第一类为在某一(或某段)时刻整个结构上的鸟撞冲击响应，内容包括应力、应变和位移等的分布，以云图和动画方式显示。第二类为单个节点或单个 part 在整个时间历程上的某个参数变化，参数可以为位移、应力以及能量，以曲线的形式表现。

3.剩余强度评估

该模块主要用于在求解后，对分析后的模型结果文件提取每个单元的位移和塑性应变结果，施加于原始模型，建立新的模型文件，并由用户施加载荷，评估鸟撞击后的结构是否有足够的强度能承受该部分的总体载荷。